山東文藝出版社

图书在版编目（CIP）数据

北洋海军舰船志 / 陈悦著 . —济南：山东文艺出版社，2023.6

ISBN 978-7-5329-6490-1

Ⅰ . ①北… Ⅱ . ①陈… Ⅲ . ①北洋海军—史料 Ⅳ . ① E295.2

中国版本图书馆 CIP 数据核字（2021）第 260282 号

北洋海军舰船志

BEIYANG HAIJUN JIANCHUANZHI

陈悦 著

主管单位 山东出版传媒股份有限公司
出版发行 山东文艺出版社
社　　址 山东省济南市英雄山路 189 号
邮　　编 250002
网　　址 www.sdwypress.com

读者服务 0531-82098776（总编室）
0531-82098775（市场营销部）
电子邮箱 sdwy@sdpress.com.cn

印　　刷 山东临沂新华印刷物流集团有限责任公司
开　　本 710 毫米 ×1000 毫米 1/16
印　　张 28
字　　数 400 千
版　　次 2023 年 6 月第 1 版
印　　次 2023 年 6 月第 1 次印刷
书　　号 ISBN 978-7-5329-6490-1
定　　价 98.00 元

序

《北洋海军舰船志》是我在海军史研究道路上的一个重要的阶段性成果。这本书中的主要文章，最初是以《现代舰船》杂志专栏的形式，在2004年至2005年间逐月写作、刊载，2006年曾结集为《现代舰船》杂志的增刊，2009年扩充内容后由山东画报出版社正式出版，此后陆续加印多次，在2015年还曾有过小幅度的修订版。首次出版14年后，这本书又在山东文艺出版社出版很大程度修订的新版，作为著者而言，内心充满了感慨。

两次鸦片战争后，面临巨大危机和挑战的近代中国，迈出了建设新式海军、寻求国家自强之道的步伐。以1866年在福州马尾创设总理船政为标识，此后经历20余年的探索和努力，1888年北洋海军正式成军，是中国军队番号中出现“海军”二字的开始，也是中国近代海军建设的巅峰时刻。北洋海军全盛时，总计有在编军舰25艘，以外购舰船为主，几乎涵盖了那个时代世界海军之林的各主要舰种，很多军舰设计、建造时还曾是代表着潮流趋势的“概念舰”，在全世界视角下的舰船发展史中都有一席之地，这也使得北洋海军及其舰船具有独特的传奇色彩。

这些舰船在役的时代，北洋海军曾是远东地区最活跃的海上力量，按照秋冬南下、春夏北上的规律，频繁活动在北至海参崴，东抵日本列岛，南迄新加坡、槟榔屿等地的广阔海域，巡视海疆，宣慰侨胞，几乎实现了中国自1840年以来有关晏海安澜的梦想。然而1891年后，受清王朝政策变轨的影响，北洋海军的装备建设陷入了停顿，在新一轮的世界舰船技术发展大潮中骤然落后。1894年甲午战争爆发，北洋海军拼尽全力也未能改变败局，几乎每一艘北洋海军舰船都是以悲壮的方式从历史中消逝。骤起旋灭的北洋海军，交织着光荣与屈辱、希望与悲叹等矛盾复杂的色彩，犹如一场不真实的幻梦，也带给了中国人有关于海洋、海权、海军的永久话题。

北洋海军如此重要，然而关于这支海军的历史，尤其是作为其重要物质支撑和外在力量的舰船的历史，在中国国内其实长久处于研究薄弱的状态，学术界有关甲午战争、北洋海军的研究中，更多偏向的是有关事件和人物的研讨，直到21世纪来临时，北洋海军的大部分舰船还都是面目模糊不清。

2002年末，当时的山东威海港务局发起北洋海军“定远”舰的复原建造工作，我有幸参与此事，正因为是要把一艘历史上的北洋海军军舰原尺寸建造出来，对相关的资料收集和考证工作的广度、深度都超出通常的历史研究，“定远”舰上的每一件武器、设备都要判明其准确的用途，甚至连甲板下的舱室构成也要作出清晰的判断。由这件特殊的工作，我获得了深入探索北洋海军军舰技术史的契机和启发，而随后参与监督“定远”号纪念舰的复原建造，更拥有了宝贵的造船实践经历。

基于复原建造“定远”舰所获得的知识、经验，2004年我开始了舰船志第一篇文章的写作，即“失落的辉煌——‘定远’号铁甲舰”，甫经在《现代舰船》杂志发表，即引起了热烈的反响。当时，中国国内有关中国近代军舰的研究风气未开，更没有专门的著作，不仅历史研究者鲜有人注意中国历史上的军舰，就连民间的军事历史爱好者、舰船爱好者们所关注的主题也多聚焦于第一次、第二次世界大战时期的欧西、日本舰船。幸运的是，随着舰船志系列文章的不断问世，从军事爱好者群体开始，“铁甲舰”“撞击巡洋舰”“穹甲巡洋舰”“哈乞开司”“格林炮”“通风筒”“飞桥”……这些遥远、陌生的名词开始为大家所注意，乃至认知、熟悉，我庆幸自己亲历了这段开启风气的岁月。

时隔10余年后的今天，100多年前的中国近代海军舰船已经不再是陌生的事物，新的研究者日益涌现，新的史料发现和研究成果不断累积，军事历史爱好者讨论的知识基础也大幅提升，对《北洋海军舰船志》进行一次程度更大的修订，是我多年的梦想。就历史研究而言，研究的本真价值在于通过不断收集、分析史料，不断拓展思路和视野，以求最大程度地接近历史真相。不断地自我修正，使所研究的历史对象能够彰显，是每一名历史研究者的责任，恰值《北洋海军舰船志》初版时的责任编辑秦超先生相邀，从2021年末便全面开始了本书的修订工作，至2022年春暖花开时完成。

与此前的版本相比，本次修订的变化主要体现于以下四个方面。

首先是对全书有关历史事件的发生时间，舰船的技术参数等有关的数据内容，根据新的史料积累进行全面对照厘订，进一步精准化。

其次是对全书的史事描述、评价进行修订，以及对引注进行补充和规范化。其中“平远”舰一篇因为需要改动的内容较大，因而完全新写替换。而在“定远”舰一篇中，扩写了近代中国定造铁甲舰所付出的早期努力，作为新增的一篇。

近十余年来，有关北洋海军舰船的影像史料新发现层出，本书中所涉及的舰船照片配图等也尽量进行了调整，添加近年新发现的照片，或用质素更高的版本替换原有的照片。

最后是书的附录部分，《北洋海军舰船志》从初版开始即列有附录，内容主要包括舰船线图、参数、大事记、《北洋海军章程》等史料、参考文献等。本次修订替换了全部的舰船线图，统一使用由顾伟欣先生在2022年重新绘制的线图，参数部分则进行了厘订，大事记部分进行了修改和补充，附录史料部分删去了《北洋海军章程》等和舰船关联不大的内容，而替换了历史上北洋海防在欧洲定造军舰时所签订的各种章程、草合同、合同等，内容涉及到蚊子船、“乾一”鱼雷艇、“定远”级铁甲舰、“经远”级装甲巡洋舰等，以求通过公布这些百余年的商业、技术文件，让现代人能够直观感受到彼时中国经手办事人员的仔细认真精神，并能根据这些原始的材料，对相关舰船有更深入的分析。至于初版所录的参考文献，因为价值不大，本次修订时做了删去。

从2004年到2023年，中国人有关北洋海军舰船的了解已经发生了重要的变化，《北洋海军舰船志》也将随着本次修订进行大幅度的自新，继续发挥传播近代海军知识的作用，希望读者朋友们能够喜欢这次的新版。《北洋海军舰船志》2021—2023年修订过程中，一如既往地得到了海研会朋友们的支持和帮助，顾伟欣先生帮助绘制全书所用线图，刘致先生在有关鱼雷艇的研究部分给予了颇多启发，在此一并致以谢忱！

陈悦

2023年4月18日

于福州鹤林

2009年初版序

陈悦从威海来电，说《北洋海军舰船志》要在山东画报出版社出版，嘱我作序。我笑着说，我已经成了为你写序的专业户了。但这是一件令人高兴的事，所以我还是应允下来。

为了自己的挚爱，陈悦在北洋海军的老营威海安了家。在这个景色秀丽、日新月异的城市里，他认认真真地工作，安安静静地做学问。眯缝的眼睛依然锐利地梭巡史料，修长的手指依然勤奋地敲打键盘。他自己，却从一个北洋海军历史的爱好者稳健地步入骨灰级专家的行列。

研究海军历史，必然要研究军舰，研究舰船的发展历史。舰船志，讲军舰的前世今生，讲军舰的各种性能参数，讲军舰的各种细节，这类书籍，欧美、日本出得很多，印刷得极为精美，研究的水准很高，甚至也包括了中国历史上的军舰。但是同类作品，中国国内却非常少，《北洋海军舰船志》是中国近代海军研究书籍中第一本此类题材的作品。这本书既通俗可读，同时又具有学术性，是海军史研究者爱好者的一本北洋海军舰船辞典。

陈悦的研究在不断取得新进展，相比三年前以《现代舰船》杂志增刊形式的初版，现在每一篇的内容都做了不同程度的修改，增补了一些新发现的史实，例如“失落的辉煌”一章里增补了新发现的“定远”舰航试时发生主炮爆炸事故的史事；“蹈海惊雷”一章中新增了根据李凤苞《使德日记》等资料发现的中国在英订造第一号杆雷艇的情况。新史事的增加，使得全书的内容更加丰富完整，资料性更强。同时还针对第一版的配图进行了优化调整，取消了一批关联性不是特别直接的图片，增加了新发现的部分珍贵照片，如“扬威”接舰官兵的墓地，“济远”舰丰岛海战后的伤情，“靖远”舰在英国的下水仪式等等，使得全书图文并茂，某种意义上也成为北洋海军舰船的一册图片汇总。此外，根据最新的研究成果，对原书中的一些错误进行了更正。第一版中被略去的引注在修订版中全部加上，方便了研究者的引用。

这些年，北洋海军史的研究一直很热，在中华民族重新崛起的历史过程中，人们没有忘记曾经经历的挫折和承受的苦难。许多年轻人愿意从对昔日的剖析中，探索明天前进的路径。前些时候，北京生活读书新知三联书店出版了84岁高龄的台湾师范大学退休教授王家俭先生的大作《李鸿章与北洋舰队》，受到广泛的好评。《李鸿章与北洋舰队》是王先生研究北洋海军史四十年心血的结晶，也是我向三联书店热切推荐出版的一本好书。王先生是我尊敬的前辈学者，他的治学风格，开海军史研究的风气之先，一直为我所景仰。而在后辈学人中，陈悦无疑继承了这种严谨学风，他史料收集务求全面，考证事实务求精细，在利用互联网的方式从全世界收集材料的本事上，国内历史学界恐怕还没有人能达到他的程度。我以前曾经说过，陈悦是业余研究者，又是这个专题的痴迷者，通过对世界造舰历史的介绍和对技术细节剖析，对北洋海军军舰历史的重新梳理，他更清晰更冷静地还原了历史场景，恢复了历史本来的面貌，也为其他学者的研究，提供了一个很好的平台。同时，对于为了评职称而粗制滥造的“论文”和“专著”，《北洋海军舰船志》也给出了一把很好的标尺。所以我认为，陈悦的研究成果，正是老一代学者开辟的研究方向的传承之作。

姜鸣
2009年3月29日

目 录

迷途武士

——北洋海军装备的蚊子船

引　子

十九世纪中期以后的中国，从广西金田燃起了太平天国起义的星星之火，太平军兵锋强劲，一路摧枯拉朽，横扫东南财赋之区，清王朝的统治处于风雨飘摇之中。至1860年左右，又风传太平天国骁将李秀成计划全力夺取上海，谋求以此为桥梁与西方国家建立直接联系，希冀得到西方社会对太平天国政权的承认与支持，借此获取包括军舰在内的各类西式武器。感受到这一严峻形势的压迫，清政府内以恭亲王奕䜣为代表的一批中高层官僚，运用各自的权能，大声呼吁，决策抢先向西方国家购买新式军舰，以加强水师力量，占取主动，克制太平军，最终实现扑灭太平天国的战略目标。

恭亲王奕䜣，是清廷中枢具体主持洋务自强活动的首脑人物。

恭亲王奕䜣是道光皇帝第六子，在当时的皇族子弟中，其见识、谋略以及政治手腕均有过人之处。咸丰帝死后，奕䜣与慈禧太后联手发动政变，肃清顾命八大臣，开创了垂帘听政的全新政治局面，对内重用曾国藩等汉族官员，平定太平天国起义；对外力保和平局面，逐渐对外开放，引进西方先进军事技术。奕䜣本人则出任议政王和领班军机大臣，后又兼任总理各国事务衙门大臣，权倾一时。由于亲身感受了父兄辈在西方列强发动的鸦片战争中的惨痛经历，奕䜣对世界局势有较为清醒深刻的认识，思想也较开通，在当时是清廷中枢具体主持洋务自强活动的首脑人物。

在恭亲王的支持推动下，1861 年清政府通过在英国休假的海关总税务司李泰国（Horatio Nelson Lay），向英国订购了“中国”“北京”“江苏”等 7 艘西式明轮炮舰，这是近代中国迈出的通往蓝色世界的第一步（与此几乎同步，感受到太平天国军力压迫的江苏地方官员及上海本地士绅，也委托常胜军统领华尔的弟弟亨利·华尔（F. H. G. Ward）在美国购舰，分别命名“大清”“江苏”“浙江”，后值美国南北战争爆发，3 舰被亨利华尔擅自转售给美国北方政府，参加了南北战争）。血液里有着纳尔逊家族遗传的李泰国（李泰国的母亲是英国海军英雄纳尔逊的侄女），在英国政府默

西方铜版画：阿思本舰队的旗舰“江苏”号。海关总税务司李泰国组织的由英国人控制的中国舰队，给洋务官员上了教训深刻的一课，“权自我操”原则此后成为洋务活动的一条不容触碰的红线。

许下，将这次购舰活动看作是控制中国海上力量的机会，擅自委任英国海军上校阿思本（Sherard Osborn）为编队司令，舰队成员几乎全部雇佣英国人组成，并自作主张，单方面制定了绿底黄十字海军旗和舰队规章制度，规定舰队只服从中国皇帝和李泰国的命令，而且中国皇帝的命令必须在得到李泰国的认可后才能生效。这支全由英国人组成的中国舰队，几乎成了李泰国私人部队，史称李泰国舰队、阿思本舰队、吸血舰队等。7 艘军舰远涉重洋抵达中国后，清政府对这支不受控制的舰队表现出了无论如何也不能接受的立场，经过反复争辩，最终一举将这支舰队拍卖遣散了事，由此，中国建设西式海军的第一次重要努力随着 7 舰的散去而破灭。

令朝野上下极为难堪的阿思本舰队事件发生以后，中国国内“造舰”的呼声逐渐高涨，第一次出师就铩羽而归的教训，使得洋务派被迫更加谨慎地去对待一切与西方的交往事务，直接向西方获取军舰等武器，被认为是极易触及主权问题的敏感活动，就此很少有人愿意再涉足。此后，闽浙总督左宗棠、两江总督曾国藩先后在马尾、上海创建西式造船机构，开始了自力更生，自行建造近代化军舰的尝试。由于不可避免地受到技术起点低，专业人才匮乏，以及指导思想上存在误区等因素桎梏，这一阶段中国自行建造的军舰普遍存在舰型等级低等问题，大都属于炮舰和运输舰范畴，尚无法满足远洋作战的需求。

1871 年，中国属国琉球的商船遭遇风暴漂流至福建省台湾岛，因言语不通，琉球船民与台湾土著发生争执，部分船民遭杀害，对于这一内政事件，清政府很快予以措置进行平息，但当时谁也未曾想到，与此毫无瓜葛的日本竟会借机生事。近代日本开始明治维新后，将对外扩张作为国策，为此整军经武，加强陆海军力量。1874 年，借口要为琉球船民报仇，日本出兵大举入侵台湾，史称台湾事件。与此针锋相对，清王朝派船政大臣沈葆桢为钦差，赴台湾处置事变，船政水师舰船被纷纷调往，保障台湾海峡的交通、运输，以及与侵台日军抗衡、对峙。经过长时间相持，最终在列强调停下，这一事件草草收场。囿于当时海防力量薄弱，“明知彼之理曲，而苦于我之备虚……实以一经决裂，滨海沿江，处处皆应设防，各口之防难恃不得不以慎于发端”[①]，担心事态扩大后无法应对，为尽早息事宁人，清王朝付出高昂

---

① 《同治十三年九月二十七日总理各国事务衙门奏》，中国近代史资料丛刊《洋务运动》1，上海：上海人民出版社 1961 年版，第 26 页。

的代价，除支付50万两银军费外，还被迫承认日本侵略台湾的举动是“保民义举”，实际上等于已经默认日本对中国、琉球藩属关系的挑衅，由此埋下了琉球亡国之祸的伏笔。

自三国时代以来，日本就被中国称为倭国，视为化外蛮夷，动辄对其嗤之以鼻，不以为然。然而，就是这个一贯被中华瞧不起的东邻小国，学习了一些西方先进技术后，竟然肆无忌惮向中国发起挑战，由此在中国社会引起的震动不啻于一声晴天霹雳。海防建设的重要性、紧迫性突现，而中国自造舰只存在的不足也暴露无遗。恭亲王奕訢事后曾痛心疾首地在奏章中写道：“今日而始言备，诚病以迟；今日再不修备，则更不堪设想矣！”并追思自鸦片战争之后，中国尽管开展了建船厂、造军舰等旨在自强的事业，但“人人有自强之心，亦人人为自强之言，而迄今仍并无自强之实，从前情事几于日久相忘。”[①] 认为应当立刻抛开以往的成见，采取果断措施，尽快加强国家的海防实力。

“……查明一种快艇的吨位和造价，它的前甲板防护平台上要装载一门八十吨大炮，可在五百码外打穿二十英寸厚的钢板。问清最低必须吨位和优质货的最低价格。速复，询问保密，勿提中国。”[②]

1874年10月23日，中日台湾事件交涉接近尾声之际，取代李泰国担任中国海关总税务司的赫德(Robert Hart)，经由上海，向他在伦敦的忠实部下金登干(James Duncan Campbell) 发去了上述这封电报。继夭折的阿思本舰队之后，清王朝第二次大规模外购军舰的活动渐渐拉开了帏幕，与第一次购舰活动用于镇压国内起义的目的不同，这次购舰主旨相当明确，就是巩固海防，抵御外侮。

伦道尔式炮艇

就在日本侵略台湾，中国朝野上下为之震惊、群情激愤的日子里，有个西方人的身影开始频繁地在总理衙门出没。身为英国在华利益的重要代言人，中国海关总

---

① 《同治十三年九月二十七日总理各国事务衙门奏》，中国近代史资料丛刊《洋务运动》1，上海：上海人民出版社 1961 年版，第 26 页。

② 《赫致金第 13 号》，《中国海关密档》8，北京：中华书局 1995 年版，第 20 页。

税务司赫德敏锐地觉察到中国即将以日本为假想敌扩充海军的迹象。这位久居中国，深谙中国官场之道的英国人明白这将是影响未来中国海军事务的重要契机，良机不容错失，随即凭藉其特殊的身份，开始与总理衙门大臣恭亲王奕訢密切接触，推销英国造军舰。自阿思本舰队事件之后，虽然左宗棠创立的船政在福州马尾经历了近十年自造军舰的尝试，但日本竟然胆敢挑战中国，说明中国的海防实力并不见有多少起色，此时直接购买西方先进军舰的提议悄悄开始占据上风。

要加强海防，究竟应该以装备何种军舰为宜，围绕这一全新的命题，当时中国国内的官员大都是茫然无措，不知道从何做起。而喜欢夸夸其谈的赫德，本人实际对海军领域也只是略知皮毛，将中国人外购军舰的兴趣挑起后，赫德便急匆匆与远在伦敦的金登干商讨具体如何推销军舰。当时沈葆桢、李鸿章等中国官员从自己掌握的海军知识出发，急切想获取的是铁甲舰，但这种军舰造价过于昂贵，清政府一时无力负担，而且大型军舰对于操舰人员的专业技术知识也有极高的要求，遽难办理。很快，赫德和金登干都注意到了当时世界上一种最新潮的军舰，一种价格便宜，而且据说是大型铁甲舰天煞克星的小军舰。

伦道尔的成名作、世界上第一艘蚊子船 Staunch。依据浮动炮台的思想设计出来的这艘军舰，在当时的舰船之林中外形极为奇特，由于根本不考虑远海作战，这艘军舰完全抛弃了桅杆。

当中国东南马江之畔正在大兴土木建造福建船政船厂的时候，1867 年 12 月 4 日，地球另一面的英国泰恩河（River Tyne）上，出现了一艘模样奇特的小军舰。在当时，连它的设计者乔治·伦道尔（George Wightwick Rendel）自己都没有想到，这艘小小的军舰竟然会成为他一生事业的重要奠基石。*Staunch* 号，中国译为“师丹”炮船，是英国劳沃克船厂（Low Walker）建造的排水量仅有 180 吨的小型炮艇，长度 24.38 米，宽 7. 6 米，显得短而宽，吃水 1. 97 米，装备有 2 座蒸汽机、2 座锅炉，主机功率 150 马力，航速 7 节。和进入蒸汽时代以来那种比巡洋舰小，航速迟缓，在甲板两侧安放火炮，“以供杂役”的旧式炮船完全不同，这艘小炮船具有几个非常鲜明的特征。它彻底抛弃了传统的船旁列炮布置法，而是在船头露天安装了一门 9 英寸口径的前装线膛炮，巨炮的炮身安装在一套带有 4 个支柱的地井式炮架上，整个系统异常复杂。平时火炮低座在船体里，以防重心过高，保持军舰的稳性，使用时则通过液压系统，在 4 至 6 分钟内将火炮举升到甲板上，每发射 1 发之后，火炮在自身巨大的后坐力推动下，再缓缓降到甲板下，进行下一次射击的装填工作。显得古怪的是，这种军舰在火炮发射前必须下锚，否则谁也无法预料巨大的后坐力会对小船产生怎样的影响。①

除去独特的船头大炮布置方法，这艘小军舰的外形也颇具特色，舰艏有一段锚甲板，采用的是破浪效果较好的龟甲样式，上面安装有吊锚杆等设备。锚甲板向后的主甲板部分，四面都围有用于保护舰员的围壁，在船艏安装有火炮的甲板周围则装有更高的可折倒的围壁，用于防止军舰在高速航行时，海浪扑进火炮甲板。军舰的主炮炮管通过这道围壁前方一个很小的炮门开口向外伸出，因为炮门横向空隙很小，主炮几乎不能左右转动，必须采用整船瞄准法，即通过军舰的自身转动，来实现调整火炮的横向射击角度。为此，伦道尔将这艘小军舰的操舵系统设计得极为灵便，转舵速度较一般军舰为高，仅用 2 分 45 秒全船就可以旋转一圈。在接近主甲板中部的位置上，矗立着高高的烟囱，让当时的造船界为之惊讶的是，这艘小船竟然连一根桅杆都没有，而且在这艘船上除了舰长室外，甚至没有为舰员留出任何居

① Peter Brook：*Warshipsfor Export-Armstrong Warships1867—1927*，1999，p24. David Lyon、RifWinfield：*All The Ships of The Royal Navy1815—1889*，Chatham Publishing 2004，p279. *Conway's All The World's Fighting Ships 1860—1905*，Conway Maritime Press 1979，p111.

Staunch 号的另一张照片，此时船艏防浪围壁是竖起状态。

住空间。浅眼来看，这些设计，不光是无法远距离航行，甚至连如何悬挂航海信号旗帜都成了问题。其实伦道尔赋予这种军舰独特的设计思路就在这里得到了最好的诠释。即，这种短宽的小型军舰根本就不是用来出海作战的。

19 世纪中期的世界，大口径火炮是最具威势的兵器。在海洋上，它的搭载平台是大型铁甲舰，陆地上，则是坚固的炮台工事。结果铁甲舰和炮台发展成了一对相生相克的冤家，相对于铁甲舰，炮台上黑洞洞的巨炮阴森可怖，难以冒犯，而炮台由于是固定的建筑，万一铁甲舰不进入自己的防守范围，而是另僻蹊径，暗渡陈仓，炮台就成为虚设。为解决这一对矛盾，当时各国的陆海军界都绞尽脑汁，结果往往落入无限增大火炮口径、威力的套路中。

伦道尔的 *Staunch* 创造了一种全新的武器——“水炮台”，即水上的炮台，外形看上去是艘船，实则并不作为军舰来使用，搭载巨炮的小船只不过是大炮的安装平台而已。水炮台和同样装备大口径火炮的铁甲舰相比，造价上可谓有着天壤之别，但装载的火炮所具有的威力却并无太大不同，属于低成本、极具性价比的火炮搭载平台。虽然不能到大海上与铁甲舰争雄，但是它搭载的火炮同样可以给铁甲舰以巨大的威慑，近海防御时占有优势。而相对于耗费大量土木人工，经年累月才能构筑起来的陆地炮台，水炮台在价格低廉的优势之外，还有一个更大的优势，就是这种“炮

乔治·伦道尔，英国近代著名舰船设计师，因开创了蚊子船这一独特的舰船样式而闻名，此后他又创造了具有开创性的军舰——“超勇”级撞击巡洋舰，与近代中国海军的渊源颇深。

台”能够移动，可以根据实际情况，临时大量布置到需要加强的濒海地域，“驻扼口隘其力能拒甲舰”，短时间内即能构成一个海上的炮台群。

这种名为炮船Gunboat，实则是炮台的军舰,在当时中国被翻译为“根驳”船、“根婆子”,又根据其特征称为“蚊子船”,意指这种军舰虽然体格小巧，不过万一被叮上一口，也不是好受的事。在西方，这种军舰则根据设计师的名字称为伦道尔式炮艇。它一经诞生，立刻引起轰动，被认为是用于要港防御的最新利器，英国皇家海军前后共购进了数十艘，其他一些海军国家也都大感兴趣，纷纷解囊采购，设计师伦道尔由此名扬四海。

1874年发给金登干的电报中，赫德所询问的“快艇”正是这种伦道尔式炮艇。赫德深知当时清王朝的财政情况捉襟见肘，于其推销短时间内中国根本没能力购买的大型铁甲舰，不如推销这种价格低廉，而且据称能打败铁甲舰的小型炮艇——蚊子船。同时，英国人并不希望中国拥有一支具有远洋作战实力的真正海军，他们所愿意看到的仅仅是中国能维持一支小规模的近海巡缉力量，能够自行绥靖海面，对付盗匪就已经足够。

今天值得重新审视的是，尽管赫德、金登干为推销军舰不遗余力，大肆宣传，但赫德对蚊子船的用途其实有清醒的认识，称这种船只是在浅水区对付铁甲舰的利器。对这一点，李鸿章也予以认同，认为“有此巨炮小船，守口最为得力，较陆地炮台更为灵活”。至于后来金登干等夸夸其谈，越说越奇，宣称这种军舰能在波涛汹涌的大海上作战，则纯属其一贯说话夸张的浮夸作风，实际李鸿章、赫德等从一开始就已经明了，这型军舰就是一种水上炮台。而后来很多对舰船知识一无所知的言官文人，以李鸿章买回来的蚊子船并不能出海作战为由，认为这种船是西方生产的劣质货，是专门设计用来诈骗中国的，则多少有些不辨菽麦的嫌疑。实际情况是，针对所谓蚊子船可以出海作战的荒谬说法，李鸿章根本不为所惑，而且在南洋大臣沈葆桢的催促下，私下已在打探丹麦、美国等国出售二手铁甲舰的信息。

1875年春天，经过向阿姆斯特朗公司询价，赫德正式将舰型方案提交给总理衙门，对这种新潮事务拿捏不稳的恭亲王则击鼓传花，将具体洽谈、购办的责任转交给北洋大臣李鸿章。从太平天国战争时代，就开始和西方人打交道，并在自己的军队中大量采用西式武器的李鸿章，是当时中国官场少有的善于处理外交事务的高层官僚，而且又身负京畿防务重责，选择他来办理新潮的海军，在恭亲王看来是再适合不过的人选。作为这一决策的继续，不久之后一道谕旨降到李鸿章面前："著派李鸿章督办北洋海防事宜……所有分洋分任练军设局及招致海岛华人诸议，统归该大臣等择要筹办"[①]，从此李鸿章成了中国北方海防建设的主管官员。

得到恭亲王授意，赫德奔赴北洋大臣驻地天津，上门咨商推介蚊子船。最后摆在李鸿章面前的，分别是装备80吨、38吨、26.5吨前膛火炮的三种方案。精明老道的李鸿章并没有立刻表态，而是四处咨询关于这些军舰的各种情况，并私下通过法国公使以及江海关直接获取国外市场行情，以做参照对比。咨询过程中，李鸿章突然发现一个问题："查西人论炮不计身重，先问口径若干寸"，即按照海军专业用语，谈论火炮的类别一般都是说火炮口径而没有拿火炮的重量作为类别区分标志的，李鸿章似乎是觉察到了一点什么。[②]赫德、金登干顿时显得颇为狼狈，急忙设法补充了相关参数。经过完善后的资料可见，当时提出的备选方案分别是：排水量1300吨，装备16英寸口径火炮，报价93000英镑，合279000两银；排水量440吨，装备12.5英寸口径火炮，报价33400英镑，合100200两银；排水量320吨，装备11英寸口径火炮，报价23000英镑，合69000两银；排水量260吨，装备9英寸口径火炮，报价20000英镑，合60000两银。[③]

经过一番权衡，李鸿章致函总理衙门，表示对恭亲王创办西式海军决心的感佩，从造价、可信度等角度出发，将备选的几家外国洋行全部否决，支持恭亲王通过赫

① 《光绪朝上谕档》1，桂林：广西师范大学出版社1996年版，第108页。

② 《复议购办枪炮铁船》，《李鸿章全集》31，合肥：安徽教育出版社2008年版，第140页。

③ 《赫总税司面译金登干来函》，《李鸿章全集》31，合肥：安徽教育出版社2008年版，第197—198页。

德购买军舰的想法，认为“总税司经办当较洋行可靠”。随后，便与赫德进行仔细会商，认为备选方案中排水量 260 吨、装备 9 英寸口径火炮的型号，其火炮的威力和船只吨位都过小，意义不大。排水量 1300 吨，装备 16 英寸口径巨炮的舰型，吃水过深，且火炮口径太大，“为泰西向未有之巨炮”，担心这种从来没有使用前例的火炮不够可靠，不甘心为试验这种火炮买单，于是将这两个方案予以舍却。决定订造装备 12.5 英寸和 11 英寸口径火炮的蚊子船各 1 艘，旋又因各订 1 艘过于单薄，改为各订造 2 艘，同时约定，未来如得到 16 英寸口径巨炮使用可靠的消息，可以考虑再订购 1 艘装备 16 英寸口径火炮的大型蚊子船。①

4 艘蚊子船由中国海关经手代办，向英国著名的火炮生产商阿姆斯特朗公司（Armstrong）订造，为预防阿思本舰队事件重演，1875 年 4 月，李鸿章与赫德仔细订立了购舰合同，除了用大量文字就军舰的型号、质量、验收条款进行详细规定外，合同中载明，将来帮助驾驶军舰到中国的英国水手，在交接完毕后必须立刻离开中国。根据合同，装备 11 英寸火炮的蚊子船造价 23000 英镑，装备 12 英寸火炮的蚊子船造价 33400 英镑，分别折合中国银 76659 两和 111322 两，外加运费 65940 两，总计合同金额 45 万两银。按照阿姆斯特朗公司的惯例，合同签订后先付 1/3，军舰造成一半后再付 1/3，全成后付剩余部分。② 由恭亲王奏请，清政府批准合同，并对购舰经费做出布置，从江汉、九江、江海、浙海、粤海 5 口的海关关税内提取。③

1875 年 6 月 22 日，赫德致电金登干，通知他中国购买 4 艘蚊子船的首付已经汇至专门的帐户，要求立即准备合同草案、规格书、蓝图，迅速开工，“已去公文授权你从阿姆斯特朗厂购买四艘战舰，两艘载二十六吨大炮，两艘载三十八吨大炮，钱已交银行。”近代中国第二轮大规模的外购军舰活动正式开始。④

---

①《致总署议购船炮》，《李鸿章全集》31，合肥：安徽教育出版社 2008 年版，第 202—203 页。

②《与赫总税司议定购办船炮章程》，《李鸿章全集》31，合肥：安徽教育出版社 2008 年版，第 198 页。

③《光绪元年四月初二日总理各国事务衙门奕訢等奏折附片》，中国近代史资料丛刊《洋务运动》2，上海：上海人民出版社 1961 年版，第 335—336 页。

④《赫致金第 10 号》，《中国海关密档》8，北京：中华书局 1995 年版，第 45 页。

“龙骧”“虎威”；“飞霆”“策电”

出于对自己第一次经手购舰的慎重，赫德在向金登干下达购买军舰指令的电文中，特别强调了军舰的质量。不久后，金登干便与阿姆斯特朗公司签订合同，规定装备11英寸口径大炮的蚊子船要在8个月内建成，装备12英寸口径炮的蚊子船限期13个月建成。[①]4艘军舰的火炮由阿姆斯特朗公司制造，军舰的舰体部分转包给泰恩河畔纽卡斯尔（Newcastle）的米切尔船厂（Mitchell）建造。很快，4艘新潮军舰在英国的船台上陆续开工了，金登干为方便起见，用希腊文字母分别将她们命名为“阿尔法”“贝塔”“伽马”“戴而塔”（*Alpha*、*Beta*、*Gamma*、*Delta*），因为这种独特的命名方式，中国蚊子船在西方又有个别号：字母炮艇。

其中“阿尔法”“贝塔”属于装备11英寸口径火炮的一级，1875年9月21日同时开工，工厂建造编号327、328。舰体完全铁质，整体布局和蚊子船的开创之作*Staunch*非常相像。军舰排水量340吨，舰长35.97米，宽8.23米，吃水2.29米，动力系统为2台汤普森公司（Thompson）造蒸汽机、2台燃煤锅炉，主机功率235马力，双轴推进，航速10节，煤舱标准载煤40吨，最大载煤50吨。为保证军舰达到设计标准的机动性，军舰艏艉水下的线型完全一样，而且都安装有舵叶。[②]

这级军舰的主要武器便是安装在船头的阿姆斯特朗11英寸口径2号前膛炮，属于从炮口装填的前装线膛炮，火炮实际口径279.4毫米，炮管长4318毫米，药膛长660毫米，炮管内壁有9根来复线，每根长3023毫米，火炮可以使用3种炮弹，实心弹与开花弹均重249千克，霰弹重242千克，药包重38.5千克，在274米距离上测得能击穿326毫米厚的装甲。[③]火炮前方的甲板下，有一套复杂的液压弹药提升、装填装置，装填时，需将火炮的炮口低俯，以便弹药从前下方装入炮膛。此外，军舰主甲板中后部两侧还各装备有1门3英寸口径的阿姆斯特朗后膛舢板炮，另外

---

① 《金致赫第47号》，《中国海关密档》8，北京：中华书局1995年版，第53—54页。

② *Conway's All The World's Fighting Ships 1860—1905*，Conway Maritime Press 1979，p399. Peter Brook：*Warships for Export—Armstrong Warships 1867—1927*，1999，p30.

③ 《各国水师炮表·英国》，许景澄：《外国师船图表》，柏林使署光绪十二年石印版，卷十一。

在泰恩河上进行航试的“阿尔法”“龙骧”舰，军舰舰艏前部的舷侧可以清楚看到临时油漆的英文舰名 Alpha。和蚊子船的开山之祖 *Staunch* 外观上最明显的区别就是增加的两根桅杆。

还装备有1门作为近卫武器的格林机关炮。

相比起蚊子船的开山之作 *Staunch* 号，“阿尔法”在舰体外形上又创造了很多独特设计，考虑到这型军舰需要远涉重洋返回中国，在最初的设计上添加了2根桅杆以便挂帆，为增加强度，两根桅杆还各有人字型的副杆支撑，“阿尔法”级成了独特的带帆蚊子船。此外，“阿尔法”级主炮炮位前部外侧的装甲围壁为不能折倒的固定样式，厚度0.5英寸，具有有限的防弹片能力。在主炮之后不远，有一块对前左右三面防护，厚度同为0.5英寸的装甲挡板，作战时，指挥人员可以站在挡板之后，算是一个后部敞开式的装甲司令塔。在军舰主甲板中部的烟囱附近，设有一个位置较高视野开阔的露天指挥台，安装有舵轮、罗经、车钟等航海设备。

“伽马”“戴而塔”是装备12英寸火炮的那级，1875年12月27日同时开工，建造编号334、335。舰体也是铁质，体形比“阿尔法”略大，排水量提升到420吨，舰长36.58米，宽9.14米，吃水2.44米，动力系统是2座汤普森公司造蒸汽机，1座燃煤锅炉，双轴推进，主机功率270马力，航速9节，煤舱正常容量50吨，

整装待发、准备回国的“戴而塔”舰，舰艏舷侧的 Delta 舰名清晰可见，舰艉飘扬的则是英国商船旗。由于蚊子船自身煤舱容量很小，难以作远距离航行，中国的蚊子船都添加了桅杆的设计，以便必要时借助风力航行。

最大容量 60 吨，军舰同样采用了艏艉舵叶。[①] 主炮选用 1 门阿姆斯特朗 12.5 英寸口径 1 号前膛炮，也属于前装线膛炮，实际口径 317.5 毫米，炮身长 5727 毫米，药膛长 699 毫米，炮膛内有 9 根长度 4330 毫米的来复线，火炮同样使用 3 种炮弹，371 千克重的实心弹、375 千克重开花弹，以及 373 千克重霰弹，药包重 72.6 千克，274 米距离上测得穿甲能力 414 毫米，火炮的弹药提升及装填方式与“阿尔法”级相同。[②] 此外，“伽马”级在军舰主甲板中部还装有 2 门阿姆斯特朗 2.75 英寸口径后膛舢板炮，和 1 门格林炮。同样，考虑到回国将要经历的长距离航行，蚊子船有限的载煤难以供应，也增加了 2 根桅杆的全帆装设计。这级军舰从外观上整体看

① *Conway's All The World's Fighting Ships 1860—1905*，Conway Maritime Press 1979，p399. Peter Brook：*Warships for Export—Armstrong Warships 1867—1927*，1999，p30.

② 许景澄，《外国师船图表》，柏林使署光绪十二年石印版，卷十一，第 1—2 页。

来，与“阿尔法”级非常相似，但是主炮周围的围壁遮护范围更大，而且主炮后方设有碉堡状的封闭式司令塔，防护方面比“阿尔法”有所改进。

综合来看，2级新型军舰长宽比都较小，体形短粗，而且主机功率小，航速迟缓，并不适宜远航，的确只是守护海岸的水炮台而已。似乎是为了要做更进一步的诠释，“伽马”级在舰艏弹药库装满标配的50发炮弹后，如果不在舰艉加装10吨或12吨压舱物，则舰艏将要淹没在水面之下，这样的船，显然不是用于海战的。

4艘新军舰的建造过程非常顺利，“阿尔法”“贝塔”分别于1876年2月23日和4月13日顺利下水，①6月5日，金登干和英国海军部首席舰船设计师查看了2舰，表示非常满意。②6月14日，米切尔船厂里一片热闹，意大利、丹麦等对蚊子船抱有浓厚兴趣的国家，纷纷派出武官来现场参观为中国建造的这2艘最新式蚊子船的试航，“阿尔法”“贝塔”按照英国海军部的规定，主炮用实弹和教练弹试射4次，军舰试航后航速达到9节，符合合同要求，英国海军部立刻出具证书，2艘军舰试航成功。③

遵照李鸿章“每船制成两只，随时先送来中国天津口查验，不必俟全行制就一并送来”的要求，④6月24日，在英国船长勒莫提拉普利曼达吉，以及汉密尔顿指挥下，“阿尔法”“贝塔”由雇佣的英国水手驾驶，踏上返回中国的航程。考虑到2艘仅有320吨的小船要涉渡重洋，每舰分别投了30000英镑的高额保险。⑤

此后经过漫长的航行，虽然中途遇到风暴袭击，但一切有惊无险，于11月20日抵达天津塘沽。因为蚊子船上空间狭小，除了舰长室外，根本没有考虑水兵的居住空间，整个航程中，护送的英国水手必须在甲板上搭设帐篷露宿，艰劳程度可以想像。27日，李鸿章与赫德兴致勃勃亲往验收，李鸿章对军舰表示满意，认为“实系近时新式，堪为海口战守利器”，给予了2个极为威武的名字“龙骧”“虎威”（*Lung*

---

① Peter Brook：*Warships for Export—Armstrong Warships1867—1927*，1999，p30.

② 《金致赫第94号》，《中国海关密档》8，北京：中华书局1995年版，第78页。

③ 《金致赫第95号》，《中国海关密档》8，北京：中华书局1995年版，第78—79页。

④ 《与赫总税司议定购办船炮章程》，《李鸿章全集》31，合肥：安徽教育出版社2008年版，第198页。

⑤ 《金致赫第95号》，《中国海关密档》8，北京：中华书局1995年版，第78—80页。

西方报纸刊登的铜版画，表现的是“阿尔法”回国后，中国工程技术人员对其进行检修、维护的情形。

Hsiang，*Hu Wei*），并商调船政后学堂毕业生张成、邱宝仁分别管带。[①] 赫德对这次的检阅情况却始终心有余悸，因为检阅过程中，出现了意外的事故，一名英国水手晕头晕脑，手中的步枪竟然走火，子弹紧贴着李鸿章的头顶飞过，当时李鸿章幸亏是坐着的，否则后果不堪设想，中国的近代史差点就将改写，这一火爆的插曲使赫德对此后的送舰活动充满了顾虑。[②] 接收之后，时值寒冬，李鸿章担心北方缺乏合适船坞设施，命令张成、邱宝仁率舰前往船政选募船员，又因为当时中日在琉球等问题上关系日益紧张，应福建巡抚丁日昌有关加强台澎防护的请求，“龙骧”“虎威”由张成统领布置到台湾巡防。帮助驾驶 2 舰来华的英国船员，除每舰暂留 3 名技术军官充当教习外，其余均迅速遣返回国。

“龙骧”“虎威”2 艘新式蚊子船整装开往遥远东方的祖国时，“伽马”“戴而塔”在 1876 年 6 月 14、23 日先后下水，1877 年 2 月 17 日在英国朴茨茅斯进行航试（此

① 《光绪二年十月二十日直隶总督李鸿章奏折附片》，中国近代史资料丛刊《洋务运动》2，上海：上海人民出版社 1961 年版，第 345—346 页。

② 《中国海关密档》1，北京：中华书局 1995 年版，第 534 页。

前在纽卡斯尔已经测得“伽马”的平均航速超过9.5节，“戴而塔”的平均航速为9节，符合设计要求。）英国海军界重要将领，以及各国驻英要员出席了试航仪式，中国驻英公使郭嵩焘亲临现场，并亲手演放了“伽马”舰的12.5英寸口径巨炮。到场参观的英国海军上将斯图尔特（Stewart），对中国的蚊子船给予高度评价：“一个真正的水兵只要一踏上船就会感到，这正是他所要的东西，是应用机械科学最渊博的知识来满足水兵的最真实的利益和需要的东西。”[①]

第一次体验炮手工作的郭嵩焘显得非常兴奋，在当天的日记中饶有兴味地记下了蚊子船火炮系统的结构以及试炮的经过：

“初五日，金登干约至波斯莫斯观所造铁甲小船（蚊子船），安炮船首，外设炮墙护之，内复施墙，置机器。进退高低各设一机器，外推则进，内推则退，高低亦然。先推使退向内，低承前罶下（指先将炮口俯下装填弹药）；而后转火药炮子以当炮口。前罶下复设机器，内推则机器直送入炮口，带水洗膛。次第送火药及炮子入，乃推置前罶下；乃复起炮使高，以度测之，而后推出炮墙外。又设电气线于机器墙内，引手按之，而声发子出，可及七千五百余步。但得一人，运机器有余，可云神妙……其‘代拉塔’（戴而塔）船亦开出海口，各演炮三，内演试群子一，船旁小炮及连环子炮皆历试之，亦平生之创见矣……”[②]

赫德担心送舰交货时再出现类似枪支走火的事故，反复叮嘱金登干加以注意，金登干起初想转嫁责任，准备干脆让阿姆斯特朗公司派人送船，最后则设法与皇家海军磋商，在确认运送的船只是最先进的军舰后，皇家海军破例批准可以让现役军官以请假的形式接受雇佣。两名现役军官琅威理（William M Lang）、劳伦斯庆随后就被雇佣来管理驾驶“伽马”“戴而塔”送往中国。

有现役英国军官驾驶运送，按理因当万无一失，金登干于是向赫德打包票：“您看吧！这些炮艇移交时准能像英国战舰那样——秩序井然，水手严守岗位。我认为，如果李鸿章不看一看炮艇上的英国水手是怎样操纵大炮的，那真是太可惜了……精心选拔的船员，将可充分利用这次出航的机会，来熟习和发挥这些舰只的性能。我毫不怀疑‘伽马’和‘戴而塔’号炮艇将以最漂亮的军舰的姿态驶抵中国。因此到

---

① 《中国海关密档》1，北京：中华书局1995年版，第509页。

② 郭嵩焘：《伦敦与巴黎日记》，长沙：岳麓书社1984年版，第117页。

达那里以后，要使各个有关方面都感到满意，这些炮艇应该受到李鸿章本人的正式视察，以使他了解到，在称职的人手操作下，这些炮艇可以达到多么高的效能。”[①]

2月28日傍晚6点半，盘旋在英伦的恶劣天气稍稍平息，皓月当空，“伽马”“戴而塔”鱼贯驶入英吉利海峡，踏上回国的航程。有趣的是，当时的中国公文将送舰的两位英国军官的名字分别音译为浪为美、静乐林，取风平浪静的吉祥之意，[②]其中浪为美——琅威理尤其受到郭嵩焘的好评。站在飞桥上指挥若定的琅威理，脑海里可能还在想着热恋中的女友，但从这次航程开始，这个英国人与中国的海军建设结下了深深的缘分。

尽管从“伽马”“戴而塔”出发开始，金登干就不厌其烦地向赫德介绍护送蚊子船的英国海军军官之可靠，介绍每个人的才干，甚至还把琅威理电报发回的航行日志转发给赫德。然而赫德仍然感觉不放心，要求2艘蚊子船不用直驶大沽，先前往福建船政，等自己查看后再作决断。

6月18日，“伽马”“戴而塔”顺利到达了位于福州马尾的船政，赫德发现“它们在到达时，还不如‘阿尔法’‘贝塔’号驶抵天津时干净、整洁”，于是决定就在福州就地交付给中国，以免去天津旁生枝节。“经过同船员们谈话，并注意看了水手们的外貌，我决定不让他们去天津，它们决不会给李留下什么特殊的印象。”[③]6月25日，2艘蚊子船直接在船政移交中国，随即被李鸿章分别命名为“飞霆”“策电”（*Fei Ting*、*Tse Tien*），连同先到的“龙骧”“虎威”被重新分派军官，由从船政借调的军官邓世昌、李和、邱宝仁、吴梦良分别管带，就近在福州一带募集舰员。[④]

蚊子船热

“龙骧”等4艘新式军舰成功回国，立刻在中国国内引起轰动，对这种据说能够打败铁甲舰的海防利器，沿海各省纷纷表示羡慕。实际在作为国家行为的北洋购买蚊子船之前，中国沿海很多地方早已经有了购造蚊子船的活动。1875年，福建

① 《中国海关密档》1，北京：中华书局1995年版，第503页。

② 《复福建船政吴春帆京卿》，《李鸿章全集》32，合肥：安徽教育出版社2008年版，第22页。

③ 《中国海关密档》1，北京：中华书局1995年版，第561页。

④ 《复吴春帆京卿》，《李鸿章全集》32，合肥：安徽教育出版社2008年版，第40页。

善后局就曾通过上海载生洋行向英国莱尔德公司(Cammell Laird)订购了2艘蚊子船，分别命名“福胜”“建胜”（*Fu Sheng*、*Chen Sheng*），首开中国购买蚊子船的先河。这两艘后来移交福建船政的蚊子船，排水量256吨，长26.52米，宽7.92米，吃水2.51米，小于“阿尔法”级，主机功率180匹马力，航速8节，装备1门10英寸口径瓦瓦苏尔（Vavasseur）前膛火炮。[①] 而看到北洋新购的“龙骧”“虎威”等新式蚊子船，福建巡抚丁日昌认为性能胜过“福胜”“建胜”，主张立刻按照北洋购买的样式，为福建海防增购一批。

与福建几乎同时，南洋治下的江南机器制造总局于1875年9月15日下水了一艘自造的蚊子船。这艘名为“金瓯”（TiongSing），寓意江山永固的军舰，诞生得极为突兀，可以看作是当时中国的军工技术人员紧密关注世界舰船发展潮流的结果。军舰排水量较小，仅有195吨（另有排水量200吨的记载），舰长31.7米，宽6.2米，吃水2.06米，主机功率304匹马力，航速10节，装备170毫米口径克虏伯后膛大炮1门。[②] 粗眼看来，这艘军舰除了采用后膛火炮，在当时各种蚊子船中略显时髦外，其他各项指标并不突出，似乎是泛泛之作。然而，“金瓯”实际是世界上第一艘装甲蚊子船（或称近海防御铁甲舰），中国的工厂技术人员们在这艘蚊子船上，率先引用了水线带装甲的设计，军舰沿水线装有厚2又3/4英寸的装甲，这一创举，比欧洲第一艘装甲蚊子船德国的Wespe要早。军舰主甲板上设置了一个带有2又3/8英寸厚装甲的炮塔，炮塔内还参照了西方地井炮的设计思路，通过液压装置，装填时将火炮降到舱内，装填完毕后则举升到炮台内，极为灵便。此外，“金瓯”舰在船艏还安装有撞角，“船头有铁杆一支，直伸出船外，如犀之独角”，[③] 这又是蚊子船发展史上的一项创举。这艘外形不起眼，但实际运用了大大领先世界设计思想的军舰，简直可以视作是新技术的试验平台，诞生伊始就引起了西方世界的震惊，认为“灿烂可观”，而且很有可能的是，德国Wespe军舰设计之初的灵感，就来自于中国的“金瓯”，如果这一点能得到确认，那么“金瓯”将是包括“经远”在内

---

① Richard N J Wright，*The Chinese Steam Navy 1862—1945*，Chatham Publishing 2000，p42；*Conway's All The World's Fighting Ships 1860—1905*，Conway Maritime Press 1979，p398.

② Richard N J Wright，*The Chinese Steam Navy 1862—1945*，Chatham Publishing 2000，p36；*Conway's All The World's Fighting Ships 1860—1905*，Conway Maritime Press 1979，p398.

③ 《申报》，1875年1月1日。

1884年中法马江之战前，停泊在马江江面的“福胜”级蚊子船。

的德系装甲巡洋舰的共同始祖。但是，这艘造价仅为62586.93两白银的军舰可能因为体量太小，并未引起中国国内过多的关注，当北洋的蚊子船回国后，南洋大臣沈葆桢即写信给李鸿章，请求能分拨1、2艘西方建造的蚊子船。

最后，甚至连英国人都来凑热闹了。1878年5月24日中午，天津英国领事馆内空气异常凝重，应英国人之邀前来赴宴的李鸿章，发现领事馆餐厅里仅有领事和3名英国海军军官而已。受克里米亚战争影响，英国担心俄罗斯借地利之便，到中国海域来攻击英国船只，为了加强在远东的海军力量，与李鸿章商谈，希望能将“龙骧”“飞霆”级军舰全部购回，加入皇家海军防守香港、新加坡。考虑到中国海防建设刚刚起步，而且这4艘蚊子船自用尚且不够，李鸿章予以一口回绝。由此也可以看出，蚊子船这种船型，在当时各国海军中，仍属于利器一类。英国领事曾坦率地说“此式炮船……专防本国海口以作水炮台抵御铁甲，最为得力。”①

由4艘新型蚊子船回国，一时间，从南到北，中国沿海兴起了一股沸沸扬扬的蚊子船热。

鉴于各省纷纷要求购买蚊子船的情况，总理衙门致信李鸿章，称“此项船只，无论各海口，难资分布，即咽喉要区，根本重地尚不足数，必应即时添置”，要求李鸿章负责具体经办，尽快再增加购买一批蚊子船。当时，赫德已经返回阔别12

① 《论英使密商购回蚊船》，《李鸿章全集》32，合肥：安徽教育出版社2008年版，第304页。

年的家乡英国休假，顺道帮助具体操办中国参加巴黎世博会一事，李鸿章于是通过赫德在中国的内弟，海关总理文案税务司裴式楷（Mattbew Boyd Bredon）致电金登干，打听蚊子船的报价是否有变化。1878 年 7 月 8 日上午，金登干收到了裴式楷由上海发来的电报："目前情况下，'阿尔法'或'伽马'级炮艇实价几何，25163（暗号，可能代指李鸿章）询问，或许将订购四艘。"[①]

经过和阿姆斯特朗公司的谈判杀价，7 月 28 日，赫德、金登干提交了蚊子船的报价：年内购买 2 艘"阿尔法"级，单价 26150 英镑，如果购买 4 艘，则便宜至 25500 英镑。"伽马"级购买 2 艘，单价 33300 英镑，购买 4 艘，单价为 32500 英镑。[②] 考虑到吨位和火炮口径，李鸿章未再考虑小型的"阿尔法"级，决策再购买 4 艘"伽马"级蚊子船，总价 45 万两银。1878 年 8 月 29 日下午，金登干与阿姆斯特朗公司签订合同，费尽口舌后，阿姆斯特朗坚持报价不能减少一分，但可以稍做让步，答应为每艘船免费加装 1 门格林炮（Gatling Gun）作为赠品。[③]

"镇"字号蚊子船

中国新订造的这批蚊子船，按照他们的 4 艘姐姐的传统，被金登干继续用希腊文字母暂时命名，分别为"埃普西隆""基塔""爱塔""西塔"（*Epsilon*、*Zeta*、*Eta*、*Theta*），工厂建造编号 374、375、376、377。[④] 由于这几艘船的设计较之最初的"伽马"级做出了大量调整、改进，因而自成"埃普西隆"级。

与母型"伽马"相比，"埃普西隆"舰体的材质改成了更坚硬的钢，外观尺寸等数据也都发生了一定变化。这级军舰排水量增加到 490 吨，长 38. 1 米（全长 3. 7 米），宽 8. 84 米，吃水 2. 9 米，动力系统采用 2 台英国霍索恩公司（R&W Hawthorn）生产的蒸汽机，配套 2 台燃煤锅炉，功率 472 马力，双轴推进，航速 10. 2 节，采

---

① 《中国海关密档》2，北京：中华书局 1995 年版，第 44 页。

② 《中国海关密档》2，北京：中华书局 1995 年版，第 63 页。

③ 《中国海关密档》2，北京：中华书局 1995 年版，第 100 页。

④ Peter Brook：*Warships for Export-Armstrong Warships 1867—1927*，1999，p30.

用艏艉双舵叶。煤舱容量和“伽马”相同，正常载量50吨，最大载量60吨。[①]

军舰的武备上变动较大，“埃普西隆”放弃了“伽马”级装备的12.5英寸口径火炮，改成一门口径略小的11英寸口径阿姆斯特朗火炮。担心中国人可能一时无法理解和接受这种改变，赫德、金登干和阿姆斯特朗公司提交了详尽的备忘录进行解释，称火炮的口径虽然变小了，但由于结构的改进和发射药量的加大，火力远较老式的大口径炮猛烈有力，“中国人可能认为，炮弹越大，造成的损害也会越大。然而，炮弹所造成的损害的大小，取决于推进炮弹的火药量的多少”[②]，而且阿姆斯特朗提出，新式火炮的重量较老式火炮轻，省出来的重量，可以用于改进设计，进一步增加军舰的航速。对此半信半疑的李鸿章最终接受了这个改变。

新安装的11英寸口径阿姆斯特朗前装线膛火炮，实际口径279.4毫米，膛长6480毫米，弹重240.4千克，炮重35吨，火炮初速554米/秒，射程7681米，火炮的操作以及弹药装填方式与“伽马”级相同，“大炮装在前面，用水力运转、装弹、制驭，开炮只需要5个人。瞄准时大炮的旋转并没有机械的自动设备，而是由船本身去完成回转任务……因为船身短，又装有两具推进机，所以这只小船能够依情况的需要迅速准确地旋转”[③]。此外，和“阿尔法”“伽马”一样，主甲板上还安装有2门3英寸口径后膛炮，同样由阿姆斯特朗公司制造，实际口径76.2毫米，炮身长1920毫米，初速357米/秒，射程5800米。根据“阿尔法”“伽马”的原先设计，军舰上还配有1门格林机关炮，因为阿姆斯特朗公司又附赠了1门，格林炮总数增加为2门。

拥有大量造舰经验的米切尔船厂，对建造这几艘小型军舰可谓驾轻就熟，建造过程一切顺利，“埃普西隆”级4艘军舰在1878年9月9日同时开工，分别于1879年1月20日、3月22日、2月5日、3月27日下水。[④]1879年3月25日，顾不上患病不起的妻子，金登干和曾经驾驶护送“伽马”舰前往中国的海军军官琅

---

① *Conway's All The World's Fighting Ships 1860—1905*，Conway Maritime Press 1979，p399. Peter Brook：*Warships for Export—Armstrong Warships 1867—1927*，1999，p31.

② 《中国海关密档》2，北京：中华书局1995年版，第122页。

③ 《“田凫”号航行记》，中国近代史资料丛刊《洋务运动》8，上海：上海人民出版社1961年版，第416页。

④ Peter Brook：*Warships for Export-Armstrong Warships 1867—1927*，1999，p30.

停泊在泰恩河上的“埃普西隆”“镇东”，军舰中部的飞桥上搭建了用于铺设天幕的支架。

威理一起来到纽卡斯尔，视察了接近完工的首舰“埃普西隆”。结合在以往驾驶“伽马”远航中的切身感受，琅威理认真地对新蚊子船提出了很多修改建议，经过很长时间的辩论，伦道尔、阿姆斯特朗被说服，同意对新军舰进行某些修改。“埃普西隆”级蚊子船原本外形上和母型“伽马”非常相像，而经过这次修改后，外形上就产生了极为明显的区别。琅威理对“埃普西隆”的主要修改建议有：在主炮防护围壁上方水平敷设一块薄钢板和防浪板，以便使得任何时候火炮都处于遮蔽中；将军舰的舷墙全部增高 2 英尺，既可以在航行时防浪，也能在战时对水手起到保护作用；将原本露天的军舰舰艉甲板，用硬质的顶棚遮护，可以免除在倒车航行时甲板上浪。[①] 经过这系列改装，“埃普西隆”的设计更加完善，成为蚊子船发展过程中的一型成熟之作。

1879 年 7 月 24 日，继郭嵩焘之后出任驻英公使的曾纪泽由金登干陪同抵达朴次茅斯，一行人等分乘 4 艘蚊子船出海演试。在“埃普西隆”甲板下并不宽敞的餐厅内用过午饭后，曾纪泽亲手燃放舰艏的大炮，显然开炮这种带有亲身体验性质的活动很受中国官员欢迎，“炮之进退高下以及装药盛子，皆以汽机运之，启闭其机极为灵便，不过用斤许力耳。第一炮装药、盛子、进炮，皆余自启其机。”跟随在“埃

① 《中国海关密档》2，北京：中华书局 1995 年版，第 182 页。

普西隆”之后的“基塔”等船也各试炮2响，其中鸣响“基塔”舰大炮的是金登干的夫人，此举似乎是进一步说明蚊子船火炮系统设计之巧妙灵便。试炮完毕后，各舰又测试机动性能，360度旋回三圈，第一圈单纯靠螺旋桨，第二圈依靠舰艏舵叶，第三圈则是舰艉的舵叶，在方圆30丈的区域内，测得旋转一次平均时间为3分5秒，一切表现令人满意。①

7月30日，由琅威理率领，4艘“埃普西隆”级蚊子船启航回国，此前鉴于船政于1877年派出的赴欧洲海军留学生已经留学有日，为造就人才，李鸿章曾和留学生监督李凤苞协商，意图从留学生中挑选资质优良者驾驶这批蚊子船回国，不假手于西方人，然而金登干以中国学生学业未精等借口婉拒，最终仍雇用英国船员驾驶护送。

新蚊子船离开英国的当天，《泰晤士报》做出长文报道，认为这些军舰装备的火炮威力惊人，超过当时英国所有舰上火炮，表示出了对这型新式蚊子船的艳羡:“星期三清晨，在岬头（Spithead）出现了一队样式新颖的炮舰，朴次茅斯的海军界为之惊愕……它们虽然悬挂英国海军的红色旗帜，但显然不属于英国。它们是埃尔思威克工场、阿姆斯特朗公司为中国政府所建造的……中国人作此突然的冒险一跳，已经跳到我们前面去了。当人们记住这些的时候，便知道这个新创事件的重要性和所表现的勇气是值得注意了”②。

清政府最初做出这次增购蚊子船的决策，主要是考虑到南洋大臣提出的加强南洋海防的请求，而原先购买的“龙骧”“飞霆”等4艘军舰数量太少，不够分拨。因而，“埃普西隆”级蚊子船的订购，虽然经李鸿章之手操办，南洋大臣沈葆桢认为这些军舰将来非南洋莫属，当新式蚊子船到达中国领海后，沈葆桢亲自为四艘军舰命名为“镇北”“镇南”“镇西”“镇东”（*Chen Pei*、*Chen Nan*、*Chen His*、*Chen Tung*，因而这批军舰又可以称为“镇北”级），且预备派出船政后学堂的毕业生刘步蟾等接管，就任新军舰的管带，在福州马尾等待接收新蚊子船。出乎沈葆桢预料的是，早在订立购舰合同时，李鸿章就意味深长地强调4艘新军舰必须抵达天津大沽，由

① 《曾纪泽集》，长沙：岳麓书社2005年版，第356页。

② 《“田凫”号航行记》，中国近代史资料丛刊《洋务运动》8，上海：上海人民出版社1961年版，第412—413页。

西方报纸刊载的中国蚊子船编队铜版画。蚊子船回国之初，在基本没有近代化海军基础的情况下，一度成为中国海上武装的骨干，频繁在近海出现、游弋。

他自己验收交货。为此，李鸿章还专门通过赫德，派赫德的内弟——江海关税务司赫政（James H. Hart）前往广东，抢在南洋之前迎护，一路监督新蚊子船到达天津。当年 11 月 19 日，李鸿章亲自前往大沽检阅 4 艘新舰，颇为满意。[①]

11 月 30 日，李鸿章致信沈葆桢，将“龙骧”“虎威”“飞霆”“策电” 4 艘较早购买的蚊子船调归南洋，而新购的 4 艘“镇”字舰留在北洋使用。[②] 书信中，李鸿章阐述了他的理由主要有 2 点，首先“龙骧”等蚊子船在北洋驻防已经 2 年，原本就需要南下上海进船坞刮修船底，将这 4 艘军舰调给南洋，“藉省往返”。另外，南洋预备用蚊子船驻防在长江内的吴淞、江阴，“风浪少平”，而北洋的蚊子船需要在大连湾等处航行，“镇”字蚊子船的设计改良更适合在北洋航行。对这种容易让人产生汰旧换新，占南洋便宜嫌疑的行为，李鸿章自表态度“非敢择利自卫”。沈葆桢在得到“镇”字蚊子船被调北上的消息后，也曾致信李鸿章，称“知大君子

① 中国近代史资料丛刊《洋务运动》2，上海：上海人民出版社 1961 年版，第 418—419 页。
② 《复两江制军沈》，《李鸿章全集》32，合肥：安徽教育出版社 2008 年版，第 493 页。

之用心突出寻常万万也”。[①]

4艘“镇”字号蚊子船还在回国途中时，日本悍然吞并了中国属国琉球，中国海防形势极为严峻。当时的中国海防，除了自造的一批兵商两用的炮舰外，所能使用的新式军舰只有新购的蚊子船，但这些舰只都只适应近海防御，无法出远海决胜负，清政府内部有关海防的思想开始发生悄然变化，购买新式碰撞巡洋舰、大型铁甲舰的计划被提到议事日程。但于此同时，与赫德私交甚密的恭亲王奕訢仍在申请购买一批用于防守近海的水炮台——蚊子船，援引李鸿章的奏折，奕訢提议广东、台湾的港口防御需要各购买2艘；浙江宁波和山东烟台的港口防御需要各购买1艘，并认为“……令该督抚自行定购，似不如径由该大臣一手经理”，“将来各船购到时，并由该大臣验收”[②]，浅眼看来，和南洋的4艘蚊子船一样，大有以为各省买舰为名，行增加北洋海防之实。

清政府随即同意了恭亲王增购蚊子船的奏请，指令相关各省自筹资金，认真办理，山东巡抚周恒祺很快便认购了2艘蚊子船。而两广总督刘坤一的回复则颇为勉强，环顾左右而言他，最后提出了“造舰”的主张。这年冬天，广东先斩后奏，批准完全由广东机器局总办温子绍个人捐款和设计，在广东黄埔船坞开工仿造一艘蚊子船。[③]这艘后来命名为“海东雄”（*Hai Tung Hung*）的军舰，设计上参考了北洋购买的“镇北”级蚊子船，排水量与其相同，为430吨，舰长也一致，同为38.1米，船宽略微增加，为9.14米，吃水2.41米，动力系统采用复合式蒸汽机，航速仅有7.5节。船头装备1门11英寸口径后膛炮，另外配备2门2.75英寸后膛副炮，全舰造价仅为3.39万两银。按照温子绍的设计，“海东雄”不采用英制蚊子船木壳船体外包裹铁皮的做法，直接采用纯木壳，只在部分重要部位敷设铁皮装甲，这样可以避免锈蚀，又可以节省工料节约经费，而且减轻船的吨重，使航行更为便捷。另外，“海东雄”舰艏的火炮改为后膛炮，不光装填方便，而且重量比前膛炮大大减轻，增加了船的稳性，也降低了发射时的后坐力。刘坤一以此为例，申请国家拨款

① 《沈文肃公牍》，扬州：江苏广陵古籍刻印社1997年版，第1338页。

② 《光绪五年十一月十三日总理各国事务衙门奕訢等奏折附片》，中国近代史资料丛刊《洋务运动》2，上海：上海人民出版社1961年版，第427页。

③ 《刘忠诚公遗集》，台北：台湾文海出版社1973年版，第2089—2095页。

停泊在纽卡斯尔港边的“约塔”“镇边”舰，可以注意这级舰区别于“埃普西隆”的重要特征——前桅杆上只有一根横桁。

再自造一艘同样的蚊子船，以替代购舰的方案。[①] 孰料这个建议被驳回，两广最后被迫也认购1艘蚊子船。

仍然由赫德经手，中国向阿姆斯特朗公司又订购了3艘蚊子船，临时用希腊文字母命名为“约塔”“卡帕”“兰姆达”（*Iota*、*Kappa*、*Lambda*），船体仍然由劳沃克船厂建造，工厂编号411、412、413，于1880年6月2日同时开工，同年12月9日、31日、22日分别下水，1881年4月通过航试。[②] 由山东付款的前2艘后来被分别命名为“镇中”“镇边”（*Chen Chung*、*Chen Pien*）；两广心不甘情不愿认购的那艘，后来被命名为“海镜清”（*Hai Ting Ching*）。

3艘船为同级，外形各项参数和此前北洋购买的“镇北”级基本相同，外形上

---

① *Conway's All The World's Fighting Ships 1860—1905*，Conway Maritime Press 1979，p399.

② Peter Brook：*Warships for Export-Armstrong Warships 1867—1927*，1999，p31.

在英国船坞里进行舾装的中国蚊子船，可能是“镇中”或“镇边”。照片中能清楚看到船艏水线下的舵叶、主炮围壁上的龙纹，以及从“埃普西隆”级开始，依据琅威理的建议在主炮围壁顶上加装的防浪板。

“约塔”级蚊子船艉部照片，可以看到装饰于船艉的龙纹以及船底侧面的舭龙骨。

主要的区别是，这级军舰前桅杆只有一根横桁，不同于之前中国外购的其他蚊子船。这型蚊子船排水量500吨，长38.1米，宽8.84米，吃水2.9米，动力系统采用2台霍索恩公司造蒸汽机、2台燃煤锅炉，双轴推进，功率455马力，航速10.4节，武备则和“镇北”级完全一样。①

1881年夏，3舰建造完毕由英国水手驾驶回中国，7月25日到达广州时，“海镜清”被两广留用，而剩下原本由山东订购的“镇边”“镇中”则在8月11日抵达大沽后，不出所料，被借调北洋水师使用。由此，中国的海防队伍中，共出现了15艘蚊子船。

① *Conway's All The World's Fighting Ships 1860—1905*，Conway Maritime Press 1979，p399.

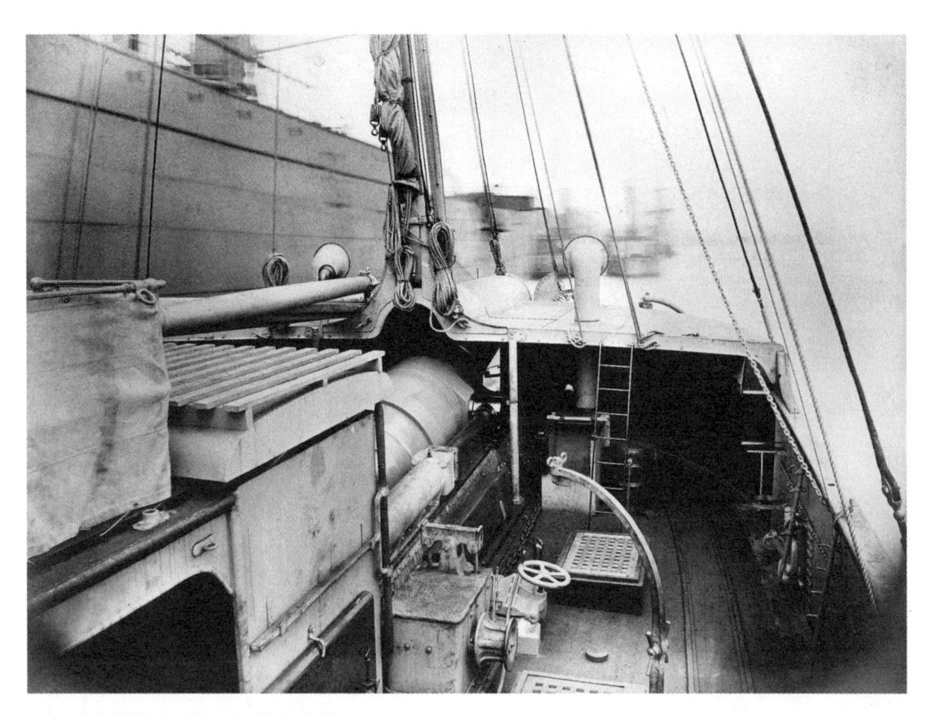

“约塔”级蚊子船的主炮位

“约塔”级蚊子船艉部天棚下特写，可以看到安装于艉部的 3 英寸口径副炮。

龙旗飘零

4艘“镇北”级蚊子船以及之后并入的“镇中”“镇边”，在北洋水师里统称六镇炮船。她们回国之初，适逢北洋水师创办，百事待举，在几乎没有任何先进军舰的北洋海防里，用于近海防御的蚊子船成了骨干力量，刘步蟾、林泰曾、邓世昌等后来北洋海军的高级将领，在被李鸿章从福建抽调到北洋的早期，大都出任了各艘蚊子船的管带职务，小小的蚊子船，为中国近代海将走向海洋，提供了历练、磨砺的平台。

随着1879年琉球事件、1884年中法战争的刺激，清政府对于海军、海防又有了更深刻的认识，很快看到早期购买的蚊子船对于舰种齐全的海军大国，尚有守护海口、独当一面的意义。而像中国这样几乎没有任何海军装备基础的国家，花重金购买这批军舰，并不能对增加国家的海上力量尤其是远海机动力量有多少帮助，潜移默化中，李鸿章的海防观由近海守口防御，悄然向远海改变。先是向英国订购了2艘新型的撞击巡洋舰“超勇”“扬威”，之后更是购办了威震东亚的大型铁甲舰“定远”“镇远”，这些大型军舰回国后，中国海军开始频繁活跃在北起海参崴，南至新加坡的辽阔海域，只能用于近海守口的蚊子船，逐渐显得不再重要，为节省经费起见，北洋海防的6艘蚊子船每年只维持2艘在海上值勤，剩余4艘则收入船坞封存，相关的人员并入铁甲舰服役，昔日世界名舰的光彩逐渐黯淡。

1894年夏，中日两国爆发甲午战争。战争开始后不久，北洋所有蚊子船全部予以启用，重新编制人员，再度活跃于近海，主要负责防护威海、旅顺等要港。9月16日，护送陆军前往大东沟登陆的北洋海军主力队伍中，也有2艘蚊子船“镇中”“镇南”的身影，当时它们的主要任务是守护在大东沟口，防止日本舰队偷袭入口，因而并未参加著名的黄海大东沟大战，只是在海战后期曾响应“靖远”舰挂出的旗号，配合北洋幸存各舰一起收队。

进入1895年，战火逐渐蔓延到北洋海军的重要基地威海刘公岛，作为守港利器的6艘“镇”字号蚊子船参与了惨烈的威海保卫战，北洋海军数度打退日本舰队海上进攻的战斗中，蚊子船的作用功不可没。然而，随着威海湾陆地炮台的接连失守，北洋海军陷入四面楚歌的困境，大舰纷纷受创沉没。

正在运送刘公岛降军出岛的“镇东”级蚊子船

停泊在旅顺的被俘蚊子船

编入日本海军的“镇中”舰，1897 年拍摄于日本吴港。

被俘未久的“镇北”舰，舰艉还可以清晰看到中文舰名牌。

成为日本军舰的“镇边”，1897 年拍摄于神户。

编入日本海军后的“镇西”舰

2月12日上午8时，中国发展近代海军最早努力的成果、曾经的“埃普西隆”号“镇北”舰悬挂白旗，载着特使程璧光，缓缓驶向日本舰队锚地接洽投降。2天后，北洋海军投降，全军覆没，全岛官兵5124人被日军遣返，残存的6艘“镇”字蚊子船承担了运送刘公岛上官兵离岛的悲惨任务。

从此，“镇”字号蚊子船被编入了日本海军，长期充当一些无关紧要的角色。

1898年3月21日6艘蚊子船集体被定为二等炮舰级，1903年8月21日一同除籍成为杂役船。

其中“镇东”舰1906年6月8日报废、1907年转售。“镇南”舰1908年5月15日报废，于1913年转售。“镇西”舰于1908年5月23日转归文部省所有；“镇北”舰1906年6月8日报废，1909年转售。“镇中”与“镇边”两舰由于船龄较新，在1900年庚子事变时作为八国联军海军的成员被派在大沽口外巡逻，两舰最后同在1906年6月8日报废，“镇中”舰于1909年转售，“镇边”舰同年7月16日改归司法省所有。

北洋海军的蚊子船，这些未能执行任何与他们职能相称的使命的军舰，就这样来去匆匆地消逝在历史长河中。

东南归路莽萧条，皖口千峰若为招。
半局残棋存战舰，八年恨事付寒潮。
灵风下水征帆疾，落日中原汉马骄。
孤客不堪回首望，断云一片劫灰烧。

——李鸿章《登小姑山感怀》

纽卡斯尔的梦

——“超勇”级撞击巡洋舰

清冽的海风从泰恩河（River Tyne）掠过，带来北海上独特的气息，薄雾渐渐散去，大英帝国的纽卡斯尔（Newcastle）军港里呈现出满目繁忙景象。岸上一队队水手、士兵来来往往，川流不息，为码头旁两艘外形秀丽的军舰运输着补给。指挥的银笛声、搬运重物的号子声、军舰发出的悠长汽笛声，共同奏响了一曲醉人的启航之歌。人群中，有名穿着蓝色制服，腰挎军刀的年轻海军军官静静地伫立着，凝视远方的目光中透出一股深情。

一位俏丽的金发少女翩然而至，给忙碌的码头带来一丝不小的波动。周围的人们纷纷抬头观望、窃窃私语，间或有几张面孔露出会心的笑容。少女手中捧着芳香四溢的蛋糕，上面写着“The Imperial Chinese Navy—Chao Yung”（大清帝国海军——“超勇”）和一个显然是属于东方人的名字。顾不得平静一下呼吸、拭去额头的汗珠，少女走向那位年轻军官，两人的身影俨然成了纽卡斯尔这个夏天最美的风景。

“……告别黯然魂销，不忍长辞……意腻（Annie Fenwick）自制香糕罩以雪糖，作船名及余名，冠以吉祥语，又知余家有母，自制食物一瓶，书送慈亲，嘱余转奉，闻者尤感之，况余身受者乎……匆匆一别，再晤何期，未免有情，谁能遣此矣……”①

1881年8月9日，中国海军“超勇”“扬威”号巡洋舰从纽卡斯尔启航回国。

① 池仲祐：《西行日记》，北京：商务印书馆1908年版，卷下第10—11页。

新式巡洋舰

“……保密——目前海军一般人的意见和炮术的进步越来越对装甲舰不利。阿姆斯特朗公司已设计出新式非装甲巡洋舰，时速15海里，排水量1200吨，吃水15英尺，机器被水下舱板遮蔽，用煤堆保护。装备两门25吨新型后膛炮，足以穿透海上的任何铁甲舰，一门安装在舰艏，一门在舰艉，均绕枢轴旋转，可向前方和舷侧目标射击。此外尚有小炮及鱼雷装置。全舰水手七十人。建造时间十五个月，全部造价90000镑。所有以上各项数字均系估计的近似值。此种巡洋舰将被证明比现存各种巡洋舰优越，就像‘阿尔法’‘伽马’型号炮艇之优于其他炮艇一样，它将成为新型炮艇的重要补充。这是您的理想从炮艇级扩展到巡洋舰级，如在别国政府之前被中国政府所采用，您将再一次在海军科学方面居于领先地位……”①

1879年6月15日，这份电报由英国伦敦经恰克图电报线，传递到中国海关总税务司位于北京的办公桌上。发报者是中国海关驻伦敦办事处主任金登干，收件人则是在中国近代史上大名鼎鼎的赫德爵士。这位出生于爱尔兰的英国人，19岁时作为一名对华外交人员踏进了这个神秘的东方国度，因为好学、工作勤勉、处事积极，28岁时就荣登中国海关总税务司的宝座，并一直担任至76岁的耄耋老年，几乎把一生的时光都驻留在了中国。在职期间以其特有的热情、认真精神，使海关成为当时中国官僚机构中效率较高、较廉洁的部门，海关新税也成为了清末中国政府财政收入的重要来源。曾经竖立在上海外滩的铜像，象征了他在这个国家历史上留下的独特印记。

可能是源自岛屿民族性格里那鼓对大海与生俱来的热情，作为英国在华利益的代言人和攫取者，赫德在控制中国海关行政管理权，干涉中国内政的同时，对于中国创建近代海军的计划也颇感兴趣。早在1861年，赫德就参与了“李泰国–阿思本舰队”的筹划、谈判，是为其介入中国海防事务的最早实践。1874年日本侵台事件发生后不久，关于建设西式海军的提案重新引起清政府重视，赫德借此再度插足中国海军建设领域，通过与北洋大臣李鸿章的反复讨论，掀起了大规模购买西方

① 《金致赫第257号》，《中国海关密档》8，北京：中华书局1995年版，第177页。

军舰的浪潮。

实际上，赫德本人对海军、军舰并无太深了解，他的有关信息和知识大都得自中国海关驻伦敦办事处主任金登干，而这个办事处的一项重要任务正是为中国联系购买军火、舰船。早期促成中国购买了一批蚊子船，使得赫德越发意气风发，以致做起了中国海军总司令的美梦，并积极鼓动中国购买更大的军舰，借以一步步实现英国对中国海军的影响（赫德一度曾向清政府提出设立海防总署，由其出任总海防司的设想，以便直接控制中国的新式海军。后经南洋大臣沈葆桢、北洋大臣李鸿章等极力反对而作罢）。

中国海关总税务司赫德

金登干发来的这份极尽阿谀的电报，介绍了阿姆斯特朗公司新推出的一种巡洋舰，恰好投中赫德的下怀。似乎是觉得电报里说得还不够清楚，5天后，意犹未尽的金登干从伦敦又寄出了一封长信，更为详细地描述新巡洋舰的特性，强调这型用于进攻的巡洋舰是对中国海军已有蚊子船的极好补充。并认为，对于财政支绌的中国政府而言，与其孤注一掷购买几艘价值不菲的大型铁甲舰，不如用这笔钱来装备一批单价便宜的巡洋舰，而且依据当时英国海军舰船设计界的观点，这种价格低廉的巡洋舰理论上还是大型铁甲舰的克星，为了论证铁甲舰很快会被淘汰，金登干举了个生动的例子：“……这个题目可以作无限引申的详细阐述，比如说，人身铠甲的废置不用就是一个恰当的例证……”①

电报中提到的巡洋舰，依据十九世纪海军的分类标准，属于碰撞巡洋舰（Ram Cruiser）或撞击巡洋舰，中国史料称为碰船兼快船、碰快船。探寻这类军舰的源头，可以上溯至1866年意大利、奥地利两国之间爆发的利萨海战。那次海战中，由特格特霍夫（Wilhelm von Tegetthoff）海军上将率领的奥地利舰队列成横阵（或

① 《中国海关密档》2，北京：中华书局1995年版，第205页。

称楔型阵、“人”字阵，中国称雁行阵），大败采取纵队的意大利舰队，从而影响了世界海军战术的走向。海战中，奥地利旗舰“斐迪南德·马克思”（*Erzherzog Ferdinand Max*）将意大利舰队旗舰“意大利国王”（*Re D' Italia*）拦腰撞沉的经过更是成了海军史上的经典战例。尽管这次成功的撞击中夹杂着太多偶然性因素，然而对沉寂已久的海军战术和舰船设计领域来讲，利萨海战带来了全新的理念和思想，引发了关于船头对敌战术的意义、舰艏方向火力的重要性，以及撞击战术价值的再认识，大转变由此开始。

撞击战术的偶然成功，很快被传成了神话。以致于有人要设计以撞击为主要作战手段的军舰——撞击巡洋舰。始作俑者是英国著名的舰船设计师乔治·伦道尔，因设计小船装大炮的蚊子船而声名鹊起的伦道尔，坚持可以建造一种小而便宜的军舰去战胜和替代昂贵的铁甲舰，这类小型军舰的重要特征是航速快、装有撞角、舰体外形简洁、隐蔽，能够利用其装备的撞角、大口径火炮对铁甲舰构成威胁。这一概念性的理论随即受到追捧，19 世纪后期，人们可以在世界各地很多军港里见到这类军舰的身影。

在严峻的海防形势压迫下，中国近代海军建设的初期，对国际上海军技术发展的走向一直保持密切关注，几乎是不错过任何一个新技术，可谓紧追潮流。早期购买蚊子船，以及后来订造铁甲舰、穹甲巡洋舰、装甲巡洋舰，乃至自行设计建造潜水艇、舟桥船、全钢军舰皆是例子。这种对新技术的敏感性，和发展海军的努力，在当时亚洲国家中遥遥领先，即使在世界来讲，也不稍逊色。新锐的概念舰——撞击巡洋舰，通过赫德推荐、介绍后，主持北洋海防建设的北洋大臣、直隶总督李鸿章立刻产生了兴趣。当时，中国海军迫切需要一种堪当重任，能出远海作战的新式军舰，但因为“经费太绌、议论不齐、将才太少”，中国购买铁甲舰作为海军主力的计划一拖再拖，使得主持此事的李鸿章备感压力。现在突然出现了一种价格低廉，且能“追赶碰坏极好之铁甲船”的巡洋舰，无异天赐良机。经详细查看图纸和咨询外国军官后，1879 年 12 月 9 日，李鸿章委托赫德向英国阿姆斯特朗公司洽谈订造 2 艘新式撞击巡洋舰。[①] 两天后正式向清政府作出奏报，在强调购买巡洋舰的重要性同时，引人注意的是，李鸿章在奏折中称，中国要巩固海防，“非购置铁甲等船

---

① 《赫致金第 113 号》，《中国海关密档》8，北京：中华书局 1995 年版，第 190 页。

练成数军决胜海上，不足臻以战为守之妙”[①]，表示目前购买巡洋舰只不过是为他日的铁甲舰队做准备，实际并不认同赫德、金登干等人有关铁甲舰过时的论调。

对于中国的委托，赫德认为此项工程完成的好坏将直接影响到对华军火贸易的扩大，以及英国在可以预见的将来对中国海军的影响，于是专门致信给在英具体办理此事的金登干，着重强调军舰在平静水域的标准航速必须超过15节，舰艏要装备特别强有力的弓形撞角，提醒金登干，李鸿章对舰载鱼雷艇抱有浓厚的兴趣，希望鱼雷艇速度必须达到17至18节，并要求2艘军舰要于1881年春季交船。[②]

金登干不敢怠慢，立即着手与阿姆斯特朗公司谈判，1879年12月18日正式签订合同，2艘军舰总价16万英镑，低于1艘9万英镑的最初报价。和定造蚊子船时的模式相似，双方约定船价分三次支付，合同签订后的6个月内付第一批，此后6个月内付第二批，竣工后支付余款，期间按年利5%支付过渡期利息。英国丽如银行负责分期付款担保，收取1%担保金。[③]

“超勇”“扬威”

1880年4月17日，按照合同规定的首批造价汇至中国海关在丽如银行开设的G账户内支付。[④]在此之前，中国的两艘撞击巡洋舰已经在1月15日双双开工，建造编号分别为406、407。[⑤]经金登干提议，赫德将两艘军舰暂时命名为“白羊座”（Aries）和“金牛座”（Taurus），前者表示两艘军舰都有尖尖的角，后者则寓意军舰的产地是欧洲（西方神话中，天神宙斯曾化身金牛追求人间一位美丽的公主，后来故事的发生地用公主的名字欧罗巴命名，此即传说中欧洲名称的由来）。同年12月27日，李鸿章取“超勇”和“扬威将军”的封号，将两艘军舰正式命名为“超

① 《光绪五年十月二十八日直隶总督李鸿章奏折》，中国近代史资料丛刊《洋务运动》2，上海：上海人民出版社1961年版，第421—422页。

② 《中国海关密档》2，北京：中华书局1995年版，第205页。

③ 《金致赫第286号》，《中国海关密档》8，北京：中华书局1995年版，第192页。

④ 《赫致金第126号》，《中国海关密档》8，北京：中华书局1995年版，第204页。

⑤ Peter Brook：*Warships for Export-Armstrong Warships1867—1927*，1999，p48.

勇”“扬威”，[①] 英文译名 *Chao Yung*、*Yang Wei*，遵从西方海军的习惯，两艘同型舰可以并称为“超勇”级。

阿姆斯特朗（William George Armstrong，1810—1900）开创的阿姆斯特朗公司，是近代世界著名的火炮制造商，当时并没有自己单独的船厂，承揽的造船业务，船体部分都是转包给位于泰恩河畔的劳沃克船厂建造，中国的这两艘巡洋舰也不例外。当时在劳沃克船厂内，还有一艘已经开工的同型巡洋舰，即智利政府订造的 *Arturo Prat* 号，后来这艘船一度准备转卖给中国，但被李鸿章回绝，于1883年被日本购得，更名为“筑紫”。值得一提的是，出于多种考虑，赫德对于2艘巡洋舰的建造质量非常关心，当得知新军舰的舰体不在阿姆斯特朗公司建造时，专门致信金登干，异常详细地询问了米切尔船厂的造船历史、规模、施工能力等细节情况，并多次提醒金登干注意监督，要求必须造出2艘“第一流的巡洋舰”。[②]

由伦道尔设计的“超勇”“扬威”，在劳沃克船厂的生产编号为406、407，舰型属于撞击巡洋舰，正常排水量1380吨（一说1350吨），满载排水量1542吨，舰长64米，宽9.75米，吃水4.57米。主机采用的是英国霍索恩公司生产的2座卧式往复式蒸汽机，配备6座锅炉（早于“超勇”级建造的智利 *Artuor Prat* 号只有4座锅炉，为满足李鸿章对于航速的要求，伦道尔在两艘中国军舰上做出了改进，将锅炉增加到6座），双轴推进。设计功率2600匹马力，航速16节。舰上煤舱正常储量250吨，最大可以储存300吨。续航能力5380海里/8节。[③] 除蒸汽动力外，“超勇”级军舰上还配置有帆装，安装有两根桅杆，能采用风帆动力航行，设计时桅杆属于直杆，只能张挂索具相对简单的纵帆。回国后不久，中国方面对桅杆进行了简单改造，在前桅加装了横桁。

“超勇”级军舰的舰体为金属结构，舰壳材料主要采用的是3/4英寸厚的钢板，另外在水线下3.5英尺处有一段简化的装甲甲板，保护着机舱和弹药库等重要部位，但这层装甲甲板厚度仅为3/8英寸，只能给水兵们一些心理安慰而已，并无太多实

① 《派丁汝昌赴英收船片》，《李鸿章全集》9，合肥：安徽教育出版社2008年版，第237—238页。

② 《中国海关密档》2，北京：中华书局1995年版，第276、297页。

③ *Conway's All The World's Fighting Ships 1860—1905*，Conway Maritime Press 1979，p396. Peter Brook：*Warships for Export-Armstrong Warships1867—1927*，1999，p48.

在米切尔船厂船台上等待下水的“白羊座”“超勇”

“超勇”级军舰所用的霍索恩卧式蒸汽机

际价值。除此外，“超勇”级再无附加装甲，实际上属于无防护巡洋舰，这样设计的主要目的是出于减轻军舰的吨位、提高航速，以及降低成本等考虑。为增加军舰的生存力，伦道尔在军舰舷侧和机舱上方设置了多个煤舱，寄希望依靠煤堆来提供一些防护。

因为自身防护能力薄弱，而作战的主要手段又是极为冒险的撞击战术，“超勇”级军舰外形设计上别具特色。除双桅、单烟囱外，水线以上的舰体非常简洁、低矮，如此既使对方难以瞄准，逃避敌方火力的打击，同时又能尽量隐蔽自己，不被敌方发现，以发挥撞击战术突然性的特点，其设计思路非常类似今天的隐形军舰。但由之却造成了适航性差的恶果，该级军舰干舷极低，即使在风平浪静的情况下高速航行，艏艉主甲板也可能被海水淹没，恶劣海况下的情况可想而知。为此，“超勇”级军舰艏艉的主甲板不作为水兵工作的主区域，没有敷设柚木甲板，通常布置在主甲板的吊锚杆被安排到了前后主炮塔顶上，这样起锚作业时，水兵的工作环境相对安全，然而吊锚杆位置过高，尽管按照赫德的要求安装了蒸汽起锚机，仍不可避免会影响起锚作业的时间。

“超勇”级军舰指挥系统的布置较有特色，在前主炮房后部、烟囱后部两处各设有一座装甲司令塔，但装甲厚度仅为 5/8 英寸，前主炮房后部的装甲司令塔顶上安装有 1 座探照灯，烟囱后部的装甲司令塔顶部则设有露天飞桥。此外，在后主炮附近还有一个备用的露天指挥台，安装有 1 具标准罗经。

沿袭蚊子船小船架大炮的设计思路，伦道尔给小小的“超勇”级军舰安排了 2 门大口径后膛火炮。这种由阿姆斯特朗公司生产的火炮，可能是MKI型，口径10英寸，身管 26 倍径，炮弹重 400 磅，每门炮备弹 100 发，正常情况下最大射击仰角 10 度，最大射击俯角 3 度，有效射程 8000 米，在极限射击仰角 15 度时，射程可达 12000 米，威力在当时可谓相当惊人，被认为是 1881 年代威力最大的火炮，3000 米距离上使用实心弹可以射穿 14 英寸厚的钢板，这可能是伦道尔向金登干许诺这种军舰可以战胜铁甲舰的信心所在。由于这型火炮属于从地井炮发展而来的原始速射炮，带有原始的液压复进装置，因此射速较传统的架退式后膛炮为快，为 2. 5 分钟 1 发。因为该型巡洋舰的吨位较小，没有采用笨重的船面旋台式炮塔，而是将 2 门火炮分装在军舰艏艉的露炮塔里，火炮采用水压动力转动，每门炮配备 10 名炮手。为给炮手提供一个相对较好的工作环境，以免风浪的干扰和保持舰体外观连贯避免突兀

在左舷后方拍摄的“超勇”级军舰照片，可以看到折叠安放的炮门挡板。

以增加隐蔽性，在露炮塔外安装了一个固定不能转动的炮廓，炮廓钢板的厚度仅有3/8 英寸，分别在火炮的正前方和两侧开有较大的炮门，主炮在正前方可以获得 44 度的射角，在左右两侧分别获得 70 度的射角。由于“超勇”级军舰的干舷很低，高速航行时甲板容易上浪，未免海水灌入炮台内，炮门上均装有挡板，平时关闭，作战时向上掀放到炮台顶上。

符合当时军舰的设计标准，“超勇”级军舰在主炮之外装备了大量中小口径火炮，用来填补舰上的火力真空。其中，4 门阿姆斯特朗公司生产的 4.7 英寸口径火炮，被安装在上层建筑内的 4 个拐角上，通过舱壁上的炮门向外射击，射界 60 度，这种火炮同样属于由地井炮发展而来的原始速射炮，身管长 22 倍口径，每门炮备弹 200 发，弹重 40 磅。和主炮一样，为防止海水灌入，4.7 英寸炮的炮门上也使用了

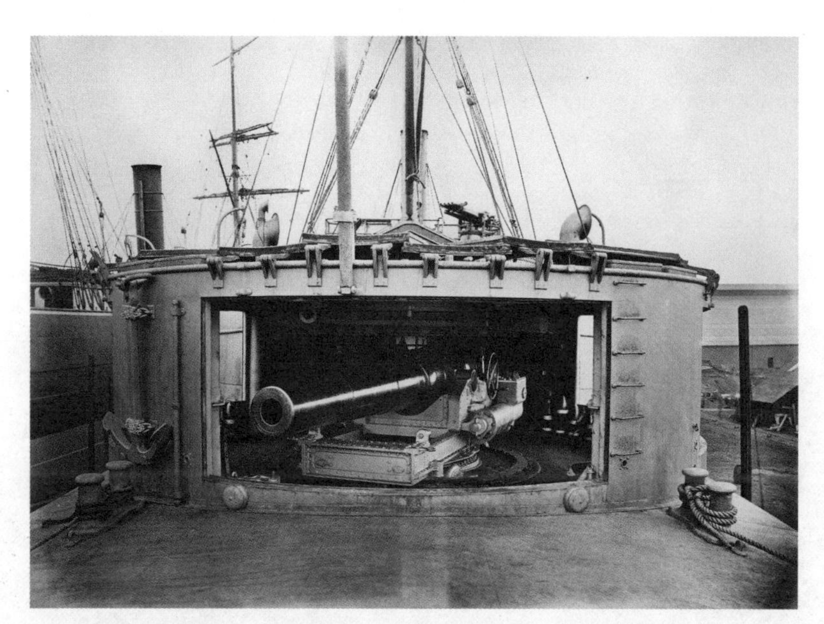

“超勇”级舰艉炮房里的 10 英寸口径后主炮

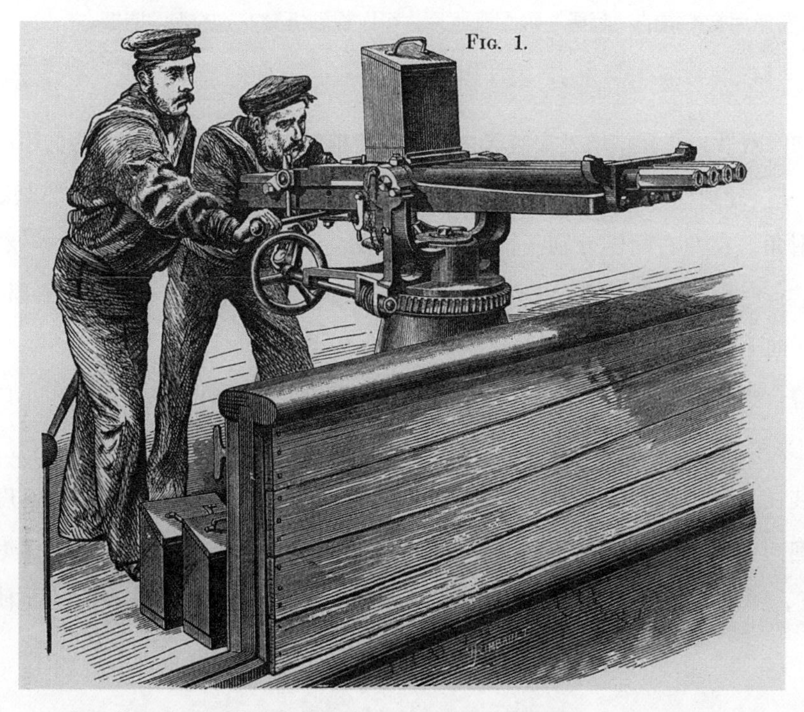

表现英国水兵操作诺典费尔德机关炮情景的铜版画

“超勇”级军舰主甲板特写，舷边可见搭载的汽艇。

挡板，作战时才向上打开。[①]

“超勇”级后主炮附近还安装有2门诺典费尔德式（Nordenfelt，又译为诺登飞）4管机关炮，中国史料称为四门神机连珠炮。这种火炮是当时世界与哈乞开司、格林等齐名的优秀多管机关炮，原理是将多根炮管平行排列，通过转动把手，使各个炮管后的枪机依序击发，从而实现高速射击。火炮口径25毫米，炮身长965毫米，炮身重193千克，炮架重117千克，射速每分钟350发，射程2000米，274米距离上可击穿24毫米厚钢板。此外，舰上的小口径炮还有4门10管格林机关炮。

作为撞击巡洋舰，“超勇”级军舰必不可少的武器是撞角，据西文档案记载，撞角位于舰艏水线下11英尺处。但在今天掌握的最早的一套“超勇”级军舰图纸上，却找不到一点有撞角的迹象，据推测是因为撞角的设置增大了舰艏的兴波阻力，航速受到影响，所以被迫改为垂直艏，保持军舰在平时航行时的流线完好。

最后，“超勇”级军舰还有一项特殊的武器——鱼雷兵器。正是这种武器，一

---

① Richard N J Wright：*The Chinese Steam Navy*，Chatham Publishing 2000，p49.

度让赫德、金登干、伦道尔伤透了脑筋，更一再引起李鸿章的不快乃至震怒。事情要从金登干最早推荐军舰的那封信说起，当时为了吸引客户，伦道尔承诺可以提供航速不低于16节的舰载鱼雷艇，一贯用词夸张的赫德、金登干便添油加醋汇报给了李鸿章。但在建造过程中发现，排水量1380吨的巡洋舰上，搭载的小艇长度最多不能超过15英尺，如果再大一些，巡洋舰就会缺少足够的挂载空间和搭载所需的剩余浮力，“超勇”级巡洋舰的干舷本来就很低，配备的大炮又很重，而且起吊放下鱼雷艇的作业也很困难。所以，舰载鱼雷艇的大小是受到严格限制的，可在15英尺的小艇上又能够放得下多大的动力设备以保证16节的航速，更何况还要装上鱼雷发射管和至少1条鱼雷。由此，给“超勇”配装舰载鱼雷艇成了不可能完成的任务。

赫德在中国海军建设领域的好运似乎快用尽了，令他意外和难堪的是，后来了解到，李鸿章当初决策购买巡洋舰的一条重要原因，居然是因为看中了该舰有舰载

竣工后的“超勇”级巡洋舰

鱼雷艇。尽管伦道尔用充足的理由告诉金登干为什么不能搭载鱼雷艇，金登干也原原本本转述和说服了赫德，但是赫德实在没有勇气向李鸿章启齿，去告诉这位主持中国海军建设的实力人物，他所一心期望得到的鱼雷艇是不可能的。后果实在难以设想，久居中国，深知清王朝官场规则的赫德于是大玩太极推手，不断向金登干施压，要金登干自己向李鸿章解释。被逼无奈，金登干和伦道尔想出个有些儿戏的解决办法，提出用能装备杆雷的汽艇（杆雷艇）替代舰载鱼雷艇，耍起了文字游戏。

事已至此，加上当时出现了俄国扬言要派舰队进攻渤海湾的险恶形势，为不影响2艘巡洋舰的交货，李鸿章只好强压怒火接受。之前因相信赫德的推荐而购买蚊子船已经备受同僚攻击，现在新巡洋舰上又出现这种事情，李鸿章对赫德彻底失去了信心，认识到赫德、金登干都不过是夸夸其谈的海军外行而已。赫德很快感受到了后果的严重性，做了多年的总海防司美梦被李鸿章一手击碎，此后中国购买新军舰也不再通过赫德了。李鸿章心里对赫德的恼火，最终通过他的得力幕僚薛福成淋漓尽致地表达了出来：“……赫德为人，阴鸷而专权，怙势而自尊，虽食厚禄，受高职，其意仍内西人而外中国……”[①]鸦片战争时期，那种中国官员任洋人欺凌的时代确实过去了。

经过如此一番波折，“超勇”级军舰上的舰载鱼雷艇于是缩水成了杆雷艇。在鱼雷诞生之前，各主要海军国家大都装备了水雷，在美国南北战争中水雷曾大显神威，受到各国海军界的重视。但水雷毕竟是固定不动的，只能被动防守，无法主动攻敌。为解决这一矛盾，英国人想出了拖雷的办法，即用钢索把水雷拖曳在舰艇的后面，或呈30度角拖曳在两侧，攻击敌舰时，先向目标高速驶去，然后突然转弯把“辫子”一甩，使水雷撞上敌舰从而达到攻击效果。然而这种做法过于冒险，此后英国人在机动汽艇（即木舢板上加装小锅炉，中国称为火轮舢板。出于耐脏等目的，汽艇艇身大都油漆黑色，艇底因为包裹铜皮，一般为铜本色）上进行改造，加装一根8、9米长的铁杆，首段携带水雷，平时铁杆收回在艇内，等接近敌舰时突然伸出碰撞敌舰引爆，这即是杆雷艇。“超勇”级军舰装备的杆雷艇回国后未见使用，估计更多时候是拆掉铁杆，直接用作交通艇。

---

① 《上李伯相论赫德不宜总司海防书》，见中国近代思想家文库《薛福成卷》，北京：中国人民大学出版社2014年版。

“超勇”级巡洋舰关闭所有炮门时的状态

在世界军舰发展史上占有里程碑式地位的“超勇”级撞击巡洋舰，建成当时是世界最新式的军舰，作为体现新技术、新思想的概念舰，本身不可避免的会存在诸多不足之处，诸如适航性差、防护薄弱、“一遇风浪则炮难取准，偶受小炮即船已洞穿”，都是“超勇”级军舰不容回避的缺陷，但这级军舰开辟了舰船领域的一个新类别，而且对英国乃至世界巡洋舰的设计产生了深远的影响。19 世纪后期英国建造的智利 *Esmeralda* 号、日本“浪速”级、意大利 *Giovanni Bausan* 级巡洋舰上，都能找到阿姆斯特朗公司第一型出口巡洋舰——“超勇”级的影子。至于中国一些论著中，以“超勇”级军舰装甲单薄而认为该型舰质量低劣的评论，与批判水炮台型的蚊子船不能出大海作战一样，都是属于典型的缺乏十九世纪海军常识的局外之谈。而以当时舰龄已逾十载的“超勇”，在 1894 年黄海大战中的表现不佳为例，批评该型军舰质量不佳，更属没有时间概念之谈。

远航英伦

1880年12月6日，天津西沽热闹非凡，停泊在此的各国军舰均悬挂满旗，鸣放礼炮，向正在缓缓出港的招商局“丰顺”号轮船致敬，中国海军历史上第一次大规模赴外接舰团启程了。此前，中国在外购买的军舰，都是花重金雇佣国外技术人员驾驶回华，为培育、锻炼自己的海军人才，也为节省经费起见，李鸿章经与赫德反复争辩，最终作出决定，派出中国自己的海军官兵前往英国，接收2艘“超勇”级军舰。

经清廷允准，北洋海防督操、记名提督丁汝昌率管带林泰曾、副管带邓世昌，大副蓝建枢、李和，二副杨用霖，正管轮黎星桥、陈学书，副管轮王齐辰、陆保，管队袁培英、何桂福，军医江永、杨星源，总教习葛雷森（Glayson），管驾章斯敦（Johnstone），随行的文案池仲祐等20人，以及经过严格挑选的来自山东荣成、文登、登州（今蓬莱）等地，原属旧式登荣水师的224名舵工、水勇、夫役组成接舰部队。[①]

丁汝昌，字雨亭，又作禹廷，安徽庐江人。淮军铭军出身，因为在镇压太平天国及捻军的战争中作战勇猛，升至铭右军统领。1879年被李鸿章调入北洋海防差遣，担任轮船督操，从此开始了他的蓝色生涯。尽管不是海军科班，但丁汝昌以其特有的尽职精神和谦虚的态度，在能力所及范围内尽力学习、汲取海军知识，又因为人和蔼，关心部下，深得北洋全军拥戴，当时西文报章称其为令人尊敬的绅士。李鸿章此次派丁汝昌及众多海军官兵远赴英伦，别有深意，潜台词是期望海军人才能尽快成长起来。

12月10日拂晓，接舰部队抵达上海，借住在南洋水师的“驭远”号军舰。当日下午，开始定制各类的军服以及旗帜，总价5000银洋，为保证不延误工期，丁汝昌要求供货商立下军令状。同时又将接舰部队划成两部，分由林泰曾、杨用霖及章斯敦、邓世昌管理、操练。23日，丁汝昌偕同葛雷森等先期乘法国商船赴英，计划等验收诸事完成后，再招大部队前往，以便节省经费，这位中国海军未来的统帅开始了他职业生涯中第一次远航。留在上海的部队及一应公事，由林泰曾会同章

---

① 池仲祐：《西行日记》，北京：商务印书馆1908年版。

接舰期间，丁汝昌在英国纽卡斯尔门德尔松照相馆拍摄的肖像照。

斯顿管理。

来年的2月14日，招商局商轮“海琛”号改装一新，原有的货舱改制成住舱，可以安排300架床位。是日，接舰部队全部移居“海琛”轮，为解决“海琛”轮舵工、水手、升火等岗位人手短缺的困难，林泰曾又在沪临时添招了40人，接舰部队的水兵数量由此升为264名。20日，丁汝昌从英国发来电报，命令接舰部队出发。

2月27日，天气阴，气温华氏40度（约为摄氏4度），上午9时整，吴淞炮台鸣放大炮，声势震天，口内的南洋水师各军舰“皆升旗发炮”，这块曾洒下江南提督陈化成将军一腔热血的土地，见证了中国海军的再次起步，寒风料峭中，“海琛”轮满载中国海军官兵拔锚远赴英伦。

经过近2个月的漫长航行，4月22日入夜，“海琛”轮在雨雪纷飞中进入英国伦敦界，望着工业文明下，“岸边灯光燎亮，联络数里”的独特景象，第一次到达大英帝国的中国海军官兵们心潮澎湃，思绪万千，这是祖先们无法想像的事情。船上的官兵们不知道的是，当天下午，他们的提督丁汝昌，在金登干陪同下拜访了英国海军部，和英国海军提督凯古柏、海军部总工程师斯图尔特、舰船设计师巴纳贝进行了长时间会谈，并参观了英国最新式战舰的模型和图纸，进行了中英两国高级海军军官的第一次历史性的交流。[①] 在此之前，先期到达的丁汝昌一行已参观了阿姆斯特朗公司，以及建造中的“超勇”“扬威”，丁提督还兴致勃勃地亲自监督“超勇”“扬威”舰试炮。在伦敦期间，丁汝昌受到维多利亚女王接见，并在中国使馆配合下，在英国海军界开展了一系列公关活动，好评如潮。

4月24日清晨，“海琛”轮进入泰恩河，在英国引水员导航下，到达劳沃克船厂，官兵们见到了建造中的“超勇”“扬威”。次日，从伦敦赶来的丁汝昌登上“海琛”，慰问之余，要求全体官兵“早晚站班点名”“各执事按日办公如兵船”。[②]4月30日，“海琛”轮抵达纽卡斯尔，驻泊于阿姆斯特朗公司的所在地埃尔斯维克（Elswick），一路上“夹岸土人观者如堵”，迎风招展的龙旗，装束奇特的水兵，在英国举国上下引起了轰动，此时距圆明园的大火熄灭仅过了20余年，中国已经从痛苦的深渊中挣脱出来，年轻的中国海军第一次自信地站到了世界舞台上，清楚地传达着一个信息，这是一个不甘沉沦的民族！

5月5日，“海琛”轮上陆续有中国水兵放假上岸，“沿途土民随观者甚众”。8日是礼拜天，气氛到了高潮，“土人集岸边观船者约千人，男女上船观者联络不绝”[③]，许多通晓英语的中国官兵很快交上了英国朋友。海军传统沈厚的英国人民，对远道而来的东方古国的年轻海军表现出异常的热情，登船参观者逐日增加，“士

① 《中国海关密档》2，北京：中华书局1995年版，第542页。

② 池仲祐：《西行日记》，北京：商务印书馆1908年版，卷上，第13页。

③ 池仲祐：《西行日记》，北京：商务印书馆1908年版，卷上，第14页。

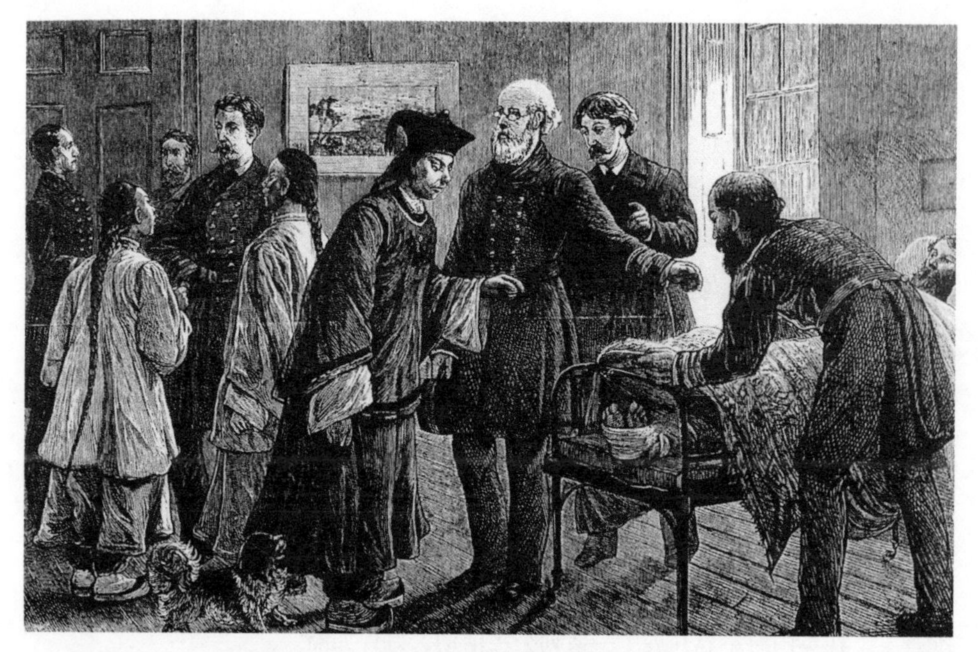

英国报纸上刊载的铜版画：丁汝昌参观英国海军医院。

女来船观者日以加，甚有不相识而以物及影（照片）相赠者”。为表示欢迎，纽卡斯尔市市长特别邀请全体中国官兵观看马戏表演，整队坐车前往剧场的路上，“沿途观者肩摩肘掣，拥挤不开，土人各以手挥帽作礼”。期间时值火车发明者斯蒂文森（Georeg Stenphenson）百岁寿诞，纽卡斯尔市政府举行大型宴会，丁汝昌、林泰曾应邀与当地官员、士绅、名人等400余人出席。席间纽卡斯尔市长和阿姆斯特朗起身祝酒，表达对中国和中国海军的良好感情，丁汝昌与林泰曾亦致祝酒词。林泰曾用一口流利的英语发表的致辞：“我中国提督与在座诸君致谢，非独谢今日之宴也，盖谓中国员弁勇丁到此以来，受诸公及本地民人之款待为已优矣。但愿英与中国永相和睦，无忘旧好，且斯蒂文森百年寿庆，我中国官员得附盛宴，何胜荣幸，愿斯蒂文森子孙世享其泽。夫斯蒂文森创立火轮车，美利几遍各国，我中国他日用之大获其利，则中国之幸，亦诸君之幸也。”[①] 当即引起轰动，第二天当地的报纸予以全文转载。

---

① 池仲祐：《西行日记》，北京：商务印书馆1908年版，卷上，第28—29页。

英国上空的黄龙旗

春天如约而至的中国官兵，并没有立即获得他们的军舰。因为遇到材料涨价、设计修改，以及罢工、鱼雷艇问题等一系列麻烦事，尽管米切尔船厂都想出了要把智利船上的部件拆给中国军舰用的主意，“超勇”“扬威”的完工日期还是受到了影响。而且竣工后，2 艘军舰还需要进行航试，但持续的恶劣天气让航试一再延期，合同约定的春天交船日期早已过去。远在天津的李鸿章对英方没效率的工作越发不满，及致勃然大怒。整个 1881 年的 6、7 月间，赫德发往英国的电报和信件，出现频率最高的词就是巡洋舰，“巡洋舰何时启航？”“巡洋舰误期使李震怒，日益不耐烦。请立即把船派出，如果再拖延，恐将下令不予提货！”“巡洋舰是否永不启航?！”①

这段时间估计是金登干生命中最难熬的日子，不仅要应对大海那边赫德的催促，解释、平息赫德和李鸿章的怒气，还要面对眼前丁汝昌的脸色，以及阿姆斯特朗公司和米切尔船厂的抱怨。谢天谢地，总算 1881 年的 7 月 14、15 日来到了，星期四和星期五这两天里，在中国海军军官的监督下，“扬威”和“超勇”分别进行了航速和射击测试，结果让所有人松了口气。离岸不远的海面上，2 艘军舰在距离 10.75 海里的两点间各自跑了个来回，“超勇”测得轮机功率 2800 马力，航速 16.5 节，“扬威”虽然在测试途中为避开误闯进来的渔船，而一度偏离航线，然而也得到了 2700 马力和 16 节的好成绩，2 舰均达到设计要求。②

27 日，两艘军舰完成了最后的一点工作，补充了短缺的补给品，驶入母厂进行最后一次检修，更换螺旋桨、清洗船底、油漆船身。随后 8 月 2 日，中国接舰部队正式登舰，林泰曾、杨用霖等率领的一部接收“超勇”号，章斯敦、邓世昌率领的部队接收“扬威”号，丁汝昌及总教习葛雷森以“超勇”号为旗舰。③

第二天凌晨，洋务运动领导人物曾国藩的长子，中国驻英公使曾纪泽在船政留学生洋监督日意格等的陪同下，从伦敦乘火车抵达纽卡斯尔。经过短暂休息，下午

---

① 《赫致金第 31 号》《赫致金第 33 号》《赫致金第 34 号》，《中国海关密档》8，北京：中华书局 1995 年版，第 249、250 页。

② 《中国海关密档》2，北京：中华书局 1995 年版，第 598 页。

③ 池仲祐：《西行日记》，北京：商务印书馆 1908 年版，卷下，第 9 页。

下水滑道上的“超勇”级军舰

纽卡斯尔圣约翰公墓里的中国接舰水兵墓地，左侧的两块墓碑属于接收“超勇”“扬威”时客死异国的水兵，右侧的一块则是之后接收“致远”“靖远”时在英国逝世的水兵。3 座墓碑都于 1911 年中国军舰“海圻”赴英参加乔治五世加冕阅舰式时重修。

2 时，鼓乐声中，曾纪泽亲手将三角龙旗升上“超勇”“扬威”的旗杆，二舰礼炮齐鸣，在场的中国官兵胸中激荡着冲天豪情，深切体会到了国家的尊严和强国的荣耀，旁观的英国群众则纷纷欢呼祝贺，中国龙旗第一次在英国本土骄傲地飘扬。随即，2 艘高悬龙旗的军舰又开出港口测试大炮和航速，傍晚折返加罗斯拉克（Jarow Slake）寄泊。英国海军部的总工程师海军上将豪斯顿。斯图尔特爵士、赖特以及费雷德里克。拉姆斯威尔爵士都出席了升旗仪式，并详细检查了 2 艘军舰，对军舰表示了高度赞扬。在这临别时刻，纽卡斯尔市长发来一封信：“纽卡斯尔市长谨向丁提督致敬，并通知他，在今天举行的市议会上，一致决定在他离开泰恩河之前向他献一份祝辞。丁提督如能见告接受这项祝辞何时方便，在他的船上抑或在市政厅举行，本市长将不胜感激。”①

当天黄昏，一名年轻的中国海军军官登岸，夕阳下来到一座土山之上，这里安

① 《中国海关密档》2，北京：中华书局 1995 年版，第 604 页。

葬着接舰部队中，两位在英病逝的中国水兵：袁培福、顾世忠。墓前默哀道别之余，年轻的军官“周视良久，为之慨然”，纽卡斯尔夏季迷人的晚霞中，一位英国少女答应他将会照料这块墓地。[①]

1881年8月9日，天气晴朗。下午1点，“超勇”“扬威”号撞击巡洋舰拉响汽笛，向她们的出生地做最后道别，“带着当地居民的最好祝愿离开纽卡斯尔”。舰上的官兵们肯定将会牢记在英国的这段日子，而纽卡斯尔市民也不会忘记这些可爱的中国水兵，“超勇”舰舷边有名年轻的军官在凭栏远眺，望着这个留下美好感情的城市越去越远，“追想旧游，不胜离思”。最初因为担心中国海军官兵的素质，而反对中国直接排人接舰的赫德显然也动了感情，称“如果船的质量是好的，中国水手们可以把船开得同英国水手们一样的安全”。

2舰于11日下午抵达英国重要军港普利茅斯，进行礼节性拜会，并与之前赴伦敦作告别拜访的丁汝昌一行会合。12日早晨，中英两国军舰在港内互相鸣炮升旗致敬，林泰曾还特意前往留学期间实习过的英国铁甲舰拜会提督、舰长等旧友。依依惜别的纽卡斯尔市此刻又发来电报，表达“中国弁兵至为良善，在英计久与本地绅民极相得，此去各有恋恋之意”。[②]

8月17日清晨4点，完成补给的“超勇”“扬威”相继出港，奔向大海，踏上回国的路程。此后的日子里，这两艘高悬龙旗的军舰航行在大西洋－地中海－苏伊士运河－印度洋－太平洋航线上，途径各国均鸣炮祝贺，是为中国近代海军第一次独立远洋航行，这壮丽的远航值得永远铭记在中国海军的历史上。

但2舰的回国之路又并非一帆风顺，可谓充满惊险。先是进入地中海后不久，“扬威”与“超勇”失散，因缺煤在海上漂流了2昼夜，在距亚历山大港80海里的海面上待援，“超勇”得到消息后，前往寻获、接济方才脱险。继而，2舰过苏伊士运河时，“扬威”的螺旋桨损坏，被迫入坞修理。进印度洋后不久，“扬威”再次发生险情，先是机器出现故障，被迫停轮修理，后来锅炉舱又着火，幸好都是有惊无险。整个航程中，丁汝昌与林泰曾、邓世昌等包括外国顾问在内的全体接舰官兵尽职尽责，虽然屡次遭遇波折，但最终保证了2舰安全驶回祖国。尤值一提的是，

---

① 池仲祐：《西行日记》，北京：商务印书馆1908年版，卷下，第10页。
② 池仲祐：《西行日记》，北京：商务印书馆1908年版，卷下，第12页。

从英国抵达中国后，在上海船坞入坞维护的“超勇”级军舰。

丁汝昌在航行中，曾亲自“批阅地图”，研究制定航线，由此也可以看出丁汝昌对于海军专业知识的钻研。

经过漫长航行，1881年10月15日下午2点，狂风暴雨中，2舰驶近香港外海。水兵发现海面上有民船遇难，船民在木筏上挣扎呼救，“木排上坐六人随水漂浮而来”。当时正遇风暴，海况恶劣，干舷极低的“超勇”“扬威”自身处境都很险恶，丁汝昌仍毅然命令“超勇”停航，援救船民，林泰曾亲自指挥收放舢板，历经惊险，将6名遇难船民“拯救到船，给食更衣，医生为之调治”，下午4时，又发现有人在岛礁上呼救，“超勇”“扬威”再次从风浪中救起4名同胞。中国百姓第一次感受到了拥有自己海军的骄傲。

10月16日接李鸿章电报，“超勇”“扬威”编队绕行广州、福州北上，沿海宣示主权，展现中国海军的风采。途经广州时，李鸿章的老部下，时任两广总督张树声率粤省文武官员上舰慰问犒劳海军将士。之后又经过近一个月的航行，11月

18 日，“超勇”“扬威”顺利到达天津大沽，加入了创建中的北洋水师。北洋大臣李鸿章亲自到港检阅军舰、慰问将士，清政府对于接舰有功的人员也分别予以嘉奖，林泰曾被任命为“超勇”舰管带，邓世昌任“扬威”舰管带。

“超勇”“扬威”两艘新锐巡洋舰的加入，使得北洋海军的建军迈上一层新台阶，在 2 舰回国前，中国拥有的军舰除“扬武”等少数几艘旧式巡洋舰外，大都是炮船、运船和一些蚊子船，战斗力相当有限。而“超勇”“扬威”则是当时世界著名的军舰，其武备被认为仅次于意大利的“杜里奥”(*Duilio*)和英国的“英弗莱息白”(*Inflexible*)，因此在“致远”级和“经远”级巡洋舰回国之前，一直属于北洋海军的主力，在清末的几次重大政治、外交事件中均能看到 2 舰的身影。

服役历程

1875 年，日本在朝鲜挑起“云扬号事件”，武力威逼朝鲜签订《江华岛条约》，当时限于海军力量薄弱，中国未予干涉。后为扭转日本势力侵入朝鲜的不利局面，李鸿章指示朝鲜和西方国家缔结条约，计划以此将列强力量引入半岛，从而达到制衡日本的目的。根据这一指示，1882 年 5 月 7 日丁汝昌率“超勇”“扬威”护送特使马建忠前往朝鲜，辅导朝鲜政府订立《朝美修好通商条约》。6 月 25 日，为德国与朝鲜谈判订约，丁汝昌再次率 2 舰前往朝鲜。

1882 年 7 月 23 日，朝鲜爆发壬午兵变，起义的士兵和平民焚毁日本公使馆、杀死日本官员，攻击闵姓贵族。控制朝鲜政局的闵妃等人逃出王宫，朝鲜陷入无政府状态。太上皇大院君李昰应借机夺取了政权。日本则趁机准备武力干涉。为抢在日军大举进入朝鲜前平息局势，“超勇”“扬威”2 舰被派往仁川，与日本军舰并泊抗衡。8 月 20 日，由北洋水师护送，提督吴长庆部淮军 4500 人抵达朝鲜登陆。26 日，中国军队进入汉城，丁汝昌、吴长庆以“煽动兵变”罪拘捕大院君李昰应，押送回中国囚禁。8 月 30 日黎明，中国军队在汉城及周围地区大举镇压起义士兵，迅速平定了局势，消除了日本干涉朝鲜内政的口实。这是北洋创办新式海军以来的第一次对外行动，“超勇”“扬威”2 艘新式巡洋舰在朝鲜沿海游弋，无疑对日本海军是个极大的震慑，因为这 2 艘军舰的主炮可以轻而易举地撕开日本海军主力——二等铁甲舰“扶桑”的装甲。

1884年，中法因越南问题再起战事，为加强福建海防力量，“超勇”“扬威”舰由德籍洋员式百龄（Sebelin Wallison）率领，开赴上海，准备会同南洋水师的“南琛”“南瑞”“开济”“澄庆”“驭远”组成特混舰队一起南下。在沪期间，为加强火力，“超勇”“扬威”各加装了2门从地亚士洋行领取的37毫米口径哈乞开司五管机关炮。看到中国对法作战自顾不暇，日本再度在半岛挑起事端，唆使朝鲜亲日的开化党发动政变，驱逐驻朝中国军队，1884年12月4日，朝鲜开化党人发动甲申政变，趁庆祝邮政局成立之机，刺杀亲华的禁卫大将闵泳翊，勾结日军占领王宫组织新内阁。朝鲜旧臣向中国驻朝特使袁世凯“痛哭乞师”，12月6日，朝鲜军民集结数十万“将入宫尽杀倭奴”。午后，驻朝中国军队及朝鲜士兵强行入宫，宫内日军向外射击。清军在朝鲜军民支持下发动攻势，宫内的朝鲜士兵也反戈相击，日军狼狈逃窜。为稳定局势、震慑日本，丁汝昌奉命率“超勇”“扬威”从上海北上，偕“威远”运送淮军增兵朝鲜，平息局势。由此，这两艘新锐的巡洋舰错失了一次大展手脚的机会。

1885年初，英、俄两国发生严重对抗，4月12日，英国亚洲舰队占领朝鲜巨文岛作为据点以牵制俄国。16日，丁汝昌率“超勇”“扬威”前往巨文岛示威，与

1886年北洋海军访问日本

1894 年 5 月，在大连湾参加北洋海军阅兵活动的“超勇”舰。

英方交涉。朝鲜政府也向英国提出抗议，英军后于 1887 年 2 月 7 日撤离该岛。

1887 年，中国在英德两国购买的“致远”“经远”级新式巡洋舰回国，2 艘“超勇”级巡洋舰完成历史使命，从主力舰位置上退了下来，一度几乎成为练船。同年，船政后学堂出身的黄建勋、林履中分别接任二舰管带。

1894 年，朝鲜爆发东学农民起义，应朝鲜政府请求，中国出兵平乱。“超勇”“扬威”号和“济远”“平远”“威远”等北洋军舰一起担负了护送陆军前往朝鲜登陆的任务。7 月 25 日，日军在朝鲜南阳湾外的丰岛海面偷袭中国军舰和运输船，中日甲午战争爆发。

此时的“超勇”“扬威”服役已达十余年，昔日世界名舰的风采早已被岁月剥蚀。由于长期高强度的使用，2 舰的舰体严重老化，“扬威”的锅炉更是已经到了报废的境地，昔日的飞毛腿几乎成了北洋主力舰中速度最慢者，连 12 节航速都达不到。但由于 1890 年以后，限于经费的紧张，北洋海军未能再购一舰一炮，元老舰“超勇”“扬威”也只得老当益壮，奔赴战场。耐人寻味的时，当年在米切尔船台上的另外一艘和“超勇”级同型的智利军舰，被日本购得后，此时已经退入二线服役。

1894 年 9 月 16 日凌晨，丁汝昌奉命率北洋海军主力护送陆军往大东沟登陆，“超勇”“扬威”随队同行。17 日中午 11 时左右，“定远”舰瞭望哨兵发现日本舰队，海军提督丁汝昌下令起锚迎战。“超勇”级军舰的起锚吊杆由于设在前后炮房的顶部，操作极为费事，然而 2 舰官兵凭着高涨的士气和熟练的技术，使起锚作业很快完成，“陈旧的‘超勇’‘扬威’二舰，照例拔锚费时，落在后边，后亦疾驰，配置就位”[①]。

北洋舰队首先以双纵队航行“超勇”“扬威”作为第 5 小队排在队列的末尾。中午 12 时 5 分过后，北洋舰队变换为夹缝雁行阵，迎击日本联合舰队，类似利萨海战中奥地利舰队用来打败意大利舰队的横阵，以当时北洋海军主力各舰的射击特点而言，这无疑是最实用的阵形。在纽卡斯尔诞生的同胞姊妹“超勇”“扬威”被配置于阵形的右翼翼端，丁汝昌这一安排，可能是考虑以此保护这两艘无防护的老式巡洋舰，因为成纵队而来的日本舰队，如果要攻击处于右翼的“超、扬”，势必要从北洋舰队阵前航过，将侧面完全暴露在中国军舰舰艏方向的火力下，按正常思考是不会冒这个风险的。

但是，出乎所有人的意料，日本舰队因为发生严重的指挥失误，在北洋海军阵前突然向左大转弯，矛头直指位于右翼末端的“超勇”“扬威”2 艘弱舰。事后，美国海军军官马汉（Alfred Thayer Mahan）在评论这段历史时，毫不客气地指出“日军通过清军前面后，向右翼突进。采取这种前面通过的运动法理由何在？我实在难以理解。这恐怕是为了把炮火集中敌之右翼这一最终目的，而甘冒非常之险”，认为日本舰队的此种做法“使自己舰队的侧面，暴露于舰艏向我的敌阵，实乃无谋之策”[②]。

为充分发扬横阵的特点，以及北洋海军各舰舰艏方向火力较强的优势，12 时 48 分，在 6000 米距离上，中国旗舰“定远”右侧主炮台的 305 毫米口径巨炮发出一声怒吼，向正在通过北洋海军阵前的日舰发起攻击，闻名中外的黄海海战就此打响。随后，中国舰队各舰陆续发炮，虽然接连有日本军舰中弹，但中国各舰火炮射速过慢，无法在短时间内给日方造成重大损伤。

由“吉野”“高千穗”“秋津洲”“浪速”组成的日方第一游击队，利用其舰龄短、航速高的特点，高速运行到中国舰队右翼。12 时 55 分，距离 3000 米时，“吉野”

---

① ［美］马吉芬：《鸭绿江外的海战》。见日本海军军令部：《廿七八年海战史》别卷，日本春阳堂 1905 年版。

② 《评鸭绿江口外的海战》，中国近代史资料丛刊续编《中日战争》7，北京：中华书局 1996 年版，第 320—321 页。

黄海海战中，日本摄影师在西京丸上拍摄到的“超勇”舰遗影。照片中位于左、右两侧的分别是“千代田”“严岛”，中央远处发散浓烟的地方，就是正在起火燃烧的“超勇”。

上的速射炮猛烈开火，随后3舰也陆续开始射击，弹雨向“超勇”“扬威”倾泻而来。

面对如狼似虎的日本第一游击队，处于绝对劣势的“超勇”“扬威”舰仍拼死作战，2舰官兵在恶劣环境里，不屈不挠地进行还击，体现了中国海军军人的骨气。13时8分，“超勇”“扬威”击中“吉野”舰的后甲板，引爆了露天堆放的弹药，“吉野”顿时冒起浓烟。几乎同时，“高千穗”“秋津洲”也先后被击中受伤，紧接着“浪速”也被命中。然而10余年前的世界名舰“超勇”“扬威”终究敌不过1894年的世界名舰，这是一个弱肉强食的时代，海军技术的发展一日千里，停滞不前只有被动挨打。

13时20分，一颗敌弹射入早已创伤累累的“超勇”舰舱内，引发大火，全舰顿时被浓烟笼罩。灾难就此降临，四散的火焰根本无法控制，“超勇”舰成了一团火球。日方的攻击越来越猛烈，“超勇”逐渐向右倾斜，但“犹以前部炮火发射不停”，最终于14时23分沉没于黄海的怒涛中。管带黄建勋落水后拒绝救援，随舰同沉。

“超勇”燃起大火的同时，姊妹舰“扬威”也在日方打击下遭到重创，同样燃起了灾难性的大火。管带林履中、三副曾宗巩等一面组织救火，一面继续发炮抗敌，但在日本第一游击队的轮番轰击下，伤势过重，液压系统遭到破坏，“首尾各炮，已不能动”，而“敌炮纷至”。浓烟滚滚的“扬威”最终选择驶离战场施救，拼命向大鹿岛附近的浅水区驶去，因为日本军舰吃水普遍较深，浅水区就成了中国海军天然的避风港。在这决定生死的航程上，一幕最无法想象的事情发生了，高速逃跑中的“济远”号巡洋舰撞上了早已遍体鳞伤的“扬威”，大量进水的“扬威”虽然仍在苦苦挣扎，努力向浅水区航行，但终于愈行愈滞，渐不能支，舰身渐渐沉于大海。管带林履中悲愤万分，毅然蹈海自尽。黄海海战后的次日，日本联合舰队重返海战场检查，发现“扬威”舰还有部分残躯没有完全沉没，于是由“千代田”号装甲巡洋舰近距离发射鱼雷，“扬威”彻底从海面上消失了。

“超勇”“扬威”就这样消逝在了血与火的战场上，结束了虽然短促，但无比壮丽的一生，和与她们同命运共生死的官兵一起静静的躺卧在黄海海底。不知道在2舰生命的最后一刻，是否有水兵想起那万里之遥的纽卡斯尔？

那位曾经久久伫立在纽卡斯尔港畔的年轻人，于1926年编撰了记载清末海军历史的《海军实记——述战篇》，为他服役过的军舰和曾朝夕相处的战友们作传。“……‘超勇’‘扬威’两舰中弹火发，全舰焚毁。‘超勇’管带黄建勋、‘扬威’管带林履中，浮沉海中，或抛长绳援之，推不就以死，各员兵弁均随船焚溺……”[①] 不知道池仲祐写下这段泣血的文字时，是否还会想起那场1881年夏天纽卡斯尔的梦。

大地再没有比这儿更美的风貌：
若有谁，对如此壮丽动人的景物，
竟无动于衷，那才是灵魂麻木；
瞧这座城市，像披上一领新袍，
披上了明艳的晨光；环顾周遭：
船舶，尖塔，剧院，教堂，华屋，
都寂然、坦然，向郊野、向天穹赤露，
在烟尘未染的大气里粲然闪耀……

——［英］William Wordsworth（华兹华斯）

---

① 池仲祐：《海军实记》述战篇，“甲午战事纪”。

失落的辉煌（上）

——中国铁甲舰前史

1874年春天，清王朝福建省辖下的台湾岛被一场突如其来的风波侵袭，成了整个帝国关注的焦点。5月22日，日本明治政府“台湾番地事务都督”西乡从道率军在台湾南部的社寮海岸（今为台湾屏东县境内）登陆，以“征番”为借口，大肆攻打、焚掠台湾番社，并有久占之势。

面对突发的日本侵台事件，清王朝满朝震惊不已，立即设法针锋相对，派遣驻节福州马尾的总理船政大臣沈葆桢率军舰、兵勇渡海调查、抗衡。

沈葆桢，自翰宇，号幼丹，1820年4月9日出生于福建侯官（今属福州市），是清末名臣林则徐的外甥、女婿，进士出身，曾任江西巡抚，又作为首任船政大臣成功主持了船政的中外技术合作事业，颇著政声。船政事关工业、教育、海军以及中外交涉等诸多事务，沈葆桢亲力亲为，也因此沈氏是当时整个帝国官场上最具近代化海防实务经验的高级官员。

首任总理船政大臣沈葆桢

5月29日，鉴于日本侵台的形势吃紧，清王朝又颁旨授予沈葆桢“钦差办理台湾等处海防兼理各国事务大臣”头衔，授权沈葆桢与日方直接交涉折冲，并给予其调度福建省官员、军队以及江苏、广东等省近代化舰船的军政权限，以便临机应变。

几天过后，沈葆桢于 6 月 3 日将自己所思考的处置方略上陈清廷，以“联外交”“储利器”“储人材”“通消息”作为应对、平息日本侵台挑衅的四大端绪。在其中的“储利器”一节中，沈葆桢提起了一种名叫铁甲船的海上利器。从此，一场地方大员为了获取制海利器的努力史也就此揭幕。

“铁甲船不容不购也”

沈葆桢在 1874 年 6 月 3 日上奏中提到的铁甲船，就是英文所称的 Ironclad，今译铁甲舰、装甲舰，是那个时代海洋上的霸主。

如果把海军的舰船体系视作一个大海上的特殊生物圈系统，随着科技的演变，占据在这个生物圈顶层的军舰种族也在应时而动，不断发生着变化。18、19 世纪，是木质风帆战列舰（ship of the line）称王称霸的时代，世界海军中最具威力的主战军舰是具备有多层炮甲板的大型木质风帆战舰，这种船身高大，舷侧密布着一层层黑洞洞炮门的大帆船，炮火凶猛，是那个时代海洋国家的实力象征。

进入 19 世纪后，蒸汽机的出现革命性地改变了海军舰船的发展方向，蒸汽驱动的机械动力逐渐取代风帆，解决了动力自由的舰船开始有了更多的设计可能性。

世界第一艘大型蒸汽动力铁甲舰“光荣”号

1860 年法国建成了人类历史上第一艘大型蒸汽动力铁甲舰“光荣”号（*Gloire*），在木制的舰体上，军舰舷侧附着安装了厚度 120 毫米左右的铁板装甲，使得军舰可以抵御炮弹的袭击，防护力大大提升。紧随其后，英国在 1861 年建成了规模更大的“勇士”号（*Warrior*）铁甲舰。这两艘军舰的出现，标志着铁甲舰时代的到来。

军舰披挂上装甲，兼具攻击力和更强的战场生存力，其军事价值显而易见，从 19 世纪 60 年代开始，西方海洋国家开始纷纷建造、装备铁甲舰，铁甲舰的设计也在不断演变进化，既包括有排水量在万吨左右的大型铁甲舰，也不乏仅仅只有数千吨甚至更小的小型铁甲舰，这些军舰都是海军中冲锋陷阵的主战军舰，其中的大型铁甲舰更是成了衡量一个海洋国家国力强弱的新标志。

世界海军迈入铁甲舰时代的时候，清王朝统治下的中国刚刚经历第二次鸦片战争和太平天国农民起义的沉重打击，为求自强，中央与地方一些开明大员开始努力推动近代化事业，尤其聚焦于军事自强、海防自强。后者的主要目标，在于使中国的海上力量尽快实现蒸汽动力化，以抗衡西方列强的坚船利炮。

1866 年，闽浙总督左宗棠上奏获准，在福州马尾设立总理船政，聘请法国人日意格（Prosper Marie Giquel）为洋员正监督，雇募西方技术团队帮助实施舰船和海军科技的对华输入，旋后沈葆桢出任首任总理船政大臣，船政成为当时全国近代舰船的研发建造中心。几乎同时，位于上海的江南机器制造总局也开展舰船建造事业，形成了与船政遥相呼应的态势。由于当时中国没有任何近代化舰船的技术基础，迫切想要解决的首要问题是“能造”，为了尽快迈入蒸汽动力舰船的技术大门，船政与江南早期的舰船建造都选择了相对技术难度小、资金投入较少的炮舰、运输舰等舰型，而并没有企及作为主战军舰的铁甲舰。

在沈葆桢奉命钦差赴台湾抗衡的 1874 年，中国海防线上的蒸汽动力军舰大多是排水量 2000 吨级以下的炮舰、炮艇，总体上与西方同类军舰的性能接近，数量规模上甚至超过了日本。但是，日本海军的阵营中此时早已有了主战军舰——铁甲舰，而且有 2 艘之多。

日本近代海军的起步时间与中国相近，不过由于幕末长年内战，受战场需要的直接刺激，幕府政权与一些地方强藩都努力装备更强的舰船，其获取舰船装备的动作幅度要比清王朝大得多。

1869 年，日本幕府政权从美国购买了 1 艘法国设计建造的小型铁甲舰“石墙”

日本小型铁甲舰“东”

（*Stonwall*），抵达日本后最初称为“甲铁”，后来更名“东”，明治政府成立后收编入国家海军。这艘军舰的排水量虽然只有区区 1358 吨，其装备的 1 门 11 英寸口径的前膛主炮却可以击穿 1874 年时所有的中国军舰，而“东”舰的舰体装备了厚度为 90 至 125 毫米厚的熟铁装甲，主炮炮房更是敷设了厚度为 102 至 140 毫米厚的装甲，这些防护在当时几乎可以抵御任何一艘中国军舰的炮火攻击。①

日本海军的另外一艘铁甲舰名为“龙骧”，原本是熊本藩在英国订造的小型铁甲舰，建成后于 1870 年上缴明治政府。这艘军舰的排水量 2571 吨，火炮数量多，火力凶猛，安装了 2 门口径 160 毫米、10 门口径 140 毫米的克虏伯炮，军舰的舰体安装厚度 125 毫米的装甲，同样是当时中国军舰的舰炮所无法击穿。②

1874 年奉命钦差赴台平息事变时，沈葆桢已清晰地掌握了日本装备 2 艘铁甲舰的情况，而且对铁甲舰的军事价值有了充分的认识。在向清政府奏报方略的奏折里，沈葆桢表达了对这一情况的深深担忧，“该国尚有铁甲船二号，虽非完璧，而

① 《日本军舰史》，青岛：青岛出版社 2016 年版，第 5 页。
② 《日本军舰史》，青岛：青岛出版社 2016 年版，第 6 页。

以摧寻常轮船则绰绰有余。彼有而我无之，水师气为之夺”，认为解决办法惟有尽快装备铁甲舰，“两号铁甲船不容不购也”。[①]

主持船政、亲身经历过近代化舰船缔造事业的沈葆桢，对海军装备的重要性格外敏感。日本其志不小，为了惩前毖后，中国在装备上不能落人后，从此以后，沈葆桢的海防、海军建设思维版图中，购买铁甲舰一事占据了重要的位置。

布国铁甲船

对船政事务作出一番布置后，沈葆桢率日意格等随员于 1874 年 6 月 14 日分乘船政轮船舰队的千吨级炮舰“安澜”“飞云”从福州马尾出发，出闽江进入大海，巡视厦门、澎湖等海防要地，而后径驶台湾。

具体办理寻购铁甲舰事宜的原船政洋员正监督日意格。

沈葆桢乘舰出发的当天，千里之外的北京城中，清政府就 6 月 3 日沈氏的上奏作出了上谕指示，针对沈葆桢提到的铁甲舰问题，清政府批准“照所议行”，允许沈葆桢着手购买铁甲舰，购办铁甲舰的相关经费由福建省筹措“将闽省存款，移缓就急，酌量动用”，并批准倘若福建省的经费不足支付，允许沈葆桢在国际市场拆借资金，“如有不敷，即照所请暂借洋款，以应急需”。[②]

6 月 17 日，沈葆桢抵达台湾安平港，登上台湾岛。海峡航行的实际感受，以及在台湾岛的所见所闻，更加深了沈葆桢要快速购办铁甲舰的信念，“铁甲船亦不

① 《文煜等奏遵旨会办台湾防务情形并敬陈管见折》，《筹办夷务始末·同治朝》10，北京：中华书局 2008 年版，第 3758 页。

② 《廷寄》，《筹办夷务始末·同治朝》10，北京：中华书局 2008 年版，第 3760 页。

布国铁甲船“阿德尔伯特亲王”

可无，无则过台弁兵、军装必为所截掠。倭奴以孤军驻琅峤而无所惧者，恃有此耳。”[①]随着清政府上谕到达台湾，沈葆桢购办铁甲舰的努力就此正式着手实施，显露出沈氏一贯的风风火火作风，其最初映入世人眼帘的，是一艘“布国铁甲舰”。

“布国”即普鲁士（Prussia）。得到清王朝授权后，沈葆桢将寻购铁甲舰的工作具体委托给原船政洋员正监督、法国人日意格。在当时，要快速获取铁甲舰，最直接的办法就是转买别的国家现成的铁甲舰，日意格以上海为信息中心，开始四处打听，在 1874 的 7 月前后捕捉到了一条信息，即普鲁士海军的一艘铁甲舰有意变卖出售。

日意格当时发现的布国铁甲船，极有可能是普鲁士海军的“阿德尔伯特亲王”（*Prinz Adalbert*）。这艘军舰是普鲁士/德国海军装备的第一艘铁甲舰，非常巧合的是，“阿德尔伯特亲王”号与当时日本海军装备的“东”号铁甲舰还是源出同门的同型

① 《沈葆桢致李鸿章》，《从船政到南北洋——沈葆桢李鸿章通信与近代海防》，福州：福建人民出版社 2020 年版，第 66 页。

姊妹舰。

该舰和日本的“东”号都是美国南方邦联在法国波尔多订造的军舰，原本计划投入南北战争，该舰原定舰名“基奥普斯”（*Cheops*），1865年建成时美国南北战争已经结束，被转卖给了普鲁士，更名“阿德尔伯特亲王”。该舰排水量1535吨，武器配置与姊妹舰“东”略有区别，主炮是1门210毫米口径炮，配合2门170毫米口径副炮，舰体装甲厚127毫米。编入普鲁士海军后，该舰的木制舰材出现腐朽等问题，舰况长期不佳，在1871年除役，成为闲置的封存舰。① 未能料到的是，几年之后竟然吸引了来自中国的目光。

经对这艘现成可售的布国铁甲船稍加了解，日意格、沈葆桢都发现了这艘军舰舰况太差的问题，立刻打消了转购的念头，调整目光，寻找新的目标，“日耳曼铁甲船水缸太旧，不可用”。②

英国铁甲船

替代普鲁士铁甲舰的，是一组英国铁甲舰。日意格从洋行处了解到，有7艘英国铁甲舰可以转售，基于经费等考虑，沈葆桢对其中体量最小的表示青睐，“闻英国七号内有一小而完者，当议购也”。对照当时英国皇家海军的舰船序列，所指的极有可能是英国的“企业”号（*Enterprise*）小型铁甲舰。

“企业”号排水量1350吨，建成于1864年，军舰舷侧装有114毫米厚的铁质装甲，舰上的武器最初为100磅和110磅炮各2门，1868年更换为4门177毫米口径火炮。③ 这艘军舰在1871转入后备役，日意格四处打听二手铁甲舰转卖信息时可能得到了该舰的信息。

超出日意格乃至沈葆桢意料的是，物色铁甲舰出售信息一事，引起了英国在华利益代言人的注意。

1874年8月16日，李鸿章致信告诉沈葆桢，海关总税务司赫德在总理衙门参

① *Conway's All The World's Fighting Ships 1860—1905*，Conway Maritime Press1979，p242.

② 《沈葆桢致李鸿章》，《从船政到南北洋——沈葆桢李鸿章通信与近代海防》，福州：福建人民出版社2020年版，第73页。

③ *Conway's All The World's Fighting Ships 1860—1905*，Conway Maritime Press1979，p12.

英国铁甲舰“企业”（右）

了日意格一本，开始插足铁甲舰事务。日意格早年曾在海关任职，担任过宁波税务司，因为直接与左宗棠合作创办船政，引起赫德的不快，二人存在嫌隙。李鸿章向沈葆桢透露，赫德在总理衙门声称听闻“中国某省托外国洋商购铁甲船，此洋商曾在中国开行两次闭歇者”，言下之意是寻购铁甲舰所托非人，直接影射日意格，同时赫德还提出了小铁甲舰无用的观点，认为如果要购买铁甲舰，应该直接购入大型舰，“铁甲船总须一、二等佳者，若购三、四等仍无用，不如贵价买好货”。赫德就此向总理衙门提出建议，直接通过英国驻华公使威妥玛（Thomas Francis Wade），从政府层面寻购英国的二手铁甲舰。①

总理衙门认为赫德所述的模式显然更稳妥可靠，李鸿章也同意这一判断，在信中建议沈葆桢命令日意格与威妥玛“酌办”，言下之意乃是应让日意格退出寻购铁甲舰的活动。对于日意格，李鸿章早就认为其在参与船政等工作时开价过巨，手笔过辣，并不具有好感。

面对李鸿章以及总理衙门的意见，沈葆桢内心疑惑犹豫。沈葆桢随后致信将这起节外生枝的风波通报日意格，信中并未要求日意格将购买铁甲一事与英国公使威

① 《李鸿章致沈葆桢》，《从船政到南北洋——沈葆桢李鸿章通信与近代海防》，福州：福建人民出版社 2020 年版，第 75—76 页。

妥玛协商，但沈葆桢似乎受到了“所托非人”问题的影响，向日意格强调“如英国有佳者可购，则购之，倘无可购，不如请阁下回闽厂添买机器自造”，即倘若寻购铁甲舰并无可靠把握，不如改换路径，设法在船政自造。

丹国铁甲船

1874年9月2日，沈葆桢回信李鸿章，没有就李来信所通报的铁甲舰问题进行正面答复，也不再提起日意格之前寻购的布国铁甲船和英国铁甲船，而是告诉李鸿章，日意格已经谈成了一艘“丹国铁甲船”，而且显得事已定局的是，日意格甚至连这艘军舰未来的舰长人选都已物色好，即由船政后学堂第一届外堂毕业生张成担任。[①]

“丹国”即欧洲国家丹麦，“丹国铁甲船”则是指丹麦海军的“丹麦”号(*Danmark*)铁甲舰。这艘军舰排水量4670吨，属于中型铁甲舰，舰上装备了超过20门舰炮，舰体侧面敷设厚度为114毫米的铁质装甲。[②] 相比起此前物色的布国铁甲船和英国铁甲船，“丹麦”号的总体设计较为陈旧，属于将火炮沿船舷布置的船旁列炮铁甲舰，但是其体型大，对当时的东亚国家来说无疑是艘巨舰，对抗日本的“东”和“龙骧”具有很大的优势。

“丹麦”号和日意格此前打听到的“布国铁甲船”身世十分相似，也是美国南北战争期间南方邦联在欧洲订造的军舰。1862年，美国南方邦联代表在英国订造了该舰，起初想要以该舰占取相对于北方联邦的绝对海上优势，而后随着战局变化，在1863年决定将建造中的该舰变卖，等到该舰在1864年建成时，丹麦和普鲁士之间爆发第二次石勒苏益格战争(Danish-Prussian War)，丹麦为了尽快加强海上力量，从英国转购了这艘崭新的中型铁甲舰，命名为“丹麦”，由于舾装等工作延期，该舰未来得及加入战争。1865年丹麦和普鲁士的战争结束后，这艘体型较大的铁甲舰对丹麦海军失去意义，被转入预备役，具有了转售的可能。

---

① 《沈葆桢致李鸿章》，《从船政到南北洋——沈葆桢李鸿章通信与近代海防》，福州：福建人民出版社2020年版，第84页。

② *Conway's All The World's Fighting Ships 1860—1905*，Conway Maritime Press1979，p364.

丹国铁甲船“丹麦”

1874年，日意格在上海通过旗昌洋行居间打听到这艘闲置的欧洲铁甲舰，经过商洽接触，谈判深入到了讨论价格的实际操作环节，最后议定转卖价为100万两银，卖方要求首先支付一半费用作为定金，另一半则等到该军舰从丹麦驶抵中国交付后付清。根据清廷此前作出的由福建省承担铁甲舰购买费用的谕示，被沈葆桢请在马尾坐镇船政的船政稽查林寿图开始办理具体的请款事宜，向闽浙总督李鹤年协商。未料，李鹤年受总理衙门想要通过英国公使馆购舰思路的影响，且自身对日意格存在不信任，并不放心直接从福建藩库直接拨付定金，而是希望由日意格自行借贷、筹款，先支付定金，等正式请旨批准此事后再拨款归还给日意格。

沈葆桢得知这一情况，颇为气恼，认为是闽浙总督有意推诿，于是指示林寿图尽力与之辩争。由于对闽浙总督并无节制管辖之权，倘若其在付款问题上继续推脱，沈葆桢表示也无可奈何，只能作罢。为了负责起见，沈葆桢同时向林寿图表示，如果日意格已经和丹麦方面订立了合同，最终因为无法付款而导致合同作废，丹麦方面追索违约赔偿时，将由船政承担这些费用。①

正当各方聚焦于如何筹措购置铁甲舰的经费时，作为居间人的旗昌洋行传来令

① 《沈葆桢致林寿图》，《从船政到南北洋——沈葆桢李鸿章通信与近代海防》，福州：福建人民出版社2020年版，第86—87页。

人意外的消息，丹麦方面突然反悔，不愿向中国出售“丹麦”号，此事无疾而终。

从长计议

从“布国铁甲船”“英国铁甲船”，再到“丹国铁甲船”，沈葆桢通过日意格寻购铁甲舰的努力接连遇到坎坷。在当时，沈葆桢之所以急于购成铁甲舰，最重要的原因是日本侵台事件带来的军事压力迫在眉睫，一旦中日外交决裂，两国军舰海上交锋的后果不堪设想，沈葆桢渴望迅速将中日两国间的海上实力扳平，为此将获取铁甲舰的着眼点放置于购买外国现成的军舰，重中之重在于军舰是否为现货，至于舰龄、设计等等都暂在其次。客观而言，购舰急就章未能立刻谱成，实际上使中国获取铁甲舰的努力更为稳健。

巧合的是，就在求购“丹国铁甲船”的计划落空时，以外交途经解决日本侵台事件的工作收获重大成果。在英国的斡旋下，中日两国代表经过在北京的反复谈判，于1874年10月31日达成协议，签订《北京专条》，清政府付出赔偿军费等代价，日本则将军队撤离台湾，日本侵台事件得以化解。

台湾海峡上空的乌云渐散，铁甲舰已非燃眉之急，沈葆桢获得了深入思考铁甲舰问题的时间。也就在这时，受日本侵台事件的刺激，感到“若再不切实筹备，后患不堪设想”，为亡羊补牢，求取更有效的海防建设策略，清政府下谕点名要求李鸿章、沈葆桢等沿海、沿江地区的大臣详细筹议海防策略，各陈己见，限期交稿，以供中央采择，“总期广益集思，务臻有济，不得以空言塞责”，史称“海防大筹议”。

小国日本悍然挑衅中国而引起的震惊尚未消散，面对着如何加强海防这一宏大命题，奉命筹议的大臣们冥思苦想，相互间还多有私下交流，在处理日本侵台事件中交往益笃的沈葆桢和李鸿章就是其中的典型。

李鸿章和沈葆桢围绕海防筹议的私下交流中，铁甲舰仍是重中之重。

经历了日本侵台事件期间紧急求购外国现成铁甲舰的尝试，此时沈葆桢所在意的已不是“现成”二字。因为寻购西方铁甲舰均以失败告终，沈葆桢的思路最初回归到了船政事业的根本精神“权操诸我”，思考通过购买机器设备、增拓生产设施的方式，学习模仿西方的新式舰船设计，在船政自行制造铁甲舰，由此彻底掌握铁甲舰的奥妙。然而日意格帮助测算后发现，国产自造铁甲舰需要巨额经费投入，而且成功需时，见效缓慢。沈葆桢随即重新调整思绪，设想向英国等海军强国订造新式铁甲舰，但依然坚持“权操诸我”的思路，认为可以在订造军舰的同时，将船政学堂培养出的舰船工程人员和海军人员派遣到外方船厂，实地学习铁甲舰的设计建造和驾驶操控，为未来中国自造铁甲舰打下基础。

沈葆桢这一着眼长远的思路，使李鸿章印象深刻，此后在有关筹议海防的上奏中，沈、李二人的奏报中都将在英国选式定造，以及派学生出洋学习造、驶作为获取铁甲舰的思路。

1875年5月30日，清王朝颁布上谕，就海防大筹议作出总结性指示，中国近代化海防建设的战略发生重大调整。清王朝当天宣布总理船政大臣沈葆桢升任两江总督、南洋通商大臣，同时明确由北洋大臣李鸿章、南洋大臣沈葆桢分别负责督办南北洋海防事务，以此取代之前责权含混不清的海防战略。在具体的建设举措上，清政府直接提到了李鸿章、沈葆桢在筹议上奏中汇报的铁甲舰问题，同意先行试购，“铁甲船需费过钜，购买甚难，著李鸿章、沈葆桢酌度情形，如实利于用，即先购一两只，再行续办。”[①] 中国购买铁甲舰一事，从之前由沈葆桢一人独任，转变为沈葆桢、李鸿章联合商酌办理。又因为当时各方认为北洋海防事关京畿门户的海上安全，重要性更大，被置于优先发展的地位，购买铁甲舰的工作实际上主要落在负责北洋海防的李鸿章肩上，原沈葆桢则退居为此事的推动者、配合者，中国获取铁甲舰的努力也进入了一番新的局面。

“铁甲船不可不办”

1875年夏季开始，铁甲舰成了沈葆桢和李鸿章通信时最常提到的话题，一度几乎到了每信必谈的地步。“铁甲船是否先造能进口者两只？”“附呈新式铁甲船尺寸、厘径、马力、吨数单，乞察核。”“铁甲船似宜英、法各定制其一，派员率生徒往学，而后可兼收制造、驾驶之效。”“外海水师决不可不创，铁甲船决不可不办、不可不学。”沈葆桢以时不我待之势反复催促李鸿章速速定计购买铁甲舰。[②]

---

① 中国近代史资料丛刊《洋务运动》1，上海：上海人民出版社1961年版，第154页。

② 参见《从船政到南北洋——沈葆桢李鸿章通信与近代海防》，福州：福建人民出版社2020年版。

起初，沈葆桢从为人可靠等角度出发，建议李鸿章仍通过日意格寻找新式铁甲舰方案，并频频将日意格搜集到的英、法新式铁甲舰的信息推荐给李鸿章。在沈葆桢而言，自己心底无私，之所以推荐日意格，主要是因为在船政事业上曾有成功合作的先例，通过船政实际工作检验，确认了这位洋人确实可靠，且日意格本人对铁甲舰事务也颇有兴趣，可谓是在东西方之间就造船事务往来穿针引线的难得人物，通过他来帮助寻找铁甲舰方案，显然更具可操作性，办理起来也更为高效。

与沈葆桢形成鲜明对比的是，李鸿章虽然对铁甲舰事务本来也颇有兴趣，但在担负具体责任之后，在铁甲舰问题上显得态度暧昧，较之沈葆桢雷厉风行的风格，李鸿章的缓慢动作中显出权衡利弊得失、筹谋再三的稳健特点。

对于日意格，李鸿章的成见由来已久，在给沈葆桢的信里常常戏称之为“日酋”，受各方风闻的影响，李鸿章认为日意格在居间办理采买事务时加价牟利过多，手笔太辣。例如台湾事件期间，日意格向沈葆桢介绍丹麦铁甲舰的转卖售价为100万两银，而李鸿章从不具名的信息提供者处得知的价格是60万两银，这样的情况显然深深左右了李鸿章对日意格的判断。更重要的是，在清王朝中央，海关总税务司赫德经常向军机处、总理衙门大臣发散有关日意格的负面新闻，也使中央的大臣们颇受影响，“尝疑日酋贪利欺骗”，这些政治大佬们的好恶，李鸿章无疑会给予足够的重视。

李鸿章向沈葆桢坦陈了自己对日意格的不信任，沈的本意在于推动定造铁甲舰的工作，为日意格略作辩白的同时，未再继续坚持非借助日意格不可，“晚只谓铁甲船不可不办，非敢谓办铁甲船必须用日意格也”。[①] 当时沈葆桢、李鸿章与新任船政大臣丁日昌正在酝酿向欧洲派遣首批海军和制造专业的留学生，丁日昌推荐自己的门人、时任船政总考工李凤苞作为中方领队，江苏崇明人籍的李凤苞是当时国内著名的工程技术专家，沈葆桢与李鸿章协商之下，最终达成共识，趁着李凤苞率船政留学生赴欧洲的机会，安排李凤苞在欧洲会同日意格联合搜集调查新式铁甲舰的信息，以作牵制。

1877 年 3 月 31 日，作为留学生华监督的李凤苞，与被任命为洋监督的日意格，率领总计 41 名船政学堂毕业的在福州马尾乘坐船政“济安”号军舰出发，前往香

---

① 《李鸿章致沈葆桢》，《从船政到南北洋——沈葆桢李鸿章通信与近代海防》，福州：福建人民出版社 2020 年版，第 190 页。

被赋予寻购铁甲舰任务的留学生华监督李凤苞。

港转乘开往欧洲的国际邮轮，踏上了赴欧留学的万里航程。随着李凤苞、日意格共同赴欧，从海防大筹议定议后，李鸿章与沈葆桢磋磨、周折了一年多时间的铁甲舰之议，渐得头绪。

土国铁甲船

1877年5月7日，李凤苞、日意格率领的船政留学生抵达法国马赛（Marseille），随后按照所学专业不同，船政前学堂和艺圃的毕业生、工匠就地在法国留学，学习舰船设计制造和各项工业技术，船政后学堂的毕业生则从法国渡海前往海军强国英国，根据中英两国之间的协商，分配上英国海军万吨级的一等铁甲舰代职、实习，亲临其境，学习铁甲舰的驾驶和指挥。

当时，正值中国海关总税务司赫德向总理衙门提供了一条重要信息，称有2艘在英国建造的“土国铁甲船”有意转售，李鸿章于是指示李凤苞、日意格就近前往英国船厂，实地考察这2艘军舰。

“土国铁甲船”，所指的是奥斯曼土耳其在英国定造的2艘中型铁甲舰 *Peki-Shereef* 和 *Boordhi-Zrffer*。这两艘军舰为同型姊妹舰，排水量4870吨，采用“八角台”中央炮房式设计，4门305毫米口径主炮安装在军舰中部由装甲保护的炮房内，处于炮房内的四个边角上，军舰的舰体舷侧敷设最大厚度为305毫米的铁甲。[①]

这两艘铁甲舰是奥斯曼土耳其在1874年向英国萨姆达船厂（Samuda）定造，建造过程中，奥斯曼帝国因故有意弃单，不想继续支付造价，预备通过船厂将军舰变卖转售，这一信息遂被中国海关总税务司赫德注意到。进入1877年后，奥斯曼帝国和俄罗斯爆发战争，英国政府为严守中立，禁止船厂向奥斯曼交付2舰，奥斯曼帝国更急于将军舰脱手。

李凤苞、日意格赴沙姆达船厂实地考察时，这2艘土国军舰还处于建造中，其中的“柏尔莱”工程进度较快，已经从船台下水，正在进行后续的舾装，“奥利恩”

① *Conway's All The World's Fighting Ships 1860-1905*，Conway Maritime Press1979，p18.

已经成为英国军舰的原土国铁甲船 *Peki-Shereef*

号则仍在船台上施工。李凤苞、日意格察看了军舰的设计、建造进度，并了解到单舰最低售价为 25 万英镑，约 100 万两银。在近代中国获取铁甲舰的历程上，这是中国官员第一次零距离的考察铁甲舰。

然而，此次的考察结果并未能实际推动获取铁甲舰的进程。当听说李凤苞、日意格报告回的单价是 25 万英镑时，海关总税务司赫德则称自己在去年年末获悉的售价仅为每艘 16 万英镑，本年年初获知涨价至 20 万英镑一艘。言外之意，似是指这两艘军舰的售价在不断翻腾，又仿佛是说李凤苞、日意格报回的价格内中有玄机。赫德的态度极为暧昧，李鸿章感到“惝恍迷离，殊莫测其意向”，难以决策。

更重要的是，李凤苞、日意格在考察之后，联名禀报考察结果，称二舰“可购”。可是在此同时，李凤苞撇开日意格，私下以密函形式致信李鸿章，指出了土耳其铁甲舰存在的诸多问题。李凤苞认为，这 2 艘铁甲舰的设计已经落伍，土耳其之所以想要转卖，不是因为该国无力支付后续的造舰款项，实际是向另购新式军舰，“土国非无力给银，实欲另变新样”。

铁甲之难

1877 年 10 月 22 日的夜间，李鸿章写信给沈葆桢，向沈说明土国铁甲船存在的问题。李鸿章在信中感慨中国获取铁甲舰道路的艰难，“铁甲船自台湾事起，中外迭经议购，迄无成局”，认为症结的原因集中于三大难点，即经费难集，人材难得，以及缺乏铁甲舰维修所需的大型干船坞，李鸿章认为倘若这 3 个条件不具备，自己无法作出购造铁甲舰的举措，“前三项并未著实措意，棉力实不敢独任”。[①]

李鸿章担负着寻购铁甲舰的使命，但是态度却显得如此消极，使沈葆桢焦急不已。11 月 9 日，沈葆桢回信李鸿章，开篇就是关于铁甲舰的议论，“铁甲之难，诚如明谕，第鄙意窃以为知其难而不可以已也。”“天下安危，专恃我公，若不独任，更谁任之?！”

随后，就李鸿章望而止步的三大难，沈葆桢一一进行剖析，提出破解之道。

经费方面，海防大筹议之后，清政府就确定了南、北洋每年各 200 万两银的建设经费，沈葆桢随后又作出推让，以北洋建设重要性突出，将南洋每年的 200 万两银额度也尽数拨解北洋。虽然各省在提缴海防经费时存在拖欠等问题，但是累积至 1877 年，积存可用的海防经费也已达数百万两之多，由此购买铁甲舰的经费并不是问题。沈葆桢还提醒李鸿章，倘若海防经费积存不用，极有可能被政府腾挪，“经费不用于此，必用于彼，必不能听公守此百万以备不虞。虎视眈眈终非唇舌所能拒人，情知缓急者，鲜若逐渐消磨于无著之地，公能以不滥用丝毫谢天下耶?！”

人材方面，沈葆桢、李鸿章和丁日昌推动的船政留学计划中，一大内容就是将一批优秀的海军军官派到英国海军的铁甲舰上实习，积累操纵、驾驭铁甲舰的经验，可谓已经预有准备。同时，沈葆桢认为，一旦确定了定造铁甲舰，可以将海军军官和工程师们派到外国船厂学习，“船成而学亦成，驾驶、修理似尚无乏才之患”。即人材方面根本不存在问题。

在铁甲舰维护所需的船坞方面，沈葆桢认为更非问题。或者可以根据当时中国

① 《李鸿章致沈葆桢》，《从船政到南北洋——沈葆桢李鸿章通信与近代海防》，福州：福建人民出版社 2020 年版，第 250—251 页。

已有的上海和马尾的船坞、铁船槽的条件，在定造铁甲舰时选择适合的尺度、规模，或者干脆专门开挖新的干船坞。

至于李鸿章提到的土耳其铁甲船存在的问题，尤其是李凤苞指出的铁甲舰设计新旧的问题，沈葆桢提醒李鸿章不应拘泥于此，“新式日出不穷，今所谓新，转眼即故，断无从待其登峰造极而取之”。

面对沈的剖析，李鸿章的态度仍然犹豫，担心专门为铁甲舰而造船坞“既无指项，亦觉不值”，担心仅仅购买两艘铁甲舰不足以担负海防重任，“南北洋面万余里，一旦有警，仅得一二船，恐不足以往来扼剿”。铁甲舰造价高昂，万一在办理过程中一着不慎，未能买好、用好，在李鸿章眼中无疑是巨大的政治风险，不能铤而走险。[①]

铁甲舰问题上，沈葆桢与李鸿章的讨论陷入不可解的僵局，在1878年转入沉寂。这一年，沈葆桢自身的健康日益恶化，连月病假。李鸿章在海防建设方面，则专注于从英国购买排水量数百吨的小型蚊子船，铁甲舰在二人的通信中渐渐隐没不见。

再议铁甲

时至1879年，距离日本侵略台湾，清政府批准沈葆桢寻购铁甲舰，时间已经过去了5年；距离海防大筹议，清政府责成李鸿章寻购铁甲舰，时间已经过去了4年，中国的铁甲舰仍毫无踪迹，而邻国日本又增加了3艘铁甲舰。实际上就在清王朝进行海防大筹议的1875年，日本明治政府也就海军问题进行检讨，为了加大对中国的海上优势，通过了311万日元的预算拨款，向英国定造了“扶桑”“金刚”“比叡”等3艘铁甲舰，是为明治政府定造的第一批新式军舰。

1878年，日本的3艘铁甲舰陆续建成，成为东亚海上实力最强的国家。1879年4月，日本在东亚世界再掀狂澜，将世代为中国属国的琉球国彻底吞并，“废藩置县”，并为日本的冲绳县。

琉球灭国，使清王朝再度面临严峻的海上危机。

琉球方向正当南洋海防，1879年5月11日，两江总督、南洋大臣沈葆桢上奏，

---

① 《沈葆桢致李鸿章》，《从船政到南北洋——沈葆桢李鸿章通信与近代海防》，福州：福建人民出版社2020年版，第257页。

日本铁甲舰“扶桑”

提议模仿长江沿线各省旧式水师整合为长江水师的成例，迅速将中国沿海各省的军舰进行整合管理，作为外海水师，以南洋的吴淞口作为居中之区，各省军舰每两月赴吴淞聚集，由江南水师提督李朝斌督率操演，“彼此联为一气，缓急乃有足凭”。奏折中，沈葆桢再次提到了铁甲舰，称自己早就努力呼吁要使中国海防拥有铁甲舰，然而此事日久没有成果。

紧随其后，被清政府临时授予总督衔、派赴南洋会同沈葆桢办理海防的丁日昌，因身体健康问题上奏力辞，奏折中也提及了铁甲船问题。丁日昌在奏折里为清政府列举了十六条迫在眉睫的海防应办事项，其中有两条直接事关铁甲舰，“日本倾国之力购造数号铁甲船，技痒欲试，即使目前能受羁縻，而三五年后，不南犯台湾，必将北图高丽，我若不急谋自强，将一波未平而一波又起。”“论者动以铁甲船不可轻购为疑，不知人之所以攻我之法与从前不同，则我御之之法亦当与从前有异。”

1879 年 7 月 6 日，清政府就海防问题颁下密谕，明确就铁甲舰问题作出指示，要求“李鸿章、沈葆桢妥速筹购合用铁甲船……不得徒托空言。”7 月 29 日，再下谕旨，指示“铁甲船需费浩繁，即著量力筹办”获取铁甲舰的问题，再一次被提上了议事日程。

8 月 11 日，李鸿章致信沈葆桢，提起铁甲舰事务，称自己已经在 8 月 10 日通知已担任驻德国公使的李凤苞，要求其在英、法、德国迅速寻访铁甲舰的方案和报价。李鸿章向沈葆桢解释自己此前在铁甲舰事务上的为何长期迟疑不决，“弟所以徘徊四顾，未敢力倡铁甲之议，一无巨款，一无真才也”，同时向沈葆桢保证，自己对办成铁甲舰的决心，“使公与鄙人在位，此事终无端绪，负疚于国家者滋大”。

针对困扰着李鸿章的“巨款”“真才”，沈葆桢很快作出回复。在沈葆桢看来，尽管铁甲舰的总价看似高昂，但是按照西方国家的办事模式，并不需要一次支付全款，仅就首付而言，当时积存的南北洋海防经费完全绰有余裕，而且一旦支付定金，启动了计划，再就此申请后续款项就并不难办。“外洋定制物件，向分期偿价，有百万以为权舆，似不甚窘，其余指款，各省咸知其不能不解，亦必踊跃，万一不敷，奏请部库暂挪数时，亦必邀允”。

在人材方面，沈葆桢认为更非难事。未来铁甲舰的舰长可以用留学归来的海军军官，舰队的统帅可以用老将，“铁甲、钢甲竣事，管驾必取诸出洋诸生，统领则仍宜曾经百战忠勇之大将”。

至于具体经手办理购舰的人选，沈葆桢提议委托海关总税务司赫德帮助办理。沈葆桢认为，如果由中方人员进行选型、谈判，难免为了求价格便宜而吃大亏，“用中国人必贪便宜，以炫所长，天下明便宜者，暗必吃亏，且中间必多辗转数人，将来归结时，必生出许多枝节，其病在门外汉而强充解事也。”而用赫德等西方人经手，虽然明知道其必然在中间会牟取经手费用，但只要能切实办成，也无不可，“洋人不从中取利，理所必无，然取利而能了事，我又何求，无意外便宜，斯无意外吃亏。”

除了沈葆桢自述的这些原因外，沈氏建议赫德来办理，显然也是考虑到了赫德与总理衙门等京城部门的密切关系，由这位被高层信任的英国人来办理，无疑会减少阻力。为了努力促成获取铁甲舰，沈葆桢的良苦用心由此可见。

但是沈葆桢没能料到的是，海关总税务司赫德实际上正在扮演着铁甲舰阻挠者的角色。

出于服务英国国家利益的基本考虑，赫德认为，清王朝并不需要一支欧洲式的大规模海军。在赫德看来，中国的海军只要能具备肃清海盗，维持海上治安的有限能力即以足够。在沈葆桢竭力推动购买铁甲舰的时期，赫德实际上游走在京城和天津等地，对军机大臣、总理衙门大臣以及北洋大臣李鸿章不断游说，兜售自己的理念。

赫德藉以打动清王朝大员的主要说辞是“花小钱，办大事”。赫德介绍了一种吨位小、价格便宜，但是安装有足以击穿铁甲舰装甲的小型炮艇“蚊子船”，称这种蚊子船足以代替铁甲舰，鼓动北洋海防购置了大量此类小船。当北洋大臣李鸿章等发现这种小船仅仅只能用于近海防御，无法出远海作战，根本不可能直接对抗铁甲舰时，赫德又推荐一种小型的撞击巡洋舰，称可以在海面上冲击、撞坏铁甲舰。

无论是小型的炮艇还是撞击巡洋舰，单舰造价远远低于铁甲舰，而理论上可以对铁甲舰购成威胁，李鸿章对这类投入相对较小、政治风险也相对较小的军舰产生了浓厚兴趣。尽管沈葆桢就赫德的观点向李鸿章尽抒不同意见，“问各国之强，皆数铁甲船以对，独堂堂中国无之，何怪日本生心乎?!”[①] 最终，李鸿章在购买铁甲舰的问题上再次游移。

1879 年 12 月 11 日，李鸿章就购船选将等事务上奏清廷，论及清政府责成的购买铁甲舰问题时，李鸿章首先肯定铁甲舰的重要性“欲求自强，仍非破除成见，定购铁甲不可”，随即则话锋一转，称综合参考了总理衙门、赫德以及驻德公使李凤苞等的意见，先购买蚊子船、撞击巡洋舰等军舰，作为未来购买铁甲舰的基础，“先办快船，再办铁甲”。

12 月 18 日，北洋海防通过中国海关总税务司赫德，向英国阿姆斯特朗公司定造 2 艘撞击巡洋舰，总价 16 万英镑，购舰合同与当天在伦敦签订。也就在这一天，长期健康不佳的沈葆桢在两江总督驻节地江苏江宁与世长辞。

未能看到中国购成铁甲舰，成了沈葆桢一生最大的遗憾和担忧。临终前夕，已经手不能书的沈葆桢，向儿子沈瑜庆口授，留下了给清廷的遗疏，其中念念不忘的仍然是铁甲舰，“臣所每饭不忘者，在购办铁甲船一事，今无及矣！而恳恳之愚，总以为铁甲船不可不办，倭人万不可轻视……目下若节省浮费，专注铁甲船，未始不可集事，而徘徊瞻顾，执咎无人！伏望皇太后圣断施行，早日定计，事机呼吸，迟则噬脐！”[②]

沈葆桢在生命即将终了时所作的最后呐喊，成了中国近代获取铁甲舰历史上最悲壮的一幕画面。

---

① 《沈葆桢致李鸿章》，《从船政到南北洋——沈葆桢李鸿章通信与近代海防》，福州：福建人民出版社 2020 年版，第 310 页。

② 沈瑜庆：《涛园集》，台北：台湾文海出版社 1967 年版，第 173—174 页。

失落的辉煌（下）

——“定远”级铁甲舰

“集二者之长，去二者之弊”

沈葆桢去世后不久，围绕伊犁问题，中俄关系在1879年末开始紧张，海上风云骤起，中国面临新的海防危机。

1880年3月29日，李鸿章上奏清廷，以非常罕见的措辞，援引日意格、李凤苞以及海军军官刘步蟾等的观点，请求请求批准购买铁甲舰，“中国永无购铁甲之日，即永无自强之日”。[①]这时的李鸿章，对获取铁甲舰一事的急迫性似乎有了全然不同的认识。

面对俄国扬言将派出舰队到中国沿海活动，已经接近完工的土耳其铁甲舰对急需购买现成军舰以加强海军实力的中国有了特殊的意义。清政府下令李鸿章立即着手购买这两艘铁甲舰，由福建地方解交60万两银，连带户部拨用50万两银出使经费，作为购舰经费。然而英国看准时机大敲竹杠，“忽允忽翻，吝弗肯售”[②]，竟将两艘老式铁甲舰的价格一路涨至200万两银，最后英国政府担心如果军舰卖给了中国，有可能在不可预测的将来落入俄国手中，干脆拒绝出售，而中国历史上第一次购买铁甲舰的实质性尝试随之流产。这2艘原本大有可能成为中国军舰的二等铁甲舰，后来长时间在英国海军服役，充当无足轻重的角色，平淡地走完了一生。

---

① 《定造铁甲船折》，《李鸿章全集》9，合肥：安徽教育出版社2008年版，第108页。

② 《定造铁甲船折》，《李鸿章全集》9，合肥：安徽教育出版社2008年版，第108页。

转购土耳其铁甲舰失败并没有使中国购买铁甲舰的计划停滞，受日益紧张的中俄关系影响，李鸿章于1880年5月25日致信李凤苞，指示其不要再留意土耳其的二手铁甲舰，干脆在英国定造新式铁甲舰，“照新式在英厂订造二只，应以何厂何式为宜，约几年造成，价分几次匀付，乞与仲虎迅速妥筹酌定”。[①] 有关购舰经费，除之前为购买土耳其铁甲舰而凑集的110万两银之外，李鸿章计划将两淮盐商认捐报效银100万两银、各省应归还的借拨轮船招商局官款105万两银，也都作为购买铁甲舰的准备金。[②]27日，清政府颁密谕，批准了李鸿章的一揽子计划，要求“当此筹办海防之际，不能因前议无成，遽尔中止，著照李鸿章所议，查照新式，在英厂定造铁甲二只”，并特别饬令在德国具体承办寻购事项的李凤苞“速行定议，早日造成，不可耽延时日”，着重强调“尤当悉心酌度，认真经理，以期适用，毋为洋人所给，虚靡巨款。”[③]

受知识局限，李鸿章虽然在近代海军建设领域经历有年，但对新式铁甲舰究竟应该是什么形式并无明确把握，在购买要求上只是大概地提出必须价廉物美，主要的火炮武备采用德国克虏伯（Krupp）式，军舰吃水不能超过20英尺（6米），以适应当时中国的港口条件等几条简单的标准，新式铁甲舰选型、寻购等具体的任务便落在欧洲的特使身上。[④]

为辅助李凤苞访购铁甲舰，经李鸿章推荐，科学家徐建寅被任命为驻德使馆二等参赞，前往德国协助李凤苞办理购买铁甲舰等事。1879年10月25日，徐建寅乘坐法国“扬子”号商轮由上海出发，踏上前往德国的旅途。[⑤] 此后将近5年的时间里，徐建寅跟随李凤苞，足迹遍及英、法、德等国，期间二人各自写有日记，是现代考察“定远”级军舰订购、建造过程情况的珍贵资料。

19世纪后期的欧洲，传统的海军大国主要有英、法等国，德国是当时新崛起的海军国家，军舰设计、建造在世界上并不突出，此前各国外购军舰大都寻找传统

① 《复李丹崖星使》，《李鸿章全集》32，合肥：安徽教育出版社2008年版，第550页。

② 《定造铁甲船折》，《李鸿章全集》9，合肥：安徽教育出版社2008年版，第108—109页。

③ 《定造铁甲船折》，《李鸿章全集》9，合肥：安徽教育出版社2008年版，第109页。

④ 《复李丹崖星使》《复总署议造铁舰并留戈登》，《李鸿章全集》32，合肥：安徽教育出版社2008年版，第561、564页。

⑤ 徐建寅：《欧游杂录》，长沙：岳麓书社1985年版，第649页。

海军强国英、法等国，没人会对海军尚弱的德国投以青眼，然而德国却对中国市场抱有浓厚的兴趣，清政府正式在德国开设使馆后，“在柏林，人们竞相向新设立的中国公使馆献殷勤”。[①] 在众多希望和中国做生意的德国商贾行列中，位于北海之滨城市斯丹丁（Stettin）的伏尔铿（Vulcan）造船厂也身在其中，并十分有预见性地有意吸引中国外交官对德国造船能力的关注。早在 1878 年 11 月 9 日，伏尔铿造船厂就曾邀请李凤苞赴该厂参加新舰下水仪式，厂主伏尔铿不顾年迈亲自在厂外要道迎接，当天下水的是德国海军当时的主力军舰“萨克森”（*Sachsen*）级铁甲舰的第 3 艘“威尔登白”（*Würtemberg*）号，庞然大物的钢铁巨舰给李凤苞留下了十分深刻的印象。[②]

根据档案显示，李凤苞奉命定造 2 艘新式铁甲舰后，首先与徐建寅会商，拟定新铁甲舰的概念方案。这一概念方案，一方面参考了当时英国最新式的铁甲舰“英弗莱息白”（Inflexble），同时还特别参考了德国的“萨克森”级铁甲舰，是中国工程技术人员以自己的创新思想而设计的全新方案。徐建寅在当时的日记中称“现在中国拟造之船，议仿‘英弗莱息白’及‘萨克森’之制，集二者之长，去二者之弊……似可列于当今遍地球第一等铁甲船……”[③]

由英国著名舰船设计师巴纳贝（Barnaby）设计的“英弗莱息白”号，在铁甲舰发展史上有着里程碑式的重要地位，是当时英国“式最新、甲最厚、炮最大”的铁甲舰。[④]

“英弗莱息白”之新颖，主要在于领先当时世界的防护形式和主炮布置方法，而这 2 点均在中国铁甲舰的设计方案中借用。“英弗莱息白”摒弃当时铁甲舰上普遍采用的水线带装甲设计，改为集中防御的“甲房”，在军舰中部重要部位用装甲围出一个防护空间，军舰上的要害部门如主炮塔、驱动主炮塔的旋转机构、弹药库等均保护在其中，这种革命性的设计在当时称为铁甲堡。在铁甲堡之外，军舰的前后各敷设了装甲甲板，用这种低于水线的装甲甲板取代了直立的装甲。这些设计既使军舰上的要害部位得到集中防御，又因为取消了沿水线装备的垂直装甲，大大减

---

① ［德］施丢克尔：《十九世纪的德国与中国》，三联书店 1963 年版，第 106 页。

② 《李凤苞往来书信》下，中华书局 2018 年版，第 863 页。

③ 徐建寅：《欧游杂录等》，岳麓书社 1985 年版，第 732 页。

④ 徐建寅：《欧游杂录等》，岳麓书社 1985 年版，第 731 页。

“英弗莱息白”排水量高达 11880 吨，属于一等铁甲舰，动力系统由两座三胀往复蒸汽机和 12 座锅炉构成，双轴推进，航试时测得功率 8407 马力，航速 14. 75 节。该舰武备包括 4 门威力巨大的 16 英寸（406 毫米）口径前装线膛炮，6 门 20 磅后膛炮，2 具 14 英寸（355 毫米）口径鱼雷发射管，以及 2 具同口径鱼雷发射架。

轻军舰的重量，使得机动性得到优化，并减少吃水深度。

“英弗莱息白”的主炮采用的是 16 英寸（406 毫米）口径巨炮，4 门巨无霸火炮分装于军舰中部 2 座船面旋台式炮塔内。所谓船面旋台，就是用装甲围成圆形的炮塔，顶上铺设平甲，内部安装火炮。炮塔下方装有旋转机构，通过转动整个炮塔，从而让炮塔里的火炮可以四面射击。其基本特点就是炮随台动，即火炮本身不动，随着炮塔转动而动。“英弗莱息白”的另一大设计特点就来源自这两座炮塔，和最初的船面旋台铁甲舰将炮塔沿军舰的中线分前后布置不同的是，自意奥利萨海战之后，船头对敌的战术成为各国海军的潮流，沿中线布置炮塔的设计在当时被认为无法使各个炮塔内的火炮同时转向舰艏或舰艉方向射击，“患前后不能互击”，不符合船头对敌的基本战术要求。“英弗莱息白”针对此进行了改良，将炮塔设计为对角线布局（或称斜连炮台），2 个炮塔错开一定角度，并列在军舰中部，可以使 2 座炮塔能同时向舰艏舰艉方向开火，而且可以将舱房布置在两舷之中，不用担心其

“萨克森”级铁甲舰。排水量7677吨，主机功率5000马力，双轴推进，航速13.5节。武备包括6门260毫米口径克虏伯后膛炮、6门87毫米口径炮、8门37毫米口径炮。

会遮挡住火炮的射界，这一极具特色的设计让“英弗莱息白”名噪一时。①

与“英弗莱息白”一样，德国的“萨克森”也属于当时世界上最新式的铁甲舰之一，具备强大的火力，而且吨位只有7000余吨，吃水6.53米，②非常适合中国港口的水深、码头等条件，事实上成为中国铁甲舰方案船体部分的参考母型。

“萨克森”防御上同样使用铁甲堡设计，其特别之处同样在于炮台样式。“英弗莱息白”使用的船面旋台尽管比船腰炮房先进，但仍存在不足，李凤苞曾直接指出这种设计的几个主要缺陷：首先，船面旋台是连炮带台一起转动的，炮台本身厚厚的装甲就已经很重，再加上炮台里面大口径巨炮的重量，使得整个旋台过于笨重，转动不够灵便；其次，为转动笨重的旋台，在炮台下设有一套非常复杂的液压、齿

① John Beeler: *Birth of The Battleship*, Caxton Editions2001, p.42–46。Brassey: *The Naval Annual 1886*, p.329—330.

② *Conway's All The World's Fighting Ships 1860—1905*, Conway Maritime Press1979, p245.

轮传动装置，整套设备过于繁琐，操作稍有不慎，就容易造成故障。而因为旋台本身的自重过大，一旦液压驱动装置出现问题，采用人力转动炮台会非常困难；再次，为获得较强的生存力，炮台采用的是“闷罐”式设计，这样确实可以抵挡飞来的炮弹，不过火炮发射后造成的烟雾不容易消散，往往发射完一发炮弹，还得等炮塔内的烟雾散尽才能再进行装填瞄准，火炮的射速大受影响。而且安装在这种封闭式炮塔内的火炮虽说因为随炮台一起转动，周向射界大大增加了，但是炮塔上的炮门比较狭小，火炮的俯仰角度受到限制，不利于攻击高处和远处的目标。

德国“萨克森”舰采用的是一种比船面旋台更为先进的炮塔样式，即露台旋炮，又称露炮台，实际就是炮台。其主要特征是炮台不动而炮动，和船面旋台一样，露炮台也是用装甲围成炮台，不过这种炮台的高度仅以保护火炮炮架为限，而且炮台还是和舱面连为一体，固定不能转动的，一般被称为装甲围壁或胸墙，与当时陆地的炮台布局有几分相似。火炮安装在固定的炮台里面，这样转向时只要转动火炮就行了，不用管那厚厚的装甲围壁，大大减轻了旋转机构的负担。而且早期的露炮台正如它的名字一样，上部是完全敞开、露天的，瞄准、观察的视野都比较开阔，火炮的俯仰角度可以调得比较大，也不会出现火炮发射后硝烟无法散去的问题，因为炮台本身是和舱面相连的固定装甲围壁，更避免了船面旋台“弹著旋缝，炮即碍转”的弊病。[①]

尽管“萨克森”军舰在炮台设计方面引入了先进的露炮台样式，但保守的德国人却在军舰中部还设置了一个已经落后过时的船腰炮房，“萨克森”级军舰的6门主炮只有2门安装在军舰前部的双联露炮台内，其余4门装备在军舰中部这处没有顶盖的船腰炮房内，一旦有炮弹射入炮房，四散的破片势必会殃及炮房内的所有4门火炮，“炮台既大，易受敌击，倘一弹入台，则四炮之人皆将受伤”[②]。

李凤苞与徐建寅等在1880年夏季基本拟定出了新铁甲舰的概念方案，该型军舰的舰体参考“萨克森”，长85. 34米，宽18. 28米，吃水5. 79米，装备装甲厚度为305 ~ 355毫米的铁甲堡，能够满足李鸿章有关铁甲舰吃水等数据的要求。该军舰的主炮采用类似“英弗莱息白”的斜连炮台布局，在舰体中前部布置“8”字

---

① 许景澄：《外国师船图表》，柏林使署光绪十二年石印版，卷一，第8、11页。
② 徐建寅：《欧游杂录》，长沙：岳麓书社1985年版，第731—732页。

中国铁甲舰早期方案模型

型的两座炮台，具体的炮台形式则不采用炮塔式，而是使用“萨克森”的露天炮台。每座炮台上安装2门305毫米口径克虏伯炮，“四炮俱能前后左右环击”。此外，在军舰艏艉各装备1门210毫米口径克虏伯炮，另配6门11毫米口径的格林机关炮。

1880年秋，李凤苞带领徐建寅前往英国，遍访伦敦、利物浦、格拉斯哥、谢菲尔德、朴茨茅斯等地的著名船厂，密令各厂根据中方的概念设计进行深化和报价，“订令详绘细图，逐一估算”。[①] 同时，李凤苞、徐建寅也让德国伏尔铿造船厂参与报价。中国驻德公使李凤苞突然垂询有关铁甲舰定造事宜，立刻引起伏尔铿船厂乃至德国政府的高度重视。接下订单造出军舰，不仅意味着德国大型军舰出口史上零的突破，而且无疑这全新的铁甲舰将会成为当时亚洲霸主中国海军的主力，其带来的宣传价值是不言而喻的，因此德国人竭力给两位中国特使留下更深刻的印象。德国伏尔铿造船厂、西门子公司、克虏伯公司、刷次考甫鱼雷厂、毛瑟枪厂等军工企业异常热情地邀请、接待中国使者的考察。

根据中方提出的方案，英国沙木大船厂测算单艘不连武备的造价为319400余英镑，泰晤士铁工厂（Thames Iron Works）报价313400英镑，除此，德国伏尔铿

① 《李凤苞往来书信》上，北京：中华书局2018年版，第278页。

船厂也给出报价，约 30 万英镑，低于英国船厂报价，最终中国驻德公使馆选定在伏尔铿造船厂建造。

在征集、比选报价的同时，李凤苞将铁甲舰的概念方案寄回天津向李鸿章汇报，李鸿章则交由“镇北”蚊子船管带刘步蟾等进行研读评判，刘步蟾对该方案又提出多点修改意见，要求在露炮台上加装类似炮塔的炮罩，“添设薄铁遮盖或顶配铁亭与旋盘俱转”；在军舰水线下舱室内加装操舵装置；将原计划配置的 11 毫米口径格林机关炮更换为口径在 25 毫米以上的大威力机关炮；在军舰的桅盘等位置安装电力探照灯；在军舰水线处增设鱼雷发射管等，这些建议于 12 月 6 日从天津寄往德国柏林，后来一一体现到了铁甲舰方案的深化设计之中。[①]

1881 年 1 月 4 日，李凤苞参考德国海军部的合同规范，与伏尔铿造船厂草签了定造第一艘铁甲舰的合同，随后于 1 月 8 日在柏林正式签署，不含火炮在内的造价为 620 万马克（折合 306930 余英镑），约定自合同签订之日起 18 个月内建成，在合同文本的最后还特别加入了一条有关申明不接受商业贿赂的条文。[②]4 个月之后，1881 年 5 月 23 日，李鸿章指示李凤苞向伏尔铿造船厂再定造一艘同型的铁甲舰，造价 6297500 马克。[③] 中国海军的新时代悄然来临。

“遍地球一等铁甲船”

让当时的中国人热血沸腾，又让后世的中国人魂牵梦萦的铁甲舰，由伏尔铿造船厂总工程师鲁道夫·哈克（Rudolph Haack，1833—1909）担纲深化设计，这位被李凤苞称为哈格总办的德国人，长期在伏尔铿厂服务，此后中国订造的“济远”“经远”等级军舰也出自其手笔，与中国近代海军可谓缘份不浅。

1881 年 3 月 31 日，中国定造的第一号铁甲舰在伏尔铿造船厂的 100 号船台上正式开工建造，按照中国人使用的“第一号铁甲舰”的名称，工厂临时定名为 *Ti I T’ieh*

---

① 《驻德使馆档案·李凤苞任内卷略 3》，美国国会图书馆藏。

② 《中国驻德大臣李与德国士丹丁伯雷度之伏耳铿厂两总办订定铁舰合同》，南京图书馆藏。《李使由柏林来电》，《李鸿章全集》21，合肥：安徽教育出版社 2008 年版，第 9 页。

③ 《寄李使》，《李鸿章全集》21，合肥：安徽教育出版社 2008 年版，第 16 页。

伏尔铿造船厂总工程师鲁道夫·哈格

Chien（“第一铁甲”），8 月 8 日，李鸿章为该舰起名“定远”（*Ting Yuen*）。[①] 比第一号铁甲舰晚了近 1 年，第二号铁甲舰在伏尔铿造船厂 112 号船台上开工，工厂名 *Ti Erh T'ieh Chien*（“第二铁甲”），9 月 21 日，李鸿章取名“镇远”（*Chen Yuen*）。[②] 按照西方海军的传统，并称“定远”级。

“定远”级军舰的设计基本延续了最初李凤苞、徐建寅拟定的概念方案，同时结合了刘步蟾提出的修改意见和鲁道夫哈克的深化设计思路而成。该级军舰从外形看，双桅、双烟囱的布局显然受到“英弗莱息白”的影响。而舰体部分，除了炮台和飞桥的设计外，几乎就是“萨克森”级军舰的翻版。涂装方面，“定远”级军舰采用的是通行于 19 世纪欧洲的维多利亚式涂装，即水线下为红色，水线带白色，舰体黑色，飞桥、舷墙等上层建筑白色、烟囱、桅杆黄色。引人注目的是，在这级军舰的艏艉各有一对龙纹，足证当时国家对海军的期望之殷。近代军舰艏艉的纹饰是从帆船时代沿袭而来的传统，中国在学习西方建设近代海军的同时，也学习了西方海军的很多传统，但又并不是照搬。相对西方军舰上的船首像，龙是中华民族的图腾，又是皇家的象征，军舰上装饰龙纹，既宣示了这是中国的海军，又寓意深远。在“定远”“镇远”舰艉部的龙纹上方，镶嵌有各自的舰名牌。

“定远”级军舰的正常排水量为 7220 吨，满载排水量 7670 吨，舰长 94. 5 米、宽 18 米、吃水 6 米，与“萨克森”级军舰的数据基本接近。该级军舰的干舷极低，

① 《致总署所订铁舰拟取名定远》，《李鸿章全集》33，合肥：安徽教育出版社 2008 年版，第 63 页。

② 《复李丹崖星使》，《李鸿章全集》33，合肥：安徽教育出版社 2008 年版，第 73 页。

大有浅水重炮舰的神韵，动力配备2座复合平卧式蒸汽机和8座燃煤锅炉，双轴推进，螺旋桨单个直径为5米，试航时“定远”测得功率6200马力，航速14.5节，“镇远”稍快，测得功率7200马力，航速15.4节。舰上主要有两处煤舱，位于锅炉舱两侧的主煤舱，以及舰艏装甲甲板上的备用煤舱，煤舱的最大容量1000吨，军舰续航能力为4500海里/10节。此外，该级军舰早期的设计中还可以使用风帆动力，张挂风帆航行，后随着桅杆的改造而取消（“定远”级军舰的双桅杆原各只有1座桅盘，回国后拆除了帆装设备，前桅杆下部增加了1座桅盘）。为给甲板下通风，“定远”级军舰的主甲板上各有4个大型通风筒和4个小型通风筒，均匀分布在军舰中部两舷，通风筒上的风斗可以根据需要而转向。其中4个大通风筒内部都有特殊装置，用于将锅炉舱内的煤渣提升到甲板上，然后通过分装在左右舷的2个杂物筒倾倒处理。[①]

在19世纪，一艘标准的铁甲舰应具备如下武器：大炮、鱼雷、撞角、机关炮。“定远”级的武备系统与此标准相符。

大炮即100毫米口径以上的火炮，是当时军舰的主要武器。

“定远”级的主炮是4门305毫米口径（炮身编号001 ~ 004）的克虏伯后膛炮，以双联的形式分装于军舰中部的2座炮台上，每个双联装的炮座底部有一套传动装置，通过人力和蒸汽辅助来转动火炮。露炮台的布局则参照了“英弗莱息白”军舰，采用的是右前左后的对角线布局，炮台内的4门火炮可以同时转向艏艉和舷侧方向发射，最大程度发扬火力。根据刘步蟾的意见，炮台上安装了穹盖式炮罩，炮罩通过支架连在火炮的底座上，随火炮一起转动，可以对里面的人员起到一定的保护作用。而为了避免炮罩的份量全部压在炮架上，中国人在露炮台厚厚的装甲围壁顶部铺设了轨道，将底部装有轮子的炮罩架在装甲围壁上转动。尽管对这种科技含量比较低的做法有些不以为然，认为“非船学所重”，自负的英国人最终还是在自己的露炮台军舰上也采用了类似中国军舰上的穹盖式炮罩，“定远”级军舰开创了一种新式的露炮台。

历来较少受到注意的是，“定远”级军舰的4门主炮虽然口径巨大，但实际上

---

① 军舰排水量、动力等据 *Conway's All The World's Fighting Ships 1860—1905*，Conway Maritime Press1979，p395。航速资料据自 Richard N J Wright：*The Chinese Steam Navy*，Chatham Publishing London2000，p50. 军舰外形尺寸的考证，见姜鸣、赵幼雄：《关于建造“定远”号铁甲舰模型的论证报告》，油印本。

建成后停泊在德国港口的“定远”舰，此时舰上已经搭载了准备为广东水师运输的100英尺鱼雷艇。

“镇远”舰主甲板上的大通风筒，提升煤渣的小筒就是从照片中风筒上打开的门里运出的。照片拍摄于北洋海军覆灭后，“镇远”被日军送至旅顺船坞修理期间。

“定远”级军舰所配备的1门305毫米口径克虏伯炮，照片是甲午战争后作为日军战利品被陈列的情景。

是型号落伍的低威力版本。由于“定远”级军舰的长度较短，且两座炮台之间有司令塔建筑，为了保证左右炮台上的主炮能够转向同一舷射击，必须缩减火炮炮管的长度。“定远”级军舰因此没有选用长倍径的克虏伯1880年式火炮，而是采用了1880年前式克虏伯炮。这种火炮只有25倍径，来复线72条，炮管长7650毫米，膛长6720毫米。每门炮备弹50发，可用的弹药包括开花弹、实心弹，均为弹药分

“镇远”舰艉的150毫米口径副炮，照片拍摄于北洋海军覆灭后，“镇远”被日军送至旅顺船坞修理期间。

装式，弹头倍径 2.8 倍，开花弹（仅指弹头，下同）重 292 千克，弹头内装黑色火药 10 千克，最大的发射药包重 72 千克（发射药包为圆柱形，将六角形的火药片包裹于丝质袋内而成，外面标有重量，可以根据射程远近选取不同重量的药包）；实心弹重 325 千克，弹头内填充砂土，最大的发射药包同为 72 千克重，火炮初速 500 米每秒，有效射程 7800 米，总体上弱于 1880 式 305 毫米口径克虏伯炮，威力较小，穿甲能力仅相当于 1880 式 210 毫米口径克虏伯炮。[①]

除 4 门主炮外，“定远”级军舰艏艉原计划各安装 1 门 210 毫米口径克虏伯炮，后改为 150 毫米口径 1880 式克虏伯炮。实际口径 149.1 毫米，身管为 35 倍径，长 5220 毫米，来复线长 4800 毫米，炮管重 4.77 吨，炮架重 5.16 吨，可用弹药包括开花弹与实心弹，均重 51 千克，最大的发射药包重 17 千克。火炮初速 580 米 / 秒，有效射程 11000 米。这 2 门火炮分装于艏艉的 2 个炮罩内，依靠人力转动。[②]

① 《舰炮重量势力及其他便览表》，《海军掌炮学问答》，日本海军御用图书出版所 1898 年版。许景澄：《外国师船图表》，柏林使署光绪十二年石印版，卷十一，第 5—7 页。

② 《舰炮重量势力及其他便览表》，《海军掌炮学问答》，日本海军御用图书出版所 1898 年版。许景澄：《外国师船图表》，柏林使署光绪十二年石印版，卷十一，第 5—7 页。

“定远”级军舰的舰体设计基本沿用“萨克森”铁甲舰，而“萨克森”军舰原本并没有鱼雷兵器的设计，根据刘步蟾的修改建议，“定远”级军舰上增设了3具14英寸(355毫米)口径的鱼雷发射管，备雷21枚，采用德国刷次考甫(Schwartzkopf)磷铜鱼雷，又称黑头鱼雷。其中2具鱼雷发射管分别布置在军舰前部左右舷，位于铁甲堡之前；另1具布置在军舰艉部中线上，发射口位于舰艉接近水线处。这一改进设计后来证明相当成功，以至于在“定远”级2艘军舰建成后不久，德国在自己的4艘“萨克森”型铁甲舰上也做了与“定远”级完全一样的鱼雷兵器改造。

除鱼雷发射管外，“定远”“镇远”各搭载了2艘外观类似大型舢板的机动汽艇，平时可作为交通艇，必要时可以作为杆雷艇使用，称为“定一”“定二”和“镇一”“镇二”。[①]

撞角，是当时军舰上的一项重要武器。自意奥利萨海战之后在各国海军中流行，主要用于近距离上撞击敌舰，是采用乱战战术时的利器，“定远”“镇远”舰舰艏水下各有锋利如刀的撞角，外形与“萨克森”军舰采用的完全相同，冲角两翼各有菱形的加强肘板。

机关炮是军舰上的近防武器，主要用于抵御高速逼近的敌方鱼雷艇、杆雷艇，同时也可以在近距离作战时杀伤敌方舰艇上的人员。[②]按照初始方案，“定远”级军舰计划选用6门美国格林炮，但由于格林炮口径只有11毫米，对鱼雷艇等小艇的杀伤力不足，经刘步蟾建议改为威力更大的机关炮，后改用6门37毫米口径法国哈乞开司式(Hotchkiss)五管机关炮。这种火炮属于多管转轮式机关炮，是当时海军中一种著名的高射速武器，亦由阿姆斯特朗公司制造。炮身长740毫米，重200千克，弹药也分开花弹与实心弹，均重1.1

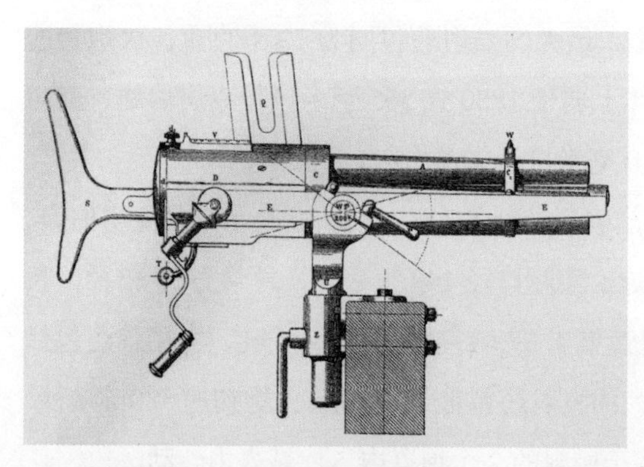
哈乞开司37毫米口径五管机关炮

① Richard N J Wright：*The Chinese Steam Navy*，Chatham Publishing London2000，p179.

② 近代机关炮的发展历程见：Lan V.Hogg：*Machine Guns*，Krause Publications2002.

北洋舰队覆灭后，被日军送在旅顺船坞内修理的“镇远”，照片中能清楚地看到位于舰艏的撞角。

"镇远"舰艉楼甲板上的1门47毫米口径马克沁机关炮

千克。274米距离上，可以击穿24毫米厚钢板。"定远"级军舰前后桅杆的上桅盘（称为战斗桅盘）内各安装1门，其余4门安装在从烟囱至后桅附近的艉楼甲板两侧舷墙上。

"定远"级军舰回国后，至甲午战争爆发前，又曾陆续添加安装过机关炮，每艘军舰计增加3型7门。包括1门47毫米口径的哈乞开司五管机关炮，安装于舰艏锚绞盘的后方，以及47毫米口径马克沁（Maxim）单管机关炮、57毫米口径哈乞开司单管机关炮、53毫米口径格鲁森（Gruson）机关炮各2门，安装于后桅杆至舰艉150毫米口径炮之间的艉楼顶部甲板上。

除上述武备外，"定远"级军舰还装备了4门75毫米口径的舢板炮。德国克虏伯公司制造，与当时各国陆军中大量装备的克虏伯行营炮类似，只是炮身略短，且在陆军用炮架外另备有一套供舰上安装使用的炮架。这种火炮主要供海军陆战队上岸作战时使用，必要时也可以临时布置在舰上的适当位置以加强火力。①

"定远"级军舰的防护设计采用的是与"英弗莱息白""萨克森"2舰相同的铁甲堡式。铁甲堡长度达43.5米，自上层建筑到舷侧水线及水线以下，以

①《舰炮重量势力及其他便览表》，《海军掌炮学问答》，日本海军御用图书出版所1898年版。

305 ~ 355 毫米厚的钢面铁甲将军舰除艏艉部分外的船体紧密包裹，整个军舰中部要害部位如弹药库、动力部门等均处于铁甲堡防护中，之所以选择钢面铁甲，是考虑到铁在海水中不耐腐蚀，因而在熟铁之外加上钢甲。因遇原材料涨价，订造“镇远”号铁甲舰时限于经费，被迫将水线下的钢面铁甲换成防御效果略逊的熟铁装甲。

克虏伯 75 毫米口径舢板炮实物，中国船政文化博物馆藏。

需要指出的是，在“定远”级建造之时，世界上最新式的装甲为英国发明的康邦装甲，即钢铁复合装甲，又称钢面铁甲，然而当得知中国 2 艘铁甲舰的订单被德国接到后，英国政府随即下令拒绝向德国出口钢面铁甲。最终德国人通过反复试验，生产出了自己的钢面铁甲，并最先应用到了“定远”级铁甲舰上。“萨克森”级铁甲舰中 2 艘建造时间晚于“定远”级的军舰，即应时采用了钢面铁甲。“定远”级铁甲舰成为德国造船工业中第一型采用复合装甲的军舰，为德国舰船工业提供了技术积累。

在铁甲堡防护区域之外，“定远”级军舰的艏艉敷设有 76 毫米厚的装甲甲板以加强防护能力，2 座 305 毫米露炮台的炮座采用 305 毫米厚装甲，而 305 毫米大炮的穹盖形炮罩厚度则只有薄薄的 1 英寸。由于当时鱼雷兵器对于大型军舰的威胁尚未被引起足够重视，“定远”级军舰的水下防护也与同时代的铁甲舰一样薄弱，仅仅依赖的是双层底和水密隔舱。继李凤苞之后出任驻德公使的许景澄在检验报告中对此有详细描述：“船底铁板以上相距一迈当（米）余，有双层底铁板，用龙骨脊板上下抵连，又用直肋纵横相连，截成隔堵五十八格，使临战时船底偶有触损，水入不能通灌。双层底上分上、中、下舱 3 层……上、中、下舱各以铁板横直成壁，为隔舱一百五十四间，为受弹时水灌之备。”①

“定远”级军舰的外部的甲板主要分为 2 层，均敷设木甲板。位置在下的一层

---

① 中国近代史资料丛刊《洋务运动》2，上海：上海人民出版社 1961 年版，第 557 页。

“镇远”舰的主甲板。照片摄于甲午战争中该舰被俘后。

是主甲板，由于干舷较低容易上浪，平时主要在装煤作业和起锚作业时才使用。在舰体中部的主甲板上，左右共分布了 12 个类似下水道盖的铁盖，是煤舱的填煤口；在填煤口附近，还有 12 个直径稍小的盖子，是用于给甲板下采光的采光窗，在军舰后部主甲板上也有 16 个同样功能的采光窗。在主甲板前部，舰艏左右各有一块内侧高外侧低的锚床，上面摆放有 2 大 2 小共 4 座铁锚，由艏楼甲板上的一根巨大的活动式吊车来吊放使用。主甲板后部，舰艉左右也各有一块略小的锚床，摆放 2 个标准的海军锚，由附近的 2 座吊锚杆吊放。此外在靠近船艏的两舷各有一组吊艇架，悬挂 2 艘舢板（“镇远”舰回国时没有这两组吊艇架。另“定远”级军舰归国后，可能担心位于舰艏主甲板上的吊艇架会影响 305 毫米主炮的前向射界，而全部拆除，改在主甲板的中后部两舷各新设了吊艇架）。

“定远”级军舰的主要作业甲板是位于艏艉楼顶部的甲板，这里是水兵的主活动区域。艏楼甲板上自 150 毫米口径炮以后，分别布置有供人员出入的 2 处舱口，以及用于起锚的大绞盘。艉楼甲板自舰艉 150 炮以后，分别是用于给底部舱室通风采光的大型水密天窗棚、用于舰艉起锚的绞盘、以及机舱棚等。在艉楼甲板上还设置有多组搁艇架，用于搭载汽艇、舢板，艉楼甲板末尾另有一组吊艇架，悬挂在舰艉的舢板颇有风帆时代的古风。艉楼甲板的两侧设有中空的舷墙，内部用于储放吊床、绳索等杂物。无论平时、战时，艏艉楼顶部甲板都是舰上最忙碌的地方。

“定远”级军舰的指挥中枢位于 2 座主炮台相接的部位，是一座用 8 英寸厚的装甲防护的司令塔，里面配备有液压舵轮、罗经、传话筒等指挥、通信装置，战时军官们就在这里指挥军舰。由装甲保护的司令塔上方托举着一个铁、木材料构成的飞桥，即“定远”级军舰的露天指挥台。飞桥前后各有2具木梯通往艏艉楼甲板，飞桥甲板上露天安装有罗经、车钟，飞桥两翼翼端则安装着左红右绿的航行灯。在飞桥中部的位置，是犹如“井口”般的司令塔的露天入口，司令塔里的人们依靠露出头来观察外界。飞桥甲板上的后部有一间木构建的小房子，是信号旗室。与“定远”级铁甲舰的指挥枢纽配套，在和飞桥甲板接邻的前桅杆下部设有一个斗状的桅盘，安装有一盏照度为20000枝烛光的电探照灯，里面有专门负责观察、了望任务的官兵值守；[①] 另外在“定远”级军舰的后桅杆附近还有备用的指挥系统，一座装有标准罗经的露天指挥台，附近还有一件由3个每个直径为2米的轮盘串联起来的人力舵轮组，当司令塔里的水压舵轮发生故障时，便需要由水兵分列两旁转动人力舵轮，来扳动水底巨大的舵叶。需要注意的是，“镇远”舰在尾部指挥台向后，还另建有1座探照灯台，安装1具照度可能为8000枝烛光的电力探照灯，看军舰尾部有没有1座探照灯台，是区分“定远”“镇远”的一大外观识别特征。

“定远”级军舰内的生活区主要集中在主甲板下的第一层，其舰艏部位是一间面积较大的西式军医院，置有病床等设施。军医院与铁甲堡之间，分布着厨房、禁闭室、警卫室等功能舱室。进入铁甲堡区域后，首先会看到弹药提升口，下面是全舰的弹药库所在，弹药便是从这里提升出来后，运往全舰各炮位的，在下一甲板的天花板上装有轨道和天车，用于提升和运送弹药。过了弹药舱出口，有2个巨型曲轴摇臂，是旋转甲板上方2个主炮台内炮座地盘的机构。再往后，整个区域被烟囱竖井和发电机房占满（“定远”配备3台发电机、“镇远”只有2台），中间零散布置着官兵们的浴室。经过这个区域便出了铁甲堡进入舰艉，沿袭帆船时代的传统，舰艉是军官们的生活区域。这块区域的中央是2间军官餐厅，这是军官们用餐、聚会，以及娱乐交际的场所。在会议室外，两侧则分布着各个军官的住舱，军舰最后面的空间是舰长套间，里面包括办公室、卧室、浴室、个人会客室等等，整个区域装修异常豪华。相对于军官，普通水兵们的生活空间要逼仄得多，他们并没有专门的休息场所，吃饭、睡觉、工作都在同一地点，吃饭的桌椅板凳和睡觉的吊床都可以拆卸。为满足海上航行时的生活需要，“定远”级军舰舱内设有20座淡水炉，海水

① 中国近代史资料丛刊《洋务运动》3，上海：上海人民出版社1961年版，第7页。

淡化机每日制造出的淡水能供应全舰 300 余人使用。

中国这级历经十年努力才最终成功订造的铁甲舰,建成时即引起世界各国瞩目。尽管和所有处于探索期军舰一样,设计上仍并不完善,但就当时世界的技术水平而言,这是一级相当先进的军舰。为建造这级军舰,清政府在选定母型、谈判、签订合同、保证建造质量方面均做出了不小的努力,李鸿章与船政大臣协商,由船政派出魏瀚、陈兆翱等 11 名工程师、技术工人前往德国监造,为将来维修、保养军舰作技术储备,最后又在 1882 年陆续派出刘步蟾、林履中、邱宝仁等 10 名海军军官前往监督、实习,以保证这级军舰能够尽快形成战斗力。

回国

1881 年 12 月 28 日,"定远"舰成功下水,到了第二年 11 月 28 日,"镇远"也顺利下水,2 艘军舰的建造过程,整体而言十分顺利、迅捷,如果不是后来"定远"舰航试时发生了一起重大事故,几乎可称完美。1883 年 5 月 2 日,由德方派出的船长 von Nostitz 指挥,"定远"从斯维内明德(Swinemünde)港出发,在波罗地海进行系列航试。7 月 19 日进行火炮测试时,1 门 305 毫米克虏伯炮发生了爆炸事故,遂返回伏尔铿船厂维修。1884 年 3 月"定远"的姊妹舰"镇远"宣告完工,有鉴于"定远"航试时的事故,中德双方都给予特别的重视,李凤苞以及德国海军和伏尔铿造船厂的技术人员均随舰出发,所幸"镇远"的试航一切顺利。

早在"定远"建造期间,恰值两广总督在德国伏尔铿造船厂订造了 2 艘 100 英尺鱼雷艇(后命名为"雷龙""雷虎"),由于这种小型军舰难以远航交付,遂计划搭载在"定远"舰上一起回国,为此,伏尔铿造船厂又专门设计、加装了一套搭载、吊运鱼雷艇的装置。受此影响,北洋大臣李鸿章也决定订造 2 艘 100 英尺鱼雷艇,依样搭附在"镇远"舰上回国。[①]

然而就在 1884 年,中、法两国因越南的主权问题发生争执,面对咄咄逼人的法国海军,中国的东南海防顿显紧张,2 艘铁甲舰是否能早日回国,显然将对局势起到一定的影响作用,清政府开始与德国就铁甲舰的交付问题展开反复磋商,然而

---

① 《复出使德国大臣李》,《李鸿章全集》33,合肥:安徽教育出版社 2008 年版,第 152 页。

从德国出发回国的“定远”“镇远”，其中近景的军舰是“镇远”，2 舰上各自搭载了 2 艘 100 英尺鱼雷艇。

1884 年 8 月 23 日，法国舰队在福州马尾袭击船政水师，3 天后清政府向法国宣战，与法国本就交恶的德国则宣布“局外中立”，拒绝让中国订购的“定远”等舰回华，法国也扬言如果中国军舰回国，会在公海上劫夺。虽然清政府对几艘已建成的新式军舰望眼欲穿，但也无可奈何，11 月 1 日，李鸿章电告李凤苞，同意“定远”“镇远”舰在战事平定后再启航回国，刚刚建成的铁甲巨舰被迫滞留于德国，错失了一次充当海防干城的机会。

就在“定远”“镇远”两艘铁甲巨舰静静停泊在德国的港湾时，中国的官场上涌起了一丝不平静的波澜，徐建寅因与李凤苞不睦，已去职回国，李凤苞则因徐建寅散布的流言遭到言官参劾而去职，接管铁甲舰事务的是新任驻德公使许景澄，这位传统科举文人出身的外交官，到任伊始对于海军事务即流露出了异常的兴趣和热忱，为防止铁甲舰停泊日久以至锈坏，在许景澄和前任李凤苞的主持下，将 2 艘军舰内诸如蒸汽管路等容易锈坏的部件全部拆卸封存保养，两艘铁甲舰犹如受困的蛟龙，孤独地在异乡眺望祖国，等待归国的一刻。

1885年6月9日《中法新约》签署，海道解禁。1天后，清政府即谕令“定远”“镇远”两舰迅速回国。[①] 由于军舰在德国海口停泊了将近1年时间，担心船底锈蚀，许景澄与德国海军部协商，就近借用德国海军船坞入坞油修。同时，为了归国做准备，相应的人员雇用、机器拼装保养等工作也在紧锣密鼓地进行。

将近一个月过后，1885年7月3日，位于北海之滨的德国基尔军港人潮如涌，在拖轮导引下，几艘小山般的军舰喷着煤烟缓缓驶出港口，鸣响汽笛奔向大洋。细心的人会注意到，这几艘飘扬着德国商船旗的军舰上，装饰着金光灿烂的龙纹，她们的舰艉，赫然是铭刻着中国方块字“定远”“镇远”的舰名牌，“定远”级军舰终于启航回国了。由于中德双方都担心海道不靖，因此“定远”“镇远”连同后来在伏尔铿定造的穹甲巡洋舰“济远”回国时雇佣了数百名德国海军官兵帮助驾驶护送，其中“定远”的管驾为伏司，“镇远”为密拉，“济远”为恩诺尔。事前还商定，抵达中国后这些德国官兵即乘坐德商金星轮船公司商船返回，以免日久生事。在两艘铁甲舰的飞桥甲板上还站立着一些中国海军军人，曾负责驻厂监督，目睹着两艘巨舰从一块块钢板成长起来的刘步蟾等受命随舰协驾、历练。[②]

走向大海后，为节省经费和缩短航程中的入港补给时间，“定远”“镇远”以及“济远”上均挂起了壮观的风帆，一路出北海、过大西洋、经直布罗陀入地中海，通过新修不久的苏伊士运河驶入红海，最后横越印度洋开往南中国海，沿途留下了一片赞叹羡慕的眼光。如同是慈父在盼望远道归来的游子，北洋大臣李鸿章命令“定远”等舰沿途每到一港口都要向他汇报，以便及时掌握消息。百年之后的今天通过那一封封看似平淡的电报，我们能勾画出一幅完整的2舰回国路线图。

这是中国海军史上一次不平凡的远航，绝对是真正实力的展现，“定远”等舰还在海上航行之时，中国著名的风俗画报《点石斋画报》就做出了报道，举国上下对即将归国的铁甲舰殷切盼望之情由此可见一斑。

“定远”舰回国时替广东水师装运了“雷龙”“雷虎”鱼雷艇，在香港交接、卸载需若干天。于是“镇远”舰于1885年9月28日清晨先行离港北上大沽，“定

---

① 《寄柏林许使》，《李鸿章全集》电稿一，上海：上海人民出版社1985年版，第517页。
② 中国近代史资料丛刊《洋务运动》2，上海：上海人民出版社1961年版，第561页。

回国途中的“定远”“镇远”，近景为“定远”舰。

远”将鱼雷艇交卸完毕后10月4日赶往大沽会合。[①]

11月8日，北洋水师统领丁汝昌会同津海关道周馥前往大沽接收军舰，德国商船旗缓缓降下，崭新的黄底青龙旗跃上“定远”“镇远”舰的桅杆，中国向世界宣告了自己已经拥有了一流的铁甲舰，鸦片战争以来中国海军装备落后的历史在此刻已然被改写了。9天后，北洋大臣李鸿章亲自来到大沽口，亲眼看到这些耗尽自己十年之功的庞然大物，不知心底会是如何一种感慨。[②]

旅顺，西方称为亚瑟港，位于辽东半岛东端，地形险要，是北方的一处天然军港，与山东半岛的威海卫共同守护着渤海湾的门户。考虑到铁甲舰回国后，中国原有的港口和船坞均无法容纳这样大吨位的舰船，1880年几乎在做出订购铁甲舰决策的同时，旅顺军港的建设工程就在李鸿章全力支持和推动下开始了，其中一项重要的目的即是为铁甲舰筑家。至“定远”“镇远”舰回国时止，旅顺基地的引河工程、航道舒浚、机器厂、库房、碎石码头、铁路、水坝、电报局、水雷营、军医院、船澳、炮台等工程次第兴办，初具规模，一时被誉为“东方的直布罗陀”。李鸿章视察完铁舰后，兴致勃勃，又亲自乘坐“定远”，率“镇远”等舰巡阅旅顺口，视察

① 《香港来电》《寄津海关周道统领丁镇》，《李鸿章全集》21，合肥：安徽教育出版社2008年版，第592、593页。

② 中国近代史资料丛刊《洋务运动》3，上海：上海人民出版社1961年版，第6—9页。

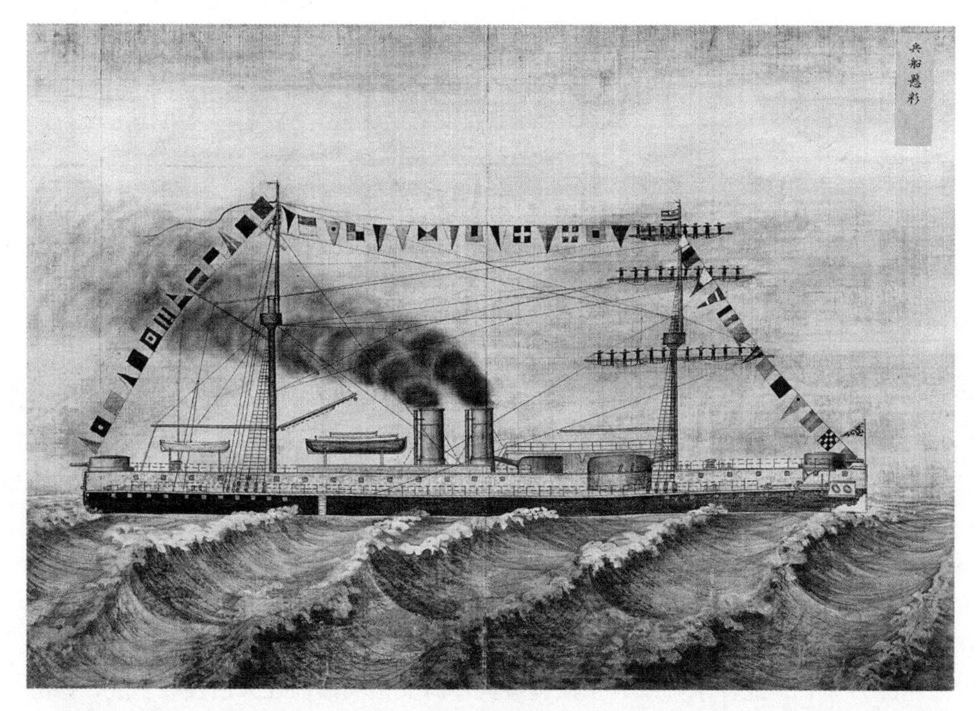

醇亲王检阅北洋海防期间，随行宫廷画师绘制的《兵船悬彩》图，描绘的是“定远”舰满旗航行的雄姿。

将来铁甲舰的维修、保养基地。

第二年年初，两位年轻的中国海军军官刘步蟾、林泰曾被正式任命为“定远”“镇远”的舰长。这两位船政后学堂的同窗，此刻又共同担负起了指挥整个国家引以为荣的铁甲巨舰的重责。

1886年5月14日，作为清政府中枢对海军重视程度的象征，总理海军事务衙门大臣，光绪皇帝的生父醇亲王奕譞由天津出发，巡阅旅顺、威海等地，大阅海军。5月21日清晨，在晨雾中，这位中国近代海军的高层支持者，亲眼目睹了“定远”“镇远”劈波而行的雄姿，随同醇王检阅海军的队伍里，一位宫廷画师用画笔记录下了这一切。此后的岁月里，醇亲王成为了海军建设在中央的坚定支持者，为北洋海军的建设做出了不懈努力。1891年1月1日，醇亲王逝世，“定远”“镇远”等舰采用西方礼仪，下半旗10日致哀。

依据铁甲舰的保养规程，铁甲舰服役后每年应该上坞油漆一次，以防锈蚀。[①] 但当时专为铁甲舰建造的旅顺大船坞尚未竣工，香港等地的船坞又在千里之遥。1886 年 8 月 9 日，丁汝昌率“定远”“镇远”等舰巡视朝鲜釜山、元山及俄国海参崴等地后，归途中顺路带领舰队驶入日本长崎保养。早视中国为假想敌的日本，一直有侵略的野心，中国购买“定远”“镇远”两艘大型铁甲舰，对于日本而言，不啻于当头棒喝。为对付中国的这两艘铁甲巨舰，日本制定了庞大的海军扩张计划，并于同年发行海军公债，设计、建造专门克制“定远”“镇远”的“松岛”“桥立”“严岛”3 艘巡洋舰。为充分调动国民的情绪，日本政府在国内制造了大量舆论，甚至在儿童游戏中，都在号召打沉“定远”“镇远”。据日本史料记载，当时日本国民中甚至出现了“恐‘定远’‘镇远’症”。丁汝昌率领包括“定远”“镇远”的庞大舰队抵达长崎，立即在日本引起一片愤懑、羡慕、恐惧的情绪。

8 月 13、15 日两天，中国水兵放假上岸，因琐事与日本人发生争执，没有武装的中国水兵遭到日本警察及市民的蓄意攻击，伤亡竟达 50 人，史称长崎事件。

在后来的一些著作中，还有这样一个记载。记述了北洋海军此后 1891 年第二次访问日本时，日本军官东乡平八郎登上“定远”舰参观后发表言论，认为“定远”并不可怕，因为中国水兵把衣裤晾晒在甲板甚至炮管上，火炮炮管里全都落满了灰尘。这个故事屡屡被转引，用以证明北洋舰队士气低落，管理混乱。但引用者大都不去仔细考证故事的可信度，这段据称是东乡平八郎回忆的文字，其实在东乡的本人所留下的文字资料中并无记载。最早实际是见于 20 世纪 30 年代的一本日本书籍，以第三人称转述而编成的故事，用以攻击当时的中国海军，所指的军舰也并不是“定远”，而是根本没有参加 1891 访日的“平远”舰。在军舰甲板上晾晒衣服，本是 19 世纪各国海军的惯事，当时的舰船上没有专门的衣物烘干设施，为防止水汽在舱内腐蚀机器和影响官兵健康，海军中都是命令要将衣物晒在甲板之上的。虽然不够雅观，也是无可奈何的事情。有关“平远”大炮晒衣的谣言，此后被中国学者田汉错传成是“济远”主炮晒衣，之后又被学者唐德刚进一步讹传成“定远”主

① 徐建寅：《欧游杂录》，长沙：岳麓书社 1985 年版，第 768 页。

访问日本期间，停泊在长崎港的“定远”舰。

进入旅顺大船坞维护的“定远”舰

北洋海军大阅活动中的“镇远”舰

炮晒衣。[①]

1888年9月30日，随着北洋军舰日多，总理海军事务衙门奏请颁行《北洋海军章程》，慈禧太后于10月3日懿旨批准，中国第一支近代意义的海军——北洋海军正式成军。按照章程，北洋海军全军获得国家正式编制，参照陆军的营制，“定远”“镇远”被分别作为右翼中营和左翼中营，管带均为为总兵，仍由刘步蟾、林泰曾担任。2舰编制人员均为329人，每月俸饷5387两银、公费850两银，每年医药费300两银。[②]

此后的漫长时间里，“定远”“镇远”作为中国海军实力的象征，每年都要率北洋舰队执行南下、北上的巡弋任务，猎猎龙旗，显示着中国海军力量的存在。

铁甲蹉跌

然而成难败易，1891年6月1日，户部上奏筹饷办法，提出了四项措施，其

① 陈悦：《北洋海军军舰“主炮晾衣”说考辨》。见《中国甲午战争博物馆馆刊》，2007年第2期。

② 《大清北洋海军章程》第一册、第二册、第四册，清代排印本。

北洋海军时期的“定远”舰，照片中可以看到飞桥上的信号旗室顶部安装了1座罗经，是“定远”区分于“镇远”的一处明显特征。

中一项的内容为“南北洋购买外洋枪炮、船只、机器暂行停购两年，即将所省价银解部充饷”。[①] 当天，这一方案获得清廷批准，从此北洋海军的装备建设陷入停顿、倒退的深渊。而此一时期，正是世界各国海军发展一日千里的阶段，新设计、新技术层出不穷。英雄暮年的“定远”“镇远”此时已显出老态，不仅军舰的设计已然落伍，而且经历多年的频繁航行，锅炉已届报废，亟待更换，丁汝昌、李鸿章等曾提出过对“定远”级军舰进行改造，加装新式速射炮，更换锅炉等计划，但因为经费问题被清廷搁置不理。

此时的“定远”“镇远”恰好就是整个北洋海军的缩影。舰队无法从国外获得军火，水兵们只能像护理温室里的名贵花朵那样，小心翼翼地保养着每一颗开花炮弹。而东邻日本则举国同心，立定目标，大扩海军。亚洲第一的桂冠已经被日本海军摘走了。

1894年，中国农历甲午，日本借朝鲜事变借机挑起战争，先是在朝鲜成欢攻

① 《复奏停购船械裁减勇营折》，《李鸿章全集》14，合肥：安徽教育出版社2008年版，第154页。

击中国陆军，继而在南阳湾外不宣而战，偷袭击沉中国运兵船“高升”，俘虏运输舰“操江”，重创巡洋舰“广乙”。8 月 1 日，中日两国互相宣战，甲午战争爆发。

作为当时国家最新锐的兵种，北洋海军被推上了无情的历史考场。1894 年 9 月 17 日中午，北洋舰队主力在鸭绿江口大东沟附近海域与日本联合舰队遭遇，展开了人类历史上第一次大规模蒸汽铁甲舰队之间的海战。海战伊始，中国舰队采用利于发挥船首重炮优势的横队迎敌，“定远”“镇远”两艘铁甲舰位于全队中央突出的部位。中午 12 时 48 分，旗舰“定远”在 6000 米距离，由右侧露炮台内的 305 毫米口径巨炮首先发炮，打响了黄海海战。

当时在“定远”舰服役的英籍洋员泰莱（Tyler）后来在回忆录中记载，“定远”的首发射击掀翻了飞桥，导致提督丁汝昌摔伤，全舰队失去指挥。这一段文字曾被当作北洋海军黑暗腐败的证据，被后人屡屡引用。但“定远”级军舰的飞桥实际与司令塔组合为一体，司令塔起着托举和结构加强作用，如果炮击能震塌飞桥，应当是军舰主体结构已经腐朽得不成样子了，但从此后“定远”舰的战斗经过来看，似乎这种说法并不能成立。而且，黄海海战当日，2 艘“定远”级军舰的炮台上已经没有穹盖式炮罩，整个炮台处于露天状态，倘若位于高处的飞桥坍塌，为何 2 座露天的炮台一点未受影响？要解开这个谜团，当事人丁汝昌的话最有说服力，黄海海战后第三天，丁汝昌电告李鸿章称：“十八日与倭接仗，昌上望台督战，为日船排炮将‘定远’望台打坏，昌左脚夹于铁木中，身不能动，随被炮火将衣焚烧，虽为水手将衣撕去，而右边头面以及劲项皆被烧伤……”[①] 可见丁汝昌当日受的主要是烧伤，飞桥是被日方炮火打坏，而不是被己方火炮发射而震翻。

在整个黄海海战中，“定远”“镇远”二舰结为姊妹，互相支援，不稍退避。多次命中敌舰。当日下午 1 时 04 分，“定远”命中日军旗舰“松岛”，摧毁其 7 号炮位；1 时 25 分，“定远”舰艉 150 毫米口径火炮命中日本军舰“赤城”，舰长阪元八朗太当场毙命；3 时 30 分，“镇远”305 毫米口径巨炮命中日本旗舰“松岛”，引发大爆炸，日方死伤近百人，“松岛”舰失去战斗力。两艘“定远”级铁甲舰虽样式落后，舰龄老化，但在抵御外敌的海战中起到了砥柱作用。观战的英国中国舰队司令斐理曼特尔（Edmund Robert Fremantle）评价：“（日方）不能全扫乎华军者，

① 中国近代史资料丛刊《中日战争》3，上海：上海人民出版社 1957 年版，第 113 页。

黄海海战后，“定远”舰上的受损情况。

则以有巍巍铁甲船两大艘也”，而“镇远”舰上的外国顾问马吉芬也回忆到：“我目睹之两铁甲舰，虽常为敌弹所掠，但两舰水兵迄未屈挠，奋斗到底。”遗憾的是“定”“镇”两艘铁甲舰的出色表现终究难以抵消技术等方面的差距，黄海海战以北洋海军的失利告终。①

黄海战后，两艘铁甲舰进入旅顺船坞紧急修理，但因为时局紧张，旅顺船坞的工程人员大都逃避，使得维修工程进展缓慢。直到旅顺陷落，2 艘铁甲舰仍未能彻底修复。

1894 年 11 月 14 日凌晨，因航道浮标错位，“镇远”在进入威海湾时不慎触礁，舰体擦伤 8 处，虽经紧急抢修，但因国内唯一可以执行大型军舰修理任务的旅顺船

① 有关“定远”“镇远”舰在黄海海战中的表现，参见陈悦：《中日甲午黄海大决战》，台北：台海出版社 2019 年版。

黄海海战后，在旅顺船坞进行修理的“镇远”舰。

坞失陷，加之天气寒冷，“镇远”舰最终无法修复，当晚管带林泰曾引咎自杀。“定远”参加了刘公岛保卫战，1895年2月4日晚，遭日本鱼雷艇队偷袭，在避开多艘日本鱼雷艇的攻击后，被最后一艘来袭的“第九号”鱼雷艇发射的最后一枚鱼雷击中，舰艉左舷机械工程师室破损进水，就在中雷的同时“定远”也用舰艉的150毫米口径炮击毁了“第九”号鱼雷艇。中雷后，提督丁汝昌下令砍断锚链意图冲出威海湾，但因舰内进水过多而被迫放弃，最后艰难航行到刘公岛东部搁浅，充当浮炮台使用，2月6日下午炉火完全熄灭。

2艘“定远”级铁甲舰的生命和她们所代表的海军一样已经走到尽头。随着局势恶化，为防“定远”舰落入日军之手，2月9日午后3时15分，舰长刘步蟾下令在“定远”舰中部装入350磅炸药，点燃自爆，“定远”舰殉国。[①] 当日夜间，

① William Ferdinand Tyler：*Pulling Strings in China*. Constable&CO.LTD London1929.

1895 年 2 月，日军占领刘公岛后拍摄到的“定远”舰残骸。舰体中部弹药库的位置破坏尤烈。

日军占领刘公岛后，在“定远”舰主炮台上的留影。

被俘的“镇远”舰从旅顺到达日本

经历日本改造的“镇远”舰，照片右侧可以看到加装的6英寸口径速射炮。

曾一手监造“定远”，而后又之相伴终生的“定远”舰舰长刘步蟾追随自己的爱舰，自杀殉国，实践其生前“苟丧舰、必自裁”的诺言。2月11日，“镇远”舰代理舰长杨用霖在“镇远”舰舱内吟诵“人生自古谁无死，留取丹心照汗青”的绝命诗，用手枪从口中自击殉国。

“定远”舰由于已经搁浅在刘公岛东部浅滩，因而自爆后舰体仍然大部分露在海面之上，日方原计划拆运“定远”舰上诸如火炮等有用的物资，作为编入日本海军的“镇远”的备件，但是最终未能实现，于是对“定远”残存的舰体进行了破坏性拆除，之后又再次爆炸破坏。当时日本相川县知事专门搜集了“定远”舰的横桁、船壳板等大量舰材，用以作为建筑材料修建成了私人寓所“定远馆”，这是迄今保存“定远”舰遗物最多的地方。

1895年2月17日，日军占领刘公岛，北洋海军覆灭。残存的“镇远”等中国军舰屈辱地被挂上日本海军旗，目送着他们曾经的战友“康济”舰缓缓驶离刘公岛。

“镇远”被编入日本舰队后，保留了其舰名。

1895年2月27日，“镇远”由日舰“西京丸”拖航至旅顺。从3月26日至6月1日对机器部件和船体进行检修。7月4日驶抵横须贺换装武器。1895年3月16日被正式编入日本舰队，3月21日被列为二等战舰。和北洋海军时期的状态相比，日本时代的“镇远”最主要的变化是武备，原先艏艉的150毫米口径克虏伯炮被撤除，换装成6英寸口径阿姆斯特朗速射炮，由于两类火炮的炮架结构区别很大，导致换装以后“镇远”艏艉副炮炮台明显变高。另外根据黄海海战的实际作战经验，日方还加强了“镇远”的舷侧火力，在后部甲板室两侧各增加一个耳台，分别安装1门6英寸口径阿姆斯特朗速射炮，这一点是识别日本时期“镇远”的最重要外观特征。

日俄战争中“镇远”和曾经的死敌“严岛”“桥立”等编入同一战队，参加了对旅顺的进攻和1904年4月10日的黄海之战，1905年5月27日参加对马海战。历史与中国人开了个痛苦的玩笑。

1905年12月12日，“镇远”被列为一等海防舰。1911年4月1日除籍，后作为靶舰，用于试验新式武器。1912年4月6日在横滨解体，作为一线余脉，日本有过一艘用“镇远”舰材制造的小船“元山丸”。

铁甲舰“定远”“镇远”一度带领中国海军创造过亚洲第一的辉煌，又如明代郑和船队辉煌之后的衰败一样，迅速地消失在了历史的漩涡中。

扭曲的利刃

——“济远”级穹甲巡洋舰

龟甲船

19世纪中叶，世界海军发展进入巨舰大炮时代，喷薄着煤烟，挟工业文明之势纵横海上的铁甲舰，是那个黄金岁月里的四海霸主，在铁甲舰之外，当时的海军中还有另外一种不容忽视的军舰。

自风帆战舰时代的单层炮甲板军舰一路发展而来，此时的巡洋舰也已在海上崭露头角，因为有着铁甲舰无法与之相比拟的高航速，中国史料上又习惯形象地称这种军舰为快船。相对铁甲舰，早期巡洋舰还拥有许多独特之处：火炮不追求大口径，而讲究以数量取胜，所谓以数量换口径；虽然吨位一般较小，但煤舱往往设计得很大，从而拥有突出的续航力。这类军舰能适用于保交、破交、周莅属部、保护海外殖民地等多种用途，堪称多面手。[①]通常还被配属在铁甲舰队内，或负责警戒、侦查，充当斥候；或者发挥高航速的先天特长，担起冲锋陷阵的重任，扮演飞毛腿的角色，起着伴随、辅佐铁甲舰作战的作用，是铁甲舰队不可或缺的重要力量构成。

近代中国开始建设西式海军后，就注意到铁甲舰的重要性。但是，一方面因经费短绌，购买铁甲舰不易；另一方面也是出于对巡洋舰特性的了解，以及对当时海军技术的逐渐熟悉，在购买铁甲舰之前，北洋大臣李鸿章经海关总税务司赫德的游说，在英国首先订造了2艘当时世界最现代化的巡洋舰——“超勇”“扬威”。购舰的

① 许景澄：《外国师船图表》，柏林使署光绪十二年石印版，卷一，第21页。

目的非常明确，短时期内可以利用这两艘新锐军舰初步构建海上力量、担负起海防重任、阻吓眼前的敌对势力，远期目标上，巡洋舰也是为了将来购买铁甲舰、组建称雄亚洲的铁甲舰队奠定基础，同时还有一定的人才养成、技术储备等方面的考虑。

近代巡洋舰，中国称巡海快船，早期仍留有很多风帆时代的印记，例如火炮大都采用的是船旁列炮布置法，即将一门门火炮排列在军舰的两舷，通过炮门向外射击，属于探索阶段的产物，中国船政建造的“扬武”号二等巡洋舰（依据当时的军舰分类标准，凡巡洋舰拥有两层炮甲板的称为头等；只有主甲板一层列炮的称二等）即是此类。[①] 后随着火炮、舰船技术的不断发展，诞生了以“超勇”级为代表的新式巡洋舰，新型军舰的重要特征就是主炮分置于军舰艏艉，这一变革对后世的军舰设计产生了深远影响。然而该时期的巡洋舰，大都没有额外的装甲防护，战场生存力不高。有鉴于此，英国于1876年建造了平甲巡洋舰 *Comus*，在尽量不增加军舰重量、保证航速的前提下，在要害部位的顶部覆盖了一段平面装甲甲板，用以防御由上方袭来的炮弹，装甲甲板下方两舷布置煤舱，利用煤堆在侧面提供一定防护。“超勇”级军舰上即应时采用了类似的设计，但是这种防御方法并不理想，一切仍然在探索中。“超勇”“扬威”2舰回国后不久，李鸿章就认为这种军舰有名无实，“恐不足恃”，言下之意是并不满足，想获取更精良的军舰。尽管在“超勇”级军舰回国的那个时代，这已是最优良的巡洋舰。

英国著名的舰船设计师伦道尔设计出开山之祖般的“超勇”级巡洋舰后，也并不满足，绞尽脑汁想做出改良。1881年，中国海关驻伦敦办事处主任金登干从伦道尔那里获知了一种全新的巡洋舰设计方案，这种被称为“完善型巡洋舰”的军舰，由“超勇”级军舰改良而来，排水量2902吨，舰长260英尺，宽41英尺，吃水18.5英尺，主机功率5000马力。使这型军舰得以铭记在世界舰船发展史上的是她的防护方式，这是一型特殊的穹甲巡洋舰（Armour Deck Cruiser）。[②]

穹，在汉字里的意思是中部隆起的拱形。和近代中国对很多外来词的翻译习惯相一致，穹甲一词的翻译也十分形象。平甲巡洋舰 *Comus* 诞生后，经过实际操作中的检验，逐渐发现了一些问题，用于保护机舱的平面装甲虽然能够给军舰的生存

---

① 许景澄：《外国师船图表》，柏林使署光绪十二年石印版，卷一，第22页。

② 《金致赫第83号》，《中国海关密档》8，北京：中华书局1995年版，第257页。

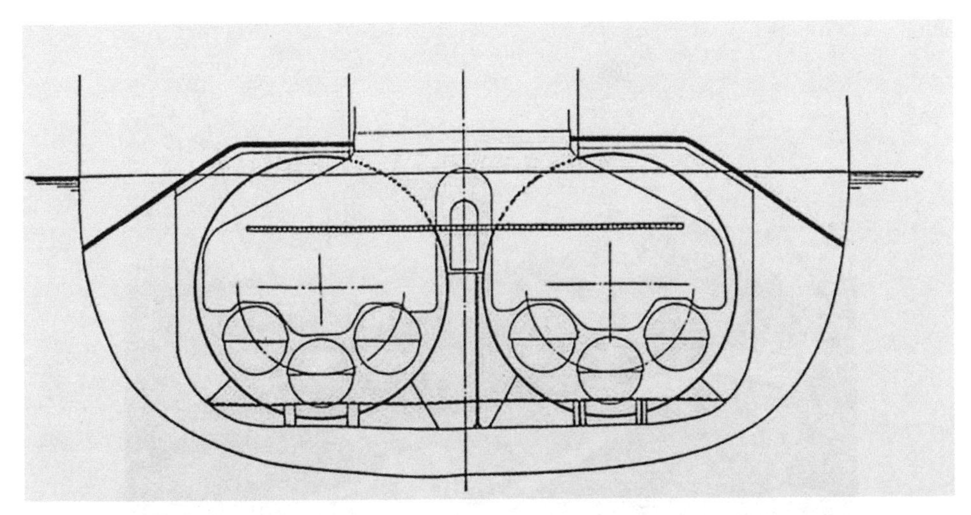

近代穹甲巡洋舰横剖图，图中加粗的黑色线条就是中间平、两侧坡的穹甲。

力带来一定的提高，但它位于水线之下大约 4 英尺处，一旦水线处被击破，海水便会乘势涌入，整个平甲的上方都会被淹没，最终将导致军舰丧失足够浮力而倾覆。而且随着对巡洋舰航速的要求不断提高，锅炉的体积越来越大，受安装在水线之下的装甲甲板限制，机舱内的空间则显得越来越逼仄，不利于机舱人员作业。

英国设计师随后做出改进，将平面的装甲甲板改成中间平、两边坡的穹面装甲甲板，即穹甲。中间部位的平甲提升到了水线之上，而两边衔接的斜甲则斜伸向两舷水线下 4 英尺处。因为中央部位高出水线，这样即使水线处破损进水，一时也很难淹没高出水线的装甲甲板，军舰内仍能保持较多浮力；而斜延至水线下的装甲甲板的两边，成了防弹效果很好的斜面装甲，加之船外海水的阻力，对军舰水线附近的舷侧起到了较好的保护作用，即“以斜度拒弹，以穹面界隔漏水”，相对于无防护巡洋舰和平甲巡洋舰，穹甲巡洋舰的优势相当明显。[①] 只是因为考虑到减轻重量，早期军舰上运用穹甲，往往只是覆盖在军舰中部的机舱等要害部位上方，并没有遮护全舰，直到伦道尔提出的这型“完善型巡洋舰”，才首次将穹甲延伸到了军舰艏艉，水平方向覆盖保护整个军舰下层，防护能力又更胜一筹。

① 许景澄：《外国师船图表》，柏林使署光绪十二年石印版，卷一，第 16 页。

在埃尔斯威克船厂船坞中的智利海军“埃斯美拉达”号巡洋舰，这艘原本可能成为“济远”的军舰，后来被日本海军购得，更名“和泉”。

金登干很快将这种军舰介绍给赫德，阿姆斯特朗公司也摸准当时中国急切需要现成军舰的心理，提出可以将正在船台上建造的1艘“完善型巡洋舰”——智利海军的“埃斯美拉达”（*Esmeralda*）优先安排提供给中国，另外再新造一艘同型舰交付给智利，而中国只需在160000英镑的船价之外，再补贴15000英镑给智利政府，作为舰船交付延期的补偿。①

“埃斯美拉达”与伦道尔最初向金登干介绍的方案有少许出入，这艘军舰排水量2950吨，舰长82.3米、宽12.8米、吃水5.64米，航试时测得主机功率6803马力，航速18.3节，2.5英寸厚的穹甲甲板从舰艏一直延伸至舰艉，保护着下方的机舱、弹药舱等要害设施。这艘军舰的主炮布置方法参考自“超勇”级，2门10英寸口径30倍径阿姆斯特朗炮分置在艏艉的炮台内，此外尚装备有6门6英寸口径26倍径副炮，2门57毫米口径机关炮，以及3具14英寸口径鱼雷发射管，各项性能在当时非常

① 《金致赫第158号》，《中国海关密档》8，北京：中华书局1995年版，第295页。

突出。[①] 但赫德并不着急将这个消息告知李鸿章，这个目光深邃的英国人似乎在等待一个适当的时机以要个好价钱，控制中国海军的梦想，他已经做了很久很久。

1882 年，当“定远”“镇远”号铁甲舰在德国伏尔铿船厂里如火如荼建造着的同时，李鸿章从经费等因素考虑，提出了将原本建造 4 艘“定远”级铁甲舰的计划中的后 2 艘，改为订购新式巡洋舰。[②] 消息灵通的赫德随即向李鸿章推荐了一种巡洋舰，但并非最新式的“完善型巡洋舰”，而是一种“改进型巡洋舰”，即在“超勇”级军舰的方案基础上加大而成，又称加大碰快船，仍属无防护巡洋舰，类似放大版的“超勇”舰。李鸿章对这种没有防护的巡洋舰并不看好，“超勇”订购过程中发生的工期延误、鱼雷艇变成杆雷艇，以及“超勇”级军舰防护不足等事，使李鸿章渐渐对赫德失去了信任。

1882 年 10 月 20 日，李鸿章致电正在经理“定远”级铁甲舰建造工程的驻德公使李凤苞，告诉他准备订造 2 艘新式巡洋舰，并介绍了赫德已经推荐了一种“每点钟十七海里，炮二十七吨，首尾二尊，装煤六百吨，吃水十八尺六寸，约价十四万镑”的改进型巡洋舰的情况，电报末尾颇有深意地附上了一了段话“望速向英德各厂查询，似此新式可用否，抑另改何式，价目若干。”[③]

因为铁甲舰订造过程中发生的不愉快，李凤苞对英国人也并无多少好印象。收到李鸿章这份意味深长的电报，特别是看到结尾那段话，心领神会。4 天后一封电报从柏林传向洋务之城天津，称赫德推荐的军舰“决不能与铁舰交锋”。[④] 价格昂贵的电报内无法容纳太多内容，同日李凤苞又作长信回复，进一步将赫德推荐的军舰批评得一无是处，称其“一遇风浪则难取准，偶受小炮即船已洞穿，徒欲击敌而不能防敌炮”，[⑤] 认为这种军舰老旧落后，没有购买的价值。并建议应该购买欧西国家最新式的穹甲巡洋舰，但是却完全撇开当时世界最先进的穹甲巡洋舰——英国造“埃斯美拉达”型，笔锋一转，推荐的是一种德国设计的穹甲巡洋舰，称之为龟甲船。引人注意的是，当时德国并没有任何穹甲巡洋舰的设计、建造经验，穹甲巡

---

① *Conway's All The World's Fighting Ships 1860—1905*，Conway Maritime Press1979，p411.

② 中国近代史资料丛刊《洋务运动》2，上海：上海人民出版社 1961 年版，第 538 页。

③ 《寄李使》，《李鸿章全集》21，合肥：安徽教育出版社 2008 年版，第 31 页。

④ 《李使来电》，《李鸿章全集》21，合肥：安徽教育出版社 2008 年版，第 31 页。

⑤ 许景澄：《外国师船图表》，柏林使署光绪十二年石印版，卷一，第 22 页。

洋舰对于德国海军也是个全新事物。

李凤苞接信后的动作使李鸿章非常满意，得到回电当天，先斩后奏，立即下令李凤苞照式先订购1艘试用，造舰经费首先从订造“定远”“镇远”两艘铁甲舰节余的款项中支用，过了很长时间之后，当这艘新式巡洋舰的订造木已成舟时，方才奏报清廷。[①] 未经任何详细考察，便匆匆作出如此重大决策，李鸿章此举显得仓促草率，显而易见的目的是为了绕开赫德。李凤苞不敢怠慢，与正在承建“定远”级铁甲舰的德国伏尔铿船厂进行反复谈判，经过一通砍价，伏尔铿船厂降价15000马克，最终双方于1883年2月17日签订合同，支付定银。[②] 这艘穹甲巡洋舰的造价为3117000马克（约合中国银62万余两），分6期支付，限14个月将舰造成。得到穹甲巡洋舰已经在德国订货的消息当天，李鸿章在发给李凤苞的电报中，不同寻常地用了“甚慰”二字，可以想见北洋大臣扔开英国人后痛快的心情。赫德尚未来得及抛出的“埃斯美拉达”巡洋舰就这般与中国擦肩而过了。[③]

饶有趣味的是，智利的“埃斯美拉达”与中国的故事至此并未终结。1894年中日甲午战争爆发后，李鸿章曾提出转购智利海军所有的新型军舰，组成特混舰队，直捣日本本土的大胆战略。在拟购的军舰名单中，就有这艘完善型巡洋舰“埃斯美拉达”，但由于日本从中作梗，计划中途而废，“埃斯美拉达”之后被日本转购，更名“和泉”。遵照西方舰船命名的传统，智利随后把甲午战争前在英国订造的一艘更加现代化的巡洋舰，命名为“埃斯美拉达”，这艘与“吉野”设计类似的巡洋舰，又变成中日两国军备竞争的目标。中国历来有这样一条传闻，即“吉野”原本为中国订购，但最终因为经费紧张而作罢，实际这是将争购与“吉野”同式的“埃斯美拉达”之事误传所致。

“济远”舰

中国订造的这艘新式巡洋舰，是德国船舶工业史上设计建造的第一型穹甲巡

---

①《寄李使》，《李鸿章全集》21，安徽教育出版社2008年版，第34页。中国近代史资料丛刊《洋务运动》2，上海：上海人民出版社1961年版，第538—539页。

②《李使来电》，《李鸿章全集》21，合肥：安徽教育出版社2008年版，第35、41页。

③《复李使》，《李鸿章全集》21，合肥：安徽教育出版社2008年版，第41页。

洋舰，为后世德国巡洋舰的发展提供了重要的技术积累，1883 年 10 月 29 日李鸿章亲自将这艘军舰命名为“济远”，[①] 英文译称 *Chi Yuan*。“济远”舰的设计者仍然是伏尔铿造船厂的总设计师鲁道夫哈克，新设计的军舰排水量为 2300 吨，舰长 71.93 米，宽 10.36 米，吃水 5. 18 米，动力系统为 2 台复合式蒸汽机和 4 座燃煤锅炉，功率 2800 匹马力，双轴双桨，航速 16. 5 节，快于“定远”级铁甲舰，但慢于“埃斯美拉达”的 18. 3 节。该型舰的煤舱容积较小，标准载煤 230 吨，最大载煤仅有 300 吨，不太符合当时世界巡洋舰续航能力的普遍要求，此点后来备受诟病。“济远”舰回国时，曾一度连甲板上都堆满了煤包，才勉强敷用。[②]

“济远”级军舰的武备配置思路也不同于早期巡洋舰，不再在军舰上安装大量火炮，而只装备少数威力巨大的大口径火炮，属于“以口径换数量”的设计。它的主炮包括：2 门克虏伯 1880 式 210 毫米口径 35 倍径后膛钢套箍炮（1884 年造，右侧编号 14，左侧编号 15）和 1 门克虏伯 1880 式 150 毫米口径 35 倍径后膛钢套箍炮（1883 年造，编号第 82 号）。[③]

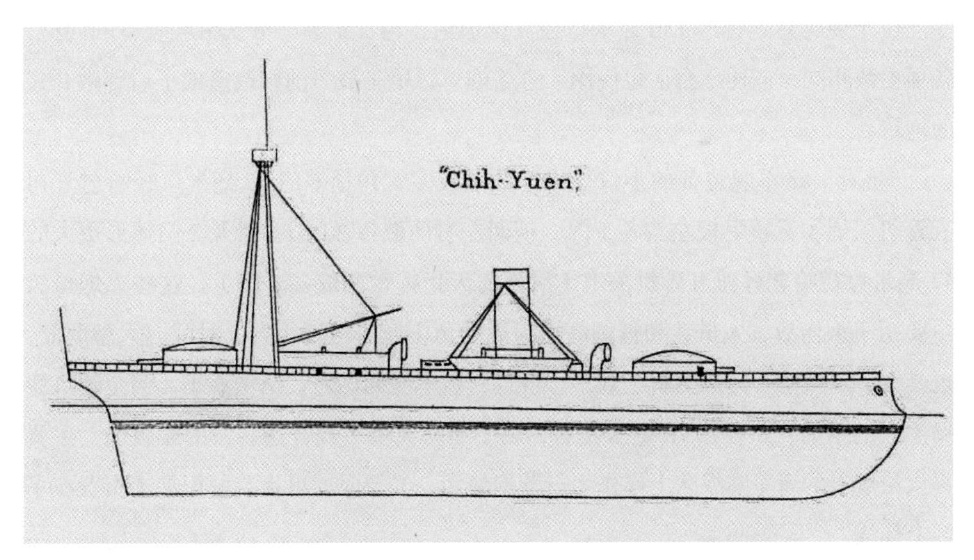

1886 年布雷塞（Brassey）海军年鉴上登出的“济远”舰侧视简图。

① 《复李使》，《李鸿章全集》21，合肥：安徽教育出版社 2008 年版，第 96 页。

② *Conway's All The World's Fighting Ships 1860—1905*，Conway Maritime Press 1979，p396.

③ 《军舰“济远”兵器取调表》影印本。

“济远”级穹甲巡洋舰订造经费来源	
名称	数量（库平银两）
“定”“镇”船款内拨用	247374.2344285
淮军第八案报销协拨购办西洋船炮款内提用	438930.0787674
合计 686204.3131959	

其中，210毫米火炮每门重13.5吨，实际口径209.3毫米，炮管长7330毫米，膛长6720毫米，使用钢弹、开花弹及子母弹，均重140公斤，发射药包重45公斤，274米距离上，可击穿厚达451毫米的铁甲，火炮初速530米/秒，有效射程8300米。[①]这2门威力巨大的火炮双联安装在舰艏的露炮台内，采用人力配合水压辅助动力转动，与“定远”级军舰一样，“济远”主炮的露炮台上也安装了闷罐式的穹盖炮罩。

位于舰艉露炮台内150毫米口径克虏伯炮，与“定远”级铁甲舰装备的同型，各项参数相同，同样炮台上也使用了穹盖炮罩，甲午战争前则改造成了后部敞开式的炮罩。

“济远”级军舰装备的小口径火炮数量较多，包括6门37毫米口径哈乞开司五管机关炮（飞桥甲板左右各1门，烟囱左右两舷各2门），以及2门体形更大的47毫米口径哈乞开司五管机关炮（后部露天指挥台两舷各1门）。这些火炮虽然主要用于杀伤敌方人员，和抵御高速逼近的鱼雷艇，但近距离上对敌方大型舰船，也具有一定威慑。另据史料记载，“济远”级军舰回国后，又增添了4门金陵机器局生产的铜炮，口径在70毫米左右，属于当时大型军舰普遍装备的舢板炮，主要提供给舰上的海军陆战队上岸作为行营炮使用，必要时亦可换装舰用炮架布置在军舰上作战。

“济远”舰的武器系统里还有李鸿章着迷的鱼雷兵器，在军舰艏艉及两舷都设

① 《海军掌炮学问答》，日本海军御用图书出版所1898年版，第97页。许景澄：《外国师船图表》，柏林使署光绪十二年石印版，卷十一各国水师炮表，第6页。

“济远”舰双联装 210 毫米口径前主炮

“济远”舰 150 毫米口径尾炮

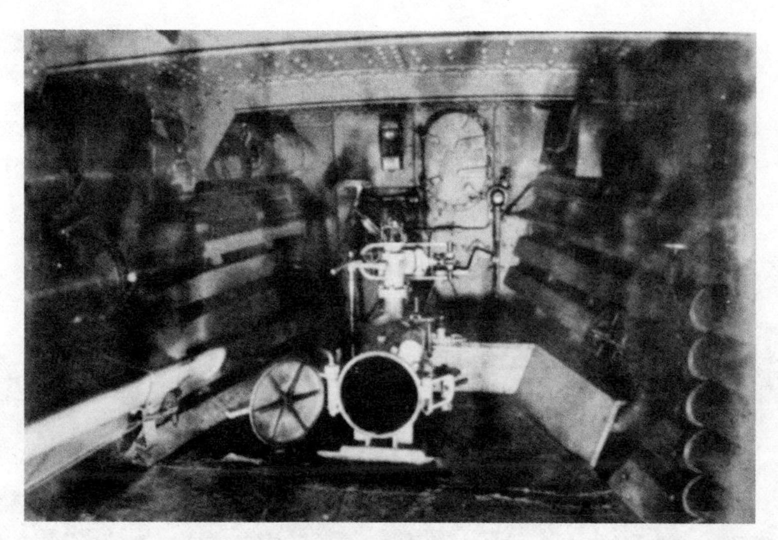

“济远”舰舰艏鱼雷发射室内景

置有专门的鱼雷发射室，共装备 4 具鱼雷发射管，配德国造刷次考甫磷铜鱼雷，即黑头鱼雷。同时参考了“定远”级军舰的设计，“济远”舰上也搭载有 2 艘舰载机动汽艇，可以充作杆雷艇，名称可能是“中甲”“中乙”。此外，符合 19 世纪巡洋舰的规范，“济远”舰的武器系统里，也有水下尖锐的撞角。

根据李鸿章后来的奏折透露，“济远”级军舰设计时以英国铁甲舰“赫士本”号（*Hotspur*）为参考母型，但从其建成后的情况看，外形上非常类似德国的 *Wespe* 号铁甲蚊子船，很多地方的设计里都透出蚊子船的踪影。由此也可看出，“济远”实际是德国造船工业的一个不成熟的试验品，中国再次为德国的技术试验买单了。鲜为人知的是，早期的“济远”舰，外观上的特征实际是三桅单烟囱，为使用风帆起见，曾一度在钢制的军桅外，添加过 2 根木质的桅杆，只是回国后，因为没有太多对于长距离航行的要求，才将 2 根木质桅杆拆除，变成了后来世人熟知单桅单烟囱的样式。

“济远”更重要的特征，在于它的防护形式。作为名副其实的穹甲巡洋舰，“济远”舰装备了厚度在 4 英寸左右的穹甲甲板，材料为当时最新式的钢铁复合装甲。但和以“埃斯美拉达”为代表的新式穹甲巡洋舰不同，德国造的“济远”实际是艘没有学到家的穹甲巡洋舰。很可能因为英国在技术方面的封锁，虽然“济远”是一种仿

3桅杆状态的“济远”舰照片，此时的“济远”尚在德国，但已整装待发准备回国了。

英式的军舰，但沿用的仍是英国早期穹甲巡洋舰的设计，穹甲只覆盖了机舱上方，并没有延伸全舰，防护性能显然不如“埃斯美拉达”。而且穹甲的位置竟然安装在水下4英尺处，完全与“穹甲界隔漏水”的设计思想背离，与英国早期的平甲巡洋舰 *Comus* 如出一辙，弊端也如出一辙，“其穹甲低水四尺，浮力无几，隔堵水久，攲侧难免，斯时炮势成上重，驾驶为难，危险特甚”，“其失如机舱逼窄，绝无空隙，只身侧行，尚虑误触，暑月炎燠，临战仓皇”。[①] 因为穹甲甲板位于水线下，一旦上方的舷侧中弹洞开，大量涌入的海水势必完全淹没穹甲甲板，导致军舰浮力丧失而覆没，而且穹甲甲板低于水线，使得在其之下的机舱高度大受限制，本来那个时代军舰的动力系统就非常庞大，压缩在如此小的空间里，操作自然非常费事、危险，机舱的工作环境大受影响。由此可以看到，“济远”设计上实际不如“埃斯美拉达”，德国人拿中国的银子做了次价值不菲的试验。

不过值得一提的是，“济远”级巡洋舰的穹甲安装位置和覆盖范围虽然不尽如人意，但是它的穹甲样式却非常独特。不同于英国那种中间平、两边坡的穹甲，这级军舰采用的是中间隆起的弧形穹甲，即李鸿章所称“中凸边凹，形如龟甲”。（当时的看法认为英国人的穹甲其实是3块平装甲，铆接在一起，装甲衔接的部位可能

---

①《与重黎论新购“镇远”“济远”两兵舰利病书》，中国近代史资料丛刊《洋务运动》3，上海：上海人民出版社1961年版，第399页。

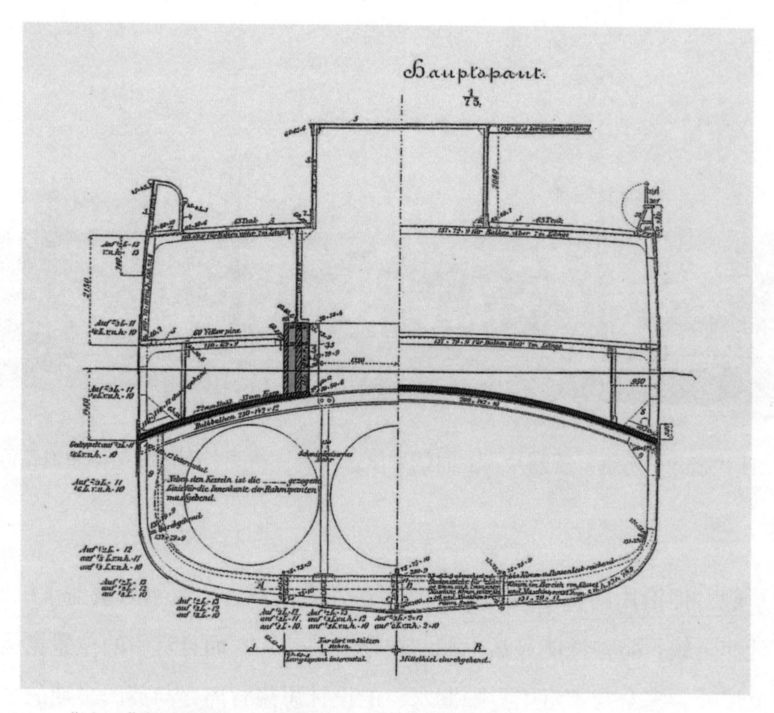

“济远”舰横剖图，用阴影标出的部位就是龟甲。

不够牢固，作战时将成为穹甲甲板上最薄弱的部分，而德国人则凭借高明的冶金工艺直接加工出了弧形板材，从而避免了这一弊病）由“济远”开创的这种弧形穹甲样式，一直影响了之后德、法等国穹甲巡洋舰的设计。

几乎在中国的“济远”舰建成同时，德国开始建造自己的采用穹甲技术的军舰 *Brummer*。这是一级简化版的“济远”舰，设计中大量运用了“济远”的经验，从它身上可以看到很多“济远”的影子。这级军舰的穹甲同样位于水线之下 4 英尺处，同样采用了弧形的“龟甲”式穹甲，同样面临机舱逼仄的问题，同样装备了与“济远”型号相同的 210 毫米口径克虏伯大炮。此外，希腊也跟风仿造了一艘类似“济远”的军舰，1885 年，法国建造自己的第一艘穹甲巡洋舰 *Tage* 时，也采用了弧形穹甲。而德国在拥有了“济远”和 *Brummer* 的经验后，到 1886 年设计新型穹甲巡洋舰 *IreneII* 时，才将弧形穹甲从水线下 4 英尺处提升到了水线附近，德式穹甲巡洋舰的设计至此方臻于完善。

由此可见，尽管“济远”在设计上存在诸多问题，但并非德国人故意为之，在

Brummer 号穹甲巡洋舰，排水量 914 吨，装备 1 门 210 毫米口径主炮和 1 门 87 毫米口径尾炮。她与“济远”同属德国的第一代穹甲巡洋舰设计。

那个缺乏成例，一切都在摸索的探索阶段，对于这些全新的军舰形式，谁也无法肯定判断究竟孰是孰非。而且，德国是首次建造穹甲巡洋舰，设计上“本未尽善”，伏尔铿船厂也坦率地承认了这点。

除覆盖机舱顶部的“龟甲”形装甲甲板外，“济远”露炮台的装甲围壁采用了厚达 14 英寸的钢面铁甲，为安装在其中的火炮的炮架及传动装置提供了坚实的防护，露炮台上扣着的闷罐式穹盖炮罩的厚度和“定远”级军舰的一样，厚度较薄，仅有 1.5 英寸，虽说这个厚度对于抵御小机关炮的攻击已经够了，但谁能保证战时敌方只用机关炮攻击这个炮罩呢。同时，和“定远”级军舰一样，穹盖炮罩带有“药气密闭”的弊端，对火炮瞄准、射击都有极大防碍。“济远”另外一处采用装甲保护的部位是司令塔，这是战时操舰和军官指挥的场所，但装甲厚度仅为 1.5 英寸，而且可能是出于避开前方巨大的主炮台遮蔽的考虑，“济远”的这座防护较薄的司令塔，竟然破天荒地被高高安置在飞桥之上，虽然这样可以获得良好的观察视线，但将如此重要的部位大面积暴露在外，难免埋下了安全隐患。但是如回想到“济远”那类似于蚊子船的舰体布置，这点倒又不难理解，因为蚊子船司令台的位置也大都在那个部位。

作为19世纪中后期一艘较先进的军舰，“济远”舰烟囱后部军桅的桅盘里安装有1盏照度20000枝烛光的探照灯，这座桅盘是“济远”舰的瞭望平台，但是位置在烟囱后面，军舰航行起来，滚滚浓烟肯定会把桅盘变成热腾腾的笼屉，里面工作的水兵难免会用些恶语来形容这艘军舰的设计师。“济远”舰舱内装有80盏电灯，为各重要部位提供照明，还配有8具淡水柜，其蒸馏系统生产的淡水每日可供应百余人食用。[①]整体而言，这是一级尚算先进的军舰，尽管存在不少弊病缺陷，但其武备系统、穹甲样式都尚属可嘉。1883年12月1日，“济远”舰顺利下水，[②]并于次年的9月7日完成航试，如期交船。[③]只是因为遇到中法战争爆发，被迫和“定远”“镇远”一起滞留德国。

在建造过程中，随着进度不断深入而逐渐暴露出来的一些设计上的弊端，成了李凤苞和李鸿章的心病，因为在当时四处暗藏漩涡的官场上，任何一点不谨慎，都会变成敌对派系手中的把柄。不出所料，巡洋舰推销的失败，令赫德大为恼火，“济远”的订造并未躲过赫德的眼睛，很快这个英国人便捕捉到了“济远”设计上的一些弊端，随后即无限放大，不断夸张，和李凤苞当年批评他推荐的军舰一样，赫德也将“济远”说得一无是处。身处北京，深谙中国官场之道的赫德，利用其在中国官僚圈子里的关系开始反击，直接经手、接连绕开赫德购买铁甲舰、巡洋舰的李凤苞，成了赫德想攻击的对象。

令李凤苞十分难堪的还有一位曾经的同事徐建寅，当订造“定远”级铁甲舰时，徐建寅被李鸿章派至欧洲作为李凤苞的助手，然而徐建寅恃才傲物，不甘于只作为辅助人员，而以监督自居，事事想要做主，与李凤苞产生矛盾，后赌气辞职回国。不久，当“济远”还在德国建造之时，北京朝廷里许多对近代军事知识一窍不通的清流文人，都突然变成了军舰专家，奏章纷上，矛头直指李凤苞。先是称其订购的军舰质量低下，进而又出现了李凤苞收受巨额贿赂的传闻，“……自海上喧传，直抵都下，人人骇异，咸谓苟非李凤苞勾串洋人侵蚀肥己，必不至船质与船价颠倒悬

---

① 中国近代史资料丛刊《洋务运动》3，上海：上海人民出版社1961年版，第7—8页。

② 《驻德李使来电》，《李鸿章全集》21，合肥：安徽教育出版社2008年版，第101页。

③ 《李使来电》，《李鸿章全集》21，合肥：安徽教育出版社2008年版，第287页。

殊至于此极……”[①] 而源头正是来自于徐建寅的播散，[②] 随后又出现了更为荒唐的批评，因中法战争导致“定远”与“济远”级军舰滞留德国一事，竟也成了弹劾李凤苞的口实。尽管李鸿章在努力澄清事实，为部下呼吁，但众口交腾中，舆论已为文章天下的清流言官们控制，身处德国的李凤苞百口莫辩，最终被撤职回国。

继任驻德公使许景澄抵达德国后，受命查看了前任订购的3艘军舰。“定远”“镇远”质量毫无问题，“济远”舰建造本身的质量也并无问题，只是设计上确实存在缺陷，之后在许景澄交涉下，都一一尽量做了弥补。

1885年6月11日，中法战争结束后的第2天，清政府下谕，命令滞留在德的“定远”“镇远”“济远”3舰从速回国。经补给、雇佣水手后，7月3日，驻德公使许景澄在德国基尔军港举行仪式，为3舰送行。“济远”悬挂德国国旗，由雇佣的洋管驾恩诺尔和德国水手驾驶，跟随“定远”“镇远”驶向大海，踏上回国路程。回程时“济远”舰还搭载了250颗210毫米与150毫米炮弹，以及3500颗机关炮炮弹。[③]

似乎命运有意捉弄李凤苞和这艘穹甲巡洋舰，“济远”回国的路程恶运连连。进入地中海后不久，“济远”的蒸汽机发生故障，被迫与“定远”级军舰分离，单独滞留在马耳他修理。[④] 几乎半个月后，才草草修竣，匆匆启程追赶，但路上又遇到因煤舱容量太小，燃煤储存不敷使用的问题。及至快到祖国时，蒸汽机在新加坡又出现故障，被迫再度停轮修理。[⑤]

经历如此一番周折后，“济远”在北京朝廷里越演越烈的置疑乃至责难声中，于1885年10月31日驶抵天津大沽，11月8日完成升旗入役仪式。天津镇总兵丁汝昌及津海关道周馥等人登舰检查、验收，发现问题并没有朝里清流人物说得那般夸张，遂作了详细报告和说明：“济远”舰的主要问题是穹甲低于水面导致机舱空间较窄，但是该舰的吃水浅、航速高；煤舱虽然容量小，仅能装煤270吨，然而以每日30吨计，可供8天之用，与“定远”级军舰煤舱载煤600吨，每日用煤60余吨，

---

① 中国近代史资料丛刊《洋务运动》3，上海：上海人民出版社1961年版，第6页。

② 《李凤苞往来书信》下，北京：中华书局2018年版，第614页。

③ 中国近代史资料丛刊《洋务运动》3，上海：上海人民出版社1961年版，第47—48页。

④ 《许使由柏林来电》，《李鸿章全集》21，合肥：安徽教育出版社2008年版，第576页。

⑤ 《寄津海关周道丁镇支应局等》，《李鸿章全集》21，合肥：安徽教育出版社2008年版，第593页。

停泊在埃及塞得港的各国军舰，背景中露出舰艏的军舰就是正在回国途中的“济远”。

可供9～10天之用相比，“其用意无甚悬殊”，认为“济远”舰“实为新式坚利之船”。李鸿章并不放心，3天后赶赴大沽，亲自检验了“济远”舰，方才定下心来。[①]

但事情并未就此平息，言官们仍不肯放过经手购买“济远”以及“定远”“镇远”的原驻德公使李凤苞，毕竟敲山震虎是件非常快意的事。虽然李鸿章对这位老部下施以援手，将李凤苞调入北洋，办理天津北洋水师学堂等事，但终因劾章不断而被革职。中国近代这位突出的军事科技人才从此绝缘官场，回到老家江苏崇明，利用在欧期间接触到的近代军事知识潜心著书，编撰、翻译了《克虏伯炮说》、《艇雷纪要》、《铁甲船程式》等一大批近代军事著作，即使到今天，这些书籍仍是用于了解近代世界海军技术发展的一手宝贵材料。1887年，因长期心情抑郁，加上积劳成疾，李凤苞在悲愤中逝世，年仅57岁。

① 中国近代史资料丛刊《洋务运动》3，上海：上海人民出版社1961年版，第6—9页。

“聪明谙练”的方伯谦

归国后不久，协助驾舰来华的德国官兵即被遣散回国，一位中年的中国海军军官成为“济远”舰首任管带。

方伯谦，字益堂，福建闽县人。与北洋海军中的许多中高级军官一样，都出生在近代中国饱受外患袭扰的时代。他们中很多人的童年，都是在父辈讲述的洋人坚船利炮的故事中渡过，都曾亲身感受过中国社会门户洞开下的痛苦变化。1867 年，年仅 15 岁的方伯谦考入船政求是堂艺局，当年艺局搬迁至马尾，方伯谦成为了中国第一所近代海军学校船政后学堂的首届学生，古老中国建设新式海军的重担落在了这些孩子瘦弱的肩上。今天的人们无法推想，迈入这座海军殿堂时，这群孩子们心里到底是怎样一种感受，在科举入仕被认做正途的时代，他们心中是否会充满了对海上生活的憧憬，以及对海军职业的崇拜。

留学英国时期的方伯谦

通过严格的学院学习生活，这批孩子们大都以优秀成绩毕业，出色地掌握了作为海军军官应具备的理论知识，这使得中国近代海军建设事业的领导人物沈葆桢、李鸿章大感欣慰。

1871 年，方伯谦和刘步蟾等同学登上船政水师的风帆训练舰“建威”，扬帆出海，开始北起渤海湾、辽东半岛各港，南至新加坡、槟榔屿的海上实习生活，这艘原本属于普鲁士的帆船，托起了中国海军复兴的希望。1874 年，舰课教育通过后，方伯谦正式毕业，被授予五品军功，留用在船政，历任“伏波”舰正教习、“长胜”舰大副、“扬武”舰教习等职。[①]

这一时间里，为培养具有世界水平的海军军官，以及为将来购买铁甲舰等大型

① 方伯谦：《益堂年谱》，中国船政文化博物馆藏。

军舰预作人才储备。经沈葆桢、李鸿章推动，清政府批准船政向欧洲派出首届留学生，经考核，方伯谦等12名后学堂毕业生入选其中的留英计划，于1877年5月抵英。根据最初的留学计划，中国留学生都将直接登上英国海军军舰代职学习，然而英国海军舰队无法吸纳这么多的外国军官，方伯谦等6人没有能够在第一时间被派上军舰，为了不至于白白坐等名额而浪费光阴，在中国驻英公使的协调下，先进入格林威治英国海军学院短期进修，在校期间，方伯谦与同学严宗光（严复）、萨镇冰等曾多次前往中国使馆作客，热情的中国首任驻英公使郭嵩焘在私人日记里记录了对这些留学生的观感，其中认为方伯谦为人聪明，喜好发议论，表现欲强，而同往的萨镇冰等则稍嫌内向，由此可以初步了解这位将来的“济远”舰管带的性格。

1878年6月，方伯谦被派入英国东印度舰队旗舰“恩延甫”（*Euryalus*）号巡洋舰代职，次年改登“士班登”（*Spartan*）号巡洋舰。1880年5月，留学期满，仍回船政任职，留学生洋监督斯恭塞格对方伯谦的评价是“聪明谙练”。

1881年，因外购军舰大量来华，舰队规模日大，北洋海防对人才的需求越发迫切。直隶总督李鸿章于是从船政抽调大批海军人才，船政学堂科班出身，且经历赴英国留学的方伯谦，与有着同样背景的林泰曾、叶祖珪、林永升等被调入筹建中的北洋水师。这些被李鸿章视为子弟兵的年轻人，后来大都成长为北洋海军中的骨干力量。

方伯谦调入北洋后，首先担任新购的蚊子船“镇西”管带，次年调任“镇北”管带，旋又改任“威远”练习舰管带，负责水师学堂学生的舰课训练。1884年，中法战争爆发，为防法国军舰进犯旅顺，炮台工事尚未竣工的旅顺被迫应急布防。驻守旅顺的“威远”等舰被命令将火炮拆卸上岸，应急构筑简易炮台。由“威远”舰官兵建筑、防守，装备“威远”舰火炮的炮台命名为威远炮台。后有论者以为威远炮台建造费用省廉，仅为数千两银，大大低于汉纳根督造的黄金山等炮台，而褒誉方伯谦施工有方，节省了大量费用。但是从史实看，威远炮台装备的火炮均是从“威远”舰拆卸借调而来，武备一项根本就不用开支，而且威远炮台在整个旅顺炮台群中规模最小，只是一个简易工事，所需经费自然不能与装备大量新式克虏伯大口径火炮的大型炮台相提并论。①

1885年，借中法开战，中国无暇东顾之机，日本在朝鲜半岛挑起了甲申事变，

---

① 见吉辰：《方伯谦修筑“威远”炮台考略》，《中国甲午战争博物馆馆刊》，2008年第1期。

甲午战争时的威远炮台

北洋水师统领丁汝昌率舰队赴朝平乱，方伯谦指挥“威远”舰也随队参加了对朝行动，虽然“威远”舰当时并未有任何突出表现，但方伯谦事后仍受到北洋大臣的嘉奖，恰值“济远”舰归国，遂被任命为“济远”舰管带，经丁汝昌推荐，李鸿章又以援护朝鲜有功，奏保方伯谦，升补游击，赏戴花翎。短短4年多时间，方伯谦获得了当时普通中国武官梦寐以求的荣誉和地位。

好运仍在继续，1888年北洋筹备海军建军事宜，方伯谦被调用天津，参与《北洋海军章程》的修订。翌年，经李鸿章奏保，升署北洋海军中军左营副将，1891年，又获捷勇巴图鲁勇名，优遇已极。

一路扶摇而上的方伯谦，官场春风得意的同时，私人事业也不断发展。根据其自撰的《益堂年谱》记载，方伯谦先后在大沽、烟台、威海、上海等地置办有房产，每到一港，必移家眷到彼居住。而且在购置房产的同时，也陆续娶了几房小妾。作为一名军人，过于耽心于个人生活，不禁令人担心他在生死抉择时的权衡取舍。

1885年俄罗斯情报军官在旅顺绘制的“济远”舰速写

战斗历程

回国后的“济远”舰一度仍然保留着3桅杆的外观，随后即将为了张挂风帆而临时增设的前、后两根木制桅杆拆除，仅保留中部的金属桅杆。1888年北洋海军成军后，“济远”被编为中军左营，核定全舰编制202人。

1894年，中国农历甲午年。朝鲜爆发东学起义，随着局势逐渐失控，朝鲜政府向宗主国——中国求援。经反复权衡，清政府决定派兵入朝，协助镇压起义，而对半岛垂涎已久的日本，也借此大举派兵入朝，局势异常紧张，战争一触即发。

清政府决定派兵入朝后不久，“济远”舰曾受命与“超勇”一起前往朝鲜驻防，方伯谦被任命为驻朝鲜军舰的编队队长，可见对方的倚重程度。

1894年7月23日方伯谦再度作为队长，率穹甲巡洋舰“济远”、鱼雷巡洋舰“广乙”、练习舰“威远”抵达朝鲜西海岸的牙山湾，担负海湾警戒，接应、护卫即将到此登陆的运兵船。24日傍晚5时半，正当“济远”“广乙”等舰在协助陆军登陆时，前往仁川送交电报的“威远”带来日军已攻占朝鲜王宫的警讯，方伯谦遂下令武备薄弱的“威远”号练习舰立即返航回国，“济远”“广乙”则待陆军登陆完毕

1894 年 5 月在大连湾参加北洋海军阅兵的“济远”舰，此时已经是单桅杆的状态。

后从速开驶回华。

7 月 25 日清晨 4 时，夜色尚未完全褪去，方伯谦指挥“济远”“广乙”匆匆起锚返航。5 时半，“济远”桅盘内的哨兵发现西方地平线上出现几缕黑烟，7 时整，哨兵分辨出高速驶来的是日本海军的“吉野”“秋津洲”“浪速”3 艘实力强劲的穹甲巡洋舰，此时此地与日本舰队相遇，空气骤然紧张。

当时日本舰队处于丰岛附近的的狭窄航道，不利于展开作战，便向右偏转 16 个罗经点（180 度），向东航行。但很快，3 艘日本军舰航行到开阔水域后，立刻又向左偏转 16 个罗经点，重新折回。7 时 43 分 30 秒，日本编队旗舰“吉野”放一空炮，45 分，“吉野”正式开火，52 分，“济远”舰开始发炮还击，55 分，“秋津洲”开火，56 分，“浪速”开火，甲午战争中的海上首战丰岛海战就此打响。

与气势汹汹的 3 艘日本巡洋舰相比，此时的“济远”舰已经尽显老态，尤其关键的是该舰的火力异常单薄，100 毫米口径以上的大炮仅有 3 门，后续的僚舰“广乙”也仅有 3 门。而日本 3 艘巡洋舰，单舷的火力就有多达 17 门 100 毫米口径以上火炮。

丰岛海战中被击中破损的“济远”舰司令塔，可以看到司令塔后壁下方的巨大弹孔。

“济远”舰主炮炮罩丰岛海战中的伤痕

丰岛海战中被击坏的“济远”舰露天舵轮

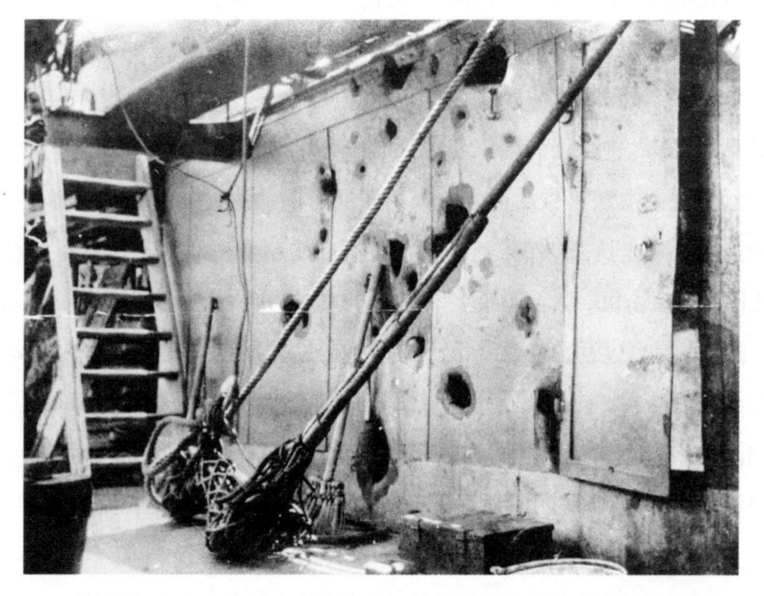

“济远”在丰岛海战中所受炮伤，拍摄位置为司令塔后机舱棚。

尽管在吨位、航速、射速、火炮数量上均处于绝对劣势，中国两艘军舰仍奋勇还击，“济远”主炮多次命中日舰，桅盘上的水兵也在用机关炮从高处扫射日本军舰舱面，然而开战后不久，“济远”设计中的一些弊端接连显现出来。

首先是位于飞桥之上的司令塔，因为位置过于暴露，很快被弹片击中，和方伯谦一起在司令塔内指挥作战的大副沈寿昌头部被击中，当场牺牲。

继而前主炮炮罩接连被击中，破片在闷罐式的炮罩内四处飞散、反弹，在炮台内督战的枪炮二副柯建章胸部中弹牺牲，接替他指挥的海军学校见习生黄承勋手臂又被打断，水兵准备抬他去包扎，这位年仅21岁的年轻军官高喊“尔等自有事，勿我顾也！”旋即阵亡。随着炮弹爆炸而产生的有毒烟雾又在炮罩内弥漫，导致了大量人员窒息死亡，整个前主炮台内总计有6名官兵殉难，14人受伤，几乎损失了全部的炮手。

跟随“济远”之后的“广乙”舰很快也加入战斗，一度逼近日本军舰，准备发射鱼雷，但因日方火力过于凶猛，以及战场烟雾弥漫，能见度差而未能成功。后被日舰重创，撤至朝鲜西海岸浅水区自毁。

“济远”管带方伯谦在此前的指挥均无可异议，但从大副沈寿昌阵亡后，情况发生了转变。可能在战斗初起时，他心中也涌动着成为海战英雄的豪情，但当大副的脑血溅洒在他身上时，战场的残酷、无情与可怖全部展现了出来。此后方伯谦离开了受损的司令塔，前往甲板下的备用舵机处，他的心理发生了明显的变化，“济远”舰上开始出现一系列不正常的情况，军舰的桅杆上竟升起一面白旗，随即竟又升起了一面日本海军旗，这是任何国家海军都难以容忍的行径。不久，中国运兵船“高升”号，以及运输舰“操江”号从远方驶来，撤退中的“济远”只是稍微降了一下高挂的日本旗后，便高速驶去。结果这两艘没有武装的船落入敌手，“操江”被俘，“高升”则被日军野蛮击沉，船上千余名陆军将士为国捐躯。此后，“济远”驶入浅水区，“吉野”舰担心追出过远会导致当天无法回到出发锚地报告战况，遂转舵离去。[①]

回威海刘公岛后，挂白旗及日本海军旗逃跑的丑事并未被揭露。海军提督丁汝昌根据方伯谦及“济远”舰上的水兵报告，为方伯谦等请奖。但信息较为灵通，且为人精明老道的李鸿章，从各处听闻到一些消息，开始对方伯谦产生怀疑。不过，清政府

① 丰岛海战详细情形参见陈悦：《甲午黄海大决战》，北京：台海出版社2019年版。

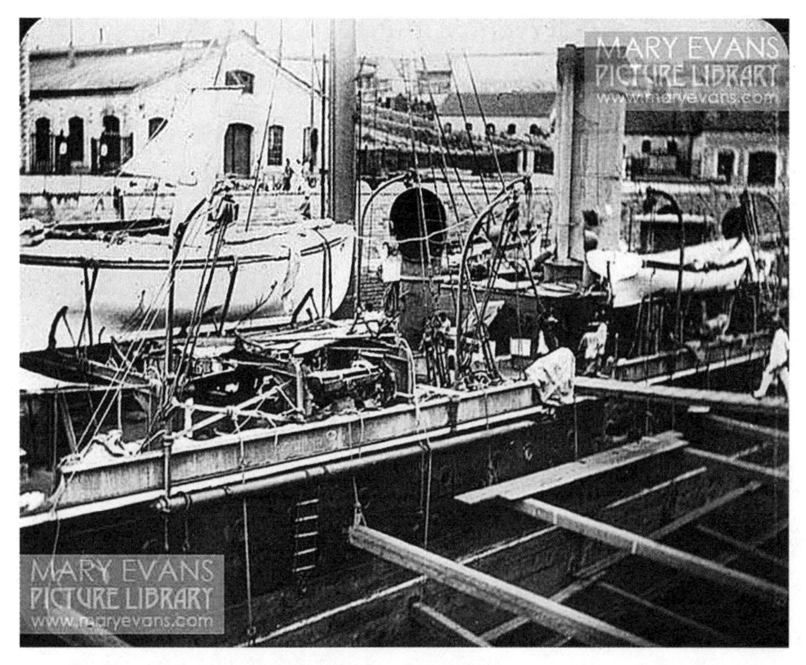

丰岛海战后在旅顺船坞内修理的“济远”舰

最后还是以“于牙山接仗时鏖战甚久，炮伤敌船，尚属得力”为由，嘉奖方伯谦。

鉴于丰岛海战中血的教训，“济远”舰盖在军舰艏艉炮台上厚重封闭的穹盖式炮罩，被拆除，因为实战证明这种原本设计来抵御机关炮的炮罩厚度不够，对大口径炮弹没有防御能力，如果没有炮罩，大口径炮弹可能就会飞过，不会造成什么伤害，即使打中了人，也只是杀伤被打中的那名水兵而已，而采用了封闭炮罩以后，虽然防不了大口径炮弹，但却能防小的炮弹破片，一旦破片进入炮罩，因为钻不出去，就会在炮罩里面飞来飞去，给炮位上的人员造成严重杀伤。

1894 年 9 月 16 日，丁汝昌率包括“济远”在内的北洋海军主力，护送运兵船前往鸭绿江口登陆，加强在朝的中国军队实力。9 月 17 日中午，在大东沟口外警戒的北洋舰海军主力与日本海军主力遭遇。根据中国军舰的技术特点，丁汝昌下令全舰队以横阵迎战，“济远”舰被排列在横阵左翼的末端，与“广甲”舰共同组成第四小队，“济远”舰为小队队长。向右依次为“广甲”“经远”“致远”，四舰共同构成了阵形的左翼。中午 12 时 50 分，旗舰“定远”首先发炮，打响了海战。

以纵队而来的日本舰队意图横越中国舰队阵前，取势攻击右翼的弱舰“超勇”“扬威”，而本应位于左翼末端的“济远”“广甲”竟迟迟没有就位，一直落后与全军，因而“济远”舰未遭遇多少炮火，最后“广甲”舰都加入尾追“赤城”“比睿”的战斗，而“济远”仍一直徘徊在北洋舰队阵形之后。随着旗舰“定远”前桅上桅断裂，右翼“超勇”“扬威”接连起火，北洋海军阵形开始发生混乱，下午3时左右，旗舰“定远”舰艏军医院中弹燃起大火，浓烟遮蔽全船，邻近的“致远”舰冲出掩护，最终沉没于海。“致远”舰勇撞敌舰的举动，让敌我双方均极震撼，但之后令人惊讶的事情便发生了。如同丰岛海战时一样，方伯谦指挥的“济远”舰开始撤逃，随后一发不可收拾，相邻的“广甲”有例可循，也跟着“济远”一起撤逃。

后来有论者认为，黄海海战后期，北洋海军“靖远”“来远”“扬威”等舰也都曾撤出过战场，以此推论“济远”撤逃的合理性。但是需要看到的是，“靖远”等舰撤出战场的目的是暂时躲避炮火、抢修军舰，随后又都重返战场，与“济远”的一路逃回旅顺截然不同。

在逃跑的途中，慌不择路的“济远”竟又将被日舰重创，正在努力向浅水区驶避自救的“扬威”舰拦腰撞伤。钢铁的“济远”舰如有感情，也当落泪。

9月18日凌晨，当其他北洋军舰还在从战场返回的航程中时，“济远”已提前近4小时回到旅顺。关于为何提前回港，方伯谦汇报的理由是“船头裂漏水，炮均不能施放”，因撞击“扬威”而造成的“头裂漏水”，尽然被混淆概念作为逃跑的理由。而至于“炮均不能施放”更属信口雌黄，“济远”全舰装备大小火炮近20门，根据日方统计，“济远”仅中弹数十处，“定远”“超勇”等舰中弹或上千处，或上百处，尚能坚持战斗到底，而“济远”竟仅中数十弹便溃逃，以日舰射速，命中十数弹，花不了多少时间，济远可以说是一接战就溃逃了，根本没和日军发生激烈战斗（在日本参战各舰的战斗日志里，也难觅“济远”的踪影）。而区区数十弹就能造成近20门火炮损坏，实在是匪夷所思。根据“济远”舰管轮洋员哈富门的回忆，当时“济远”的情况是“我船虽受伤，并无大碍”，[①] 另据战后受命调查各舰伤情的洋员戴乐尔报告，“济远”舰主炮炮尾炮套上有被锤击的迹像，而目前保存在刘

---

① 《纪“济远”兵船两次开仗情形》，《中倭战守始末记》，台北：台湾文海出版社1987年版，第45页。

1895年3月下旬，被俘后到达吴港的“济远”，舰体涂装还保留着北洋海军时代的特征。

公岛中国甲午战争博物馆的“济远”舰210主炮上的相应部位确实存在砸痕。如果“济远”舰“均不能施放”的火炮确是人为故意破坏，以为逃跑寻找托辞，则罪行将更为恶劣。

参战的北洋军舰陆续回港后，拒绝与逃舰同泊，“济远”只能屈辱地单独停泊在西港，默默忍受因管带而带来的恶名。尽管丁汝昌于19日命令方伯谦率“济远”舰前往大连湾拖带搁浅的“广甲”舰，给他提供戴罪立功的机会，但北洋大臣李鸿章对这个曾经深深倚重的军官彻底失望。24日，作为清廷中枢的军机处正式下令：“本月十八日开战时，自致远冲锋击沉后，‘济远’管带副将方伯谦首先逃走，致将船伍牵乱，实属临阵退缩，著即行正法。”

此前，“济远”舰一些官员曾劝方伯谦寻找门路进行运动，方伯谦则称“朝廷仁厚，安有杀总镇刀耶，如或苛求，尽以革职了事，虽一二品或难骤复，而每月薪水数百两固然也，何必惊慌无措耶”，当得知清廷已经下谕定罪行刑后，方伯谦这才方寸大乱。25日清晨5时，方伯谦被押赴旅顺黄金山下大船坞西面的刑场，行刑前方伯谦神情恍惚，口中念有词，“刃经三落，身首始分离，不复能衽习风涛眠

1896 年 11 月 25 日在横须贺参加明治天皇海上阅舰式的“济远”，已经改成了日本海军的白色涂装，在其左侧是巡洋舰“松岛”。

日俄战争期间停泊在朝鲜渔隐洞锚地的“济远”舰

藉花柳矣”，时年 41 岁。[1]

此后，“济远”舰管带由原“广乙”舰管带林国祥接替，参加了威海保卫战。随着威海之战失败，北洋海军覆亡，1895 年 2 月 17 日，“济远”在威海被日军俘获，编入日本海军，仍保留“济远”舰名，英文译名则转变为 Tsi Yuen，对于舰上的武备，日方保留了前后主炮，原有的机关炮则全部弃用，代之以 47 毫米口径的单管机关炮。日俄战争时，“济远”舰于 1904 年 11 月 30 日在旅顺口争夺战中炮击旅顺的 203 高地时触雷沉没，地点在今旅顺新港（羊头洼）西北大约 2 海里之处。[2]

20 世纪 80 年代，先后经山东烟台救捞局与江苏靖江海洋工程公司打捞，出水了部分武器、舰材等遗物，现保存在中国甲午战争博物馆对外展出。这些出水遗物，默默地诉说着那艘被扭曲了的利刃——“济远”号的故事。

---

① 《中倭战守始末记》，台北：台湾文海出版社 1987 年版，第 47—48 页。

② 《世界の舰船》增刊第 44 集《日本军舰史》，海人社 1995 年版，第 34 页。

附："济远"舰遗物打捞出水小记

北洋海军的穹甲巡洋舰"济远"被日军俘虏后沿用了原舰名，于1895年3月16日正式编入日本海军军籍，仍列为巡洋舰，1898年3月21日根据当时日本海军的标准又改为三等海防舰类别。日俄战争中，"济远"舰与被同是甲午俘的中国军舰"平远"一起编制在日本第三舰队的第七战队序列内，参加了旅顺口之战，1904年11月30日，在炮火支援日本陆军进攻旅顺203高地时触水雷沉没。

新中国成立后，80年代初，海军某部意外打捞获得"济远"舰舰艉150毫米口径克虏伯炮等文物（现保存在旅顺万忠墓纪念馆对外展出），使得沉没了近百年的"济远"舰重新进入现代人的视野。为打捞文物纪念历史，同时也为发展旅游经济，经国家文物局批准，由国家旅游局拨款人民币300万元，计划将"济远"舰整

"烟捞五号"救捞船

“济远”舰主炮刚刚打捞出水时的情景

体打捞出水，用于修复展出。

经过前期准备，1986年，由威海市文物、旅游部门委托山东省烟台市烟台救捞局救捞工程队开始打捞工作，这次打捞活动自当年的7月18日开始，至8月23日结束，期间烟台救捞局救捞工程队共出动了“烟捞一号”“烟捞五号”2艘救捞船、27名潜水员，对沉没在海中的“济远”舰进行了初步探捞，潜水员总计潜水123人次，潜水时间3870分钟24秒，每次人均水下操作31分28秒，共出水文物28件组，其中即包括“济远”舰舰艏的2门210毫米口径炮（火炮下炮架未出水）。然而此次打捞由于打捞工作船吨位小，军舰沉没位置水深过深，并未能实现整体打捞的目的。

1988年，根据国家文物局（86）文物字015号文件、国家旅游局（87）旅计21号、150号文件，决定继续实施“济远”舰的整体打捞计划，在总结第一次打捞工作经验教训的基础上，通过招标重新选择打捞施工单位，最终由富有水下工程经验，曾成功探摸定位“中山”舰的江苏省靖江县江苏海洋工程公司中标。1988年4月30日，江苏海洋工程公司与上海救捞局工程船队签订协议，以72.5万元人民币租用87.5天的租金租用当时国内最先进的大型打捞工程船“沪救捞三号”（根据租船合同记录，船长103.6米，型宽16米，型深7.9米，吃水5.5米）开赴“济远”舰沉没海域，实施第二次打捞。

第二次打捞首先仍然是进行试捞，探明和熟悉“济远”舰的水下情况，为设计整体打捞方案奠定基础。“沪救捞三”到达工作海域后，江苏海洋工程公司潜水员自1988年5月21日至7月20日进行了规模远大于第一次的水下作业，共计潜水440人次，水下作业时间12714分钟，打捞出水文物104件，在探捞过程中潜水员发现“济远”舰军官生活区的部分舱室甚至还处于密封状态，室内的衣物等用品均保存完好，某种程度上也说明了19世纪后期造船工业的水平。

同时这次进一步判明了有关“济远”舰沉没方位、姿态的各种技术信息，根据中国甲午战争博物馆事后公布的资料，当时“济远”舰沉没方位为东经121度4分50秒，北纬38度50分30秒，视海猫岛307度，视双岛38度，距离旅顺西海岸1.9海里。沉没海域平均水深约46米（军舰左46米、右45.9米、前45米、后46米），“济远”主甲板距离海面：舰首39.8米、舰尾39.6米、左舷37.5米、右舷41.7米；舰体右倾21度16分，右舷埋泥约3～5米，左舷龙骨高于泥线约2米，舰首埋泥

在打捞海域的“沪救捞三号”

潜水员下水作业时的情景

约 2 ~ 3 米，舰内积满淤泥。

江苏海洋工程公司最初制定的探捞办法是浮筒沉箱方案，即将多个充水的浮筒沉入海底，分别固定在“济远”舰的两舷，而后用抽浆机抽除舰体周围及舱内的淤泥，减轻军舰的自重，最后再排除浮筒内的压载水，浮筒上浮时带动整个军舰上浮出水。但是从试探的结果看，“济远”舰体淤埋过深，舱内一些淤积物硬化，难以排除，而且舰体某些部位腐蚀严重，结构强度不足（当时曾提取出水了“济远”舰右舷一块长 4. 8 米的船壳板，原有的 284 个铆钉孔仅剩 39 个铆钉还保存着），整体打捞的风险过大，于是提出将“济远”沉船分段打捞出水再加以修复的第二套方案，然而由于耗资更大，对技术要求高，最终国家文物局、旅游局等部门决定放弃原定计划，不再打捞全舰。“济远”舰整体打捞工程由此终止，由两次打捞出水的共 132 组文物全部由中国甲午战争博物馆保藏，其中一些经修缮和保护处理后已对游人开放参观。

打捞出水的“济远”舰船壳板

“济远”舰主炮吊运上刘公岛

1988年江苏海洋工程公司勘测阶段打捞物品清单

日期	时间	潜水员	打捞物品名称
5月21日	02：20	周剑辉	电筒1件
同日	03：29	许建华	测流仪1件
5月26日	07：30	刘旭	哈乞开司47毫米机关炮1门
5月27日	14：00	胡汝成	金属管1件
5月28日	22：10	何兴宝	测流仪1件
5月29日	07：50	严品忠	舰艏锚1件
6月1日	08：00	祝宏	橡木桶1件（内储淡水）
同日	15：30	蔡根胜	带有日本海军军徽的玻璃水壶1只
6月3日	09：40	周兆祥	“济远”舰桅杆
6月4日	06：20	严品忠	船壳板1段
同日	11：40	刘树勋	角铁1根
6月5日	18：45	张用彬	船壳板1段
6月7日	08：40	刘树勋 周剑辉	船壳板1段
6月8日	14：50	严品忠	210毫米主炮减震液压筒2件
同日	15：30	刘树勋	船壳板1段、舷窗1件
6月9日	06：16	何兴宝	铜棍1件
同日	16：39	张用彬	哈乞开司47毫米炮弹1枚
同日	18：05	祝宏	舰首导缆钳1件
6月10日	06：15	严品忠	火炮减震液压筒1件
同日	20：00	陈德明	工具1件
6月11日	17：05	刘树勋	扣座1件
6月12日	07：45	何兴宝	扶手座1件、锡锭1块
6月13日	11：00	李家乡	铜管1件

续表

日期	时间	潜水员	打捞物品名称
6月14日	09：10	严品忠	加热器、吊架各1件
同日	15：00	刘树勋	耐火砖1块
6月15日	09：00	周剑辉	铜套1件
同日	15：30	万学道	角铁等多件
同日	15：40	张用彬	铜件多件
6月16日	09：40	机械抓斗	蓄电池1捆
6月18日	11：00	李家乡	角铁多件

（本表资料主要由原江苏海洋工程公司提供）

碧海忠魂

——“致远”级穹甲巡洋舰

1986 年 9 月的一天，空气中已悄然沁入秋的气息。威海市环翠楼公园前竖起了一座高大的铜像，英雄和他的爱犬面向着大海，蔚蓝色的大海。那是一片充满了悲壮与奋争的蓝色，英雄的事业、梦想、忠诚乃至他的生命都溶在了这片蓝色的永恒当中。每天清晨当旭日升起时，金色的阳光都会将塑像映得一片辉煌，这位英雄的故事里，有一级战舰与他的名字紧紧连在了一起，已升华成了中华民族海军的精神象征。

“阴谋诡计”

两次鸦片战争后，近代中国开始学习西方建设新式海军，主要是以当时的海上霸主英国海军为师。在延请外籍顾问至国内教学的同时，又专门派出海军留学生赴英学习，因而中国近代海军深受英式海军传统的影响。在购买西式军舰方面，中国也一度只认准英国一家，从阿思本舰队、蚊子船，一直到“超勇”级撞击巡洋舰，始终是英式军舰忠实的用户。然而随着购舰过程中陆续发生的一些不愉快，以及英国企图控制中国海军的野心日益明显，英国舰船销售在华的代言人赫德，逐渐失去了主持中国新式海军建设的直隶总督李鸿章的信任，中国此后长时间不再向英国购买军舰，转而向新生的海军国家德国投去青眼。

不甘心就此失去中国这个大市场，阿姆斯特朗公司越过赫德控制的海关渠道，直接委派英国海军少校布里奇福德为公司驻中国的销售代表，通过英国驻华使馆、怡和洋行、旗昌洋行等从中居间，充分利用他们在中国官场和民间的各种关系，开始独立寻找、捕捉、创造军火销售的机会。

当时正值中法战争结束，受船政水师马江之战惨败的刺激，中国开始了新一轮外购军舰的热潮，值此良机，阿姆斯特朗公司新的销售策略很快就见到了成效。1885年10月2日，赫德收到了金登干的电报，电文里报告了一个绝密情报："曾侯（时任驻英公使曾纪泽）奉命订购巡洋舰等，正同阿姆斯特朗等厂联系，并送去了铁甲舰的详细数据（此处的铁甲舰其实指'济远'型舰）。"[①]10天后，消息进一步得到证实，金登干打听到中国在阿姆斯特朗公司订购了2艘军舰，同时在德国也订购了2艘。被阿姆斯特朗和曾纪泽划做局外人的赫德，愤愤地把这次甩开他的交易称为"阴谋诡计"。[②]

根据北洋大臣李鸿章提议，最初中国的购舰计划是按照"济远"级穹甲巡洋舰的设计，在英、德两国各再订造2艘。[③]"济远"是德国造船工业建造的第一艘穹甲巡洋舰,尽管设计上大量效仿了英国,但并没有完全学到家,存在着较多设计缺陷,因而从建造开始就非议不断，因为失去中国订单而对德国满腔怒火的英国人，更是对这型军舰提出许多异常尖刻的批评。受这种舆论背景影响，在欧洲负责具体办理订购事宜的中国官员不得不万分谨慎，驻英公使曾纪泽、驻德公使许景澄为保证新式巡洋舰的质量和先进程度，并未直接按照命令订购"济远"型军舰，而是在欧洲各国反复考察，咨询英、德两国海军部、造船界专家，最终使新巡洋舰的订造发生了有益的变化。

评审"济远"级军舰的设计究竟是否先进，驻英公使曾纪泽与英国海军界、造船界多有接触，尤其是结识阿姆斯特朗公司杰出的舰船设计师威廉怀特（William White），对曾纪泽颇有影响。才华横溢的怀特，当时在舰船设计领域的风头已大大盖过创造出蚊子船和撞击巡洋舰的乔治伦道尔，后来还长时间供职于英国海军部。从1886年开始，皇家海军所有大型军舰的设计几乎全出于其手，直到1903年离开海军部前，他极大地影响着无畏舰出现前英国大型军舰的设计风格，因此这段

① 《金致赫第521号》，《中国海关密档》8，北京：中华书局1995年版，第500页。
② 《赫致金第526号》，《中国海关密档》8，北京：中华书局1995年版，第502页。
③ 中国近代史资料丛刊《洋务运动》2，上海：上海人民出版社1961年版，第566页。

时间又被人称为“怀特时代”。作为穹甲巡洋舰设计创始国的设计师，对这种巡洋舰的设计规则自然了如指掌，同时对于德国接连抢走铁甲舰、巡洋舰的生意也难免耿耿于怀。1885年9月24日，怀特出具了针对“济远”设计的评论，不出所料，对德国学得走了形的穹甲巡洋舰提出尖锐批评，怀特一口气指出“济远”的缺陷有8处之多，并总结“欲建造无论何种新船，断不可再照此样”。[①]尽管不免有“外洋匠师务求相胜，亦犹自古文人之相轻。虽有佳文，欲指其瑕不患无辞”的嫌疑，但怀特提出的某些意见也不无道理，引起了中国国内的重视，从而间接影响了中国购买新式巡洋舰的计划。“济远”级的设计方案最终被认定设计上存在较多不足而被放弃，清政府命令新巡洋舰的设计改为订造“西国通行有效船式”。[②]

“致远”级军舰的设计者，英国著名舰船设计师怀特。

这次英国人终于等到了他们的机会，在对德国的“济远”级设计尖锐批评的同时，怀特不失时机地向曾纪泽提交了一种全新的巡洋舰设计方案，这种军舰长250英尺，宽38英尺，采用艏艉楼船型，对比“济远”的8处缺点，怀特骄傲地称自己的这件得意之作有10处优点，并逐项细细阐述，这一方案实际上就是后来“致远”级军舰的设计基础。[③]经过一番了解对比，曾纪泽对新设计产生了浓厚的兴趣，认

① 《阿模士庄米纪勒公司厂水师匠槐特批评济远炮船说贴》，《清代外务部中英关系档案史料汇编—中英关系卷》第五册，北京：中华书局2006年版，第202—208页。

② 薛福成：《出使英法义比四国日记》，长沙：岳麓书社1985年版，第191—192页。

③ 《阿模士庄米纪勒公司厂水师匠槐特拟造新船说贴》，《清代外务部中英关系档案史料汇编—中英关系卷》第五册，北京：中华书局2006年版，第209—218页。

“致远”级巡洋舰原厂模型

为确实比“济远”级优良得多，遂拟稿申请购买，与“埃斯美拉达”擦肩而过多年之后，中国终于迎来了一级英式穹甲巡洋舰。

“英厂杰构”

关于“致远”级军舰的舰体构造、各项参数、武备系统等技术情况，现代中外虽多有书籍论著提及，但很多矛盾差失之处，以致这级在中国海军历史上占据重要地位的军舰，她的真实面貌在迷雾后隐藏了太久的时间。非常幸运的是，除了怀特提交的方案外，一个多世纪前一位中国人在私人日记中的记载，也一起为百年后解开“致远”之谜提供了可贵的钥匙。

1890 年 8 月 29 日，李鸿章的得力幕僚、曾撰文尖刻批评赫德的江苏无锡人薛福成，此时正继刘瑞芬之后正出任驻英公使。英伦岛国 8 月的暑气里，薛福成在日记中写下了一篇对于中国舰船史研究意义重大的文字：“十五日记，查旧卷，光绪十一年六月电传谕旨，著照‘济远’穹甲船式，在英德两国制造钢面快船各两只……”此后连续 5 天的日记，薛福成详细记述了有关“致远”级的大量技术资料。[①]

① 薛福成：《出使英法义比四国日记》，长沙：岳麓书社 1985 年版，第 190—196 页。

这级由怀特设计，被誉为“英厂杰构”的新式穹甲巡洋舰，排水量2300吨，柱间长（指艏艉立柱间的长度）250英尺（76.2米），全长267英尺（81.38米）。从俯视看，军舰舰艏尖削，向后线型逐渐舒缓，舰艉呈椭圆形，造型十分秀美。“致远”级军舰甲板最宽处达38英尺（11.58米），吃水最深处21英尺（6.4米），舰艏吃水14英尺（4.26米），舰艉吃水比舰艏略深，为16英尺（4.87米）。军舰采用艏艉楼船型，外观修长优美，主甲板距离水面6.3英尺（1.92米），艏艉楼甲板距离水面19英尺（5.79米）。作为北洋舰队中航速最快的大型军舰，“致远”级军舰的动力系统由4台圆式燃煤锅炉和2座卧式三胀往复蒸汽机组成，双轴推进，功率5500马力，航速18节。[①]和当时很多扬名世界的英国高速军舰相同，为获得更高的航速，怀特在“致远”级军舰上引入了先进的强压通风设计。

进入19世纪后，舰船上开始大量使用蒸汽动力。早期为了获取高航速，必须让炉火熊熊的锅炉内，燃烧变得更为充分，以产生更大的蒸汽压力、更大的输出功率，主要采用的是向炉膛内机械鼓风的办法，中国称之为吹风法。不过英国人并不满足于这种近乎原始的做法，不久便出现了一种行之更为有效的手段，即通过采用一系列特殊设计，让军舰的锅炉舱和相邻的煤舱能够根据需要而处于高压状态，从而提高锅炉的供气压力，使炉膛里的煤炭剧烈燃烧。此时锅炉水管中的水能在接触管壁的极短时间里迅速汽化并处于过热状态，压力将会比正常情况下高出很多，具有更大的膨胀势能，能极大提高主机的输出功率，这就是强压通风法。[②]

采用这种技术后，军舰可以获得比最大航速更高的极限航速，“致远”级军舰后来进行航试时，小试牛刀，即获得了6892匹马力的骄人成绩，而根据设计，“致远”级军舰采用强压通风后，功率最高将能达到7500匹马力。由于锅炉在强压通风状态下工作，老化会比正常工作状态下快，炉膛容易受到侵蚀，蒸汽管路长期处于高压状态的连接处也比较容易发生泄漏，因此由强压通风带来极限航速作为一种非寻常的特殊手段，在军舰的车钟表盘上往往并找不到这个刻度，一般都是由舰长以直接口令的形式，临时下达极限航速命令。

---

① *Conway's All The World's Fighting Ships 1860—1905*, Conway Maritime Press 1979, p396. Peter Brook: *Warships for Export-Armstrong Warships1867—1927*, 1999, p62.

② ［英］息尼德著，傅兰雅口译，华备钰笔述：《兵船汽机》，江南制造局1885年版，卷二，第五章。

船台上的“致远”舰

建造中的“致远”舰的姊妹舰“靖远”（右侧军舰）

汲取“济远”舰煤舱仄狭的教训，“致远”级军舰的煤舱设计得较大，正常情况下载煤 200 吨，煤舱最大容量为 520 吨，以 10 节航速巡航时，每天耗煤量 20 吨，自持力为 25 天左右，而当轮机处于强压通风状态下工作时，每天耗煤量则增大到 70 吨。

对比没有学到家的“济远”，“致远”是一级纯正的英式穹甲巡洋舰，防护设计上处处都体现出了英式思路。军舰采用双层底，两层船底之间被分隔为很多水密隔舱，“虽遇搁礁及水底攻击，不至沉下”，军舰中层水平方向由穹甲甲板防护全舰，穹甲中部隆起的部分高出水线，两侧则深入水线下 18 英寸（0. 45 米）。军舰中腰部位的穹甲甲板，因为下方保护着锅炉轮机等要害部门，厚度为 4 英寸（100 毫米），而延伸向艏艉的穹甲甲板，则出于减少重量考虑，厚度只有 2 英寸（50 毫米）。由于除了穹甲甲板外，再没有舷侧装甲，为了使军舰有较强的抗损性，舰上的水密设计十分严密，从前到后 10 道水密隔壁将水线以下的舰体分为 60 多个水密舱，而且各座锅炉、蒸汽机之间也设置有水密隔壁，进一步提高军舰的生存力。[①] 在舰体

① Richard N J Wright，*The Chinese Steam Navy*，Chatham Publishing London 2000，p73—74.

中央部位，顶层的主甲板至穹甲甲板之间，两舷布置的水密隔舱同时也是煤舱，战时里面堆满的燃煤，可以起到一定的抵御弹片的作用，当时英国人认为，一定厚度的煤层可以抵御炮弹破片，起到防护作用。

“致远”级军舰外观上的重要特征，除了优美的艏艉楼船型外，最突出的就是双桅、单烟囱，两根钢质的桅杆上各设有一个战斗桅盘。前桅之前，在艏楼甲板上设有一座装甲司令塔，塔壁厚度 3 英寸（76 毫米），司令塔内装备了液压舵轮、传话筒等操舰、指挥设备，司令塔上方是露天的罗经舰桥，即飞桥，安装有罗经、车钟等设备，飞桥两翼装有左红右绿的航行灯，这里是“致远”级军舰日常的指挥场所。此外，在艉楼甲板上还有 1 个圆台形的备用指挥台，装有 1 座标准罗经，与之配套，在下方的主甲板上设有双联人力舵轮，具体安装位置在艉楼前方的两座厕所之间。有一张著名的“致远”舰军官合影照片，就是在这个位置拍摄。

“致远”级军舰上还配备了发电机，舰内的照明由 150 盏电灯提供，这些电灯

“致远”舰部分军官在艉楼附近的合影，照片中双手合握站立者是管带邓世昌，他身旁的外国人是总教习琅威理。

遍布从舱面的主炮塔到装甲甲板下的轮机舱的各个舱室。另外，舰上还设有两盏照度达25000枝烛光的探照灯，用于夜间的海面照射、搜索。这两座探照灯一度曾被安装在桅盘里，由于如此一来桅盘内显得过于拥挤，后来便把探照灯挪至军舰前部飞桥的两翼。

不同于英式风格浓郁的舰体，“致远”级军舰的武备系统显出大量异国情调，掺杂了很多特殊的设计。订造新式巡洋舰伊始，李鸿章就反复强调，军舰可以分别在英、德两国建造，但是武器尤其是主炮的型号必须归于统一，必须使用德国克虏伯公司生产的火炮。抛开李鸿章对德式武器的过分热心痴迷不论，这种做法对于弹药、零件供应的标准化的确是大有好处的。甲午战前北洋舰队混乱的供应里，很重要一个原因就是因为火炮的型号、口径五花八门，给零件和弹药供应带来很大困难。

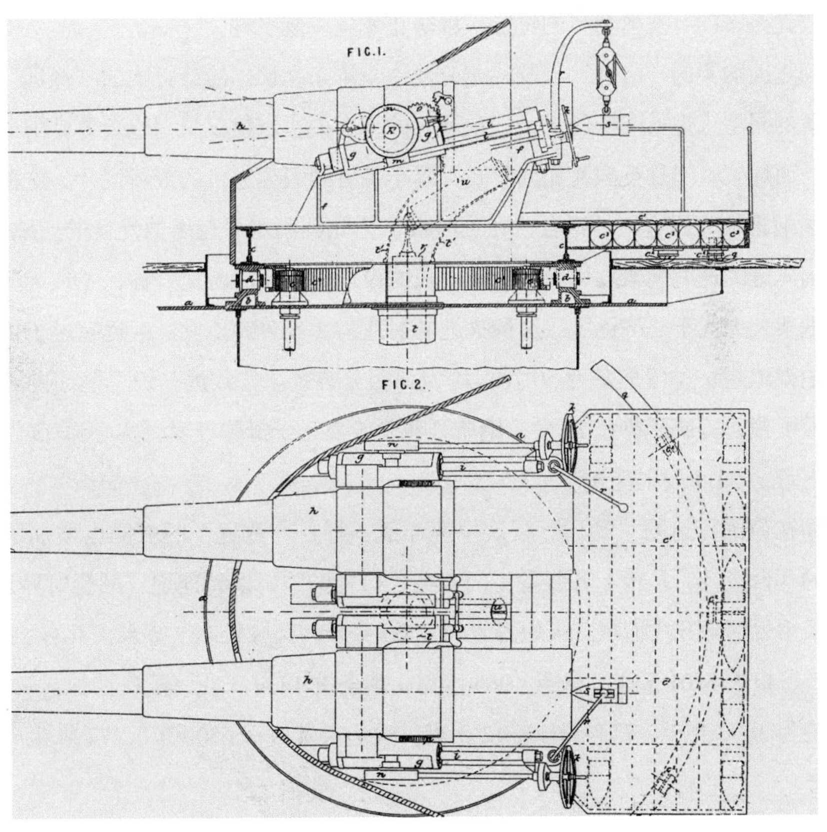

“致远”舰装备的210毫米口径双联主炮炮架示意图，这种结构特殊的火炮采用了英制瓦瓦苏尔炮架，因而射速大大超过普通的克虏伯架退炮。

依据李鸿章的指示，“致远”级军舰的主炮和在德国订造的“经远”级装甲巡洋舰一样，采用了北洋海军大量装备的德国克虏伯1880式210毫米口径35倍径后膛钢箍套炮，每艘舰装备3门，分首尾布置。艏楼顶部甲板上装备双联炮1座，2门火炮装在1个炮盘上，配备2英寸厚的后部敞开式炮罩，火炮转动以及弹药提升，都由水压动力系统完成。另1门安装在艉楼顶部甲板上，由于艉楼内有军官生活区，无法在里面布置复杂的机械装置，因此这门炮的转动和弹药补给则完全依靠人力。为了减省弹药补给花费的时间，提高战时火炮射速，“致远”级军舰的210毫米口径火炮炮架底板上还增加了特殊的设计，本来是提供给炮手站立的地板下增加了隔层（舰艏主炮炮架的隔层中分出42个小格子，舰艉为21个），打开底板可以看到一格格用来存放弹头的格子，战时可以预先从弹药库提升一批炮弹储存在这个位置使用，的确较为方便。同时照顾到安全问题，近在火炮身后的这个临时储弹隔层里只存放弹头，没有发射药包的位置，以防止发生殉爆事件。

与之前购买的“济远”以及驻德公使许景澄正在德国洽谈订购的“经远”级军舰装备的同型火炮不一样的是，“致远”的克虏伯主炮仅仅只是炮管为克虏伯公司制造，而炮架其实是英国瓦瓦苏尔式，属于带有制退复进机的最新设计。这种奇特的德国炮管加英国炮架的组合，在当时被认为充分利用了克虏伯优良的后膛炮管，与英国先进的速射炮架，属于集二者之长的设计，怀特骄傲地宣称，“致远”级的主炮炮架大大优于“济远”。这种火炮的射速为2.5分钟1发，远远超过了传统的克虏伯架退炮，每门炮备弹50发，均为弹药分装式。“致远”级军舰回国时每门炮携带了普通铸铁开花弹15发，钢质开花弹5发，子母弹5发，实心弹25发，配套还附带了50个发射药包。[①]

和在德国订造的“经远”级装甲巡洋舰一样，“致远”的舷侧也增加了突出舰体的耳台设计，耳台上各装备1门6英寸口径的阿姆斯特朗炮，舷侧射界60°，同样采用后部敞开式炮罩。火炮身管长4200毫米，药膛长767毫米，共有28根来复线，每根长3201毫米，炮重4065千克，炮架重1434千克，配备铁弹、开花弹，弹重均为36.3千克，药包重15.42千克，火炮有效射程6500米，274米距离上测

① 薛福成：《出使英法义比四国日记》，长沙：岳麓书社1985年版，第194—195页。

阿姆斯特朗 6 寸 MKIII 后膛炮实物

得穿甲能力 234 毫米。[①] 如果严格按照李鸿章的指示，这 2 门副炮也应采用德制克虏伯，但考虑到耳台上空间有限，而克虏伯火炮因为采用的是横楔式炮闩，炮尾的长度大大超过采用断隔螺纹炮闩的阿姆斯特朗火炮，因而改用占空间较少的英式火炮。非常有趣的是，因为耳台甲板距离水面只有 10 英尺左右，高速航行时海水很容易溅入炮台，耳台正面因此被加装了一块“凹”形的炮口挡板，平时折倒，航行时则可以竖起，刚好能遮住炮罩上的炮门。

“致远”级军舰这 5 门大口径火炮可以用特殊的电发装置实现齐射，司令塔内的军官只需按一下按钮，就能出现“万炮齐发”的壮观场面。[②] 除去火炮本身结构的特殊外，5 门火炮的布置方法也非常特殊，当时英国在造出“埃斯美拉达”等一系列新式巡洋舰后，逐渐领悟到军舰舷侧火力的价值，对于原有的船头对敌战术进行了探索性的修正，这一修正首先是从深得船旁列炮传统的巡洋舰开始，很快也波及了铁甲舰，英式铁甲舰在继续拥有船头大炮的同时，舷侧开始装备大量中小口径

① 许景澄：《外国师船图表》，柏林使署光绪十二年石印版，卷十一，第 1—2 页。
② 余思诒：《航海琐记》，缩微中心 2000 年版，第 271 页。

在英国航试时拍摄到的一张“致远”照片，舰艏犁开的浪花显示这艘军舰具有傲人的航速。照片中可以清楚的看到装在军舰艏艉的37毫米口径艇用机关炮，以及炮口转向舷侧的210前主炮。

火炮，古老的纵队战术又回归了。

不同于德国设计的一心一意使用横阵战术的“经远”级军舰，怀特在“致远”上还导入了纵队作战思想，艏艉的210毫米口径炮都可以同时转向侧舷，即在舷侧对敌时可以同时获得3门大口径火炮的威力。但似乎是被新出现的纵队战术冲昏了头，英国人在“致远”上加了一条画蛇添足的设计，竟然在“致远”级军舰的艏艉各装备了1门37毫米口径艇用机关炮，似乎是要用这2门挡在主炮之前的小炮告诉中国人，横队战术已经开始受到挑战了，主炮应该用于向舷侧射击。然而中方并没有特别在意这一变化，认为机关炮挡在大炮前方非常不便，与英方交涉拆除了事。

5门大中口径火炮之外，“致远”级军舰还配备了多达20余门小口径机关炮。

首先是8门57毫米口径哈乞开司单管机关炮，其中的4门安装在艏艉楼的炮

高速航试中的“致远”舰

房内，在“致远”级军舰的侧面可以清楚看到这几处炮房的炮门，其余的4门则安装在舰体中部两舷的舷墙上。这种火炮炮管长2515毫米，炮管重440千克，炮架重100千克，初速600米/秒，射程4000米，在274米距离上可以击穿120毫米厚的钢板。[①]

其次是2门47毫米口径哈乞开斯单管机关炮，安装在艏楼顶部甲板末端，护卫在装甲司令塔两侧的舷边。

另外，装备了8门37毫米口径单管哈乞开司艇用机关炮，2门安装在前桅上的桅盘里，4门分别安装在靠近艏、艉楼的两舷舷墙上，另有2门装在艉楼顶部甲板上，这其中就包括了原先安装在军舰艏艉的2门。和普通的哈乞开司炮不同的是，这种轻型火炮身管较短，只有20倍径，后坐力小，没有配备复进机，适合安装在鱼雷艇、舢板以及舰船的桅盘等处使用。

“致远”上还有一种特殊武器——格林炮，是现代加特林机关炮的始祖，最早由美国人理查德加特林（Richard Jordan Gatling1818—1903）在1862年发明，用手把摇动枪管围绕轴心转动的转管武器，火力异常猛烈。“致远”级军舰最少装备了

① 许景澄：《外国师船图表》，柏林使署光绪十二年石印版，卷十一，第13页。

哈乞开司 37 毫米口径艇用机关炮。与一般的哈乞开司单管机关炮显著的区别是，火炮身管短，仅有 20 倍径，炮管两侧也没有复进机。这种火炮后坐力小，因而可以安装到桅盘内使用。

4 门格林 10 管连珠炮，2 门安装在后桅的桅盘内，另外 2 门安装在艉楼附近的两舷。

“致远”级军舰上编制有海军陆战队，但并没有装备专门的舢板炮。而是在订造哈乞开司速射炮和格林连珠炮时，增订了陆军用的炮车，必要时可以把这些火炮拆卸上岸使用。[①]

根据一些国外论著记载，“致远”级军舰装备了 18 英寸直径白头鱼雷，但从原始资料看，可能同样出于标准化考虑，出现在这级英式穹甲巡洋舰上的实际是 14 英寸直径的德制刷次考甫黑头鱼雷。全舰共有 4 具鱼雷发射管，分别设置在舰艏舰艉和两舷，配备黑头磷铜鱼雷 12 枚。

① 薛福成：《出使英法义比四国日记》，长沙：岳麓书社 1985 年版，第 195 页。

除了火炮武备外，每艘“致远”级军舰还附带了40枝马提尼亨利步枪，和15支当时被称为“梅花手枪”的转轮手枪。[①]

综合来看，“致远”级军舰尽管吨位不大，但无论是船型、动力、防护、武备等方面，都有可以称道之处，在当时世界属于非常先进的一型穹甲巡洋舰。原本怀特还有计划再增设2座耳台和相应的副炮，可惜由于中国方面在吨位、经费等问题上多有限制，而最后被迫放弃。但英式巡洋舰的这种设计思路却传承了下去，1892年英国为日本建造“吉野”号穹甲巡洋舰时，这艘“致远”的直系子孙竟然采用了多达10座的耳台，怀特在“致远”上未能彻底施展的思想，在“吉野”上得到了淋漓尽致的体现。可是谁又能想到，这两级渊源极深的战舰，数年之后会在血与火的战场相见，上演一幕惨烈的生死决斗呢。

“穹甲”与“装甲”之辩

曾纪泽很快与阿姆斯特朗公司商定了合同，共订造2艘新式穹甲巡洋舰，总价364110英镑（包含部分火炮及鱼雷、探照灯的费用在内），第一笔造价9万5千英镑随后从国内通过汇丰银行汇出。[②]应曾纪泽要求，船政也派出了原在德国参加监造“定远”“济远”等军舰的匠首黄戴和艺圃学生张启正等前往英国监造。[③]

此次订舰活动，原本按照北洋大臣李鸿章的指示，应该是直接订造“济远”型德式龟甲军舰，而曾纪泽通过与英国舰船设计师的交流，指出“济远”存在诸多设计弊端，改订新颖的英式穹甲巡洋舰。与此同时，同样负责在德国订造“济远”式军舰的驻德公使许景澄则提出不同意见，许景澄认为穹甲不如水线带装甲的防护力强，建议改订德式装甲巡洋舰。

深得父亲曾国藩的真传，曾纪泽办事处世非常小心谨慎，为防止重蹈李凤苞的复辙，预先电报总理衙门，详细说明了穹甲巡洋舰没有用水线带装甲的原因：“快船加厚甲则钝，薄甲反不如无甲，缘炮子遇无甲处穿圆孔而出，其孔易堵。遇薄甲

① 薛福成：《出使英法义比四国日记》，长沙：岳麓书社1985年版，第195页。

② 《寄伦敦曾侯》，《李鸿章全集》21，合肥：安徽教育出版社2008年版，第595页。

③ 《寄伦敦曾侯》，《李鸿章全集》21，合肥：安徽教育出版社2008年版，第588页。

曾纪泽，湖南湘乡人，洋务运动领导人物曾国藩的长子。眼界开阔，能读英文书籍，出任驻英公使期间主持订购了“致远”级军舰，后曾出任帮办海军事务大臣。

则并甲送入，孔大伤多也。恐将来有不明此理者，讥此二船无甲，故先电闻”，[①] 颇有一番恐后无凭立此为据的意思。

对穹甲、竖甲一头雾水的总理衙门实在看不出什么名堂，便直接把选型的任务交给李鸿章，要李鸿章去“详细酌议”。此时李鸿章受德国人以及许景澄的影响，对德式的装甲巡洋舰产生了浓厚的兴趣，直接向曾纪泽发去电报，竟然要求给“致远”级穹甲巡洋舰加上 8 ~ 10 英寸厚的水线带装甲。

此后，曾纪泽开始了和李鸿章的费力辩争，“钢面快船泽订全穹甲，以滑力拒炮子，较升出中腰穹甲傅甲于外者，坚稳相等，不改为妙”。[②] 反复向李鸿章解释穹甲军舰的设计原理，那段时间里曾纪泽发给李鸿章的一系列电报，简直可以用作穹甲巡洋舰设计的启蒙读物。早在订造“济远”时就已接触过穹甲的李鸿章，对这种设计不可谓不熟悉，此时和曾纪泽大装糊涂，自然有其原因，对赫德的满腹怨气，使得北洋大臣还是不想采用英国设计的军舰，而一心只要英国仿造德国的设计了事。

经过旷日持久的辩争，结果谁也不能说服对方。有英国设计师在幕后指点的曾纪泽，在军舰设计问题上讲得头头是道，异常雄辩。被长时间的辩论耗尽精力，最后李鸿章只能同意在德国英国分别订造装甲、穹甲巡洋舰。1885 年 11 月 4 日，清廷下旨正式确定订造 2 艘“致远”级穹甲巡洋舰，谕令中严词提醒曾纪泽“以期适用，毋得虚靡帑银，致干咎戾”，结尾处则对这位中兴功臣的后代用了两个意味深长的字：

---

① 《曾侯致译署》，《李鸿章全集》21，合肥：安徽教育出版社 2008 年版，第 598 页。

② 《曾侯来电》，《李鸿章全集》21，合肥：安徽教育出版社 2008 年版，第 599 页。

“慎之”。[1]

而在此之前，2 艘“致远”级军舰实际上已经分别于 1885 年 10 月 20 和 29 日开工建造，船体号 493、494，[2] 后来被李鸿章分别命名为“致远”和“靖远”，[3] 英文译称 *Chih Yuen*、*Ching Yuen*。阔别多年之后，阿姆斯特朗公司的船台上再次出现了为中国建造的军舰。与当年订造“超勇”级军舰时不同，这次中国军舰完全是在阿姆斯特朗公司自己所属的造船厂——埃尔斯威克船厂（Elswick）开工建造的。

接舰回国

“致远”“靖远”的建造一帆风顺，分别于1886年9月29日和12月14日顺利下水。阔别多年后，风光旖旎的泰恩河再度迎来了中国海军，河畔的纽卡斯尔风采依然，很多居民都还记得多年前 2 艘中国撞击巡洋舰的往事。经李鸿章奏请，中国向欧洲派出了规模空前的接舰部队，人数多达 400 余人，乘坐招商局的“图南”号轮船远涉重洋，分赴英、德两国接收新购的军舰。负责到英国接舰的官兵由军官邓世昌、叶祖珪统领，分别接收“致远”“靖远”2 艘新式穹甲巡洋舰。

引人注目的是，这次中国接舰部队的总统帅，是一位蓝眼睛、高鼻梁的西方人。琅威理（Lang William M），1843 年 1 月 19 日出生于英国，14 岁考入皇家海军学校，16 岁开始进入皇家海军服役，行事作风严谨，是一名标准的职业海军军人。20 岁时，琅威理第一次踏上了中国的土地，当时身为阿思本舰队的军官，并未给中国人留下太多印象。1877 年，琅威理负责护送驾驶仅有几百吨的蚊子船到中国，因为出色娴熟的技术和认真的职业精神，获得中国驻英公使郭嵩焘等的好评。1882 年开始被李鸿章聘为北洋水师总教习（总查），负责舰队的教育、训练等事务，当时的目标是将北洋舰队的训练提升到国际水平。这位严厉的英国军官在任职期间，以身作则，治军极为严格，经常不分昼夜进行各种训练，以至北洋舰队中一度流传着“不怕丁军门，就怕琅副将”的说法。

---

① 《寄伦敦曾侯》，《李鸿章全集》21，合肥：安徽教育出版社 2008 年版，第 605 页。

② Peter Brook：*Warships for Export-Armstrong Warships1867—1927*，1999，p62.

③ 《寄刘使》，《李鸿章全集》22，合肥：安徽教育出版社 2008 年版，第 100 页。

“致远”舰下水仪式

出席“靖远”舰下水仪式的中外官员在“靖远”舰冲角前方礼台上的合影。

在琅威理的严格要求和一手管理下，中国海军的训练水平到达了颠峰，令各国刮目相看。然而琅威理来华前在英国海军只担任过巡洋舰舰长级的军官，其知识储备尚不足以指导北洋海军进行战术层面的研讨和创新，一些曾经在英国海军铁甲舰上留学代职的中国军官对其并不以为然，而且琅威理在舰队中“指手画脚”的方式，也让很多军官暗自不满。1886年北洋舰队在日本长崎遭遇留学事件，处理过程中，琅威理并不偏向中方，令北洋水师统领丁汝昌感到震怒，对其产生愤恨、提防之心，矛盾日益积累。最终，在北洋海军成军后的1890年冬季，北洋舰队巡泊香港，提督丁汝昌因事暂时率部分军舰离开舰队巡防南海，此后作为留港舰队最高指挥官的总兵林泰曾按照海军条规，将原本升挂在“镇远”的提督旗降下，升起代表此时舰队最高指挥官级别的总兵旗。对此，琅威理极为震怒，认为自己也是提督，是舰队最高级别官员，旗舰应该挂提督旗，因此与林泰曾、刘步蟾发生不快，乃至愤怒提出辞职，中方则顺水推舟批准了其辞职。

埃尔斯维克船厂码头边停泊着的各国军舰，停泊在最内侧的是正在舾装的“致远”舰，此时桅杆的上桅尚未安装。

停泊在朴茨茅斯军港的“靖远”舰，后桅杆上高高飘扬的五色提督旗是辨认这艘军舰身份的最好特征。

琅威理的离职，给后来的北洋海军建设产生了负面影响。英国政府实际把琅威理看作控制、影响中国海军的代言人，赫德就曾经露骨的指出“……保持海军掌握在英国人手中……中国需要琅威理，多么好的开端！机不可失……”琅威理辞职后，中英海军合作渐形冷淡。

但接舰之时尚是1887年，正值中英两国海军的蜜月时代，英国朝野看到一位英国籍的中国海军提督，自然一片欢天喜地。琅威理到达欧洲后，先是仔细检查了4艘新造的巡洋舰，并立刻安排中国水兵的培训事宜。1887年7月4日，“致远”“靖远”开始航试，根据时任中国驻英公使刘瑞芬的要求，应该海军部派出轮机军官白德辣（R. J. Butler）、阿达姆（J. H. Adams）配合中方进行检验。[①]7月9日、23日，“靖远”“致

① 《晚清驻英使馆照会档案》二，上海：上海古籍出版社2020年版，第450页。

在朴茨茅斯港停泊期间的另外一张“靖远”舰照片

远”相继完工，顺利通过航试，各项指标均达到了设计要求。[①] 很快，中国官兵便接收了 2 艘军舰，琅威理将“靖远”定为编队旗舰，在桅杆上升起了象征他职衔的五色提督旗。

8 月 20 日，纽卡斯尔的居民再度欢送远道而来的中国海军，“靖远”“致远”2 舰在夹岸英国百姓的欢呼声中，缓缓驶离码头，军舰艏艉金灿灿的龙纹，在阳光照耀下分外夺目。22 日下午 5 时，“靖远”“致远”，连同在英国亚罗（Yarrow）船厂建造的“左队一号”大型鱼雷艇一起抵达朴茨茅斯军港，随后不久 2 艘在德国建造完工的“经远”级装甲巡洋舰也赶来会合。

根据琅威理的计划，“致远”级和“经远”级军舰组成的编队原准备 9 月 8 日启程回国，但当天清早在起锚过程中，“致远”舰的锚链突然断裂，舰艏 1 只大锚

① Peter Brook：*Warships for Export—Armstrong Warships1867—1927*，1999，p62.

停泊在朴茨茅斯的“致远”舰

丢失在海中，航行计划被迫推延。根据“致远”舰下锚时测定的经纬度，英国潜水员很快在海底寻获了大锚，一时中国海军的技术素质在英国传为佳话。

1887年9月12日，气温华氏58度，凌晨3时，整装完毕的中国舰队开始升火，从早上就刮起来的西北风到中午的时候稍稍停歇，旗舰“靖远”挂出旗号命令全舰队下午1点起锚，下午2点，港内的英国舰队鸣响礼炮，4艘中国新式巡洋舰和1艘鱼雷艇以纵队队形驶出朴茨茅斯港，踏上回国的航程。[①]

经李鸿章及中国驻英公使刘瑞芬的安排，中国使馆官员余思诒随舰队一起回国，负责航行沿途的照料等事，以示慎重。这位江苏武进籍的官员，在这次漫漫五万里长途中记录下了宝贵的日记，保留了一份百年前中国海军舰队生活的实况记载。

整个航程中，总查琅威理时刻不忘舰队训练，甚至“尝在厕中犹命打旗传令”。[②]“终日变阵必数次，或直距数十百码，或横距数十百码，或斜距数十百码，时或操火险，时或操水险，时或作备攻状，或作攻敌计。皆悬旗传令，莫不踊跃奋发，毫无错杂张皇景状，不特各船将士如臂使指，抑且同阵各船亦如心使臂焉。”[③]

① 余思诒：《航海琐记》，缩微中心2000年版，第272—277页。

② 余思诒：《航海琐记》，缩微中心2000年版，第325页。

③ 余思诒：《航海琐记》，缩微中心2000年版，第282页。

“致远”舰水兵的合影，他们中的大多数都在黄海大战中，跟随自已的舰长邓世昌为国捐躯。北洋舰队中的水兵，大都来自山东荣成、文登、蓬莱一带，这些海边长大的年轻人，入伍时仅需身家清白，认识自已的名字。但进入海军后经过一年左右的强化训练，都将成为精通船艺、天文算术，能熟练操作船上的各种设备、武器，而且还能运用英文口令的合格水兵。

以舰队进入大海后不久的 9 月 13 日这天为例，上午各舰开始例行的操练，中午练习站炮位，午后琅威理从“靖远”发旗号命令舰队改单雁行阵，随即传令各舰打慢车航行，即刻又命令开快车，随后传令舰队改列为波纹阵，同时用旗语要求各舰报告每小时燃煤的消耗量，之后又不断询问轮机存汽多少，至下午 5 时晚餐时间快到之前，琅威理又传令各舰进行战备演习，提升搬运炮弹。训练过程中，哪艘军舰队型不齐，或者反应稍微迟缓，琅威理必定用旗语严厉批评。[①] 由此一斑，可以看出舰队回国过程中训练的强度，以及这位琅副将尽职尽责的认真程度。

控扼地中海、大西洋咽喉的直布罗陀军港里，一群衣衫褴褛、身无分文滞留

① 余思诒：《航海琐记》，缩微中心 2000 年版，第 277 页。

邓世昌（1849—1894），字正卿，广东番禺（今广州市海珠区）人。船政后学堂第一届外堂生毕业，调入北洋舰队，曾两度前往英国接收新购的军舰。后长时间担任“致远”舰管带，黄海大战中毅然指挥“致远”冲击日舰，不幸功亏一篑，壮烈牺牲。

他乡的华工终日在港边观望，期盼能遇到自己国家的船只，搭乘回万里之外的家乡。每日里望眼欲穿，已对前途不抱太大希望的他们，今天突然见到一队飘扬着龙旗的军舰在缓缓进港，面对袖口上绣有龙纹的祖国海军军官“哀泣求援手”。依据当时的海军制度，军舰不得私自搭载平民，更何况此次航行的统帅是管理严格的琅威理，正当各舰管带看着眼前这群在异乡处境悲惨的同胞，一筹莫展之际，“致远”舰管带邓世昌挺身而出，冒着受军纪处分的风险，接纳这些华工上“致远”舰，“允带八人回国，命下午来船帮同作工”。①

出生于广东番禺（今广州市海珠区）的邓世昌，字正卿，他的名字日后成为中国海军一个时代的精神象征，而也正是因为他，“致远”级军舰在中国海军史上留下了永不磨灭的印记，变成英雄的代名词。邓世昌早年入读香港中央书院，1867年船政后学堂从香港中央书院招募外堂生时入选，毕业后以五品军功留用于船政，但任船政水师“琛航”舰大副，时值日本借琉球事件入侵中国台湾，邓世昌在巡护澎湖、台湾防务过程中表现出色。此后，历任船政水师“海东云”“振威”“扬武”等舰管带，海上资历丰富。

李鸿章在北洋创办近代化海军，因为人才缺乏，大量从船政调用海军军官，“闻世昌熟悉管驾事宜，为水师中不易得之才”，将邓世昌调往北洋，管带新购的蚊子船“飞霆”号，旋又改任“镇南”号蚊子船管带。1880年夏，“镇南”号随同编队从大连湾航向海洋岛巡弋途中，意外发生了触礁事故，但由于邓世昌措置得当，“旋即出险”，舰体并未遭受大的损伤。事后，邓世昌被革去职务，随后不久，考虑到

① 余思诒：《航海琐记》，缩微中心2000年版，第284页。

引发这次触礁事故的原因较多，编队指挥英籍洋员葛雷森也有一定责任，又被重新起用。

在北洋舰队中，邓世昌治军严格，中法战争期间，邓世昌的父亲去世，他悲痛欲绝，但是考虑到国家海防大局紧张，而背负“不孝”之名，没有归乡尽孝，只是默默地在住舱里一遍遍手书“不孝”二字。这种不随波逐流，和诸将格格不入的做法，当时遭到很多人嗤笑和嫉恨，“不饮博（饮酒赌博），不观剧，非时未尝登岸。众以其立异，益嫉视之”。水兵也私下把这位治军严格的舰长称为半吊子，意思就是指为人处事上特例独行，不循大流，做事与常人不同，独树一帜。

正是因为工作中的兢兢业业，尽管性格刚烈不谙官场之道，邓世昌仍受到李鸿章、丁汝昌的看重。为锻炼造就人才起见，1880 年底，李鸿章就曾特别派遣没有留学经历的邓世昌赴英国接收当时最新锐的“扬威”军舰，时隔近 7 年，这次又再度派遣邓世昌赴国外接收新式军舰。

离开直布罗陀后，琅威理并未干预邓世昌接纳华工一事，这两位性格非常相像的将领，在治军严格之外，都有着爱兵如子，激扬风义的一面。舰队之后一路向东航行，在训练间隙，每隔一周左右，旗舰“靖远”上就会飘扬起旗号，命令全舰队晾晒衣物、吊床。1887 年 11 月 28 日，舰队到达香港，停泊在九龙外港，之前在印度洋中航行时，邓世昌一度高烧不退，但仍坚持亲自指挥驾舰，“邓参戎扶病监视行船，盖将至险处也”，虽然在海中多次遇到惊涛骇浪，最终安全地将军舰驾驶回国。[①]

按照李鸿章和醇亲王奕譞预定的计划，原本以加强台湾、澎湖防务而破题购买的 2 艘“致远”级穹甲巡洋舰，和另 2 艘在德国购买的装甲巡洋舰将统一并入北洋，以加快北洋海军的建军步伐。时值冬季，北方港口大都封冻，琅威理率领的这支新购军舰编队被命令前往厦门，与正在那里例行过冬的北洋舰队主力会合。听说即将要见到阔别已久的丁汝昌提督，官兵都异常高兴激动，“船中佥欣欣相告，云统领在厦门，吾辈不日将见吾统领矣”。[②] 足见为人仁厚的丁汝昌当时在海军中受拥戴的程度。

---

① 余思诒：《航海琐记》，缩微中心 2000 年版，第 330 页。

② 余思诒：《航海琐记》，缩微中心 2000 年版，第 360 页。

回国已经改为维多利亚涂装的“靖远”舰

1887年12月10日，天空分外晴朗，“致远”等5艘舰艇汽笛长鸣驶入台湾海峡，下午5时30分到达金门岛附近，岛上炮台鸣放礼炮致敬，此时各舰上的官兵已经依稀能够看见厦门岸边的壮观场景。以2艘“定远”级铁甲舰为首的北洋舰队主力各舰，以及船政水师的“琛航”号军舰，都以全舰饰的盛装在等待欢迎这些远道归来的游子，远远地，还能听见“定远”舰上正在演奏雄壮的军乐，2艘“致远”级穹甲巡洋舰在这里正式加入了北洋舰队。[①]

这批新生力量的加入，使得北洋海防实力大增，回国后的“致远”“靖远”由邓世昌、叶祖珪分任管带，1888年北洋海军正式建军，2舰的编制分别作为中军中营和中军右营，编制各为202人。2艘军舰之后与同道归国的德制装甲巡洋舰“经远”“来远”，经常出现于中国各海域，成为北洋海军中新一代的骨干力量。然而就在这此大规模购舰后不久，1891年户部以财政紧张为由，奏请2年内禁止海军购买外洋船炮，随即得到清廷批准，“致远”等新式巡洋舰的归来竟成了绝唱，中

① 余思诒：《航海琐记》，缩微中心2000年版，第364页。

“致远”舰艉部的照片，装饰在舰艉的龙纹异常醒目。

1891年访问日本时期的“致远”舰

国的海军建设陷入停顿倒退的深渊。

1894年春天，朝鲜爆发东学农民起义，日本对朝鲜半岛虎视眈眈，局势遗产诡谲复杂。5月17日至27日，李鸿章赴北洋沿线检阅海防，当时北洋舰队除了有效弹药匮乏、武器装备落后、煤炭供应质量低劣等问题之外，军舰的保养状况也存在严重问题，包括“致远”级在内的一些军舰水密门橡皮老化，然而因为北洋海防不能申请经费向国外购买军械物资而无从更换。对于这些问题，海军提督丁汝昌、总兵刘步蟾等曾多次上报呼吁，但最终结果都是石沉大海。

惟公不生，惟公不死

随着朝鲜局势的急转直下，中日两国最终发生冲突，1894年8月1日甲午战争正式爆发。9月17日，护送陆军往鸭绿江口大东沟登陆的北洋舰队主力，与日本联合舰队遭遇，打响了黄海大东沟海战。北洋舰队按照战前反复操练的战术动作，迅速从双纵队变阵为利于发挥舰艏方向重炮威力的横阵，而作为舰队中唯一的两艘根据纵队作战思想设计的军舰，“致远”舰被配置于阵形左翼，与“经远”舰编为一队，“靖远”舰则被布置在右翼，与“来远”编为小队。

开战伊始，北洋舰队曾一度占据上风，将日本舰队分割切断。但当时日本联合舰队参战军舰装备的100毫米口径以上火炮，数量在中国的一倍以上，而且火炮的射速大大高于中国，火炮使用的又都是填充苦味酸烈性炸药的炮弹，因而很快战场上即出现一边倒的不利局面，日本舰队成功压制住了北洋舰队的火力，中国各舰上都是弹如雨下，而日本军舰上却可以安然行走。

战至下午3时后，旗舰“定远”舰的舰艏被击穿，前部军医院内燃起了灾难性的大火，浓烟从弹孔内不断向外升腾，遮蔽了整个军舰前部，导致所有面向舰艏方向的火炮都无法瞄准射击，只能处于被动挨打的境地。就在这千钧一发之刻，“致远”舰从“定远”的身旁驶出，冲向敌阵，“阵云缭乱中，气象猛鸷，独冠全军”。之后“广甲”“经远”“来远”“靖远”等舰也相继驶出。

根据日本参战军舰记载，当“致远”冲出阵列时，已经呈现出舰体向右倾斜的严重伤情，其左侧的螺旋桨甚至已经有一半露出在海面之上。之后，“致远”舰开始了一段与命运搏击的航行，由于该舰发起冲击时已经受重伤，实际航速不可能过快，以至于并没有引起日本军舰特别的注意。有关当时“致远”舰冲出阵列的用意，

英国伦敦新闻画报刊登的铜版画，“致远”最后的冲锋。右侧那艘舰体严重倾斜的军舰就是“致远”，远处是日本联合舰队旗舰“松岛”。

伦敦新闻画报刊登的另外一幅表现“致远”最后时刻的铜版画，画面中部舰体倾斜着的“致远”正在向前方的日本军舰冲来，左、右两侧的日本军舰分别是“松岛”和“千代田”。

根据战场态势分析，最大的可能性是冲向日本联合舰队的主力分队——本队，本队包含了旗舰“松岛”在内的5艘军舰，火力之凶猛远远超过“吉野”等舰编成的第一游击队，“致远”冲击的危险和壮烈程度可想而知。

此后的场景，可能是今天每个中国人都熟知的，在中日参战各舰上一片惊讶的目光中，如同一位浑身是伤，但是仍不放弃冲锋的勇士，重伤侧倾、燃烧着大火的“致远”开始加速冲向“松岛”等日本本队军舰冲去，“鼓轮怒驶，且沿途鸣炮，不绝于耳，直冲日队而来”。

不幸的是，下午3时30分左右，命运的句点突然划出，在剧烈的爆炸声中，“致远”舰向右翻沉倾覆，没入大海。

围绕“致远”的战沉，后世的关注点主要聚焦于“致远”因何而沉，历来有被日本鱼雷击沉说、被日军炮火击中本舰鱼雷殉爆说等，但综合“致远”舰沉没时的细节进行分析，最有可能的情况是重伤进水过多而倾覆。“致远”舰在3时之前和日本第一游击队的交火中，右舷遭受重伤，水线处舰体破损，海水大量灌入舰内，引起向右倾斜。这种状况下，根据“致远”舰沉没前并没有被日本鱼雷或炮弹击中的情况分析，该舰最后出现的向右翻沉的现象，极有可能是舰体内部已经进水过多，排水、堵漏失效，伤情最终失去了控制而造成。至于沉没时发生的那场大爆炸，则存在有两种可能性，即爆炸引起了下沉和下沉引起了爆炸。前者，可能是当时“致远”舰内进水过多，最终冰冷的海水灌入了火热的锅炉舱，造成锅炉大爆炸，以至于军舰沉没。后者，则是因为舰内进水过多，军舰最终翻沉，在翻沉的过程中锅炉接触海水而发生爆炸。

“致远”沉没后，管带邓世昌落入水中，仆从刘相忠游近后递来的救生圈，被邓世昌用力推开，“左一”号鱼雷艇赶来相救，这位刚烈的舰长“亦不应”“以阖船俱没，义不独生，仍复奋掷自沉”，但是，就当邓世昌即将随波沉没时，他的辫子却突然被什么东西拉住了。竟然是他平日豢养的太阳犬，“衔其臂不令溺，公斥之去，复衔其发”，这只通人性的动物不忍心让主人下沉。满眼热泪的邓世昌毅然抱住爱犬，追随自己的爱舰一起沉入大海，为的是一个中国海军军人的尊严，这天正好是邓世昌45岁的生日……“致远”号沉没时，这艘巡洋舰上一共载有252名官兵，除了7个人外，包括洋员余锡尔（Purvis）在内的官兵都长眠海底……

“致远”舰沉没后，在退潮时，桅杆还一度能露出水面。后来高高的上桅以及桅盘内的武器都被日本海军拆卸一光。

邓世昌牺牲的消息很快流传开来，这位孤独将领的壮烈事迹感动了整个国家。时人撰联“此日漫挥天下泪，有公足壮海军威”，邓世昌化作了中国海军不朽的海魂。

最后的旗舰

与“致远”舰同在战场的姊妹舰“靖远”，在管带叶祖珪指挥下也在艰苦作战，与同队的德制装甲巡洋舰“来远”一起抗击着日舰，“水线为弹所伤，进水甚多”。“致远”沉没后不久，同样已经重伤的“靖远”与“来远”脱离战场，驶至大鹿岛附近，背倚浅水灭火自救。下午5时之后，2舰草草修理后重新返回战场，在大副刘冠雄建议下，叶祖珪下令在“靖远”的桅杆上升起指挥旗，这艘曾经在从英国回国途中一度担任过编队旗舰的军舰，开始接替失去信号装置的“定远”指挥舰队，整队再战。日本联合舰队因为天色已晚，一方面担心遭到中国鱼雷艇的夜间偷袭，于是转向西南方首先撤出战场。在这次空前的大海战中，尽管中国舰队里不乏像邓世昌这样英勇的将士，但落后老化的军舰，以及暴露出来的后勤、保养方面的问题，使得海战最终以失败而落幕。

叶祖珪，字桐侯，福建福州人。船政后学堂第一届毕业生，曾留学英国。甲午战争后担负起了重建海军的重任，担任北洋水师统领。

丧失姊妹舰的“靖远”之后参加了刘公岛保卫战，当时2艘“定远”级铁甲舰先后受创，失去战斗力，丁汝昌改在“靖远”上挂起提督旗，率领残存的各舰作战。

1895年2月9日，在北洋海军日岛炮台被迫弃守，威海南口失去重要防御支撑点后，日军大小舰艇40余艘，全部驶近威海湾南口海面列队强攻。丁汝昌亲登“靖远”舰，驶近南口日岛附近与敌拼战。上午9时18分，“靖远”舰被

“靖远”舰中弹后，尚未完全下沉时的情景，拍摄当天因为大雾，照片上显得较为模糊。

自爆后，舰体几乎完全没入大海的“靖远”舰。

日军占领的南帮鹿角嘴炮台火炮连续击中要害，2 颗 240 毫米直径炮弹从高处落下，击穿“靖远”的露天甲板，穿越舰内后，在舰艏附近水线下舷侧造成两个破口，军舰严重进水，“弁勇中弹者血肉横飞入海”。

叶祖珪和丁汝昌“意与船俱沉，乃被在船水手拥上小轮船”。军舰中弹后，由于水兵及时关闭了水密门，“靖远”舰内仍有一定浮力，呈现舰艏埋入海中，舰艉翘出水面，舰体右倾的姿态。为免资敌，2 月 10 日由“广丙”舰将半沉的“靖远”彻底击沉，北洋海军也于不久后全军覆没。

多年以后，清政府决定重建海军，原来的“靖远”舰管带叶祖珪受命担负起新北洋水师的统领重担，在他的参与下，中国海军又迎来了一级阿姆斯特朗的穹甲巡洋舰——近代中国海军中吨位仅次于“定远”级的“海天”级巡洋舰。1905 年夏，叶祖珪在巡视沿海炮台及水雷营时，劳累过度又染伤寒，不幸在上海病逝，时年仅 53 岁，“将吏皆哭失声，有越千里来送葬者”。鲜为人知的是，这位福建福州籍，和邓世昌曾有同学之谊的将领直到生命的最后一刻，都一直保留着一个习惯——随身带着一把银质的小勺，勺柄的末端铭刻着一个圆形的徽章，上面用英文写着一艘

保存在中国革命军事博物馆的“靖远”舰遗物：银质咖啡壶，以及餐盘餐具。那柄小小的银匙，就是叶祖珪生前始终随身携带的特殊物品。

人民解放军海军“世昌”号训练舰。惟公不生，惟公不死，英雄虽已化作黄海的波涛，但其精神却将永远激荡在波涛之上。

中国穹甲巡洋舰的名字——The Imperial Chinese Navy Ching Yuan（中华帝国海军“靖远”）。

这把小勺现在静静地摆放在中国人民革命军事博物馆的展柜内，一批批匆匆经过的游客，有几人能想到这件看似不起眼的物品，竟见证了两艘中国穹甲巡洋舰，以及那些可爱可敬的中国海军官兵的不朽历史呢。

叶祖珪的声音似乎还在回响：“看到这茶匙，好像‘靖远’还在我身边……”

1996年12月28日，上海黄浦江畔，毗邻江南造船厂的一处船厂码头笼罩在神圣庄严的气氛中，一艘人民海军的特殊军舰在这里举行命名仪式。军乐与白鸽的簇拥下，鲜艳的八一军旗缓缓升上了军舰的旗杆。“……作为海军‘世昌’舰的舰员，我们感到十分荣幸和自豪，……我们将时刻铭记祖国和人民的期望、各级首长的重托，继承发扬邓世昌那种精忠报国、英勇顽强的崇高精神……”

铁血骁骑

——“经远”级装甲巡洋舰

1884 年农历甲申，8 月 23 日这天闷热的午后，福州城郊外的马江江面上炮声隆隆，烟雾冲天，法国舰队正向株守马江的船政水师痛施毒手。毫无准备的中国军舰上一片混乱，升火、砍断锚链、调转船头、提升炮弹、打开炮门……然而一切为时已晚，历史有时就是这般残酷，弱肉强食是这一刻的最好诠释。随着时间推移，一艘艘中国军舰起火、爆炸、沉没，带着满腔悲愤和遗憾与江畔的罗星塔诀别，法国军舰上的水兵看来，今天似乎和平日的打靶操演没什么区别。这不是一场战斗，而是一次屠杀，这是中国近代海军史上第一次大海葬。“窝尔达”号上的法国司令孤拔，在轻蔑地看着大火中挣扎的中国旗舰——二等巡洋舰“扬武”号，下令向其进行最后攻击，随着炮声响起，化作一片火海的“扬武”在法国舰队的欢呼声中缓缓下沉。然而，就在这艘军舰沉没的最后时刻里，一位不知名的水兵爬上桅顶，高扬起一面崭新的龙旗，“舰虽亡，旗还在！”这面烈火中飘舞的战旗体现的正是中国海军永不屈服的铮铮铁骨，这是一支永远无法被小视的海军。

“济远”后续舰

甲申中法战事硝烟散去，1885 年 6 月 21 日，清政府颁布上谕，议论奇警地指出“和局虽定，海防不可稍弛”，根据中法战争中的教训，得出“……上年法人寻衅，叠次开仗，陆路各军屡获大胜，尚能张我军威，如果水师得力，互相应援，何至处

1884年8月23日爆发的中法马江海战，船政水师战沉军舰9艘，重伤2艘。在此次失利的刺激下，中国开始了海军建设的又一次浪潮。

处牵制”的结论，要求“当此事定之时，自以大治水师为主！”[①]命令各相关的枢臣及地方督抚围绕如何建设、巩固海防，提出切实意见，大有痛定思痛、发奋振作的意思，史称第二次海防大筹议。由这次关于海防问题的大讨论，中国购买新式军舰的风潮很快被再度推向高处。

中法战争中，中国第一支近代化舰队——船政水师损失最重，经历马江一战几近全军覆没。随着海防筹议的兴起，战时曾被法国势力染指，战后又因船政水师元气大伤而显薄弱的台湾、澎湖海防事务成了关注的焦点。为加强台澎防务出谋划策，直隶总督李鸿章认为短时间内中国财政无力负担再增购大型铁甲舰，提出再订购6艘“济远”式巡洋舰部署于闽台的设想。[②]议上，随即得到回应，8月4日清政府电告李鸿章“著照‘济远’式快船定购4艘，备台澎用，即电商英德出使大臣妥办”，

① 中国近代史资料丛刊《洋务运动》2，上海：上海人民出版社1961年版，第565页。

② 《复总署筹议购船》，《李鸿章全集》33，合肥：安徽教育出版社2008年版，第517—518页。

电报末尾竟出人意料地捎带一句“船价户部有的款可拨”，[1]意思是这4艘新式巡洋舰将全由中央财政买单。在晚清政治中，有一种奇特的现象，即在危机没真正发生前，往往熟视无睹，而危机发生过后则总会做一段比较高效的补救工作，但却无法持久，随着危机带来的阵痛逐渐散去，又会渐渐睡着，归于沉寂。此时正值中法战争结束后不久，战争失败所带来的刺激尚未过去，因而清政府在购买新式军舰事务上能做出如此果断干脆的决策。

“济远”级巡洋舰是李鸿章为充实创建中的铁甲舰队，而于“定远”级铁甲舰开工后不久向德国伏尔铿造船厂订造的军舰，属于那个时代世界上较为新式的穹甲巡洋舰之一，也是德国设计建造穹甲巡洋舰的肇始。在当时，这艘尚未回国的新锐军舰被李鸿章视若珍宝，曾在很多场合炫耀，例如船政上奏请造钢甲军舰时，李鸿章就曾援引“济远”之例进行对比，将船政设计的钢甲舰批评得体无完肤。根据最初的设想，北洋海防原准备购买4艘“济远”级军舰，但受困于经费短绌，只订造了首舰“济远”1艘。恰逢中法战事结束，第二次海防大讨论兴起，李鸿章此时又抛出建造“济远”级穹甲巡洋舰的提案，尽管名义上是说为加强台澎海防而购买，但总不免让人想起第一次海防大讨论兴起后，李鸿章鼓动沿海各省大批购买蚊子船，最后又将各省购买的新锐一并划入北洋名下的往事。

订购“超勇”级军舰后不久，海关总税务司赫德因与李鸿章关系恶化，而受到排斥，绝缘于中国的海防事务。阿姆斯特朗公司为使自己的生意不受影响，则绕过赫德，直接派出推销员到中国承揽业务，英国驻华公使也通过在中国高层官场中的关系，重新恢复中国人对英国军舰的信心，以及恢复英国对于中国海防建设的影响。可能正是因为此，虽然痛快地答应出钱购舰，但李鸿章向德国订购4艘“济远”式军舰的方案，被清廷更改为“电商英德出使大臣妥办”，朝廷中那些与英国人交往密切的大臣显然起了作用。

接到电谕的当天下午，李鸿章即分别转电中国驻德、英公使。给驻德公使许景澄的电报中，李鸿章要求新军舰完全沿用“济远”的设计，尽速订造2艘，必须保证航速达到16节。[2]而在给驻英公使曾纪泽的电报里，虽然指令在英国船厂订造2

---

① 中国近代史资料丛刊《洋务运动》2，上海：上海人民出版社1961年版，第566页。

② 《寄驻柏林许使》，《李鸿章全集》21，合肥：安徽教育出版社2008年版，第575页。

许景澄（1845—1900），字竹筠，浙江嘉兴人，时任中国驻德公使，任内主持了“经远”等军舰的订造活动。

艘军舰，但必须也完全使用德国的设计，并特别强调，大小火炮、鱼雷等兵器，乃至铁甲都将在德国订购和验收，“以归一律”。[①]实际表明不想使用和吸取任何英国的新舰型、新设计，只不过是将2艘“济远”式军舰的舰体建造分包给英厂，以应付朝廷中那些受英国人影响的枢臣。由此可以看出李鸿章对于将订单分给英国人实际很不情愿。不知是出于巧合，还是刻意安排，第二天上午，以前日电报未说明白为由，驻英大臣曾纪泽又接到一封来自天津北洋大臣衙门的电报，简明的电文再度强调要在英国造的是2艘“济远”式军舰。[②]

曾纪泽，字劼刚，是李鸿章的恩师曾国藩的长子，自幼即在父亲引导下接触洋务知识，因承袭一等侯爵位，又被称为曾袭侯。1878年开始曾纪泽长期担任出使欧洲的职务，在中俄边界问题谈判中，据理力争，维护了国家利益，名满天下。如同其名字一般刚直，接到李鸿章明确的要求订购“济远”的命令后，曾纪泽并未立刻遵照行动，而是慎重地咨询技术专家，调查确认“济远”的设计是否先进，增购“济远”式军舰的计划是否科学。很快便有了结果，1885年8月15日，避开直隶总督李鸿章，曾纪泽直接电告总理衙门，称据海军军官刘步蟾讲，之前订购的“济远”号军舰“上重下轻”，存在设计问题，申请延缓订购“济远”式巡洋舰的计划，等正在大海上航行的“济远”号军舰回国后，“察其利弊”，再做决策。[③]

得到消息后的李鸿章十分不快，本来只是让照样在英国订造2艘应付即可，没

① 《寄使英曾侯》，《李鸿章全集》21，合肥：安徽教育出版社2008年版，第575页。
② 《寄伦敦曾侯》，《李鸿章全集》21，合肥：安徽教育出版社2008年版，第575页。
③ 《曾侯致译署》，《李鸿章全集》21，合肥：安徽教育出版社2008年版，第577页。

想到曾纪泽竟做如此措置，但是对恩师的爱子又不得不留几分情面，强压怒火。第二天一早即致电驻英、德公使，先作了一段表面文章，让“将‘济远’图式交英海部员及有名大厂，详细考订，是否上重下轻”，之后话锋一转，点出了真实目的，武断地痛斥“刘步蟾语不可靠”，要求“速商订购造”，称“济远”号军舰回国路程还有2月之久，“不必待”。[①] 将曾纪泽的质疑一点不剩地予以否决，坚持原议。

孰料，再出李鸿章意外，曾纪泽竟然真的去找“英海部员及有名大厂，详细考订”，随即称据英国设计师怀特说“‘济远’名快船而不快，有铁甲而不能受子”，[②] 话虽刻薄，但确实也道中了“济远”级军舰存在的一些弊病。无可奈何，李鸿章遂电商受命在德国订购军舰的驻德公使许景澄，要求针对“济远”存在的问题，让伏尔铿造船厂修改完善，同时仍然坚持最初的想法，排斥英国设计，提出等德国的完善方案提出后，在英国照式造2艘。最初获取了难能可贵的国家购舰经费后，由于担心拖延日久，经费会被他处挤占挪用，李鸿章一直希望从速签订造舰合同，以免别生枝节，因而在购买4艘新舰的过程中显得风风火火，决策过于草率、匆忙。受曾纪泽认真的办事风格影响，中国购买新式巡洋舰的计划开始了有益的修正。

根据许景澄的要求，德国伏尔铿造船厂很快提出了两种补充方案，一种是在“济远”级原设计基础上进行改进，将穹甲甲板的安装位置向上提高5英寸，以使弧形穹甲中央隆起的部位高出水线之上，另外针对载煤不足的缺陷，将煤舱加大，军舰也相应加长8英尺、加宽1英尺，吃水加深6英寸，而维持原航速不变，造价为300万马克，仍属于穹甲巡洋舰范畴。

另外一种方案在当时则相当前卫，是与“济远”级完全不同的全新设计，这种军舰拥有如同“定远”级铁甲舰一般的铁甲堡，水线带装甲的厚度是上部8英寸，下部6英寸，煤舱容量300吨，造价为295万马克，属于当时各国海军中罕见的新式军舰，铁甲快船——装甲巡洋舰。[③] 引人注意的是，此前德国并没有任何设计、建造装甲巡洋舰的经验。

---

① 《寄伦敦曾侯柏林许使》，《李鸿章全集》21，合肥：安徽教育出版社2008年版，第578页。

② 《曾侯来电》，《李鸿章全集》21，合肥：安徽教育出版社2008年版，第579页。

③ 《许使来电》，《李鸿章全集》21，合肥：安徽教育出版社2008年版，第583页。

装甲巡洋舰的诞生

装甲巡洋舰（Armored Cruiser），是19世纪中期以后，世界舰船之林出现的一朵奇葩。蒸汽战舰时代开始初期，只要装有水线带装甲的军舰一般都被统称为铁甲舰，只是根据吨位大小不等，而区分成一等、二等铁甲舰，因而日本早期的“比睿”“金刚”“扶桑”等军舰虽然吨位较小，仍因拥有水线带装甲而被归入铁甲舰一类。同时期的巡洋舰，起初并没有装甲，后随着设计的不断演变，逐渐开始增加防护，在用装甲甲板提高巡洋舰生存力的同时，英国海军率先提出在巡洋舰上使用水线带装甲的设想，但这种设计被认为对于当时只用于侦察、巡逻等辅助任务的巡洋舰过于奢侈，全无必要，而且还会加大军舰的重量，影响航速，因此遭到英国海军部否定。

对于拥有大量一等铁甲舰的海上霸主英国来说，增加一种带有水线装甲防护的巡洋舰确实没有过多吸引力。然而对海军实力单薄的国家而言，则意味着可以让造价较低的装甲巡洋舰来充当铁甲舰的角色，以较低的成本扩充海军实力。对海洋充满野心，但苦于国力不充，无法大量建造铁甲舰的俄国人最早领会到这一点，1870年，俄国建造了世界上最早的水线带装甲巡洋舰 *General Admiral*，这级军舰和早期的巡海快船十分相似，唯一的区别就是它沿水线带装备了铁甲。在用以摸索技术的水线带装甲巡洋舰问世后不久，俄国人在后续的军舰上引入了铁甲堡设计，一时间，世界舰船设计领域发生了不小的震动，原本巡洋舰只是辅助舰种，现在居然装上了类似铁甲舰的装甲，对比穹甲巡洋舰，装甲巡洋舰虽然成本较高、航速不快，但是却有强大的生存力，可以胜任海战主力舰的角色，其实用价值不言而喻。自装甲巡洋舰诞生始，与其设计原理相近的二等铁甲舰的分类逐渐不再被使用，2种舰型归于一流。

可能因为对这类刚问世的军舰不了解，或者是为了急于定议，李鸿章并没有过多留意这种与“济远”级军舰完全不同的装甲巡洋舰，而是选择了提高装甲甲板安装位置、加大煤舱容量的“济远”改进型，立刻指示驻德公使许景澄与伏尔铿船厂签订订造2艘巡洋舰的合同，并与船政大臣函商，由船政派匠首陈和庆，以及艺徒裘国安、曾宗瀛前往德国，分别担任即将建造的新式巡洋舰的验料和监工。同时，

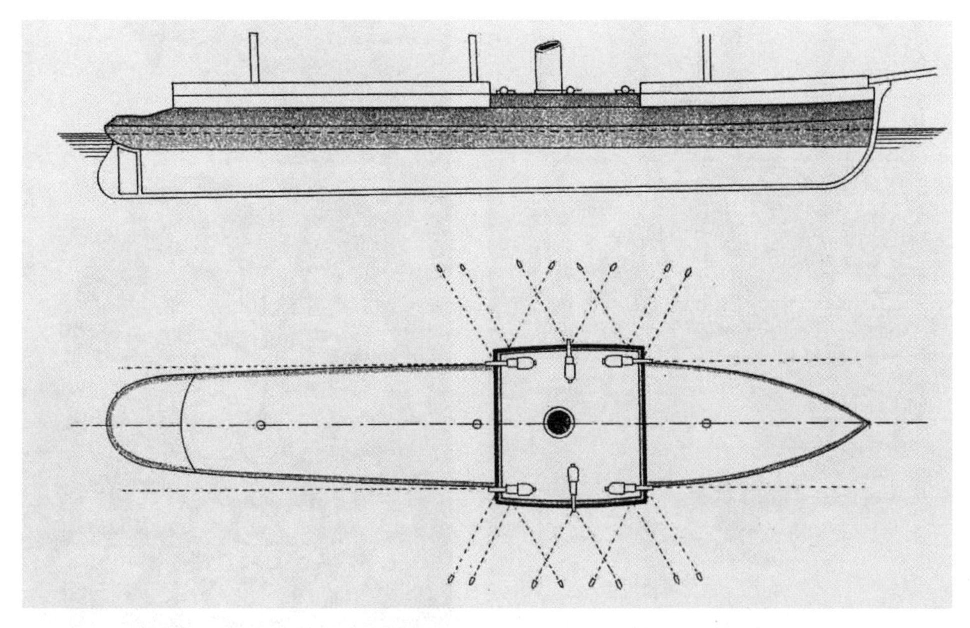

Brassey1886 海军年鉴登载的俄国 *Genera lAdmiral* 号装甲巡洋舰线图，图中深色部分即为水线带装甲。

将选定的方案告知曾纪泽，要求在英国照式建造 2 艘。[①]1885 年 11 月 19 日，经过谈判，许景澄与伏尔铿船厂草签了 2 艘“济远”改进型军舰的订造合同，1886 年 2 月 1 日签署正式合同，第一艘造价 347 万马克，约定 1887 年 5 月 6 日完工，第二艘经过讨价还价，降低了 6 万马克，造价 341 万马克，约定在 1887 年 7 月 6 日完工。2 舰所有价款分 6 次支付，首批于 9 月 26 日通过汇丰银行汇至德国。另外连同在英国的 2 艘巡洋舰所需的火炮也一并在德国订购，价格 4 万 4 千英镑。[②] 不久在英国的 2 艘巡洋舰的合同也签订。

然而就在 4 艘“济远”改进型巡洋舰即将开工之时，10 月 15 日，主持海防建设的醇亲王奕譞收到 2 封来自海外的书信，内容均是批评“济远”号巡洋舰的设计，

① 《寄柏林许使》，《李鸿章全集》21，合肥：安徽教育出版社 2008 年版，第 583 页。

② 《许使来电》《寄驻德许使》，《李鸿章全集》21，合肥：安徽教育出版社 2008 年版，第 585 页。

光绪皇帝生父醇亲王奕譞，与主持近代中国政权 48 年的慈禧太后叶赫纳拉氏。二人都是中国近代海军建设在中央高层的支持者，醇亲王担任海军衙门大臣期间，也是中国近代海军建设成就较显著的年代。

认为该型军舰存在诸多问题，而且当时国内对经手订造“济远”号巡洋舰的原驻德公使李凤苞的批评之声也逐日高涨。此时奕譞刚刚主持海防工作不到 3 天，对于这个技术性很强的问题一时手足无措，索性小心为上，致函军机处，通报“济远”号设计问题过多，要求 4 艘新式巡洋舰绝不能仿照其建造。

当时一直较为关注新式海军建设的慈禧太后很快也得到了消息，认为对拿不准的技术争论，应谨慎从事，主张对李鸿章一力推荐的“济远”式军舰予以否决，毕竟这 4 艘军舰是由中央出资建造的。10 月 16 日，慈禧太后下懿旨：“闻‘济远’快船不甚合式，应暂缓照式建造。著曾纪泽、许景澄于著名各大厂详加考察，何式最善，电奏候旨遵行”。[1] 随后光绪皇帝又颁布谕旨进行补充，严令曾、许二人，“必须亲历大厂，详加考察，仿照西国通行有效船式建造”，“将来造成后，如不得用，

① 《译署致曾侯》，《李鸿章全集》21，合肥：安徽教育出版社 2008 年版，第 596 页。

惟该大臣等是问”。[①] 至此，争议颇多的“济远”式没人再敢提及了。

许景澄，字竹筠，浙江嘉兴人，虽然是科举出身的传统文人，但是思想却较开通，出使德国期间，参与了大量与舰船、军火订购相关的工作，以对工作极为负责的态度，通过自学，掌握了大量西方近代海军、造船知识，事后其在柏林使馆自编自印的《外国师船图表》，资料翔实、议论精辟，是近代中国人编写的第一部世界性的海军年鉴，在中国兵书发展的历史上占据重要地位。与李鸿章不同，许景澄自始即对德国伏尔铿船厂提出的第二种方案大感兴趣，脑子里一直念念不忘装甲巡洋舰的身影。清廷的严令，恰好让许景澄得到了独立按自己想法选订新军舰的机会，很快一种新式巡洋舰的方案便被提交了出来，这便是后来著名的“经远”级装甲巡洋舰，德国装甲巡洋舰的开山之祖。

技术特征

德国伏尔铿造船厂提交的装甲巡洋舰方案，仍然是由该厂的总设计师鲁道夫哈克操刀，之前已经连续为中国设计了“定远”“济远”2级军舰。

这型新设计的装甲巡洋舰的总体外观上，仍然能够看到“定远”“济远”的某些踪影。该型军舰正常排水量2900吨，长82.4米，宽11.99米，舰艏吃水4.57米，舰艉吃水5.05米，舱深7.72米，主尺度大于“济远”级，吃水则相近。动力系统采用的是2座先进的平卧三缸三胀往复式蒸汽机，配套使用4座分别安装在2个锅炉舱内的燃煤锅炉，锅炉单个重38吨，底座长约18英尺，宽约11英尺6英寸，蒸汽机汽缸直径分别为33.5英寸，45.5英寸，66.5英寸，活塞行程29.5英寸，2座蒸汽机通过主轴各驱动一个直径4米的铜制螺旋桨，功率5000马力，航速15.5节。装甲巡洋舰的煤舱容量显然是记取了“济远”的前车之鉴，增加至336吨，可以供3天半的航行所用，大大高于“济远”舰230吨的煤舱容量，因而这型军舰设计时只设置了一根桅杆，完全没有考虑使用风帆索具。[②]

---

① 《译署致驻德许使》，《李鸿章全集》21，合肥：安徽教育出版社2008年版，第596页。

② *Conway's All The World's Fighting Ships 1860—1905*, Conway Maritime Press 1979, p397.《北洋海军“来远”兵船管驾日记》，美国哈佛大学哈佛燕京图书馆藏。

“经远”级军舰的首舰“经远”，拍摄于建造完成后赴英国与“致远”级军舰会合期间。

作为德国自行设计建造的第一艘装甲巡洋舰，因为带有不确定的技术尝试特点，后来被李鸿章命名为“经远”“来远”的这级军舰舰体构造上具有很多独特之处，[①]可以认为是综合了德国“萨克森”“胡蜂”（Wespe）以及中国“济远”级等军舰设计元素的产物。国内以往通常认为，“经远”级军舰主甲板上有一层纵贯全舰的甲板室，其实这是对“经远”级军舰资料掌握不充分而造成的误解。实际上，“经远”级军舰只设计有艏楼，位置在舰艏至主炮台的前沿之间，艏楼和艏楼顶部甲板的主要用途是起锚作业，装有锚绞盘、吊锚杆等设施。至前主炮台后，艏楼顶部甲板两侧各有梯子连接到主甲板，但由于“经远”级军舰主甲板两侧装有与艏楼甲板齐平的舷墙，从侧面照片看起来很像是连为一体的，以至一直一来被误认为主甲板上有

① 《寄柏林许使》，《李鸿章全集》22，合肥：安徽教育出版社 2008 年版，第 134 页。

大片甲板室，实际只要留意艏楼侧面有舷窗这一特征，就很容易区别出艏楼和舷墙各自的范围。

舰艏露炮台之后，有一座很大的平台横跨在两侧的舷墙之上，平台前左右 3 面设有胸墙，以保护在平台上活动的人员。平台上，前部是“经远”级军舰的装甲司令塔，司令塔内底部与下方的露炮台相通，这是战时的指挥所，内部装有带水压助力的 8 柄舵轮。在司令塔后面不远，是一座木质构建的小屋，内部设有信号旗柜，是“经远”级军舰的信号旗室。司令塔与信号旗室顶部又有一层露天平台，装备罗经、车钟等操舰设备，称为露天舰桥或罗经舰桥，是平时的操舰指挥场所。

“经远”级军舰的主甲板是水兵活动的主区域，各类设施相对简洁，其中最大的建筑物，是高耸的单桅、双烟囱，这也是该级军舰重要的外部特征。这种从 1868 年起就在德国军舰上经常出现的布局模式，之前曾在“济远”级军舰上运用过，它的主要弊病是，前方烟囱冒出的滚滚浓烟，势必会导致后部桅杆桅盘里的工作环境变得恶劣，而“经远”级军舰桅杆之前的烟囱有 2 座，桅盘被烟熏火燎的程度必定会加倍。

为保护在主甲板上活动的水兵，舰体中部的主甲板两舷，设置了高过人头的舷墙提供遮护。舷墙内部为中空结构，平时每天早晨水兵都会把折叠好的吊床放到里面存放，这些吊床既可以作为救生用具，因为一个捆扎得很好的吊床，据说能在水里漂浮数个小时之久，而战时，舷墙和它里面的吊床又能起到一定的防弹作用。横跨舷墙之上，前后分别有 3 组门式搁艇架，存放“经远”级军舰所需的各类小艇，与之配套，桅杆底部前后则分别配有一根体积很大的吊杆，用以吊放上面的舢板小艇。而就在桅杆部位，“经远”级军舰舷墙外侧左右各装饰有舰名牌。军舰中部高高的舷墙延伸至舰艉附近后陡然降低，在高舷墙的末端搁置了一座平台，上面装备有 1 座标准罗经，这是军舰的尾部指挥台，相应的在桅杆后部还有一座备用的双联人力舵轮，这套系统主要作为备用的指挥所使用。

“经远”级军舰的装甲防护是她之所以成为装甲巡洋舰的主要原因，军舰中部仿照了“定远”级军舰，用“竖甲”四面围成一个防御坚固的空间，称为铁甲堡，炮台的旋转机构、弹药舱、锅炉、蒸汽机等要害部位都被设计在这个区域内。铁甲堡的厚度十分惊人，最厚的部分竟达到 9. 5 英寸（240 毫米），但是装甲的高度只有 5 英尺 11 英寸（1. 8 米，其中水线上的高度只有 0. 6 米，水线下 1. 2 米），实际

“经远”的同型姊妹舰“来远”，照片同样拍摄于建成后在英国与“致远”级军舰会合期间。

的防护面积有限，这可能是因为2900吨的小型军舰无法负担过重的铁甲，而作的无奈设计。[①] 德国设计师心中的想法可能是想要尽量压缩铁甲堡的高度，将细长的装甲敷设在军舰最要害的部位，以减轻装甲重量。但是，实际上“经远”级军舰的铁甲堡设计的位置过低，正常排水量时，铁甲堡的上部只高过水线0。6米，很难保护水线以上的舰体，满载时则更可想而知，这也是第一次尝试设计装甲巡洋舰的德国，技术不成熟的表现。

在中央铁甲堡的前后，军舰艏艉还各安装有一段穹甲甲板，穹甲中央隆起的部位厚度为1.5英寸(38毫米)，两侧斜入水线下的斜面部分厚度为3英寸(76毫米)。显然吸取了“济远”的教训，将穹甲的中部隆起提升至水线之上，解决了一旦水线处中弹进水，穹甲会被海水完全淹没的弊端。

① Richard N J Wright：*The Chinese Steam Navy*，Chatham Publishing London 2000，p76—77.

此外，位于军舰前部的主炮露炮塔胸墙使用了8英寸厚的装甲，值得一提的是，“经远”级巡洋舰的主炮露炮台上，没有再沿用“定远”和“济远”级那种闷罐一样的穹盖式炮罩，采用的是厚度1.5英寸的后部敞开式炮罩。熟悉19世纪军舰结构的人都明白，当时的军舰一般都还有一处重要的装甲防御部位——装甲司令塔，“经远”级军舰的装甲司令塔护甲厚度虽然达到6英寸（152毫米），但一处细小的不慎，给这个重要的心脏部位埋下了隐患。早期中国军舰上司令塔的观察窗，都是类似碉堡枪眼的开口，每个开口宽度不大，防护效果较好，但视野却不太理想。而“经远”级军舰的司令塔则改换了另一种样式的观察窗，司令塔的顶盖和塔壁通过几根安装在司令塔内侧的柱子相连接，顶盖和塔壁之间留出一定高度的空隙，这条隙缝便成了整通式的观察窗，除了几根直径不大的柱子外，横向再无其他阻隔，因而视野相对开阔得多。但这也意味着，很多稍小的弹片甚至小口径炮弹，很有可能就会顺利地飞入司令塔内部，而遇不到任何阻挡。

“经远”级军舰的武备布置较有特点，是典型的船头对敌思想的产物。主炮安装的位置与“济远”相近，火炮的型号也相同，采用了2门1880式210毫米口径35倍径克虏伯钢箍套炮，双联安装于舰艏的露炮台内。副炮为2门1880式150毫米口径35倍径克虏伯钢箍套炮，型号与“定远”“济远”等舰装备的同口径火炮相同，这4门大炮可以通过电发装置实现齐射，可以想见4门火炮全部转向舰艏方向时，会产生如何猛烈的炮火。[①]

“济远”级军舰副炮采用的是耳台布置法，即将火炮分装在军舰舷侧的耳台内。耳台，现代称舷台，指的是军舰舰体上凸出舷外的火炮安装平台，这种设计由法国最先发明和投入实用，好处是安装在其上的火炮可以获得较大的射界，“经远”级军舰是德国军舰上使用耳台设计的开端。安装在耳台内的2门150毫米克虏伯火炮，各自拥有135度的开阔射界，除可转向军舰前部发射外，对军舰的侧后方向也能提供一定火力支援。

历来争议最大的是，“经远”级军舰除了2门210毫米口径前主炮和2门150毫米口径副炮外，在艉部竟然没有安装大口径的火炮，出于对这一设计的难以理解，现代很多文章对此倍加批评，认为德国的此种设计相当失策。但这实际是因对19世

① 余思诒：《航海琐记》，缩微中心2000年版，第272页。

纪后期海军战术、舰船设计，以及“经远”级军舰火力安排缺乏了解，而产生的误读。

19世纪中期，受意奥利萨海战影响，横队阵形大行其道，得到各国海军重视。这种作战模式的基础规范是“船头对敌”，即排成横阵的各舰必须保持将舰艏指向敌方，有利于减少己方的被弹面积和中弹概率，也便于军舰规避敌方炮火，同样这种阵形也利于发扬冲角战术。因此这种战术对军舰前部炮火提出了特别要求，加强舰艏方向火力，是那个时代舰船设计、尤其是用作海战主力的铁甲舰设计时的重要原则，点算一下当时各国在船头对敌思想下诞生的主力战舰，无论是“英弗莱息白”还是“萨克森”或是“杜里奥”，都没有大口径尾炮的设计，同样受船头对敌思想影响的“经远”级，偏重军舰前方火力的设计也就不难理解了。

但是，偏重军舰前方火力，并不是说完全把军舰的后部放弃为火力真空。“经远”级军舰的舰艉方向，除可一定程度获得2门安装在耳台上的150毫米火炮支援外，在舰艉狭小的空间里安装了大量小口径火炮。

“经远”级军舰共配备机关炮8门，包括哈乞开司47毫米口径五管机关炮2门，

甲午黄海海战后，在旅顺拍摄到的“来远”舰后部甲板，可以看到安装有大量机关炮。

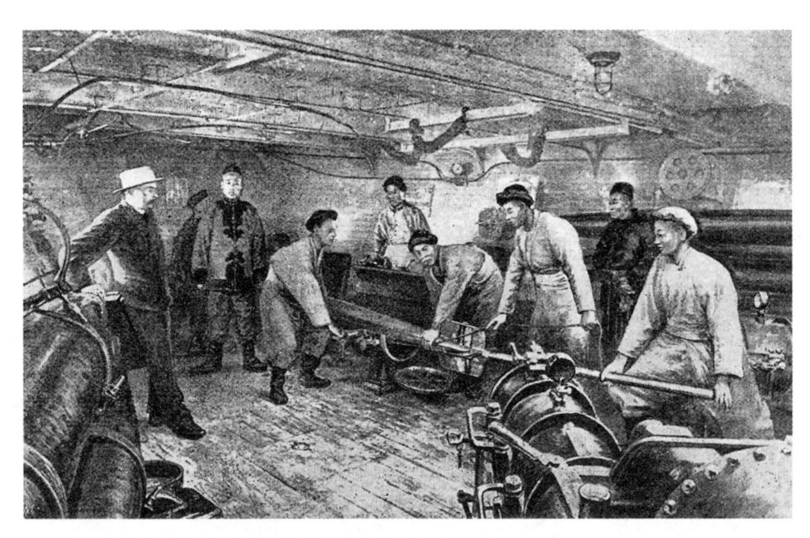

“经远”级军舰的舰艉鱼雷发射室内景

37 毫米口径五管机关炮 5 门，47 毫米口径单管机关炮 1 门。其中除 2 门 47 毫米口径炮安装在舰艏飞桥附近两舷、1 门 37 毫米口径炮安装在桅盘内之外，其余的 4 门 37 毫米口径炮和 1 门 47 毫米口径单管炮都布置在舰艉方向。甲午战争前，又专门在舰艉方向加装了诸如格鲁森机关炮等武器。这些火炮虽然口径不大，攻敌不足，依据那个时代海战的特点，用于抵御逼近的敌方船艇还是绰有余裕的，更何况在“经远”级军舰舰艉主甲板下还密布着 3 具鱼雷发射管。

有关“经远”尾炮的讨论中，常有既然能在舰艉布置大量小炮，为何不能改为布置 1 门大口径尾炮的质疑，这一点需要从“经远”级军舰的舰艉结构进行剖析。“经远”级军舰舰艉主甲板之下，是鱼雷发射室和军官会议室，小炮因为结构简单，可以直接架设在船边或者舷墙上，对甲板下的鱼雷发射室和军官会议室没太多影响。但是倘若要在这个部位安装大口径火炮，复杂的旋转、扬弹机构势必要透过天花板延伸到下方空间，而且这层天花板的强度是否能够支撑大型火炮和火炮发射时的巨大后座力还是个未知数。从当时的军舰设计惯例来看，如果真的必须要为“经远”级军舰布置大口径后主炮，唯一可行的方案是在军舰后部主甲板上增加一层艉楼，将后主炮安装在艉楼顶部甲板上。但是此举必然导致军舰的吃水加深，造价上涨，最初的舰体设计能否承受如此大的额外负载，也是很大的问题。

除了集中安装在舰艉的一批小口径火炮外，“经远”级舰艏仍装有那个时代军舰特有的武器——撞角，军舰上还配备有李鸿章青睐的鱼雷兵器，4具鱼雷发射管分别被布置的艏艉，值得一提的是，军舰艏部的鱼雷发射管位于撞角之下，属于水下发射管，剩余的4具鱼雷发射管则集中于舰艉。

“经远”级军舰配备了大量在当时可谓非常现代化的设备，全舰的照明完全实现了电气化，总共安装有250盏左右的电灯，以及2具照度为40000枝烛光的探照灯，所有电气系统的供电，由舰内的2台发电机提供。另外在损管设备上，“经远”除了配备有离心式主水泵外，还配备了一台每小时最大抽水量120吨的唧筒式辅助水泵。

综合来看，“经远”级军舰的设计方案，虽然在某些方面还存在缺陷，但较之最初的“济远”级军舰已是大有进步。如果考虑到这型军舰是德国在没有任何前例可援的基础上，独立作出的开创性设计，那这型军舰在世界舰船发展史上的地位则更应得到肯定。根据伏尔铿厂的报价，每艘装甲巡洋舰比最初议定的“济远”改进型贵47万马克。[①]许景澄满怀信心提出了装甲巡洋舰方案，李鸿章对此也非常满意，甚至后来曾要求曾纪泽给“致远”级军舰也加装水线带装甲，但未曾料到，新巡洋舰的订造还会再度掀起波澜。

原因来自大海中的英伦三岛，一向不太看好装甲巡洋舰的不列颠的舰船设计界，根据英国海军的观点，认为巡洋舰的重要价值在于高航速，极不赞成德国设计的装甲巡洋舰，觉得这样造出来的军舰，航速不如传统的穹甲巡洋舰，而防护能力又比不上真正的铁甲舰，非驴非马。受此影响，驻英公使曾纪泽对装甲巡洋舰也不看好，反复与许景澄争论，称“断不能制一船兼擅铁甲、快船之胜”，而许景澄则始终坚守水线带装甲优于穹甲，装甲巡洋舰生存力更高的观点，双方开始了一场激烈的大辩论，几近相持不下。[②]后经李鸿章统筹考虑，“海军甫设，不妨并存其式，他日驶行日久，利病自见，再专择其一推广仿造”，决定做出让步，一碗水端平，在英、德分别购买穹甲和装甲巡洋舰，草草平息了这次英德巡洋舰之争斗。

---

① 《寄译署转呈醇邸庆邸》，《李鸿章全集》21，合肥：安徽教育出版社2008年版，第605页。

② 曾纪泽、许景澄就军舰选型进行的讨论见中国近代史资料丛刊《洋务运动》3，上海：上海人民出版社，1961年版，第371—374页。

根据李鸿章指示，许景澄与德国伏尔铿造船厂修订了原合同，改为建造2艘“经远”级装甲巡洋舰，即“经远”“来远”号军舰，英文译名*King Yuen*、*Lai Yuen*，在伏尔铿造船厂的船体编号为176、177，而曾纪泽则在英国订造了2艘穹甲巡洋舰。[①]从中国提出订购新巡洋舰开始，德国人就深切体会到英国人在背后较劲比赛，“曾纪泽受到英国人的影响，在怡和洋行和英国驻北京公使馆的支持下，‘竭力阻挠向伏尔铿造船所和德国其他造船厂继续为中国海军订制船只。曾侯曾宣称伏尔铿为中国政府制造的装甲舰完全不能使用，经不住海上风浪，这些言论虽未能产生阻挠向伏尔铿造船所继续订制两艘船只的结果，但却引起一定程度的不安……’”[②]

明白英德两国间这次造舰竞赛会对各自国家将来的军舰出口带来重大影响，德国铁血宰相俾斯麦亲自过问了2艘“经远”级军舰的建造，指出“卓越地和准时地执行中国这一次的订货具有重大意义”[③]，要求以德国海军部参与监工，在德国政府的集中关注下，2艘“经远”级装甲巡洋舰的建造过程一切顺利，分别于1887年1月3日与3月25日竣工通过测试，均比合同约定的完工日期提前。[④]

1887年1月15日，即“经远”级军舰的首舰“经远”通过航试后不久，德国驻华公使巴兰德从北京给身在天津的北洋大臣李鸿章寄去一纸书信，信中主要是转达了俾斯麦的一个建议，考虑到英国方面对德国造军舰一直以来的挑剌，俾斯麦认为新军舰造成后德国可以派出人员帮助驾驶送华，即使是由中国海军自行驾驶，也应该在舰上留用若干德国的技术专家，以防止航行过程中因为对军舰不熟悉而出现一些不必要的机械故障，不给英国人捕风捉影的机会：

“……俾斯麦侯爵对此（指装甲巡洋舰回国一事）特别感到兴趣，他极端重视将送往中国的事由一队德国的官兵来执行，其组成有关能力方面由德国海军部监督，假使中国政府希望由中国船员在厂中办理交接，那么至少在德国船只上使用的军官和工程师是德国人，并且熟悉在德国海军中所使用的船只和机器。只有用这种方法才能对于德国船只做到公平合理的评价。我将对于阁下深

① 《许使来电》，《李鸿章全集》21，合肥：安徽教育出版社2008年版，第611页。

② ［德］施丢克尔：《十九世纪的德国与中国》，北京：三联书店1963年版，第268—269页。

③ ［德］施丢克尔：《十九世纪的德国与中国》，北京：三联书店1963年版，第269页。

④《柏林许使来电》，《李鸿章全集》22，合肥：安徽教育出版社2008年版，第221、第224页。

竣工后停泊在伏尔铿船厂码头边的“经远”级军舰

为感谢，倘阁下愿意在这方面使用您的影响，我敢向阁下保证，在俾斯麦侯爵对于这个问题和对于德国工业产品有一个公平合理的评价异常感到兴趣情形下，在柏林将对于阁下和中国的盛情以完全特别满意来接受……”①

服役历程

李鸿章显然是接受了俾斯麦的提议，1887年初，继早期购买“超勇”级军舰之后，李鸿章再度派出大规模接舰团前往欧洲接收新式军舰，由海军顾问英国人琅威理领队，邓世昌、叶祖珪、林永升、邱宝仁等率官兵400余人随行，其中林永升与邱宝仁后来分别被任命为“经远”与“来远”舰的管带，在这两艘德国造装甲巡洋舰上

① ［德］施丢克尔：《十九世纪的德国与中国》，北京：三联书店1963年版，第341页。

还特别留用了几名德籍洋员。

9月12日，“经远”和“致远”级这4艘受中法战争刺激诞生的军舰启航回国，当时“来远”舰舰艉后还用钢索拖曳着在英国订购的“左一”号鱼雷艇一起航行，鱼雷艇自身载煤量小，只有通过这种方式来远涉重洋了。

“经远”等新式巡洋舰的回国，使得中国海防的实力大为增长。印证了很多人事前的猜测，这4艘龙旗猎猎的新军舰尚在飘扬过海回国途中时，主持海军衙门的醇亲王奕譞便已透露出要将其配属给北洋的意图。在闽台局势渐渐趋向缓和，加强台海防务的紧迫性已显得不再是过分突出的背景下，清政府随后明谕宣布，在欧洲购买的“经远”“致远”级等新式军舰，划归控扼守护京畿门户的北洋海防使用，以加快北洋海军的建军步伐，醇亲王在这项决策幕后所起的影响可以想见。

光绪皇帝的生身父亲、原本对近代海军并无了解的醇亲王奕譞，在中法战争后，海防大受重视时受命担任海军衙门大臣。1885年巡阅北洋海防的经历，使得醇亲王对西式海军产生了印象极为深刻的感性认识，而通过与李鸿章的当面接触，也在这两位权倾一时的实力派人物间产生了某种默契。从那以后，醇亲王便成了近代海军在清政府中央的有力靠山，他主政海军衙门的期间，也是中国近代海军建设成效

回国时的“经远”级军舰

回国后改用维多利亚涂装的“来远”舰

较著的年代。

北洋海军正式建军前夕，醇亲王曾起草过一篇奏折，透露出他关于海军建设的某些心迹。奏稿中，醇亲王提议将南洋、广东，乃至船政舰队中较为现代化的军舰，一并归入北洋海军编制，这项提议显然会触及到太多方面的利益，因而最终并未真正誊写上奏，但由此却可以看出醇亲王对于北洋新式海军的倚重。清末北洋海军虽冠以地域色彩浓郁的北洋二字，但实际是当时中国唯一的一支国家海军，而其他各支舰队都只是由地方财政建设、维持的地方武装力量而已。

原本为加强台澎海防事务而订购的“经远”等新式军舰，于是被拨归北洋舰队，成为继“超勇”“济远”级之后的新一代一线主力巡洋舰。“经远”级装甲巡洋舰回国后的编队使用方法较为特殊，北洋舰队经常将这2艘军舰与在英国建造的“致远”级穹甲巡洋舰混合编队，共同使用的。当1888年北洋海军正式成军时，“经远”“来远”分别被作为左翼左营和右翼左营，军舰的编制人数和俸饷等额度与“致远”级军舰完全一样，都是编制202人，每月俸饷3246两银、公费550两银，每年医药费200两银。

采用维多利亚涂装的“经远”舰，推测拍摄于北洋海军参加大阅活动期间。

可能是出于让两种不同设计思想的军舰达成互补，以发挥最大的作战效能，“经远”级军舰的厚甲、“致远”级军舰快腿相配合，确实相当实用，因而最终出现在世人眼前的是“经远”“致远”；“来远”“靖远”的独特组合，这种组合一再地在此后的历史中闪现。

1894年农历甲午，中日两国间因朝鲜问题而燃起战火。9月16日，包括2艘“经远”级军舰在内的北洋海军主力，护送陆军前往鸭绿江口大东沟一带登陆。17日中午，在大东沟口外警戒的北洋舰队主力与突然出现的日本联合舰队主力遭遇，爆发了中日甲午黄海大战，中国的“经远”“来远”号巡洋舰，作为参战的新式装甲巡洋舰，为海战带来几分技术大检验的色彩，倍受各国海军界关注。

这场著名的海战接战伊始，“来远”与编队姊妹“靖远”被配置在北洋舰队横阵的右翼，“经远”则和“致远”位于左翼，各自编为小队，互相应援。除2艘“定远”级铁甲舰外，这4艘新式巡洋舰成为了北洋舰队战时队形的骨干力量。12时48分，随着旗舰“定远”巨炮鸣响，黄海大战正式开始。成纵队而来的日本舰队，为了攻击中国右翼的2艘“超勇”级军舰，整个舰队开始航过北洋海军阵前，舷侧大面积

日本油画：黄海海战初期的战场。画中左下角的就是“经远”舰，正在炮击闯入北洋海军阵内的日本军舰“比叡”。

暴露在中国舰队舰艏方向的炮火下。下午1时10分以后不久，受北洋舰队横阵的冲击，以及己队航速快慢不一的影响，日本舰队阵形出现混乱，本队“松岛”等新型军舰为躲避“定远”级铁甲舰的猛烈炮火，而高速航向北洋海军阵形右侧，但是本队队末的“扶桑”“比叡”等4艘老式军舰航速较慢，被从大队分割出来，遭到“定远”“镇远”以及装甲巡洋舰“经远”“来远”等的集中打击。

日本本队后序的“比叡”号二等铁甲舰由于航速缓慢，眼看中国军舰即将逼近自己的舷侧，为躲避撞角攻击，竟然掉转航向，迎着北洋舰队的方向只冲“定远”与“经远”之间的“巷道”而来。面对这艘晕头转向的日本军舰，“经远”舰在管带林永升指挥下与旗舰“定远”并肩作战，炮火攻击的同时，“经远”舰上大批英勇的中国水兵和海军陆战队手持毛瑟枪和佩刀在甲板集结，准备跳帮俘虏业已被重创的这艘日本军舰，大有风帆时代海战的遗风。但“比叡”舰上的小机关炮疯狂开火压制“经远”舰舱面，5分钟内3门机关炮竟发射炮弹约1500发，“经远”最终未能靠近“比叡”，浓烟翻滚的“比叡”侥幸逃脱了险境，在追击过程中，“经远”曾用艉部的鱼雷发射管向“比睿”发射了2枚14英寸直径鱼雷，这是中国海军史上第一次将鱼雷应用于实战的战例，但因为两具鱼雷发射管的射角受限，鱼雷在距离“比叡”舰艉7米外的地方抱憾错过。[①]

“经远”舰管带林永升，字钟卿，福建侯官人（今福州市区），船政后学堂驾驶班第一届毕业生，曾作为首批海军留学生赴英国深造，留学期间得到的评语是“勤敏颖悟，历练甚精”“堪任管驾官之任”。

此后，另一艘“经远”级装甲巡洋舰——管带邱宝仁指挥的“来远”舰向日本掉队的军舰“赤城”号发起攻击，与“致远”“广甲”等相邻的北洋海军军舰一起聚攻“赤城”。在“来远”等舰的穷追猛击下，“赤城”舰弹药库爆炸，蒸汽管路遭到破坏，前炮台弹药供应断绝，舰长坂垣八郎太也当场毙命，后又接连被“来远”打断主桅、打伤替补舰长。然而“赤城”舰表现得异常顽强，下午2时20分，“赤城”舰艉120毫米口径火炮击中“来远”后甲板，引爆堆积在那里的小口径火炮炮弹，燃起灾难性的大火，而此时日本第一游击队“吉野”等新锐巡洋舰赶来支援，“来远”被迫停止了追击。

“经远”“来远”等舰追击“比叡”“赤城”的过程达一个半小时之久，是黄海海战中北洋海军一次难得的积极攻击行动，尽管功亏一篑，未能创造大的战果，但战斗中体现出来的高昂士气和良好的战术素养，已足以说明北洋海军官兵的战斗素质了。

在第一阶段的主动出击后，由于受到日本舰队腹背夹击，加之在火炮数量和射速方面存在劣势，开战初期即失去统一指挥的北洋舰队陷入被动挨打的境地。下午

① 《“比睿”舰之勇战》，《日清战争实记》第六编，东京博文馆1894年版，第22页。

“来远”舰管带邱宝仁，福建侯官人，与“经远”舰管带林永升同为船政后学堂第一届毕业生，在海战中表现英勇。

3时10分，旗舰“定远”舰艏中弹燃起大火，浓烟遮蔽了整个军舰前部，致使前向火炮都无法瞄准射击，为保护身处险境的“定远”，左翼的“致远”舰毅然冲出阵列，用没有装甲防护的身躯为旗舰抵挡炮火。最后“定远”转危为安，重伤的“致远”则在向日本本队发起冲击的过程中不幸沉没。

在“致远”沉没后，“济远”“广甲”2舰先后逃离战场，北洋海军左翼彻底崩溃。原先与“致远”组队作战的“经远”陷入孤军作战的境地，被迫向浅水区撤退自救，尾随而来的日本第一游击队“吉野”等4艘装备大量速射炮的新式巡洋舰，对“经远”展开追击。在装甲司令塔内指挥作战的管带林永升不幸“突中敌弹，脑裂死亡”，“经远”级军舰装甲司令塔观察窗上存在的弊端此时终于暴露出来了，大副陈策与二副陈京莹前赴后继接替指挥，先后阵亡。[1]

高级军官的纷纷阵亡，使得“经远”舰上失去了统一指挥，而日本第一游击队的攻击越发猛烈，“炮弹全部命中，电光四迸，火焰冲天”，最终因中弹过多，舰体进水不止，下午5时29分在辽东庄河海岸的老人礁附近翻沉，全舰200多名官兵大都没有生还。“经远”号装甲巡洋舰在开战之前，由管带林永升下令撤除舢板，及连接上下舱的木梯，显示了背水一战、视死如归的坚定决心，海战过程中尽管遭到了日军优势炮火的聚攻，仍表现出了不屈不挠的可贵精神。

“来远”舰舰艉燃起大火后，火势一直蔓延到了锅炉舱附近。在驾驶二副谢葆璋等率领下，全舰官兵奋力救火。为防止上甲板的火灾引向底舱，“来远”舰上通风管的上部风斗全部被紧急拆除，以至锅炉舱被大火包围而不能通风，温度上升至华氏200度（摄氏90度左右），俨若地狱，谢葆璋亲自督率在其中工作的官兵努

① 中国近代史资料丛刊《中日战争》3，上海：上海人民出版社1957年版，第134页。

日本炮舰“赤城”在海战中被“来远”打断的桅杆。

日本美术作品：“来远”舰（画面中左侧的军舰）追击“赤城”。

日本随军记者在“吉野”舰上拍摄到的“经远”舰沉没前的遗影

“来远”舰主甲板火焚后的惨状

黄海海战后，美国军官沈威廉拍摄到的“来远”舰后甲板。照片中可以清楚看到，整个舰艉的木质甲板已焚毁殆尽，而军舰的某些钢梁也被大火烧得变了形，由此可以相见海战时“来远”号上作战的艰苦程度。

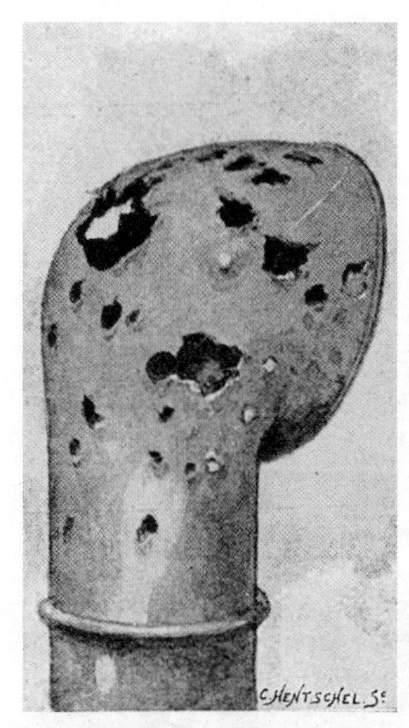

黄海海战中，“来远”舰风筒上留下的弹痕

力工作。此后“来远”与“靖远”结队驶至浅水区自救，后又返回战场，并一直战斗到了海战最后结束。

9月18日清晨，北洋舰队返回旅顺，当遍体鳞伤的“来远”入港时，围观的人群都在惊叹。这艘装甲巡洋舰，艉部主甲板及军官舱木制部分大部烧毁，甚至出现了钢铁梁架变形的情况，而居然还能航行返回，这一奇迹无异是对装甲巡洋舰强大生存力的最好说明。由于旅顺船坞的工人、技术人员大都逃散，幸存的北洋军舰维修工作相当艰巨，迫于时局，重伤的“来远”只是草草修补后就又再度投入了威海刘公岛保卫战。

摩天岭，是威海南帮诸炮台的制高点，甲午战争后期北洋海军退守刘公岛后，摩天岭即成为战略要点，紧急修筑了简易工事，并配属数门小口径行营炮。1895年1月30日，日本陆军第11旅团向摩天岭炮台发起攻击，计划先攻占摩天岭炮台，进而控制整个南帮炮台群。守卫炮台的陆军淮系巩军新右营数百名官兵与日军展开激战，日军3次攻上炮台，但都被打退，海湾里的“来远”舰也与“定远”等一起向陆军提供火力支援。最后终因众寡悬殊，守台的400余名中国陆军官兵几乎全部壮烈牺牲。

攻占摩天岭后，日本第11旅团司令大寺安纯少将登上炮台，俯瞰着威海南帮炮台群，洋洋得意地向随军记者讲述战功。然而就在此时，“来远”等舰发射的炮弹命中摩天岭，大寺安纯当场被飞散的弹片击中，后不治身亡，是为日本在甲午战争中阵亡军衔最高的军官。然而此后不久，2月6日凌晨日本鱼雷艇队进入威海湾偷袭，停泊在刘公岛铁码头东南方海面上的“来远”舰被日本鱼雷艇“小鹰”号发射的鱼雷命中机舱，一直没能真正修复的舰体无法承受如此大的打击，很快便翻倒露出红色的船底，最终倾覆在威海湾中。

1895年2月17日下午4时，潇潇冷雨中，“康济”舰载着幸存的北洋海军官

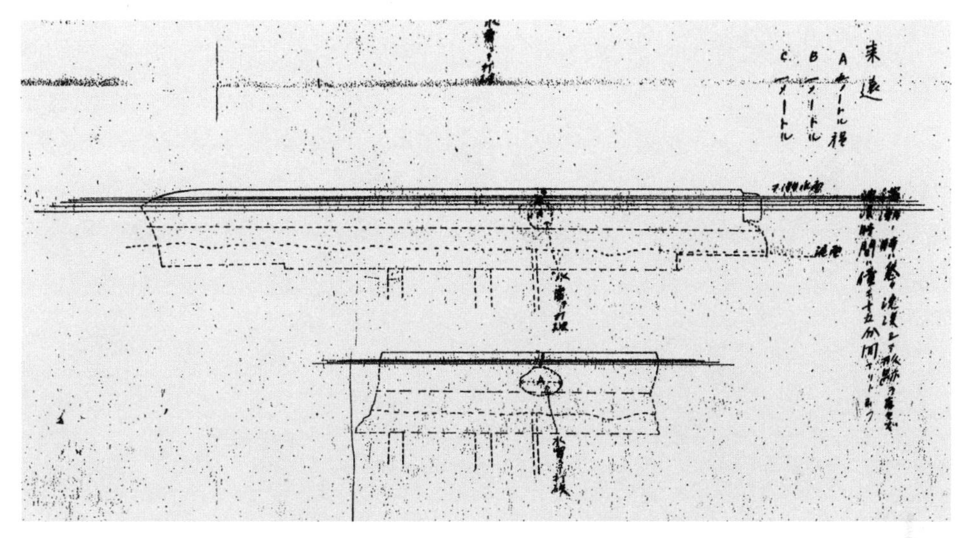

占领刘公岛后，日军根据潜水探摸，绘制的“来远”舰沉没情况线图

兵黯然离开刘公岛，北洋海军覆灭。作为战胜者的日本联合舰队各舰则鸣响汽笛，降下军旗，向这些真正的敌手表示敬意，同时也对已经殉国的丁汝昌等北洋海军将领表示哀悼。惹人注目的是，在缓缓驶去的“康济”舰上，飘扬着一面龙旗。

1902 年的一天，烟台海边走来一对父女的身影，望着无际大海，云霞满天，和远方芝罘岛上的灯塔。小女孩说：“爹……烟台海滨就是美，不是吗？”

父亲仰天慨叹：“中国北方海岸好看的港湾多的是，何止一个烟台？”“比如威海卫、大连湾、青岛，都是很美很美的……”

女儿央求父亲带她去看一看时，父亲拣起一块卵石，用力向海上扔去，一面说：“现在我不愿意去！你知道，那些港口现在都不是我们中国人的，威海卫是英国人的，大连是日本人的，青岛是德国人的，只有，只有烟台是我们的！”

小女孩的名字叫谢婉莹，后来的笔名叫冰心。而她的父亲谢葆璋，就是黄海大战中，那位在“来远”号装甲巡洋舰上指挥水兵英勇抢险的海军军官，现在正出任烟台海军学堂监督，担负着为中国海军的未来培养希望的重任，关于那支海军和那级装甲巡洋舰的故事，他会一遍遍倾诉给他的女儿、给他的学生……

“舰虽亡，旗还在！”

蹈海惊雷

——北洋海军装备的鱼雷艇

"……水底雷以大将军(火炮、火铳)为之，用大木作箱，油灰粘缝，内宿火，上用绳绊，下用三铁锚坠之，埋伏于各港口，遇贼船相近，则动其机，铳发于水底，使贼莫测，舟楫破而贼无所逃矣。"

——明嘉靖二十八年(西元1549年)《武论》

雷，在汉语语义里，最初的意思是指自然界里伴随天空闪电而发生的巨大声响，风雨交加、电闪雷鸣，属于自然现象范畴。先民们眼中，这种惊天动地的景象看起来十分具有威势，于是习惯给其他一些能产生闪光、巨响的事物，尤其是类似的兵器也冠以雷字，以增加其威武程度。隋唐以后，火药兵器的运用逐渐普遍开来，能产生巨响、闪光，且威力惊人的爆炸性火器，大都被称为雷，这就引申出了雷的第二个语义。在当时，应用雷这种兵器的领域主要局限于陆地战场，依据朴素的命名法，相关的武器大都被叫作地雷、旱雷等。元、明以后，随着水上作战的日益频繁和水师兵器的逐渐发展，爆炸性火器开始进入江河湖海，具有代表性的有水底雷、水底龙王炮、混江龙、水底鸣雷等，与陆地的地雷相区别，这些水中的雷泛称为水雷。

和中国相类似，西方的爆炸性火器也经历了从地雷到水雷的发展过程，由于早期的水中爆炸性武器大都是静止的水雷，只能被动防守，无法主动出击，属于使用守株待兔战术的武器。因而中西方都在摸索一种具备爆炸效果，但是能主动攻敌的水中兵器。根据明代《武备志》记载，当时的中国水师曾创造并装备了一种独特的武器——连环舟，外观是一艘完整的军舰，实际是由相对独立的两部分组成，军舰前半载有各类爆炸物，类似一个大战斗部，船头还安装了带有倒刺的大钉，而军舰后半部则供水兵操舵划桨。作战时，冲向敌舰，军舰前半部分钉在敌舰上，依靠引爆载运的爆炸物攻击敌舰，而后半部则乘势脱钩，由士兵安然驾驶返航。1585年，亚平宁半岛上的意大利人也有相近的尝试，采用一条小船装载依靠类似钟表的延时机构控制的爆炸物摧毁了一座桥梁。尽管古代这些水中爆炸性火器的奇特构思都不够成熟完善，没有真正得到普及发挥大的作用，但却标志着海战武器的复杂程度即将进入一个全新的时代。

鱼雷和鱼雷艇的诞生

古代诞生的水中爆炸性火器在近代逐渐发展完善。在为了各自的信仰而手足相残的美国南北战争中，近代水雷获得了首次充分的运用，南北双方都有大量的舰船命丧水雷之手，“南北花旗之战始为伏雷以捍海口”。当时的水雷外形千奇百怪，大小也不尽相同，通常是悬浮在水中，利用电线与岸上的击发装置相连，由岸上观察站的控制人员控握时机采用电击发引爆。此外也有通过自身的触发装置直接引爆的自动触发水雷，不过这种不长眼睛的水雷经常会六亲不认，干些大水冲了龙王庙的勾当，因而被认为不如电发水雷可靠。尽管水雷兵器自身威力巨大，对舰船有很大的威慑力，但与在古代遇到的挑战一样，存在有与生俱来的缺陷，就是只能株守防御，用于被动防守港口等，而无法主动出击攻敌。为了解决这对矛盾，美国人在

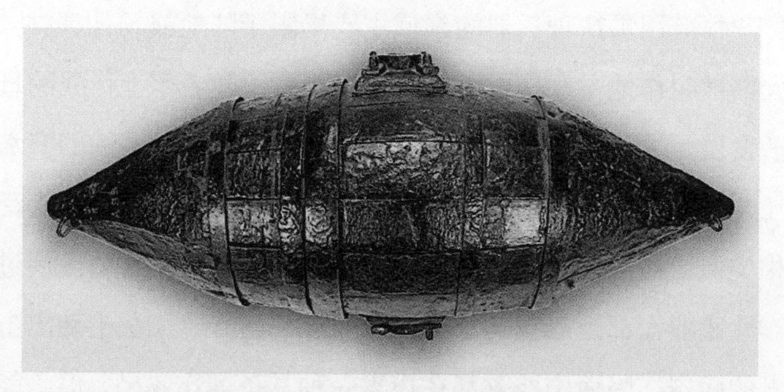

美国南北战争时期双方使用的橄榄形触发水雷，属于当时威力惊人的水中武器，能够对舰船构成很大威胁，不过也经常出现误炸己方舰船的情况。

照片中后排大型的物体是北洋海军使用的各型水雷，前排则是淮系陆军使用的地雷。

南北战争中创造过勉强能够主动出击的圆柱形水雷，以及在水底暗送水雷攻敌的早期潜水艇，不过这些设计复杂繁琐的兵器都并不完善可靠，因而没有多少实用价值。

不久，几种看似简单但更为实用有效的设计出现了。首先是拖雷，即拖带水雷，设计思路非常的简单，军舰用绳索拖曳着水雷航行，遇到敌船时，通过调整航向，使在舰艉之后远远拖着的水雷碰上敌舰，从而达到攻击目的。最初只是在军舰艉部绑缚 1 根绳索拖曳水雷，到后来发展为绑缚 2 根，各与军舰成 30 度角，比绑缚 1 根的效果要好。另外还有一种设计，在蒸汽小舢板上安装 8 ~ 9 米长的铁杆，将小型水雷绑缚在铁杆的杆首，平时铁杆缩在艇中，接近目标后骤然伸出，“掣杆发之”，攻击敌舰，这种爆炸武器被称为杆雷，搭载杆雷的小艇则叫作杆雷艇。拖雷艇经过多方试验后，发现存在使用难度大，成功率小，危险系数高等负面因素，因而没有被大量采纳运用，只有俄罗斯等一些国家早期进行了装备。杆雷艇虽然较拖雷艇更为可靠，但是这种小型船艇要攻击敌舰，必须冒着枪林弹雨突击到离目标极近的距离上，危险性很大，而且因为杆雷艇的碰杆长度有限，杆雷触发爆炸时产生的巨大余波，很可能波及近在咫尺的己艇，“杆之长度有限，即能掩击，虑难自全”，颇有一些自杀武器的意思，因而各国海军对这种搞不好就会玉石俱焚的玩意也都不同

杆雷艇一般装有铁制的碰杆，碰杆端头绑缚炸药，可用触发、电发等多种形式引爆，图中表现的是美国南北战争时北方杆雷艇突击南方铁甲舰的情景。

程度持有保留态度。[①] 拖雷、杆雷，这两种不够成熟的海战武器，可以看作是近代发展水中自航爆炸性武器的开端，很快，一种在兵器史上占有重要地位的特殊水雷就出现了。

罗伯特·怀特黑德（Robert Whitehead），是英国一个棉花漂白商的儿子，自幼就对机器设备有股子天生的兴趣，14 岁时曾跟随一个工程师充当学徒，周游欧洲推销纺织机械，眼界为之大开。1856 年开始，落足在奥地利一家机械公司担任工程师、经理，意奥战争期间这家公司受命为奥地利海军大量制造提供舰船机械设备，怀特黑德于是藉此开始涉足海军技术领域。得到好友奥地利海军上校卢俾士（Giovanni Luppis）有关鱼形机动水雷设想的启发，1866 年，怀特黑德在奥地利的飞雄门（今克罗地亚港口城市里耶卡 Sankt Veitam Flaum）成功制造并试验了世界上第一条自航的水雷。据目击者记录，这个钢制细长的水雷两头尖锐，外形非常像海豚或鱼，当时中国因此就将这类鱼型的水雷命名为鱼雷，汉语中的鱼雷一词就这样诞生了。在后来天津北洋水师学堂鱼雷专业的教材中，对这一命名的来由有十分

① 有关拖雷、杆雷的情况见许景澄：《外国师船图表》，柏林使署光绪十二年石印版，卷十，第 6—7 页。

精彩的记述，“……其身圆长，前后体尖，头有圆嘴，后有双轮，能以行驶。似鱼有翅有尾，能自上下，驶行水中，如鱼之游泳，有鱼之形，有雷之力，行速力猛，能击沉敌船，故谓之鱼雷。”[①] 现在看来，当时怀特黑德试制的这条鱼雷已经初步具备了现代鱼雷的许多重要特征，鱼雷的头部可以使用装满炸药的战雷头，或者采用训练用填充砂石（后改进为内部采用铁饼和木框架结构）的操雷头，鱼雷中部则是压缩空气舱，中国称为天气舱，储存在内的压力为 370 磅 / 平方英寸的压缩空气通过带动尾部的双缸 V 形发动机，驱动仅有的一个螺旋桨叶转动（后期型号的鱼雷上开始采用共轴反转双螺旋桨，即双轮），从而达到自航的效果。尽管这种鱼雷的射程仅仅只有 200 米左右，定深和航向控制等设计上都存在很多不足，但毕竟这是水中兵器发展史上破天荒的第一次，圆了人类千年以来关于自航武器的梦想。这种能够自己航行、主动出击攻敌的特殊水雷让各国海军界为之震惊，怀特黑德和他的鱼雷由此名载史册。由于鱼雷能够直接威胁当时军舰防护最为薄弱的水下部分，世界海军的舰船设计、战术思想、作战样式受此影响，开始发生翻天覆地的变化。

怀特黑德的英语单词直译成中文的意思是白头，因而怀特黑德鱼雷在中国又被称为白头鱼雷。经过对最初型号的不断改进，白头鱼雷的设计渐趋成熟，1872 年，怀特黑德在奥地利飞雄门开设专门的鱼雷工厂，开始批量生产鱼雷，怀特黑德的母国英国也不惜重金购得专利，在乌理治兵工厂制造白头鱼雷。其他如俄国、法国等国也看到了鱼雷武器的使用前景，纷纷解囊购入，并开始自行仿制，在各国五花八门的白头鱼雷翻版、盗版型号中，最卓有成效的是德国。设计制造的起初，白头鱼雷外壳的材料使用的是钢，钢虽然材质坚硬，但是不耐腐蚀，经常性地浸濡水中，

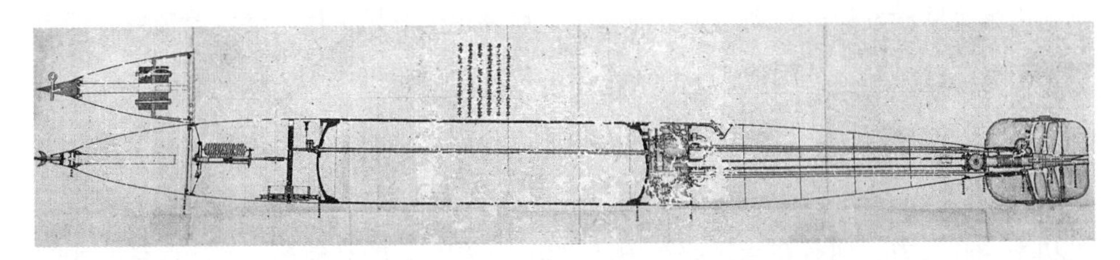

清代宫廷收藏的一幅黑头鱼雷剖视图，与现代的鱼雷相比，这种鱼雷的外形更接近鱼的形象。

① 黎晋贤：《鱼雷图说》，光绪十六年李鸿章署检本，第 5—6 页。

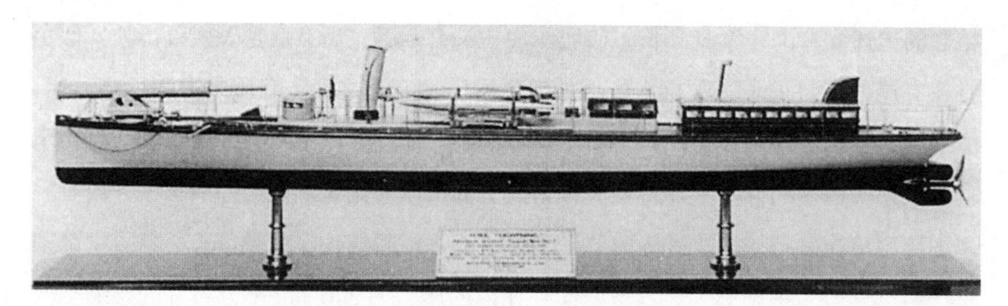

世界上第一艘近代化鱼雷艇，英国的“闪电”号的原厂模型。从模型可以看到，“闪电”已经装备了当时被称为鱼雷炮的鱼雷发射管，甲板两侧还有2枚装在运输车上的待发鱼雷。

雷壳不可避免地会被锈蚀，对于需要频繁在水中练习发射和回收的鱼雷，这个缺陷是令人头疼的。当时以冶金工业闻名于世的德国，在金属铸造加工技术方面足令各国无法望其项背，德国刷次考甫（SchwartzKopf）工厂在分析、仿造白头鱼雷的基础上，对雷壳的材料进行了更换，舍弃容易锈蚀的钢铁，尝试改为使用一种特殊的材料——磷铜，即在克虏伯公司用于生产火炮的炮铜内加入磷青，从而去除铜材内的杂质，使得铜质更为坚绵耐腐蚀。这种磷铜的制造方法在德国是不传之密，似乎是刻意要对应被称为白头的英国鱼雷，中国史籍中给可靠耐用的德国刷次考甫磷铜鱼雷取了个略显古怪的名字，黑头鱼雷。白头、黑头成为了近现代世界上两种最负盛誉的鱼雷类别，二者间此后不断在鱼雷的性能方面展开竞赛，为鱼雷兵器的发展起到了极大的推动作用。

鱼雷诞生后不久，即引起各国注意，开始大量进入各国海军。鱼雷的使用方法，起初大都是在船面设置发射槽，或者直接借助原始的鱼雷发射架抛射到海中，甚至干脆由人来驱动发动机转动后扔到海里，之后才逐渐开始采用管装发射装置，即鱼雷发射管。1876年，英国建造了世界上第一艘专门以鱼雷作为主战武器的军舰——“闪电”号，这艘排水量仅有32.5吨的小艇，开创了舰船史上一类新型的舰种——鱼雷艇。“闪电”号长25.76米，宽3.28米，吃水1.57米，采用机车式锅炉，主机功率460马力，拥有在当时海军中非常惊人的19节的高航速。[1] 这种高航速的设计是19世纪乃至现代鱼雷艇的共同特征，与鱼雷艇的使用战术有密切关系，攻

① *Conway's All The World's Fighting Ships 1860—1905*，Conway Maritime Press 1979，p101.

击时高速突袭，发挥出其不意的效果，而且能逃避敌方火力的攻击。由于鱼雷艇自身武器单一，万一没有命中目标，撤退时更需要极高速度，飞奔绝尘而去，因而乘坐在鱼雷艇中颇有一点现代冲锋舟、摩托艇的感觉。从外形看起来，这艘小船的船体部分就是豪华的机动汽艇，然而艇艏甲板上赫然出现一个看似比较怪异的鱼雷发射管，鱼雷艇后方还有个奇特的小型司令塔，在艇的中部两侧，露天各有一辆鱼雷运输车，装填时沿着轨道将这装载鱼雷的小车推至鱼雷管后部进行装填。显然，“闪电”的设计并不适合实战，因为在露天甲板上设置鱼雷运输车是极为危险的事情，高速航行时，在舰面工作的人员会遭受风浪和敌方炮火的双重威胁，实际上，“闪电”只是鱼雷艇这一新舰种的验证舰，属于概念性武器。在此基础上，1878 年，英国第一种成熟型的鱼雷艇诞生出来，法、俄、意等传统海军强国也紧随其后，建造装备鱼雷艇。19 世纪中期之后开始诞生的鱼雷艇，主要分为大艇、小艇两种，大艇吨位较大，除了鱼雷发射装置外，一般还配有数门小口径的速射炮作为自卫武器，这种艇的一支后来逐渐发展进化为近代驱逐舰，而小型鱼雷艇吨位小，载煤有限，而且不耐波涛，自航能力差，通常是附带在大型军舰或专用趸船上一起出海，到达作战海域后吊放至水中，发挥奇兵的作用。

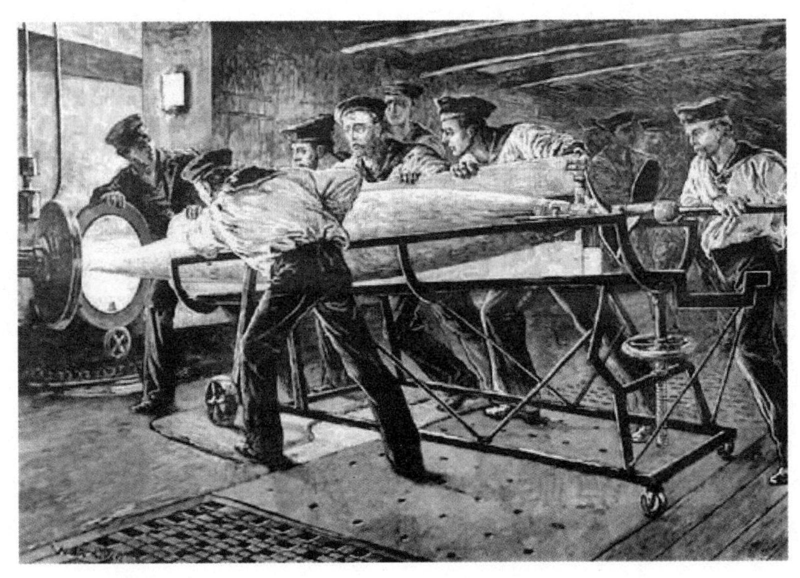

早期发射“白头”鱼雷的场景，图中的鱼雷是装在专门的发射架上进行发射的，而现代所熟知的鱼雷发射管，则是此后才诞生的产物。

随着鱼雷和鱼雷艇的出现，世界的海洋上开始更加热闹起来。但是需要引起今天注意的是，当时的鱼雷兵器虽然威力巨大，但可靠性并不乐观，偏离航向是司空见惯的事情，甚至1879年智利和阿根廷的海战中，还出现了发射出去的鱼雷自己掉头跑回家自摆乌龙的离奇事件。而且，早期的鱼雷射程普遍较短，高速发射时一般在200～300米左右，低速发射时可以达到500米，在枪林弹雨中，要逼近到如此近的距离上发射鱼雷，显然对发射人员的心理素质有着极高的要求，英国海军章程就明确规定，“雷艇必用敢死之士”。[①]除了射程短、航向不准外，当时的鱼雷定深也极为繁琐复杂，必须统一在维修车间进行定深后再装上舰船，作战过程中就无法再调校定深，一定程度上也影响了鱼雷命中的精度。尽管有诸多不足，但是鱼雷作为19世纪海军中最新潮、最具威力的武器，开始得到了广泛的使用，并对火炮这一传统的海上利器提出了挑战。

鱼雷艇进入中国

两次鸦片战争之后开始洋务自强运动的中国，一朝主动打开国门，对外来新生事物的接受能力之强，可能远远超出今天人们的想像。由曾国藩、左宗棠、李鸿章等一批地方实力派官僚的发起、推动，中国从一个落后的封建古国，开始艰难地向国际政治舞台迈步，国内生活各个方面也都缓慢地开始了变化。

在以军事自强为核心的洋务运动早期，中国对于世界军事领域的新发明、新武器保持着极高的关注度，紧追世界潮流。1874年10月，北洋大臣李鸿章受邀，在天津大沽口参观俄国军舰时，第一次见到了发射鱼雷的表演，立刻为这种新式武器所折服。中国自建设近代海防开始，在购造西式军舰的同时，就曾采购和仿造过大量的水雷用于要港防御，深知水雷的惊人爆炸威力的李鸿章，突然看到了一种能够自己航行攻敌的特殊水雷，不啻于如获至宝，这以后，李鸿章变成了中国高层官场著名的鱼雷迷，中国近代海军的鱼雷装备工作经他的一手推动，轰轰烈烈开展起来。

1879年，中国首先订造了一艘小型的杆雷艇，这艘艇的订造结果成了一场让人懊丧的负面例子。小杆雷艇的订造工作完全经中国雇用的洋员柏恩之手，接手订

---

① 余思诒：《航海琐记》，缩微中心2000年版，第352页。

单的是伦敦一家非常之小的船厂——D. J. Lewin Fulham，中国史料称为雷赢船厂。当年5月，中国留欧学生华监督李凤苞在翻译罗丰禄、柏恩教习的哥哥柏次（J. A. Betts）陪同下视察订造的雷艇（柏恩当时称自己并不清楚雷艇在何厂建造，很有可能具体经办的乃是柏恩的哥哥柏次）。

根据李凤苞在日记中的记载，雷赢船厂的占地“仅数亩，木栅围之，前临江干板屋四间为绘画书算之处，工匠不过30人，汽机唯八匹马力者一具”，场面极为寒酸。当时厂中在造的一共有5艘小艇，1艘是英国海军部订购的雷艇、3艘是暹罗国订造的游艇，剩余的1艘在造的就是中国订购的小雷艇。

这艘雷艇长15.85米、宽2.13米、吃水1.06米、排水量12吨，艇体钢制，艇内分为6个水密隔舱，鱼雷艇设计航速16节，装备杆雷发射装置3具。[①] 依据李鸿章的创想，洋员J. A. Betts设计了一套联动装置，可以在司令塔里直接操控杆雷。[②] 李凤苞视察时这艘小艇的骨架铁胁已经搭建完毕，刚刚铆接了几块船壳板，因而可以看见内部的工艺情况，竟然发现骨架、船壳板都没有镀锌防锈，质问船厂时，船厂首先回答与柏恩教习签订合同时并没有约定要镀锌，年仅20多岁的厂主雷赢称自己厂中并没有镀锌设备，如要镀锌需要将工期延长并且要增加船价，哭笑不得的李凤苞只得作罢，按照合同办理。

未曾料想的是不久之后再起波澜，雷赢杆雷艇建成后测试的航速未能达到设计要求，李凤苞委托中国海关驻伦敦办事处主任金登干帮助交涉。金登干向雷赢厂提出航速“应该毫不困难、毫不拖延地得到矫正”，[③] 孰料毛头小伙雷赢竟无赖地称根本没有打算要给这艘雷艇测航速，因为合同中没有写入测试航速的条款。金登干与之争辩，可是考虑到“这位承包商根本没有资金，由于他轻诺寡信，已给海军部造成许多麻烦。鱼雷艇货款的四分之三已经支付给他，如果拒绝接受鱼雷艇，货款大概无法追回，因此，只好把现有的鱼雷艇接受下来，让中国人从经验中去汲取才智”，最后经过金登干的努力，以雷赢厂为航速损失赔偿160英镑了事。[④]

---

① 李凤苞：《使德日记》，上海著易堂1891年版。А.кобылин，Суда Китайского Торпедного Флота 1879–1945гг，Москва 2008，p3.

② 中国近代史资料丛刊《洋务运动》8，上海：上海人民出版社1961年版，第396页。

③ 《中国海关密档》2，北京：中华书局1995年版，第191页。

④ 《中国海关密档》2，北京：中华书局1995年版，第197、217页。

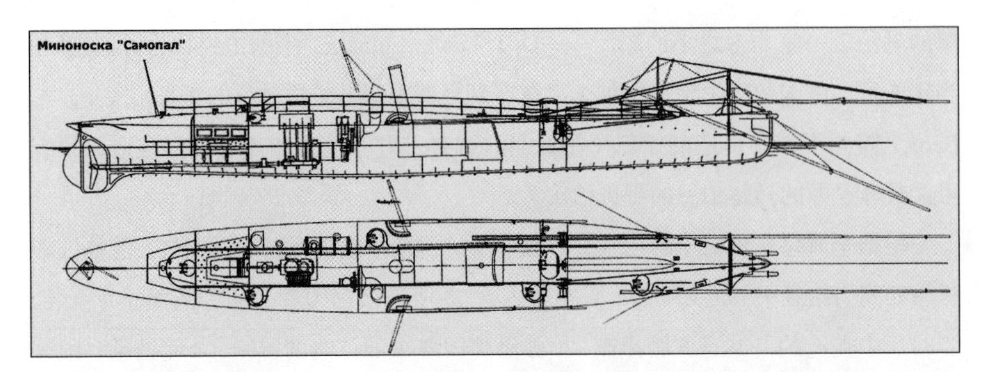

俄罗斯海军早期鱼雷艇 Raketa 两视图，北洋海防订造的第一批鱼雷艇与此同型。

关于这艘杆雷艇目前所能查到的最后记载来自1879年8月19日的《泰晤士报》，称已经从伦敦运往中国上海，之后将运送至天津，成为天津水师学堂鱼雷专业的练习船，“这只船是试验性质，用意是把它作为一批中国海防鱼雷艇中的第一只”。[①] 但是此后不知为何在中国的史料中查不到有关这艘杆雷艇的只字片语，使得它的下落成了个谜。

在纠缠于雷赢厂的杆雷艇同时，中国又向英国定造了2艘“超勇”级撞击巡洋舰，承造军舰的阿姆斯特朗公司最初许诺，这级巡洋舰上会装备新潮的舰载小型鱼雷艇，这或许是李鸿章决策购买这些军舰的先决要素之一。令人失望的是，后来在“超勇”级军舰的建造过程中发现，过小的舰体无法承载鱼雷艇，遂被迫折中变通，更改为搭载体量更小的杆雷艇。想获取鱼雷艇的满腔欢喜迎来了一盆冷水，雷赢厂和“超勇”级军舰上的这3艘杆雷艇给中国人上了痛苦的一课，这两次挫折可以看作是中国购买近代鱼雷艇的最早尝试。

1880年，中国特使李凤苞在欧洲办理定购大型铁甲舰的同时，北洋大臣李鸿章特别对其作出指示，要求设法在欧洲购买2艘新式鱼雷艇。李凤苞遂多方寻访、比较，1880年8月28日在参观德国伏尔铿造船厂时，恰好见到该厂为俄罗斯海军建造的1艘“水面射鱼雷兼带四杆雷之出海艇”，甚觉合式，立即向伏尔铿造船厂

① 中国近代史资料丛刊《洋务运动》8，上海：上海人民出版社1961年版，第396页。

调阅图纸、合同。[①]当年10月21日，李凤苞与伏尔铿造船厂签订合同，以65000马克价格订造1艘，约期4个月建成，是为中国购买正式鱼雷艇的开始。[②]

这艘鱼雷艇属于德国建造的第一型采用鱼雷发射管装置的鱼雷艇，伏尔铿造船厂的船体编号99，刚好排列在“定远”舰之前。该艇的排水量28吨，水线长26.16米，宽3.16米，艇艏吃水0.65米，艇艉吃水1.57米，装有一座小型的机车式锅炉（一种小型燃煤锅炉的名称，主要用于鱼雷艇等小型船只）、一台双汽缸蒸汽机，功率250马力，单轴推进，航速18.2节，煤舱容量12吨。艇上的主要武器是1具14英寸口径固定式鱼雷发射管，安装在艇艏内部，使用黑头鱼雷，艇上还配备4座雷杆（2枝朝向艇艏，可以伸出6米长，2枝朝向舷侧，可作150度旋转），另外装备有1门用作近距离防御武器的37毫米口径哈乞开司五管机关炮，全艇编制人数为16人。[③]

根据原计划，李凤苞准备前往法国地中海造船厂也考察、订造1艘新式鱼雷艇，然而地中海船厂的建造类似鱼雷艇的报价为14万余法郎（约合105000马克），而德国伏尔铿造船厂表示如果继续建造同型艇，仅需5万马克，李凤苞于是在1880年末又向伏尔铿造船厂追加订造1艘同型艇，工厂建造编号102。[④]

1881年夏天，伏尔铿造船厂用轮船将建成后的这2艘鱼雷艇从司丹丁拖至瑞纳门海面航试，并测试鱼雷和各种兵器，结果令人满意。由于鱼雷艇无法自航到中国，经中国驻德使馆联系运输船只和安排拆运事宜，鱼雷艇被拆解装成8箱，1882年3月15日由德国商船“批纳士”号装运往天津交付，同时雇佣德国工程师区世泰、卜里士前往中国协助组装。[⑤]后来在工程师英国人葛兰德、安得森等的指导下，在天津大沽船坞组装成功，分别命名为“乾一”“乾二”。[⑥]这两艘中国最早的鱼雷艇，

---

① 《李凤苞往来书信》上，北京：中华书局2018年版，第252—253页。

② 《李凤苞往来书信》上，北京：中华书局2018年版，第301—302页。

③ Richard N J Wright，*The Chinese Steam Navy*，Chatham Publishing London 2000，p179. *Conway's All The World's Fighting Ships 1860—1905*，Conway Maritime Press 1979，p400.А.кобылин，Суда Китайского Торпедного Флота 1879—1945гг，Москва 2008，p5.《李凤苞往来书信》上，中华书局2018年版，第301—306页。

④ 《李凤苞往来书信》上，北京：中华书局2018年版，第346页。

⑤ 《李凤苞往来书信》下，北京：中华书局2018年版，第543页。

⑥ 《清末海军史料》，北京：海洋出版社1982年版，第157页。

搭载在“定远”舰上的“雷龙”“雷虎”鱼雷艇

因为吨位较小，主要用于天津白河水域的防守，并不出远海作战，在此后的中国海军历史中也很少露面。最后它们的踪迹出现在旅顺基地，1884年在营建旅顺基地过程中出于工程需要，有档案记载旅顺基地曾将2艘小型鱼雷艇改装成拖轮使用，重新命名为“旅顺工程一号”“旅顺工程二号”，根据时间来看，很可能是“乾一”“乾二”。

由这两艘小型鱼雷艇开始，北洋海防购买鱼雷艇的步子一迈而不可收，李鸿章接连要求在新购的“定远”级铁甲舰和“济远”级穹甲巡洋舰上都装备舰载雷艇，样式和此前“超勇”“扬威”搭载的杆雷艇相似。其中“定远”“镇远”铁甲舰的舰载艇分别命名为“定一”“定二”“镇一”“镇二”，由伏尔铿造船厂建造，艇体钢制，外观类似火轮舢板，排水量15.7吨，艇长19.74米，宽2.59米，吃水1.07米，采用1座机车式锅炉、1座蒸汽机，单轴推进，功率200马力，航速15节。[①]“济远”级穹甲巡洋舰搭载的2艘雷艇略小，长15.9米、宽2米，航速16节。[②]

就在北洋海防大张旗鼓购买鱼雷艇的同时，濒临南海的粤洋也开始了获取鱼雷

① Richard N J Wright，*The Chinese Steam Navy*，Chatham Publishing London 2000，p179. *Conway's All The World's Fighting Ships 1860–1905*，Conway Maritime Press 1979，p400.А.кобылин，Суда Китайского Торпедного Флота 1879—1945гг，Москва 2008，p6.

② А.кобылин，Суда Китайского Торпедного Флота 1879—1945гг，Москва 2008，p4.

艇的努力。1882年，趁北洋在德国定造铁甲舰之际，继北洋的“乾一”“乾二”之后，两广向德国伏尔铿厂定造了2艘鱼雷艇，分别取名为“雷龙”“雷虎”。[①]建造编号119、120，艇长33.52米、宽4.11米、吃水1.68米，排水量59吨，1座蒸汽机、2座锅炉，单轴推进，主机功率900马力，航速19.5节。[②]由于小型鱼雷艇不可能自行远航回国，“雷龙”“雷虎”后来搭载在北洋水师的“定远”号铁甲舰上顺道回国。

似乎是要抢李鸿章北洋的风头，就在李鸿章随军舰购入一批舰载鱼雷艇时，1884年，两广总督张之洞通过上海泰来洋行，在德国挨吕屏什好船厂（Elbing Schichau，又译为实硕、希肖）一口气定造了9艘鱼雷艇，其中8艘索性用传统的伏羲八卦分别命名，称为“雷乾”“雷坤”“雷离”“雷坎”“雷震”“雷巽”“雷艮”“雷兑”。[③]这批八卦鱼雷艇为同级，属于钢制单雷艇，即只有1个鱼雷发射装置的鱼雷艇，排水量26吨，艇长26米，宽3.58米，吃水1.5米，主机功率420马力，航速19.5节，煤舱容量5吨，武器为艇艏的1具14英寸口径鱼雷发射管。在德国造成后拆解运输回国，在广东黄埔船坞组装。[④]一时间，北洋、粤洋鱼雷艇无处不在，李鸿章、张之洞共同促成了鱼雷艇兵器进入中国的风潮。

购艇活动继续

19世纪中后期新出现的鱼雷和鱼雷艇兵器，对海军专业人才的素质提出了极高的要求。和传统的军舰不同，鱼雷艇上无法容纳太多的人员，而且鱼雷兵器操纵复杂，无论是瞄准、调校方位、深度以及发射，难度都大大超过火炮等兵器，这就要求在艇的官兵必须非常精干，都得极为熟悉自己的业务技术。同时，鱼雷和鱼雷艇的战备保养，以及定深等工作同样需要专业技术人员来担当。因此，购买鱼雷艇的早期，在李鸿章等官僚一手创办下，鱼雷艇官兵和技术工程人员的培养工作也随

① 池仲佑：《海军大事记》，台北：台湾文海出版社1975年版，第8页。

② *Conway's All The World's Fighting Ships 1860—1905*，Conway Maritime Press 1979，p400.

③ 池仲佑：《海军大事记》，台北：台湾文海出版社1975年版，第8页。

④ А.кобылин，Суда Китайского Торпедного Флота 1879—1945гг，Москва 2008，p8.《德国什好鱼雷船图纪》，光绪戊子上海泰来洋行石印版。

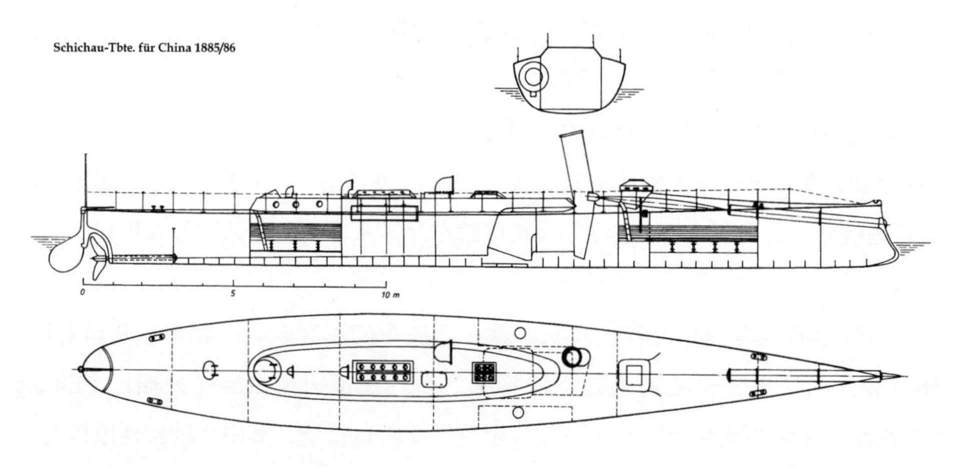

两广订购的八卦鱼雷艇线图

之开始。

1877年，福建船政派出第一批海军留欧学生，其中留学法国学习造船的部分学生，专门进行了鱼雷和鱼雷艇构造知识的专门培训。1880年，北洋在德国洽谈定造“乾一”“乾二”鱼雷艇以及“定远”级铁甲舰时，李鸿章专门从天津机器局等处抽调了技术工人，有针对性地派往伏尔铿和刷次考甫工厂，学习鱼雷和鱼雷艇的修造，次年福建第二次派出海军留学生时，也同样派出海军学生前往德国刷次考甫鱼雷工厂实习。在此期间，北洋海防还派出一批海军军官前往德国学习鱼雷艇驾驶专业，后来这批人员大都成为北洋海军鱼雷艇的管带。在向国外派出留学生的同时，1881年李鸿章指令直隶候补道刘含芳在山东威海着手创办鱼雷营，集中操练购买的鱼雷艇，并开始大批培养鱼雷专业军士和水兵，后来天津北洋水师学堂也开设专门的鱼雷专业，这一切都在为即将到来的大规模装备鱼雷艇的活动预先进行人员储备。

中法石浦海战中，正在抵御法国杆雷艇进攻的“驭远”舰。法国在中法战争中投入大量鱼雷艇用于实战，并取得一定战果，激发了中国发展鱼雷兵力的决心。

正当中国近代海军建设如火如荼开展着时，1884年中法战争爆发，马江鏖战，船政水师几乎全军覆没。海战中，法国舰队派出杆雷艇向中国军舰发起攻击，其中

中法石浦之战中法国杆雷艇偷袭南洋水师“驭远”舰的情景

法国45号杆雷艇更是重创了福建船政水师的旗舰“扬武”号。此后不久，1885年南洋水师南下增援福建的军舰，在浙江石浦再度遭遇法国杆雷艇偷袭，波涛之中掣电而来的这种武器，给中国海防带来的震动无疑是巨大的。

中法战争结束后不久，署理船政大臣张佩纶随即上奏清廷，首先指出：“(鱼雷)实有开溟跋浪之奇，激电惊霆之势。马江之役，法有鱼雷而我无之，深受其害，至今尤痛定思痛也”，随即提出为福建购买一艘伏尔铿制造的头等出海大艇，以及一批刷次考甫鱼雷的请求，并表示所需款项将全由闽浙两省自行筹措，不占用中央财政经费。特别值得一提的是，张佩纶在奏折中还提出了一个颇有远见的计划，即等这艘鱼雷艇购回后，船政将按样仿造一批，在马尾对岸的乌龙江内进行编队训练，奏上不久，清政府很快就予以批准。[1]

船政定造的这艘鱼雷艇，属于头等的大型出海鱼雷艇，即近现代驱逐舰的始祖，由于从来没有建造过这么大的鱼雷艇，底气不足使得伏尔铿船厂表示放弃订单，这笔5万7千两银的订单最后转给了以造鱼雷艇闻名世界的德国希肖船厂。厂方不敢怠慢，组织大量熟练技术工人，开始了德国造船工业史上第一艘排水量突破100吨

①《定购鱼雷艇片》,《船政奏议汇编点校辑》, 福州: 海潮摄影艺术出版社2006年版, 第266页。

的鱼雷艇的建造。

这艘大型鱼雷艇后来被命名为“福龙”，英文译名 *Fu Lung*，在德国档案内被称为 S10，排水量 120 吨，艇长 42. 75 米，宽 5 米，吃水 2. 3 米，动力系统为 1 座三胀式蒸汽机和 1 座机车式锅炉，单轴推进，航试时测得功率高达 1597 匹马力，测试航速为惊人的 24. 2 节，超过了原先 23 节的设计要求，煤舱标准容量 14. 5 吨，最大容量 24 吨。

龟壳状的艇艏左右各有 1 具 14 英寸鱼雷发射管，除标配的 2 枚刷次考甫黑头鱼雷外，艇上另可装载 2 枚备用鱼雷。艇艏之后是一座碉堡状的司令塔，用来操纵驾驶和控制前部的 2 具发射管，在“福龙”艇的后部甲板上，还有 1 具可以旋回的 14 英寸鱼雷发射管，配合这个发射管，在附近另有一座备用装甲司令塔，两座装甲司令塔均可以用于操纵军舰，司令塔顶部还各装备 1 门 37 毫米口径哈乞开司五管机关炮。因为“福龙”艇体积较大，不便于拆卸回国组装，所以在“福龙”艇上

西方铜版画：“福龙”号鱼雷艇。这艘 3 根桅杆的大型出海鱼雷艇，是德国造船工业建造的第一级突破 100 吨的鱼雷艇，属于里程碑式的产物。

还架设有3根桅杆，用于扬帆远航。[①]1886年9月24日，在德国海军官兵驾驶下，“福龙”艇到达福州马尾交付给船政，中国拥有了第一艘头等鱼雷艇。

继张佩纶之后出任船政大臣的裴荫森，以在任期间造船成就突出而闻名，1885年就开始委派曾留学德国的工程师陈才鍴在船政创办鱼雷厂，自行生产和维护黑头鱼雷，“臣等深维鱼雷为海防制胜利器，必须中国能自制造，始足以张我军威”。[②]“福龙”艇回国后，裴荫森立刻上奏清廷，请求下拨经费，仿造一批，后因经费无着，一直没有进展。1890年，新任船政大臣卞宝第认为，鱼雷艇作战讲究成队出击，福建仅有的这一艘鱼雷艇过于单薄，在没有能力继续购买或建造的情况下，不如撤去，无论南洋北洋，只要出6万两银就可以领走，所得的钱充作闽江口的海防经费。很快，“福龙”艇便北上而去，编入了北洋名下。[③]

张佩纶购买的头等鱼雷艇当时令李鸿章极为羡慕，1886年，与向欧洲购买“致远”“经远”级巡洋舰几乎同时，北洋海防开始了一轮集中购买鱼雷艇的行动。其中最引人注目的是在英国定造的大型鱼雷艇，这艘后来被命名为“左队一号”（简称左一）的鱼雷艇，由英国著名的鱼雷艇制造厂家亚罗船厂建造，排水量略小于“福龙”号，为90吨，外形尺寸也略小，艇长39.01米，宽3.81米，吃水1.91米，动力系统采用的是1台立式三胀蒸汽机，和1座机车式锅炉，单轴推进，功率1000匹马力，航速23.8节，煤舱标准载煤12吨，最大载煤20吨。比较特别的是，这艘英国建造的鱼雷艇装备采用了德国刷次考甫公司生产的鱼雷发射管和黑头鱼雷，艇艏左右各设1具14英寸口径鱼雷发射管，艇后部甲板上另有1具可以旋转的14英寸口径鱼雷发射管，此外装备了2门37毫米口径哈乞开司五管机关炮，全艇编

---

① 《添购雷艇配用炮位雷机片》，《船政奏议汇编点校辑》，福州：海潮摄影艺术出版社2006年版，第325页。*Conway's All The World's Fighting Ships 1860—1905*，Conway Maritime Press 1979，p400.

② 《核定鱼雷厂名额、薪工，恳恩饬部立案折》，《船政奏议汇编点校辑》，福州：海潮摄影艺术出版社2006年版，第335页。

③ 《闽防拟设水雷营，变通筹款折》，《船政奏议汇编点校辑》，福州：海潮摄影艺术出版社2006年版，第413—414页。池仲佑：《海军大事记》，台北：台湾文海出版社1975年版，第12页。

“左一”鱼雷艇在亚罗船厂航试时的照片

制33人。[1] 由于考虑可以随同“致远”“经远”级4艘军舰一起被拖带回国，为节省经费，“左一”鱼雷艇建造时降低了某些远航的技术要求，艇上只加装了一根桅杆，建成后的“左一”由“来远”舰使用钢缆拖带回国，航行过程中钢缆多次脱落断裂，险象环生，最终于1887年12月平安到达祖国。

对于“左一”号鱼雷艇更多的情况，当时上海出版的英文报纸《北华捷报》曾登载过一篇令人身临其境，颇有价值的报道：“在它的船头有两具刷次考甫鱼雷发射管，第三具鱼雷发射管被安置在船尾的甲板上，每枚刷次考甫鱼雷重约270公斤，长约4.6米，做过最先进的技术改进。船头的鱼雷入射角为7度，通过空气压力发射。船尾的鱼雷采用火药动力发射，鱼雷发射舱采用电力控制，鱼雷发射管定位在旋转轴上，几乎可以全方位发射。同鱼雷相连的是一个能显示敌舰速度的导航装置。甲板上有7门机关炮，其中3门是4磅弹的格林炮，还有1门机关炮被装在指挥塔顶端。

① 中国近代史资料丛刊《洋务运动》3，上海：上海人民出版社1961年版，第60—61页。余思诒：《航海琐记》，缩微中心2000年版，第272页。*Conway's All The World's Fighting Ships 1860–1905*，Conway Maritime Press 1979，p400.

艇长在指挥塔里可以指挥船的一切行动，包括发射船头的鱼雷。指挥塔中的控制杆、话筒和方向舵相互离得很近。和其他船一样，它使用电力照明。它利用蒸汽拉响船笛。船的烟囱是双层设计，无论内层有多么热，外层的油漆也不会受热剥落。”

北洋海防鱼雷艇大采购计划的另外部分，是向德国伏尔铿造船厂陆续定购的5艘鱼雷艇，这批鱼雷艇或是拆散搭附商船，或是装在“镇远”号铁甲舰上运输回国，后来被命名为“左二”“左三”“右一”“右二”“右三”，设计和各项参数基本相似，近似于同级，与广东水师在伏尔铿造船厂定造的“雷龙”“雷虎”属于姊妹艇。[①]其中，“右二”“右三”是北洋海防鉴于“定远”舰已经被安排帮助广东搭载“雷龙”“雷虎”，遂依样订造，由“镇远”运输回国。

这级艇的体形比较大，仅次于头等出海鱼雷艇，排水量59吨，艇长33.52米，宽4.11米，吃水1.07米（“右二”“右三”排水量65吨，长32.5米，宽3.96米），“左二”“左三”“右一”主机功率338匹马力，航速13.8节，其余2艘功率442匹马力，航速15.5节。这级艇的主要武器是安装在艇艏左右两侧的2具14英寸口径鱼雷发射管，以及两座司令塔顶部的2门37毫米口径哈乞开司五管机关炮。[②]

根据中国第一历史档案馆所藏的一张“右一”鱼雷艇图纸来看，这级艇外观和当时的封闭式鱼雷艇类似，艇艏是龟甲状甲板，烟囱偏离艇体中线，安装在靠近右舷的位置，以方便装填鱼雷，艇上共有2处司令塔，一座位于艇艏龟甲甲板末端，另一处在艇艉。此外，艇上还有一处露天的双联舵轮和一座露天磁罗经，可能是用于平时操舰航行。最为有价值的是，图纸上给出了当时鱼雷艇的内部情况，从剖视图上可以清楚看到内部鱼雷发射管的安放方式，令人惊讶的是，在内部空间狭小如潜艇，排水量仅有几十吨的鱼雷艇上，竟然在艉部单独设置了装修考究的艇长生活空间，还配有豪华的会客室。

从1879年最初迈出购买西式鱼雷艇的步伐，到1888年“左队”“右队”等鱼雷艇陆续回国，北洋海防辖下拥有了中国沿海最强的鱼雷兵力。回顾将近10年的努力，李鸿章志得意满得称“练成鱼雷艇十余号，可备辅翼铁舰之用，为各省所未有”。

---

① 池仲佑：《海军大事记》，台北：台湾文海出版社1975年版，第13页。

② *Conway's All The World's Fighting Ships 1860—1905*，Conway Maritime Press 1979，p400. А.кобылин，Суда Китайского Торпедного Флота 1879—1945гг，Москва 2008，p9.

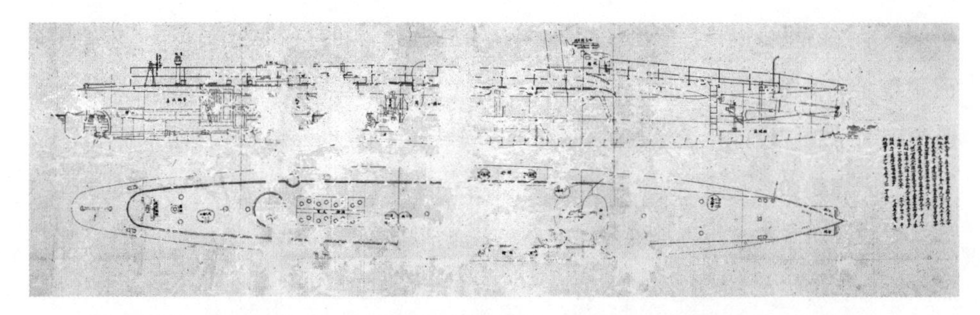

清宫旧藏的一张鱼雷艇图纸。旅顺鱼雷营绘制，经考证该鱼雷艇就是“右一”。

雷行北洋

随着炮船、铁甲舰、巡洋舰、鱼雷艇等各型舰只的日益增多，北洋海防实力跃居沿海各处第一，1888 年 10 月，清政府正式颁布《北洋海军章程》，标志着北洋海军的建军。根据《北洋海军章程》规定，纳入北洋海军正式编制序列的鱼雷艇实际只有 6 艘，即“左一”“左二”“左三”；“右一”“右二”“右三”，单独编成鱼雷营，模仿淮军陆军营制，以每艘艇为一营，分别由蔡廷干、李仕元、孙士智、徐永泰、刘芳圃、曹保赏等担任管带，[①] 其中除了蔡廷干、王登云是天津水师学堂毕业外，其余均为留德鱼雷专业学生出身，但是因为鱼雷艇人数编制较少，各艇的管带大都为都司、守备等低阶军官。其他如“定远”“镇远”等舰的舰载艇“定一”“定二”；“镇一”“镇二”；“中甲”“中乙”均没有单独列编。

号称东方直布罗陀的旅顺军港，是洋务运动时期中国兴办的一项规模空前的国防建设工程。其建造开始于 1880 年，主要目的是为北洋新式舰队提供一个全面的维修、保养基地，在构建庞大的炮台工事群，修建开挖大型船坞、港池同时，与鱼雷艇配套的相关设施也同步施工建设。除了专门用于保存鱼雷的仓库、维修保养以及调整定深的鱼雷工厂、停靠鱼雷艇的小石码头等设施外，旅顺基地内还建设了蔚为壮观的鱼雷艇岸上仓库群。因为鱼雷艇体积小，不耐风涛，从保养角度起见，长期停泊在海中，对于艇的使用壮观会有一些负面影响和安全隐患，旅顺基地的鱼雷

① 《清国北洋海军实况一斑》，日本海军参谋部 1890 年版，第 34 页。

与“致远”“经远”等军舰会合，准备回国时的“左一”鱼雷艇。

甲午战争后1896—1899年间，在日本吴港拍摄到的“右一”，此时已经更名为“第26”号。

规模惊人的旅顺基地鱼雷艇岸上库房的全景。照片中左侧通向大海，有一道横向铁路能直接将鱼雷艇运送上岸，照片中央纵向的铁路负责将鱼雷艇移动对向通往不同仓库的铁轨。最左侧巨大的库房就是鱼雷艇仓库。

艇岸上仓库，通过一套复杂的轨道交通设施，可以直接将鱼雷艇从海中运输上岸，送至一件件规模庞大的专用库房内保存，以方便保养维护。需要使用时，则打开库门，将鱼雷艇运送下海即可。这些先进的设施，为北洋海军的鱼雷艇部队提供了可靠的技术保障。比旅顺基地建设稍晚的威海卫基地，与旅顺口共扼渤海门户，是北洋海军的司令部所在地和屯泊之所，考虑到鱼雷艇部队的停泊，也配套修建了鱼雷库房、鱼雷艇码头等设施，但规模较之旅顺则略小。

以往容易被忽略的是，尽管鱼雷艇部队名义上属于北洋海军，但由于旅顺具有完备的鱼雷艇停泊、保养设施，而且原设威海，用于培养鱼雷专业军官的鱼雷营也迁至旅顺，作为鱼雷艇基地具备极好的先天条件。同时考虑到鱼雷艇兵器的特殊性，以及和大型军舰在人员素养、主战武器、作战样式、航行能力、驻泊方式等方面都存在较大的差异，北洋海军建军之前就将鱼雷艇与战舰分开管理和训练，即由鱼雷营统辖鱼雷艇。1888 年颁布《北洋海军章程》时又更进一步明确规定：“旅顺鱼雷营督饬雷兵操演雷艇、课习学徒并工厂一应藏艇、修雷等事，为鱼雷艇根本重地，由北洋大臣遴委文武大员管理”。实际表示，北洋海军提督对鱼雷艇部队并无直接的管理权力，包括舰载鱼雷艇在内的各型鱼雷艇从回国之后，就隶属旅顺基地的鱼雷营，其直接管辖者则是北洋前敌营务处兼船坞工程总办，即旅顺基地的负责人，历史上首任是安徽贵池人刘含芳，甲午战争期间则是第二任，安徽合肥人龚照玙，均为李鸿章的亲信幕僚。而北洋海军如需调用鱼雷艇，必须要和旅顺船坞工程总办协商。尽管《北洋海军章程》规定鱼雷艇部队战时必须归北洋海军提督统一指挥，

旅顺鱼雷营栈桥

但从甲午战争时期的实际情况来看，丁汝昌战时使用鱼雷艇，仍要与旅顺基地协调，有时甚至还需通过李鸿章来直接调遣。鱼雷艇部队的训练、管理，与战时的指挥各定一套系统，埋下了命令不畅，将不知兵等隐患。[①]

和北洋舰队分开管理的鱼雷艇部队，大部分时间是在各基地进行训练、教学，几乎从没有出现在沿海的巡弋活动中。史料中能找到的关于鱼雷艇部队活动的情况，主要是李鸿章在四次检阅海军后的奏折。首次是在1884年6月，当时李鸿章在威海卫观看鱼雷操演后奏报清政府："员弁、兵匠齐力操作，射放有准，驾驶雷艇快捷如风，洵为制敌利器"。1886年5月，李鸿章陪同海军衙门大臣醇亲王奕譞巡阅北洋海防，在旅顺观看了鱼雷艇部队的演习。鱼雷艇"先以空雷射靶，见鱼雷入水，直射如箭，水面惟见白纹一线而已。射靶毕，以装棉药之鱼雷攻旧广艇，一轰而成齑粉。西人谓，水战攻木船者莫如铁甲，攻铁甲者莫如鱼雷，信然"。[②]第三次的

① 苏小东：《北洋海军的鱼雷专业培训及其成效》，见《北洋海军研究》第二辑，天津：天津古籍出版社2001年版。

② 《醇亲王巡阅北洋海防日记》，《清末海军史料》，北京：海洋出版社1982年版，第241页。

旅顺鱼雷维修保养车间——鱼雷局

旅顺鱼雷局内的鱼雷仓库

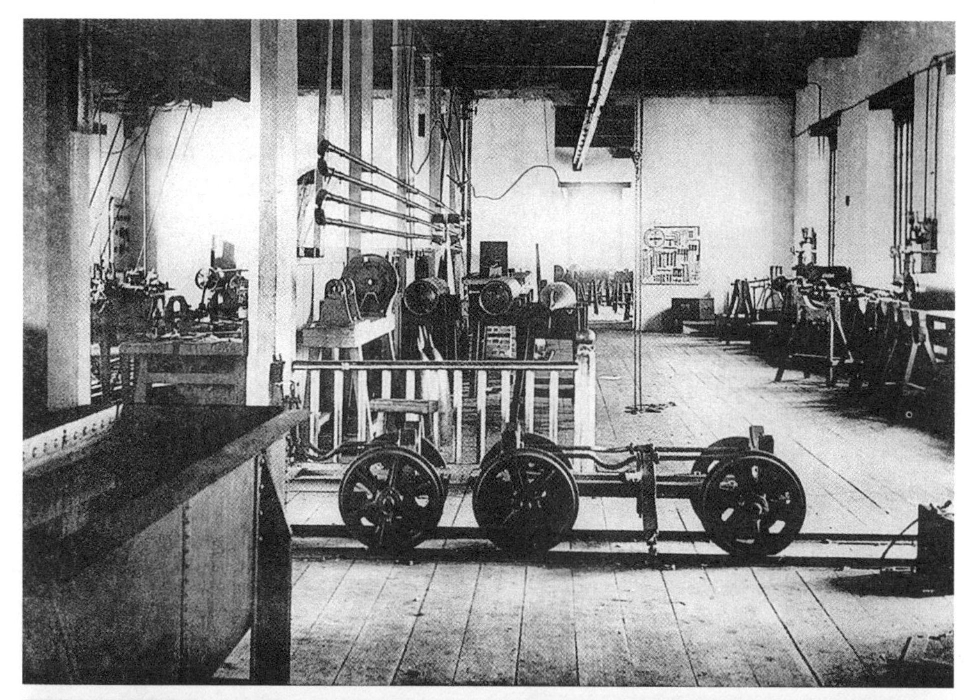

旅顺鱼雷厂车间内景。照片中可以看到拆解开放在台架上的鱼雷，以及轨道上用来运送鱼雷的小车。鱼雷厂，是当时负责鱼雷保养、调校、定深、修理的技术部门。

“福龙”号鱼雷艇调入北洋海防后，因为没有编制而长期处于封存状态。

情况较有特色，1891 年 5 月，李鸿章对北洋海军进行成军后的第一次大校阅，鱼雷艇部队先是在大连湾于夜间“试演泰西袭营阵法”，即演练黑夜的编队偷袭，白天则调集七艘战舰和六艘鱼雷艇演放鱼雷，结果“均能中靶”，令李鸿章非常满意。[①]第四次是 1894 年 5 月，鱼雷艇部队再次在大连湾演习夜晚偷袭战法，“攻守多方，备极奇奥”，并在威海卫铁码头雷桥试验鱼雷，“娴熟有准”。[②]

尽管官方的公文里充满了阳光的记载，但实际到了甲午战前，北洋海军的鱼雷艇部队面临和战舰部队同样的问题。首先是鱼雷兵器本身的问题，和战舰的高装药爆破弹一样，北洋海军大量使用的黑头鱼雷只能依赖进口，尽管国内多个机器局都曾设法仿制，但都因为技术难度过大而夭折，而旅顺、威海等地的鱼雷工厂，也只能完成鱼雷的保养、定深等工作，完全无法制造鱼雷。后来由于遇到禁止购买外洋船炮军械的限制，一直未能获得补充，到了甲午战前，大部分鱼雷甚至还是购买鱼雷艇时配套购买的，经过数年的反复操演练习，早就磨损得老旧不堪了。其次的问

① 《巡阅海军竣事折》，《李鸿章全集》14，合肥：安徽教育出版社 2008 年版，第 94—95 页。
② 《校阅海军竣事折》，《李鸿章全集》15，合肥：安徽教育出版社 2008 年版，第 333 页。

题来自人员方面，由于鱼雷兵器使用的特殊性，要求鱼雷艇官兵作战时必须做到镇定自若，在枪林弹雨极为险恶的环境下，沉着操作，这需要极好的心理素质。但北洋舰队的鱼雷艇官兵，尽管整体技术素质方面要胜出战舰部队一筹，但仍不可避免地沾染了当时中国海军教育制度里偏重理论技术知识，忽视军人气质养成的习气。

蹈海惊雷

1894 年春夏之交，中日两国因朝鲜问题关系骤然紧张。原本为节省维护经费，收放在岸上库房内的“福龙”等北洋海军鱼雷艇纷纷离开仓库，重新进入大海。7 月 25 日，日本舰队在朝鲜丰岛海面不宣而战，偷袭中国舰队，8 月 1 日，中日两国互相宣战，甲午战争爆发。

9 月 16 日深夜，自丰岛海战后就枕戈待旦的北洋舰队主力各舰乘着夜色陆续驶出大连湾，护送陆军前往鸭绿江口大东沟登陆，在编队的行列里赫然有 4 艘鱼雷艇的身影，出海大艇“左一”“福龙”，以及略小的“右二”“右三”，编队出发前，可能更多考虑的是鱼雷艇吃水浅，可以在近岸处警戒、护卫运兵船，以及帮助拖带舢板登陆，然而谁也未能预料，一场海战史上空前的恶仗即将发生。

9 月 17 日上午，北洋舰队主力与日本联合舰队主力不期而遇，中午 12 时 50 分，随着“定远”舰一声炮响，黄海海面为之沸腾。在由主力舰组成的日本舰队纵队外侧，还有一艘模样奇特的军舰——代用巡洋舰“西京丸”号。这艘原本属于日本邮船公司的客轮，因为乘坐舒适，居住环境好，被用作日本海军军令部长桦山资纪观战的座舰。尽管临时加装了火炮，但毕竟无法和真正的军舰对抗，加之舰上又有重要人物，因而“西京丸”被编在作战舰队外侧，处于局外位置。

黄海海战开始前，北洋海军的 4 艘鱼雷艇尚在大东沟附近，海战爆发后，在“平远”“广丙”2 艘巡洋舰带队下，鱼雷艇队也向战场疾驰。下午 2 时 55 分，先前因为遭到“定远”“镇远”炮击，而使得液压管路被彻底破坏，被迫使用人力舵轮缓慢行驶的“西京丸”号，突然发现硝烟弥漫之中，在自己的船艄方向有一艘大型的中国鱼雷艇正高速逼近。

管带蔡廷干，广东香山人，12 岁时曾作为第二批留美幼童被派往美国留学，清政府下令撤回留美幼童后，被选入天津北洋水师学堂学习鱼雷专业，后担任“左

北洋海鱼雷艇部队军官合影

一”鱼雷艇管带。1894 年 7 月北洋海军将因为缺乏编制而封存的“福龙”号鱼雷艇恢复使用，由蔡廷干仓猝编组艇员接管、训练。此时，蔡廷干正指挥“福龙”艇冒着密集如雨的机关炮炮火冲向“西京丸”。下午 3 时 5 分，双方逼近至 400 米距离，进入黑头鱼雷的有效射程，“福龙”艇艇艏鱼雷管发射出 2 枚鱼雷，“西京丸”只观测到其中的 1 枚，面对这可怖的武器，做出了的疯狂的应对处置，调整航向对着鱼雷高速驶去，用船艏犁开的浪花使鱼雷改向，这枚鱼雷最后从“西京丸”的右舷外仅 1 米处掠过，而“西京丸”没有注意到的另外 1 枚鱼雷则在距离“西京丸”15 米外错过。

“福龙”艇随即向右回转，占领有利发射阵位，3 时 6 分，在距离“西京丸”左舷 40 米时发射露天甲板鱼雷管内的鱼雷，深知如此近的距离不可能有任何躲避的机会，“西京丸”上的日本水兵一片惊惶失措，观战的军令部长桦山资纪也控制不住心里的惊恐，不顾自己的身份，闭上眼睛大喊“吾命休矣！”，然而时间一分

日本美术作品，表现的是“西京丸”正在被“福龙”艇攻击时的情景。画面上右侧神情紧张的日本军官就是桦山资纪。

一秒过去，这颗鱼雷并未发生爆炸，竟然从“西京丸”的船下穿过，从右舷浮出远去了。关于导致这戏剧性一幕的原因，较为可信的诠释来自日本，即鱼雷在入水后，受发射时作用力的影响，一度会较深的下潜，潜航一段时间后，会逐渐上浮到定深位置，然后射向目标。“福龙”这枚没有命中的鱼雷，显然是因为发射时距离过近，当鱼雷上浮到定深位置时，已经从“西京丸”船下穿过。相似的事情在甲午战争中曾出现过一次，丰岛海战中，日本军舰“浪速”向停泊着的中国运兵船“高升”发射鱼雷，结果也是从船下穿过扬长而去。[①] 黄海海中中“福龙”单枪匹马攻击日本军舰的战例，显示了北洋海军鱼雷艇部队的士气高涨，尽管因为不可逆料的技术原

---

① 《“西京丸”的战斗报告》，川崎三郎：《日清战史》第三卷，1897 年版，第 148 页。《黄海海战余闻》，石原贞坚：《绘本海洋岛激战实记》，1895 年版，第 4 页。《“福龙”号鱼雷艇管带蔡廷干关于黄海海战的报告》，中国近代史资料丛刊续编《中日战争》7，北京：中华书局 1996 年版，第 262 页。

因而未能取得战果，但这种勇猛攻敌的精神不容忽视。

黄海大战结束后不久，在朝鲜半岛一路取胜的日本陆军为尽快威胁中国心脏京津重地，迫使中国早日媾和，而冒险在辽东半岛花园口登陆，从陆地包抄旅顺军港。担心遭到日本舰队的袭击，原本驻扎在旅顺的北洋海军鱼雷艇部队随同战舰部队集体转移至威海。11 月 21 日，旅顺陷入混乱，下午旅顺陆地防御完全崩溃，这座用重金打造的远东第一军港落入敌手。当日傍晚，日本舰队在旅顺口附近盘查中国情报船“金龙”号时，意外地从“金龙”后方冲出一艘小型中国鱼雷艇，这艘冒死突围的鱼雷艇竟然奋勇向日本巡洋舰“千代田”发起攻击，尽管日本海军出动了炮舰和大批鱼雷艇进行围追，但这艘英勇的中国鱼雷艇还是成功突围。为整个旅顺保卫战中，中国军队的退缩表现稍稍挽回了些颜面。根据分析，当时北洋海军的鱼雷艇部队已经全部转移到了威海，这艘滞留旅顺的鱼雷艇，极有可能是早期购买的“乾一”或“乾二”号。

旅顺失守，战火很快燃烧到了威海，1895 年 1 月 30 日，日本海陆军配合对威海展开攻势。从旅顺撤退至威海湾的北洋海军鱼雷艇部队，被历史推到了海战的前台，提督丁汝昌可能鉴于鱼雷艇部队官兵心理素质较好的实际情况，确定将鱼雷艇部队作为敢死队使用，1 月 30 日威海南帮各炮台陆续失守后，提督丁汝昌担心炮台火炮为敌所用，即派出“左一”鱼雷艇等搭载 25 名官兵冒死登台毁炮，在管带王平带领下，敢死队官兵表现得异常英勇，登上南帮规模最大的赵北嘴炮台破坏火炮，最终仅有 8 人幸存。

南帮炮台失守后，威海防御形势日益严峻。2 月 7 日，鉴于北洋舰队主力军舰“定远”“来远”等接连遭日本鱼雷艇偷袭损失，提督丁汝昌下令“左一”艇管带王平于次日率领鱼雷艇队集体出击，攻击威海湾外的日本军舰，计划以此掩护“飞霆”“利顺”2 艘轮船出港突围，前往烟台送信求救。然而鱼雷艇队出港之后，目睹日舰来袭立刻改向西方烟台方向，四散奔逃开去，甲午战争中中国海军最令人痛心的一幕上演了，在日本军舰的追击下，鱼雷艇队几乎全军覆没。“福龙”“右一”“右三”在接近烟台芝罘的金山寨至养马岛一带被俘虏，后来均被编入日本海军，“福龙”仍保留舰名，其余两艘则更名为“第 26”“第 27”；“左二”在芝罘附近海岸、“镇一”在威海西麻子港（今威海国际海水浴场附近）、“定二”“中乙”在威海小石岛、“中甲”在威海北山嘴附近慌不择路搁浅，后均被破坏；“右二”“左三”“定一”

编入日本海军后的“福龙”，与中国时代的样貌发生了巨大变化。鱼雷艇上的 3 根桅杆只剩下了 1 根，而烟囱则增加成了 2 座。

编入日本海军后更名“第 27”号的“右三”

在威海西海岸搁浅，后被破坏，出逃各艇中，唯一成功逃脱的是“左一”，到达烟台后自行毁弃。

一些历史研究著作中曾记载“镇二”艇也参加了这次逃亡，最后在刘公岛铁码头附近翻沉，后被打捞编入日本海军。然而实际情况是，早在1895年1月5日，“镇二”轮机大修完毕，从刘公岛铁码头开航试机，恰好遇到练习舰“威远”从前方驶过，“镇二”躲避不及，与“威远”发生碰撞，最后翻沉在铁码头附近。[①]

鱼雷艇队的集体出逃，对外援断绝的北洋海军而言，无异于雪上加霜，随着形势急转直下，3天之后，提督丁汝昌自杀殉国，不久北洋海军全军覆没。鱼雷艇，这一曾被寄于太多希望的新式海战武器，就这般黯然退场。

① 卢毓英：《甲午前后杂记》，中国船政文化博物馆藏。

龙腾八闽

——“平远”级近海防御铁甲舰

钢甲兵船

位于福州马尾的船政，是近代中国第一个系统的海防近代化机构，从 1866 年由闽浙总督左宗棠创设开始，再经沈葆桢等历任船政大臣的苦心经营，船政先后在舰船工业人才和海军人才教育、近代化舰船建造以及近代化海军舰队的编练等三个主要工作方面开创了历史先河，取得了世人瞩目的成就，被誉为中国近代海军摇篮。主管船政事务的国家特设机构总理船政衙门，在 19 世纪的 70 年代几乎具备了类似西方国家海军部一般的雏形。

船政的舰船建造技术主要来源自法国，与一海之隔的日本横须贺造船所技出同门，根据 1866 年法国技术总承包人日意格与德克碑向闽浙总督左宗棠签署的保证书中明确的方案，由法国舰船工程师、技术工人等组成的技术团队来华协助船政完成了船厂、铁工厂等生产厂区的建设，保证了各车间的投产与运行，完成了对中方管理人员、工程师与技术工人的培训，并在五年时间里实现了与中方工作人员协力建造出十余艘蒸汽动力军舰，将舰船建造的生产管理和工业技术知识整体向船政输出，成功达成了中法技术合作到期时，中方人员能够独立开展舰船设计和建造的战略目标。

19 世纪 70 年代末，因为法国在中国属国越南的武力扩张不断加剧，两国关系龃龉，及至 1884 年酿成了中法战争的全面爆发，具有讽刺意味的是，当初由法国技术支撑建成的船政遭到了来自法国海军的袭击，作为船政事业三驾马车之一的海军舰队——船政水师在马江上被法国海军远东支队偷袭，几乎全军覆没，船政的海军力量从此一蹶不振，再未能重新编组成舰队规模。

在这种黯淡的局面下，中法战争后出掌船政的署理船政大臣张佩纶力图从海军建设和舰船建造方面设法提振船政的声威。未久，张佩纶因为马江之败获咎被撤任，江苏阜宁籍的福建按察使裴荫森被派接任署理船政大臣一职，此前裴荫森与张佩纶多有交集，在船政建设方面也秉持着“制造为海军之根本”的基本观点，将提升船政的舰船建造能力视作重振船政的主要着力点。

1885 年 7 月 4 日，一份特殊的奏折从船政由轮船送至上海，再由驿站快马加鞭急送北京，尘土飞扬的驿路上，铭记了这桩对中国近代军舰制造意义重大的历史事件。由船政大臣裴荫森主稿，左宗棠、穆图善等大臣联名上奏的这份加急奏折里，向清政府中央提出了一项破天荒的造舰计划，即由船政自行建造新式的“钢甲兵船”。奏请中，裴荫森说明了自己对这项军舰的认识：他将这种“钢甲兵船”理解为是和此前沈葆桢、李鸿章等人所筹议购买的铁甲舰一样的利器，并认为中国遭遇中法海上交战的失利，除了“管船者不得其人”之外，另外一项重要的原因就是没有铁甲舰，“整顿海军必须造办铁甲，时势所趋，无庸再决者矣”，而船政此时提出建造钢甲兵船，就是为了解决中国海防上没有铁甲舰的问题、解决当时台湾海峡失防的问题，“闽省若有此等钢甲兵船三数号，炮船、快船得所护卫，胆壮则气扬，法船断不敢轻率启衅”。裴荫森还认为，船政提出的钢甲兵船方案较当时北洋水师在德国订造的“定远”级铁甲舰规模小，“驾驶较易，费用较减”，从经济性等角度考量，显然更切合中国的实际情况。

依据船政方面的测算，他们提出的钢甲兵船不连火炮、鱼雷、电灯等装备，每艘的人工、材料费估计为 46 万两银，如果同时建造两艘，总建造周期为 28 个月，倘若同时开工 3 艘这种军舰，那么在 36 个月内可以全部完工，就此裴荫森向清政府申请下拨总数为 130 余万两的三艘军舰建造工本。①

然而此时的中国海防建设，已经进入了一个重心北移的全新格局。

利用中法战争的机会，慈禧太后成功实现了“甲申易枢”，清王朝的中央政治

① 《恳准拨款试造钢甲兵船折》，《船政奏议汇编点校辑》，福州：海潮摄影艺术出版社 2006 年版，第 271—273 页。

船政全景。由左宗棠创始，沈葆桢接办的福建船政，一度是东亚规模最大的造船机构。19 世纪后期建造的“平远”号近海防御铁甲舰，象征了当时中国造船工业的最高水平。

结束了自祺祥政变以后长期出现的恭亲王与慈禧争权的局面。原由恭亲王主持的总理各国事务衙门统管的海军建设大权也被析出，新设总理海军衙门，由慈禧的妹夫、政治盟友醇亲王奕譞统管，而作为慈禧、醇亲王倚重的李鸿章，地位也得到凸显，李鸿章主管下的北洋海防建设在慈禧太后全力支持下，走上了快车道，慈禧全面操控政权时代也成了北洋海防建设最为高效的时期。

尽管李鸿章本人早年对船政建设也颇为在意，且自首任船政大臣沈葆桢之后的多任船政主管官员实际都具有淮系集团的政治背景，但李鸿章从受命筹办北洋海防开始，在舰船装备方面即表现出了追求功利实际和要求短期立刻见效的风格，即主要依靠向欧洲国家直接订造，对需要费时费力进行研发、试造、技术积累，且造价甚至于高于西方舰船的国造军舰则采取了相对的漠视态度。

中法战争后，清政府提出“大治水师”的要求，在醇亲王的支持下，以重建闽台海防作为破题，李鸿章向清廷申请再向德国订造 6 艘“济远”级巡洋舰，[①] 而裴荫森申请拨款自造钢甲兵船也恰在此时，为争取中央政府的资金扶持，随后中国海防建设领域内出现了一场要外购还是要自造军舰的论争。

正在因为购买了“定远”“济远”级军舰而志得意满，准备进一步加大外购军舰力度的李鸿章，看到半路杀出的船政铁甲舰方案，认为其打断、干扰了自己外购军舰计划，而异常恼怒。为争夺宝贵的经费，1885 年 7 月 30 日，李鸿章毫不客气地上奏清廷，从军舰吨位、主尺度、装甲防御、动力系统以及造价等问题上全面出击，

① 《复总署，筹议购船》，《李鸿章全集》33，合肥：安徽教育出版社 2008 年版，第 517—518 页。

措辞严厉地将船政选定的建造母型批驳得体无完肤，称通过和李凤苞的讨论，判定船政提出的方案“船式、轻重、尺寸均不合海面交锋之用”，“欲以此敌西国之铁甲舰，恐万万不能”，进而批评裴荫森“于此道素未考究，误信闽厂学生之鼓惑”，要求清政府“审慎图维，勿任虚掷帑金”。[①]

资历、实力和官场经验都无法望李鸿章项背的裴荫森落得很大没趣，正当裴荫森灰心之际，出人意料，紫禁大内竟突然伸来有力的援手，作出朱批指示：“筹办海防二十余年迄无成效，即福建所造各船亦不合用，所谓自强何在？此次请造钢甲兵船三号，着其拨款兴办，惟工繁费巨，该大臣等务当实力督促，毋得草率偷减，乃至有名无实。”[②]本已前途渺茫的船政铁甲舰计划，由此开始启动了。但船政奏请的建造3艘的计划被调整为1艘，同样的李鸿章申请购买6艘巡洋舰的方案，也被压缩为4艘。

1886年12月7日，船政自造的钢甲兵船铺设龙骨，正式开工，由提议建造该舰的船政工程师魏瀚、郑清濂、吴德章负责舰体的设计与监造，陈兆翱、李寿田、杨廉臣负责配套轮机的设计与监造。[③]该舰至1888年1月29日顺利下水，由船政大臣裴荫森拟舰名为“龙威”，是为亚洲国家自行建造的第一艘全钢装甲舰。[④]建成之后，船政为“龙威”舰预行编订全舰编制，总计159人，每月薪粮2562两银，行船公费440两，首任正式管带由原船政水师军官都司杨永年担任，帮带为后学堂学生出身的黄鸣球。因为当时船政经费吃紧无力负担，“龙威”的薪粮、公费最初从船政的造船经费下挪借，后改归福建海防善后局支付。[⑤]

“龙威”舰在1890年派拨给北洋海军使用，北洋大臣李鸿章依据北洋海军主

---

① 《致总署，议驳船政局请造兵船》，《李鸿章全集》33，合肥：安徽教育出版社2008年版，第519页。

② 《光绪朝朱批奏折》64，北京：中华书局1996年版，第832页。

③ 《钢甲船安上龙骨，请俟船成照异常劳绩奖励折》，《船政奏议汇编点校辑》，福州：海潮摄影艺术出版社2006年版，第333页。

④ 《双机钢甲兵船下水并陈现在厂务情形折》，《船政奏议汇编点校辑》，福州：海潮摄影艺术出版社2006年版，第364页。

⑤ 《“龙威”钢甲修整回工，请复学生顶戴并暂定名额、薪粮，请饬部立案折》，《船政奏议汇编点校辑》，福州：海潮摄影艺术出版社2006年版，第394—396页。

创议建造钢甲兵船，并主持了设计与监造工作的船政工程师：魏瀚、吴德章、陈兆翱、李寿田、杨廉臣。

力舰以“远”字号命名的传统，拟将舰名改为“驭远”[①]，船政大臣裴荫森认为“驭远”为南洋水师巡洋舰的旧名，遂建议将船政1885年购买的风帆练习舰“平远”的名字换用给该舰，最后确定更名为“平远”号。[②]正式编入北洋海军后，“平远”舰的编制和官阶设置基本沿用自船政“龙威”时代的规范，即管带为都司阶级，全舰

① 《寄福州裴船政》，《李鸿章全集》23，合肥：安徽教育出版社2008年版，第41页。

② 《裴船政来电》《复福州裴船政》，《李鸿章全集》23，合肥：安徽教育出版社2008年版，第41页、42页。

民国时代李和身着海军中将大礼服的照片，“镇南”蚊子船管带李和是“平远”进入北洋海军后的首任管带。

编制为158人，薪饷和行船公费则参照北洋海军“致远”舰的标准略微从减，计每月薪粮银2387两，行船公费440两，每年医药费200两。

由于北洋海军全军的编制和薪饷、舰船公费开支都已经在之前1888年颁行的《北洋海军章程》中做了明确规范，新加入的“平远”舰遂没有正式的经制编制，也无法直接从北洋海军军费中获得薪饷、公费等。经北洋大臣李鸿章与总理海军衙门协商腾挪，“平远”舰的人员薪粮银确定比照北洋海军“七舰”（指“定远”“镇远”“济远”“经远”“来远”“致远”“靖远”7舰）旧例，由总理海军衙门直接发放，“平远”的杂费（燃煤、油漆、小维修和保养用物料、人员冬季棉衣）等则从北洋海军预存的“定远”“镇远”“济远”“经远”“来远”“致远”“靖远”7舰的杂支经费中“设法匀拨”，该舰的管带由“镇南”号蚊子船管带李和兼任，由于北洋海军 6 艘蚊子船实际上常年仅维持 2 艘在役，事实上李和则成为“平远”的专职管带，除李和外，推测“平远”舰的军官多有从蚊子船军官中借用的情况。

初始设计

作为中国人独立自行建造的第一艘钢甲军舰，“平远”号在中国海军史研究中颇受关注，然而由于该舰的设计图纸等原始资料逸失无存，现代人对“平远”舰的设计、技术状况的了解常处于较为模糊的状态。经历研究的积累，依据历年来发现、整理的“平远”舰的历史资料和照片，以及涉及到该舰情况的船政档案、海军档案等，在该舰问世一个多世纪后，终于可以较为系统地厘清其设计的源流。

19 世纪 70 年代中日两国在法国留学舰船工程的学员合影，第二排左起第三人魏瀚后来是“平远”的设计师之一，事有凑巧的是，前排左起第一人是后来参与了日本海军“三景舰”设计和监造工作的日本留学生辰巳一，而“三景舰”的设计母型与“平远”一样，都是“黄泉”级。

有关“平远”舰的设计缘起记载十分明确，即由曾经在法国留学舰船建造，甚至参加过“定远”级铁甲舰监造工作的船政前学堂学生魏瀚、陈兆翱、郑清濂等创议，设想仿造法国海军1885年刚刚下水的“黄泉”级（Acheron）装甲炮舰，该级军舰有钢质装甲，且是双轴推进，在船政档案中称之为“双机钢甲兵船”。魏瀚等首先依据“黄泉”的设计绘制初始的总布置图，将仿制方案汇报给船政提调周懋琦，再由周懋琦上报给船政大臣裴荫森向清廷提交。

“黄泉”级是法国海军在1883年至1889年陆续开造的全新军舰，同型共4艘，其中1885年时首舰“黄泉”才刚刚下水，鉴于此时中法战争刚刚结束未久，很难设想魏瀚等船政学生能够从法国海军部或造船厂直接获得“黄泉”级的生产图纸进行描图仿制，最有可能的情况是，魏瀚等从西方出版的工程学报、海军年鉴一类的出版物上得到了“黄泉”级的基本参数以及总布置图、典型分段横剖图等片段性的资料，仅仅依据这些资料再凭着自己的舰船工程学知识进行了逆向反推设计，向船政提调等主管官员提出了方案，也就是船政设计的钢甲兵船，仅仅只是外观、主尺度等与“黄泉”相仿的全新设计。

随着船政奏请试造钢甲兵船的报告获得清廷的批准，因为当时在中国无法获得

法国“黄泉”级钢甲炮舰

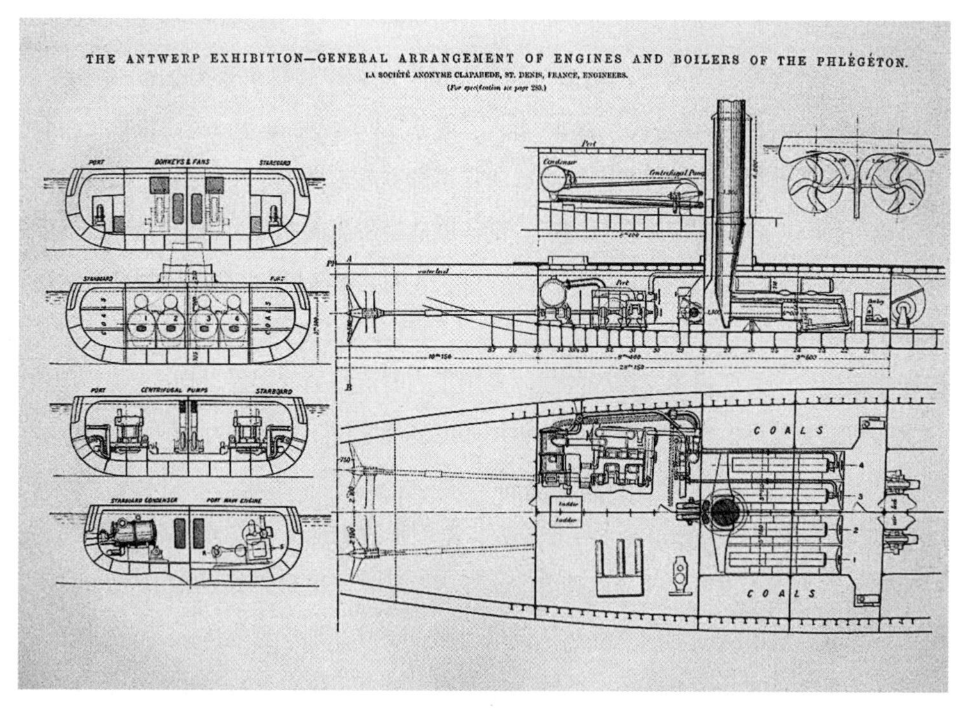

1885年英国《工程师》杂志刊登的“黄泉”舰动力系统布置图

造船所需的钢材，魏瀚被派于1886年初前往法国“购办船身钢料”，顺道又前往德国，在克虏伯公司以47790两银的价格购买了1门260毫米口径、35倍径的克虏伯后膛舰炮，准备充作船政钢甲兵船的主炮，此项价格中包含了火炮配套的舰用炮架、各项零件等费用。除此外，魏瀚在克虏伯公司顺带又订购了该门火炮所用的钢开花弹30枚、生铁开花弹70枚，总价4270两银。①

从后来的情形看，魏瀚的欧洲之行除了购买物料、军备之外，很可能还获得了有关“黄泉”的更多资料，在归国后联合其他几位工程师又修改、细化了船政钢甲兵船的设计方案，最后船政钢甲兵船的规模超出了魏瀚等1885年完全根据“黄泉”的主尺度编制的方案，工料价格达到了52万余两。

有关船政造钢甲兵船的初始参数和技术特征，最直接的资料首推该舰下水之际，

① 《定购外洋大炮，请准支销立案折》，《船政奏议汇编点校辑》，福州：海潮摄影艺术出版社2006年版，第332页。

船政大臣裴荫森在向清廷汇报的奏折中提到的数据。

按裴荫森奏报，当时已经被命名为“龙威”的钢甲舰排水量为2100吨，大于“黄泉”级，舰长为197英尺，宽40英尺，吃水13英尺1英寸，与“黄泉”相似。全舰采用钢质舰材，所用钢料全部是魏瀚从法国克鲁索铁工厂（Creusot Works）订购，再由船政的各铁工车间进行加工，制作成造舰所需的龙骨、肋骨、船板、装甲等船材。该舰的动力系统配备2台复合蒸汽机、4座燃煤锅炉，也都是船政自行仿造，总功率2400马力，超过了“黄泉”级，舰上的载煤为250吨。裴荫森还对“龙威”的舰体结构作了简要描述，该舰的舰体采用了当时流行的双层底设计，船底两层甲板之间间距2英尺，在位于水线处的舰体外围环绕装甲，舰体内部则还附设有一层装甲甲板。

“龙威”舰的钢甲分布在水线带等处，全舰水线带位置上安装有钢质装甲，其中位于舰体中部轮机舱、弹药舱外侧的水线带装甲宽5英尺，厚8英寸，水线带装甲汇聚到舰体最前缘的部位宽度达7英尺，厚5英寸，汇聚到舰体后部的水线带甲则宽4英尺2英寸，厚6英寸。此外，“龙威”舰的主炮台基座装甲厚5英寸，炮罩装甲厚2英寸，装甲甲板厚2英寸，整体的防护配置与“黄泉”号不相上下。

至今依然原貌保存着的船政轮机车间，“平远”的蒸汽机即在这座车间内装配完成。

船政铁胁车间今景，历史上“平远”的钢质肋骨由这座车间利用从法国购回的钢料制做。

武备配置方面，由于该舰下水时在德国订购的主炮尚未运抵中国，而副炮方面船政已无财力购买，因而只是预留了炮位，以待将来安装。其中舰艏主炮位设计安装 260 毫米口径克虏伯主炮，预计该炮全重 28 吨。军舰的左右舷设有耳台，设计各安装 1 门 120 毫米口径火炮，军舰的舰艉也设计安装 1 门 120 毫米口径火炮。此外，舰上还设计安装 2 座探照灯，“用以远照敌舟，防其暗劫”，安装 4 门多管机关炮，“用以近击雷艇，勿使前侵”。在武备设计中，“龙威”的舰艏、舰艉还各有 1 具鱼雷管，船政也只是预留了安装位置，并没有在该舰上实际配置。[①]

除去裴荫森奏折中提及的内容外，涉及到“龙威”舰初始参数和技术状况记录的，还有两份重要材料。

1910 年中国召开名为南洋劝业会的第一届国内博览会，船政亦选送展品参加，其中就包括一件“龙威”号军舰的原厂模型。该模型日后的下落至今无法查明，不

① 《双机钢甲兵船下水并陈现在厂务情形折》，《船政奏议汇编点校辑》，福州：海潮摄影艺术出版社 2006 年版，第 364 页。

"龙威"与"黄泉"技术参数对比[①]

	"龙威"（设计指标）	"黄泉"
排水量	2100吨	1690吨
主尺度	全长197英尺 宽40英尺 最大吃水13英尺	水线长181英尺1英寸 宽40英尺5英寸 最大吃水11英尺8英寸
动力	2座复合蒸汽机 4座锅炉 功率2400马力	2座复合蒸汽机 4座锅炉 功率1600马力
航速	14节	11.6节
装甲	水线带最厚处8英寸，炮座5英寸	水线带8英寸，炮座8英寸
武备	260毫米口径35倍径前主炮 ×1 150毫米口径副炮 ×2 100毫米口径副炮 ×1	10.8英寸口径，28倍径前主炮 ×1 3.9英寸口径副炮 ×3 47毫米机关炮 ×2 37毫米机关炮 ×4
人员	158人	110人

过在送交展品的同时，船政还提交了一份关于"龙威"模型的说明介绍。根据这份源自船政官方的介绍称，"龙威"舰的排水量2100吨，全长为195英尺2英寸7英分，最大吃水13英尺，航速14节，分类为守口钢甲炮舰。[②]其武备配置包括260毫米口径克虏伯前主炮1座，150毫米口径耳台炮2座，100毫米口径尾炮1座。

同在1910年，当年刚刚在上海创刊的《国风报》在第14期刊载了一份《船政成船表》，罗列了船政从创办开始至当时为止所建造的各艘军舰的参数情况。这份《船政成船表》并没有介绍资料出处，但所列参数十分翔实，且都是船政初造成时期的参数，迄今仍然是研究船政军舰不可或缺的重要史料。成船表中"龙威"以"平远"

① 本表中"龙威"舰数据引自《双机钢甲兵船下水并陈现在厂务情形折》，《船政奏议汇编点校辑》，福州：海潮摄影艺术出版社2006年版，第364页。"黄泉"舰数据引自*Conway's All The World's Fighting Ships 1860—1905*，Conway Maritime Press 1979.

② 《清末海军史料》，北京：海洋出版社1982年版，第152—153页。

的新名被记录其中，据其所载，“平远”排水量2100吨，长195英尺2英寸，宽39英尺5英寸，舱深21英尺25英寸，吃水13英尺2英寸，功率2400马力，航速14节，装备260毫米口径炮1门，150毫米口径炮2门，100毫米口径炮1门。①

综合这三份关于“平远”舰初始设计参数的资料，可以发现各份资料所记录的舰船吨位、主尺度、功率等数据基本接近。而在武备方面，只要对比后来“平远”在北洋海军时期的武备模式，就可以得知大都属于计划安装的武备，并不是实际安装的情况。又根据三份材料产生的先后次序不同，可以大胆的推定，“龙威”原厂模型说明书所载的武备配置模式应该是该舰最终设计定稿时的状态，而裴荫森在该舰下水时所报告的配置设想，极有可能后来经过了调整。裴荫森奏折与《国风报》、“龙威”原厂模型说明在武备方面的记载出入主要是副炮的口径，而整体上三份资料都给人一个明确的印象，即“龙威”舰除了前主炮外，还设计配置舷侧炮和舰尾炮，此点和“龙威”的参考母型“黄泉”的武备配置模式相仿，而与后来北洋海军时期“平远”舰没有艉部中口径火炮的情况形成了鲜明对比。

除了字面上的参数和性能描述外，了解“龙威”舰初始设计的另一重要途径就是分析其外观、构造。然而“龙威”的原厂模型无迹可寻，该舰存世的历史照片又多为北洋海军时代的“平远”状态，以及日本海军时期的“平远”状态，能够借以分析“龙威”舰早期外观情况的照片仅有十分珍贵的一张，即1891年春天李鸿章校阅北洋海防时，随军摄影师梁时泰在旅顺拍摄到的“平远”，此时“平远”来到北洋海军刚刚只不过一年，舰上除主炮外的其他武备还没有来得及安装，是最为接近初始设计的状态。②

由这副照片看，“平远”的外观与“黄泉”可谓惟妙惟肖，都是单桅杆、单烟囱的布局，外观上相对于“黄泉”改动最大的是，“黄泉”采用的是平甲板船型，而“平远”在军舰的艉部多加盖了小型的艉楼，推测是船政的设计师为了解决舰上的居住空间不足而做的改动。

在1891年摄于旅顺的照片上可以清楚地看到，一身维多利亚涂装的“平远”舰和“黄泉”一样，都是在舰艏主甲板上安装有前主炮，在前主炮的后方也如同黄

---

① 《船政成船表》，《国风报》14期，1910年版。

② 照片见《北洋画报》1930年1月21日，第2版。

1891 年在旅顺拍摄到的“平远”舰，此时该舰的耳台位于舰身侧面的龙纹之前。

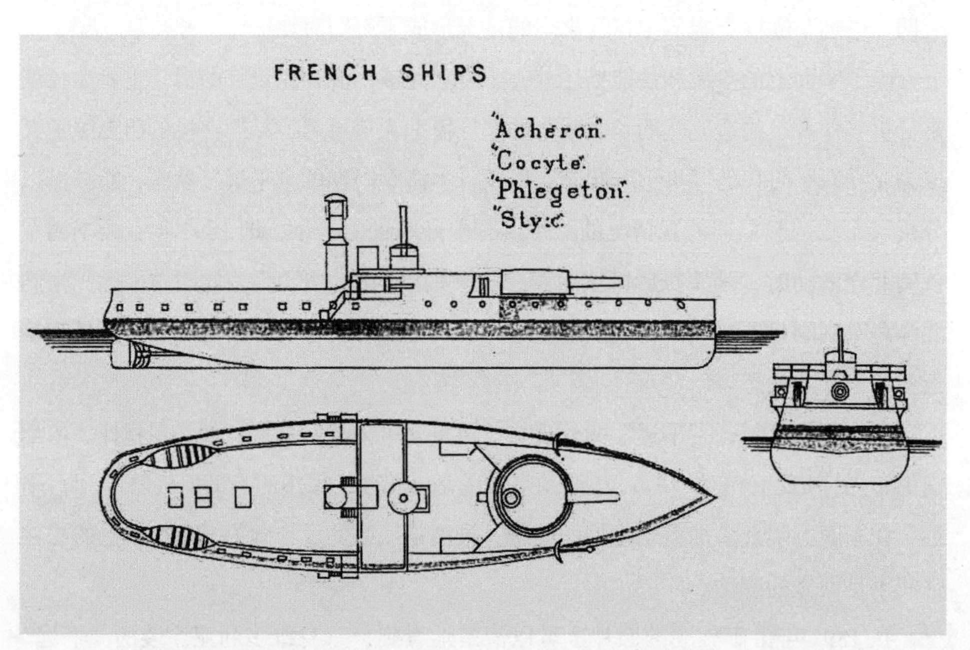

从法国“黄泉”级军舰的线图可以看到，“平远”舰与“黄泉”的外观极为相似。

泉那样建有甲板室和高大的舷墙，甲板室顶部设有驾驶室、飞桥，有所区别的是，“平远”并没有将整个装甲司令塔都建设在甲板室顶部，而是将司令塔的大部藏身在甲板室内，只是将带有观察口的塔顶露出在甲板室顶部甲板之上。

“黄泉”级首舰“黄泉”在烟囱与桅杆之间的舷墙上开设炮门，在其内部的主甲板上各布置1门3.9英寸口径副炮。与这一布局设计相似，船政工程师们为“平远”的舷侧副炮选择的初始安装位置也在相近部位，具体是在“平远”桅杆两侧的甲板室外壁上打开缺口，并为了拓展副炮操作空间起见，在舷外设计了耳台，计划中的2门150毫米口径副炮就应布置在这一位置，1891年拍摄的照片中这处耳台炮位已经清晰可见，还能在耳台下方的舰体外侧看到耳台的影子，只是耳台上还是空空荡荡，尚没有安装火炮。这组副炮炮位位于“平远”舰舷侧的龙纹装饰板的前缘方向，靠近前主炮，可以想见初始设计中“平远”在对前向作战时，舰艏方向的火力构成情况，只是这副面貌与现代人熟知的北洋海军、日本海军时代的“平远”外观有着极大的区别。

著者收藏的“黄泉”号照片，可以看到舰艉3.9英寸口径火炮的位置，“平远”初始设计中尾炮也计划安装在类似的位置上。

从火力密集的舰体中前部向后，“平远”舰另一重要的外观特征部位就是军舰的艉部。在此，“黄泉”是全露天的甲板，末尾安装1门3.9英寸口径火炮充当尾炮，为增拓尾炮的射界，还将舰艉舷墙设计成可折倒的挡板式。而对采用艉楼的“平远”来说，将100毫米口径尾炮直接安装在艉楼甲板顶上那么高的位置显然并不合适，而从1891年拍摄的“平远”照片上可以清楚地看到，“平远”的艉楼内实际上区分成为了两个部分，作为军官生活舱的范围就是艉楼侧面装有舷窗的区域，而到了艉楼后部没有舷窗的位置，实际上就是“平远”的艉部炮房，在艉楼后端的侧面上还可以看到转为这座100毫米口径副炮开设的炮窗。由相对位置来说，“平远”初始设计中的尾炮炮位实际上与“黄泉”一样，只不过“黄泉”的尾炮处在露天，“平远”的则被笼罩到了艉楼内部。

1889年9月末，“平远”完成了航试，并将从德国购买的260毫米口径克虏伯炮安装上舰，船政的工程师还参考了克虏伯舰炮当时流行的炮罩设计，为这门大炮配套制造了炮罩。因为“平远”以法国军舰“黄泉”为母型，加之起炮罩外形低矮，在现代一度被误判为采用了法式的前部敞开式炮罩，但实际上“平远”所用的是克虏伯的封闭式炮罩，其低矮的外观与“黄泉”号前主炮高大的炮罩相映成趣。

北洋海军时代的设计变化

1889年10月，“平远”出闽江口北上，准备加入北洋海军。中途由经停港上海出发开往天津时，轮机突然发生故障，随之各方引发了一场围绕“平远”舰设计和建造质量究竟如何的辩论，负责“平远”轮机设计与监造的工程师还因此事受到了责罚。[①]

同时在上海期间，北洋海军总查洋员琅威理经过对“平远”的检验，发觉该舰还需要增配和更换大量零件。因为“平远”舰为带有法国技术背景的船政设计、建造，而北洋海军各舰多为德国、英国建造，二者间在很多舾装件、配件上存在差异，带着一身法兰西血统的“平远”如果直接编入北洋海军，势必会对北洋海军的后勤供应统一化和训练标准化造成巨大挑战，由此围绕“闽船与津船船中配件不能一式者”，

---

① 《“龙威”钢甲在沪修机，请暂摘制机学生顶戴片》，《船政奏议汇编点校辑》，福州：海潮摄影艺术出版社2006年版，第391页。

琅威理圈选出了百余件，由“平远”驶回船政照单修改、增配。待到1890年春天，南下过冬的北洋海军主力舰队从香港北返途径闽江，改造完竣的“平远”便与之同行前往北洋，成为了北洋海军的军舰。[①]

编入北洋海军后，海军提督丁汝昌旋即着手处理为这艘军舰购买空缺的各种武备的事宜，虽然是旧水师出身，但经历了在北洋海防上近20年的历练，丁汝昌对于军舰设计的常规性原则显然也有所把握，1890年的7月18日在和直隶按察使周馥讨论海军公务时，突然对“平远”舰的设计透露出了一丝隐忧。

丁汝昌向周馥介绍“平远”的舷侧150毫米口径火炮已经定购，同时认为这两门火炮将来购回安装好之后，必须要在“风浪中行试一次”，因为他已经觉得“平远”舰可能存在“前后过不相称”的问题，即艏艉重量配置不均衡。对此，丁汝昌透露了自己已有预想的解决办法，那就“改易头炮”，即将“平远”舰260毫米口径的前主炮替换成重量较轻的型号。[②]

以舰船设计的常理而言，军舰重量均衡配置是设计的一项起码标准，船政工程师在设计中理所当然应该考虑此点，而且“平远”的船型很大程度上模仿自“黄泉”，“黄泉”的设计显然也因注意到此问题。据丁汝昌所称，他担忧的是“平远”头重尾轻，然而“平远”的舰艉较之“黄泉”还多增加出了艉楼，艉部重量更大，这样的担忧就更令人奇怪。

在与周馥的通信之后，丁汝昌还曾向正在从船政订造“广乙”级军舰的两广总督李瀚章有过一次特别的提议，丁汝昌建议广东水师新舰的工程不要催促太紧，一定要让船政将各项装备全部安装好后再收船，“不宜督催太迫”“如北洋之‘平远’可为先鉴，不如稍宽时日，雷炮到齐一律安配完善，弁勇拨定即可随队出操。不然，收船一时，配械又一时，两起动作不免琐屑迁延，旷时靡费。”[③]言语之间，令人能感觉到丁汝昌对“平远”的配械工作充满着忧虑和不满。

北洋海军定购的“平远”副炮以及机关炮，大致在1890年的冬季到达天津军械局，再由北洋海军向天津军械局申领，可能由于外购时考虑到经济、便利起见，

---

① 《“龙威”钢甲整修回工，请复学生顶戴并暂定名额、薪粮，请饬部立案折》，《船政奏议汇编点校辑》，福州：海潮摄影艺术出版社2006年版，第394页。

② 《致周郁山廉访》，《丁汝昌集》上，济南：山东画报出版社2017年版，第160页。

③ 《致李筱帅》，《丁汝昌集》上，济南：山东画报出版社2017年版，第163页。

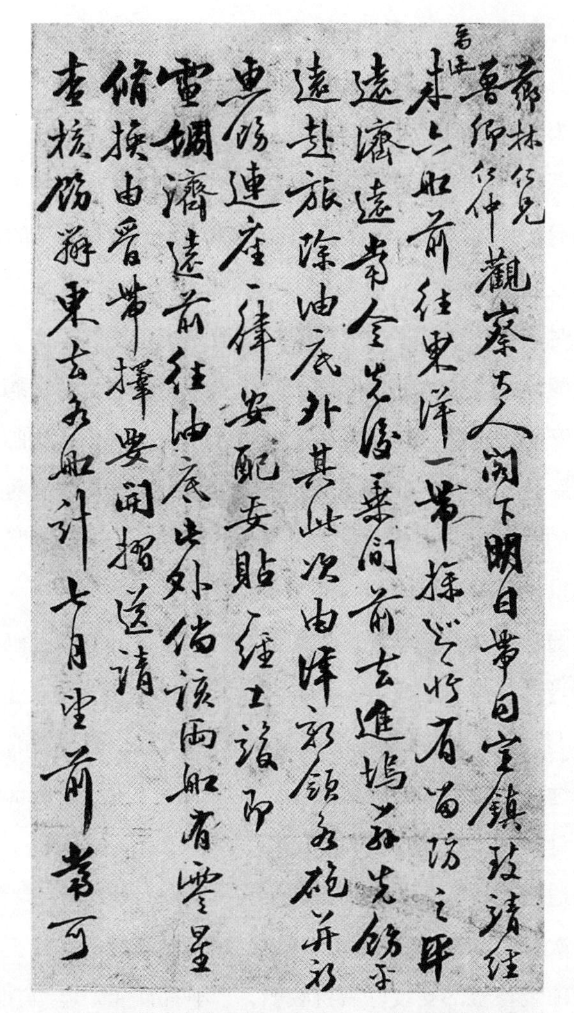

1891年北洋海军访日前夕，丁汝昌致电旅顺工程总办刘含芳商定“平远”舰安装武备事宜的电稿。

很多火炮只购买了炮身，而炮座还需要在天津机器局等处重新制配，以至于一直等到1891年春天李鸿章校阅海军结束后，才由“平远”舰自行赴天津全部运至旅顺，准备由旅顺船坞进行安装施工。也因此，1891年春天李鸿章校阅海军时，照片上的“平远”舰还是一副只安装了前主炮的面貌。

1891年6月26日，丁汝昌率领北洋海军“定远”“镇远”等6艘主力舰出发前往日本访问，“平远”舰因为需要进行火炮安装施工而没有同行，留在旅顺基地进船坞施工。根据丁汝昌的安排，“平远”应立刻入坞安装武备，待“平远”工程结束后，“济远”再进船坞油修船底。根据“济远”舰管带方伯谦的个人年谱记录，当年“济远”是在8月17日在旅顺进坞，以此推算，“平远”的武备安装工程共进行了约一个半月之久。

当完成了各炮位火炮的安装之后，新出现的“平远”面貌解答了丁汝昌此前为何对安装军械如此担忧。

船政初始设计中，“平远”舰的舷侧耳台和舰艉都有副炮的预留炮位，可是北洋海军事实上只为这艘军舰购买了两门150毫米口径“边炮”，而对原应该配置在艉楼炮房里的尾炮作了舍去，原位置上改换了2门机关炮。这一变化，可能是北洋海军不看重军舰舰艉方向火力的战术观念使然，同时“平远”的艉楼炮房炮门射界狭窄，或许也是北洋海军做出舍去尾炮的原因所在。

此时，如果再看船政的“平远”初始设计，在不考虑安装尾炮的情况下，集中布置在军舰中前部的前主炮和两门150毫米口径副炮就恍若是个巨大的砝码，势必会造成军舰头重尾轻，丁汝昌的担忧也就不难理解了。旅顺船坞最后对这一问题的

甲午战败被俘后初到日本时的“平远”，与1891年的“平远”相比，可以看出耳台位置的巨大变化。

“平远”局部特写，在船政最初设置耳台的位置上，可以分辨出铆接了一块封闭原炮门的钢板。

处理，采取了令人意外的措施，并没有如丁汝昌设想的那样换掉沉重的前主炮，而是将两座靠近前主炮的耳台全部切除掉，移植到了机舱棚之后的军舰中部两舷位置上，原先设置耳台的位置上改换成了 2 门小口径的机关炮。

经历犹如外科手术般的武备安装，“平远”变成了没有舰尾炮、耳台后移的外观。而在武备安装过程中，起初船政设计的装备 4 门多管机关炮的方案也没有完全照样采纳，只是在飞桥甲板附近两侧和舰体中部两舷安装了共 4 门哈乞开司 37 毫米口径五管机关炮，另外的机关炮就是安装在艉楼顶部甲板和飞桥甲板上的共 4 门哈乞开司 37 毫米口径单管机关炮。

关于“平远”的武备，另有值得注意的是该舰的鱼雷兵器，尽管船政在设计时为该舰预留了艏艉两处鱼雷管的战位，但是事实上这些战位并未真正安装鱼雷管。

北洋海军时期“平远”舰武备一览[①]

型号	数量	原厂炮身编号
克虏伯 260 毫米口径 35 倍径炮	1	1
克虏伯 150 毫米口径 35 倍径炮	2	150、151
哈乞开司 57 毫米口径炮	2	6843、6849
哈乞开司 37 毫米 5 管机关炮	6	——
哈乞开司 37 毫米单管机关炮	4	——

甲午战争中

“平远”舰武备配齐后未久，1893 年朝鲜东学教徒在通商口岸仁川散布“驱逐倭洋”的揭帖，为保护各国侨民，预防列强借机生事，北洋海军在当年年末派出军舰常驻仁川，“平远”随即成为了北洋海军在朝鲜仁川的主要驻防舰。

1894 年春朝鲜发生东学事变，“平远”被派在朝鲜通商口岸仁川驻扎，警戒局势，还曾应朝鲜政府请求，于 5 月 8 日带同朝鲜政府的轮船“苍龙”装运朝鲜京军壮卫营前往群山镇压东学农民起义，随后又在 5 月 10 日率同朝鲜轮船“汉阳”装运京军前往增援。[②]

1894 年 7 月，随着日本介入朝鲜事务，咄咄逼人，北洋海军开始备战活动，在此时期，“平远”舰的外观上又发生过一处明显变化，那就是该舰的桅杆如同北洋海军各主力舰一样，都进行了简化改装，原先安装在桅杆上的桅盘被拆除，仅剩下了桅盘的基座支架还保留着，而这就是“平远”在中国时期的最后状态。

日本全面挑起甲午战争后，1894 年 9 月 16 日，“平远”舰随同北洋海军主力护卫运兵船抵达大东沟，被派在大东沟口负责近岸守护。9 月 17 日中午，日本联合舰队主力和北洋海军在大东沟外海警戒的舰队遭遇，爆发了著名的黄海海战，“平

---

① 「JACAR（アジア歴史資料センター）Ref.C06060128500、明治 27、8 年戦役戦利兵器関係書類（防衛省防衛研究所）」

② 《甲午实记》，《东学乱记录》上，［韩］国史编纂委员会 1959 年版。

日本美术作品：黄海海战中正在向日本本队军舰发起进攻的“平远”舰。

远”舰见状与同在大东沟口守御的鱼雷炮舰“广丙”一起驶往赴援，于下午2时之后进入战场，此后的战斗成为“平远”舰史上重要的一笔记录。

“平远”在黄海海战中的参战时间大约只有1小时许，但表现极为突出。

先是在下午2时34分，其260毫米口径主炮命中了日本联合舰队旗舰“松岛”，炮弹从“松岛”左舷击入，穿过掌水雷长工具室，又击倒了4名鱼雷兵，在“松岛”舰主炮附近爆炸。①

此后，“平远”一度向日本海军军令部长乘坐的“西京丸”舰发起过进攻，又在3时之后连续击中“松岛”和“严岛”舰。其中3时10分，“平远”的57毫米口径哈乞开司机关炮击中“松岛”，1枚炮弹贯穿了“松岛”左舷鱼雷发射室，击

① “明治二十七年九月十七日大羊河口海面战斗报告”，「JACAR(アジア歴史資料センター) Ref.C08040487400、明治27.8年戦史編纂準備書類13（防衛省防衛研究所）」。

北洋海军战败时，停泊在刘公岛附近的“平远”舰。

被日军接管后的“平远”舰，当时主炮炮罩在风浪中被击坏，临时用帆布进行了遮挡。

中主桅杆下部爆炸，击倒了2名鱼雷兵。[①]3时15分之后，“平远”的57毫米口径哈乞开司机关炮两次击中“严岛”，1枚炮弹击中舰体前部左舷的舷墙衣柜，引起火灾。另一枚击中“严岛”的主炮台后爆炸，破片共杀伤水兵、轮机兵、炊事兵共10名，并引起火灾。[②]

激战中，“平远”舰也大量中弹，燃起大火，在下午3时30分之后被迫退出战场，前往小鹿岛方向自救，[③]至下午5时后重回战场归队，海战中该舰主要中弹24处，负伤官兵15人。[④]

黄海海战结束后，“平远”随北洋海军残存军舰返回旅顺，在9月18日中午11时30分进入旅顺口，在旅顺船坞实施修理。在当时受伤修理的各舰中，“平远”的伤势虽然较轻，但是遇到了严峻的弹药补给不足问题。“平远”舰装备的260毫米口径火炮，在北洋海军中仅此1门，弹药完全依赖进口。黄海海战后，北洋海军库存中已没有260毫米口径炮弹，因而直到甲午战争结束，“平远”也再未获得主炮弹药的补充。[⑤]

进入1894年深秋，日本第二军则登陆花园口，攻向旅顺，因战局恶化，“平远”舰随北洋舰队撤往了山东威海，后参加了1895年初的威海保卫战。1895年2月14日，北洋海军在外援断绝、粮弹将近的窘境下投降，“平远”和其他残存的北洋海军军舰在2月17日被日本海军接管，就此从中国海军的序列中淡出。

太阳旗下

1895年北洋海军在刘公岛战败投降，“平远”舰于2月17日成为日本海军的战利品，编入日本海军，仍然使用“平远”舰名。“平远”在1895年春天被送回

① “明治二十七年九月十七日大羊河口海面战斗报告”，「JACAR(アジア歴史資料センター) Ref.C08040487400、明治27.8年戦史編纂準備書類13（防衛省防衛研究所）」。

② “大鹿岛海域交战报告”，「JACAR(アジア歴史資料センター)Ref.C08040487600、明治27.8年戦史編纂準備書類13(防衛省防衛研究所)」。

③ 《清末海军史料》，北京：海洋出版社1982年版，第322页。

④ 日本海军军令部：《廿七八年海战史》上卷，日本春阳堂1905年版，第258页。

⑤ “旅順押収道台龔照瑗往復信書抄訳”，「JACAR(アジア歴史資料センター)Ref. C11080920800、雑報告第1冊，明治27年11月至明治28年2月(防衛省防衛研究所)」，第0632页。

日本本土进行整修，期间日方发现该舰的蒸汽机、锅炉存在老化和部件缺损等问题，日方进行的首次航速测试只测得 10.63 节，经对动力进行维护和小休整，并进行了诸如在飞桥上加装 2 座探照灯、安装 1 座远距离信号杆，在艉楼顶部甲板上加装 2 门 37 毫米口径机关炮，在舰体艉部原有的“平远”二字舰名牌外侧增加日文片假名拼写等改装。有趣的是，在“平远”龙纹之前的机关炮位上，船政的“龙威”初始设计中这里原本是耳台，后在北洋海军改造时拆除，变为舷侧的机关炮房，但日本海军这次改造中似乎是为了拓展机关炮的操作空间，将这处炮房修改成向舰体外部凸出的样式，犹如小型的耳台。

经历了修整改造的“平远”于 1896 年被定为警备及练习舰，主要在日本国内近海使用。1898 年 3 月 21 日，日本海军对军舰舰种分类进行调整，新设了诸如一等炮舰、二等炮舰等分类，按照炮舰排水量 1000 吨以上定为一等的标准，“平远”被分类为一等炮舰，又因该舰在服役期间轮机故障不断，1900 至 1901 年期间“平远”

经历 1900—1901 年改造后的“平远”，艉楼上的机关炮已经加装了炮盾，桅杆下部可以看到新装的探照灯台。在这张照片上可以看到，日本海军舰员在桅杆至舰艏方向晾晒了大量衣裤。

被送入横须贺造船所进行了其在日本海军时期最重要的一次大修和武备改造。

日方对“平远”的修整，在舰体内部主要是轮机动力系统，“平远”原先配置的锅炉可能被拆除，取而代之4座汽车式锅炉。

在军舰的外部，变化最大的是武备的调整。日方保留了舰上原有的260毫米口径克虏伯主炮，副炮则可能改装成了120毫米口径的速射炮。舰上的机关炮也进行了大的调整，其中艉楼顶部甲板上的2门37毫米口径机关炮被加装了炮盾，艉楼炮房内则安装了2门57毫米口径机关炮，在飞桥上北洋海军原先安装的37毫米口径单管和五管机关炮各2门被保留，都加装了炮盾，另在舰体侧面龙纹前方的舷侧炮房里改装了2门37毫米口径五管机关炮。与武备的调整同步，日本海军对“平远”的这次改造中，原设在飞桥上的两座探照灯被撤除，改在桅杆上新设了一个专门用于安装探照灯的灯台，只安装1座探照灯。

“平远”舰主要武备变化

安装/改装时期	武备配置
北洋海军1891年	克虏伯260毫米口径35倍径舰炮 ×1 克虏伯150毫米口径35倍径舰炮 ×2 诺典费尔德57毫米口径机关炮 ×2 哈乞开司47毫米口径机关炮 ×2 哈乞开司37毫米口径五管机关炮 ×2 哈乞开司37毫米口径单管机关炮 ×2
日本海军1900—1901	克虏伯260毫米口径35倍径舰炮 ×1 阿姆斯特朗120毫米口径舰炮 ×2 哈乞开司57毫米口径机关炮 ×2 哈乞开司37毫米口径五管机关炮 ×4 哈乞开司37毫米口径单管机关炮 ×4

经历了改造的“平远”在1904年被编入日本海军第三舰队，参加了日俄战争，重新回到了其熟悉的旅顺海岸，实施对旅顺俄军的封锁行动。当年9月18日，在旅顺鸠湾附近海域（今旅顺蛇岛附近）触俄军水雷爆炸沉没，第二年5月2日从日本海军中除籍。

在“平远”舰彻底消失数十年后，20世纪30年代日本海军将领小笠原长生在

20 世纪 30 年代日本高岛屋展出的半景画：1891 年，东乡平八郎看到来访的北洋海军军舰“平远”晾晒着衣物，实际上“平远”舰并未参加 1891 年的访日活动。

其著作中重又提到“平远”舰，介绍了一个据称是日本海军元帅东乡平八郎曾经讲述给小笠原长生的故事。即 1891 年北洋海军访问日本时，当时属于北洋海军的“平远”舰也参加了访问，东乡平八郎亲眼目击到“平远”舰在大炮上晾晒衣裤，由此得出了北洋海军军纪涣散，战力低下的判断。这一故事后来在日本社会广泛传播，而并没有人注意历史上“平远”舰其实并没有参加 1891 年访问日本的行动，当时该舰事实上正在旅顺安装火炮。随后，“平远”舰访日时期晾晒衣裤的故事又被传成“济远”舰晾晒衣裤的版本，乃至最后流传出了北洋海军旗舰“定远”舰晾晒衣裤的版本。在 1930 年代日本高岛屋于大阪举行的展览会上，还特别制作了一个表现东乡平八郎 1891 年看到来访中国军舰晾晒衣裤的半景画，只是画中衣裤飘飘的“平远”实际上是照着一张日本海军时期“平远”舰上晾晒衣裤的照片绘制的。

百余年过去后，“平远”舰早已成为历史，不再为人所知。

2014 年，黄海大东沟海战中战沉的北洋海军军舰“致远”号被发现，随后在 2015 年被文物部门证实，使得北洋海军军舰一度成为社会关注的热点话题。在各界关注着“致远”以及大东沟海战中国沉没军舰的同时，包括“平远”在内的一些

日本海军时期的“平远”舰

于日俄战争中沉没的北洋海军被俘舰也偶尔被人提及，就海军史研究者而言，一旦这些沉没舰船的整体或者局部被发现，都将对技术史研究产生重要的推动。然而令人惋惜的是，就在国家水下考古部门对载有大量古瓷的“南海一号”沉船进行考古的2007年，有私捞者发现了旅顺蛇岛附近的水下钢铁沉船，并在2008年进行了毁灭性的大肆盗捞，这艘被摧毁的水下沉船极有可能就是“平远”舰。而与“平远”同在日俄战争期间沉没于海底的“济远”“吉野”“初濑”等军舰，也都遭遇了同样的命运。

殊途同归

——北洋海军装备的军辅船

旧式炮舰

江南机器制造总局，简称江南制造局，是近代中国重要的大型军工企业，由洋务运动的著名领导人物曾国藩、李鸿章于1865年在上海创设。江南制造局成立之初，建厂的主要目的就非常明确，发展计划也颇为宏远，当时的设想是，藉建设机器厂来学习西方先进工业技术，从而能自行独立制造大炮、军舰等西式武器装备，以巩固国防，不受制于人，“日省月试，不决效于旦夕，增高继长，尤有望于方来，庶几取外人长技以成中国之长技，不致见绌于相形，斯可有备而无患”，当时被洋务派寄予了洋务典范、自强之本的特殊期望。然而江南制造局开办的早期，正值太平天国运动新亡，北方正在爆发声势浩大的捻军起义，作为淮系军队兴起之地的上海成为了镇压捻军的重要后方基地，为了给北上镇压起义的淮军部队提供武器装备，供应陆路作战的军备需要成为江南制造局这一阶段的主要生产任务，以制造枪支、行营炮、弹药等急需的简单陆战装备为急务，而对于国内战争并无多大意义的大炮和西式舰船的建造则被暂时搁置不提。

1866年，清政府正式批准闽浙总督左宗棠在福州开办福建船政，建造西式军舰，并评价为中国自强之道。不甘心落在人后，为赶在船政之前造出近代化军舰，成为洋务企业楷模，借以获取更多的国家关注和支持，李鸿章立刻上奏清政府，请求扩大江南制造局的生产领域，创设舰船制造部门，奏上后，虽然得到了很多方面的赞同，但因为开办经费没有着落而被束之高阁。直到第二年，曾国藩从镇压捻军前线

位于上海高昌庙的江南制造局大门，照片拍摄于清末宣统年间。

回任两江总督后，提出在两江提留自用的海关关税内拨出部分经费以供造船的方案，对于这一切实的设想，清政府随即允以批准，江南制造局至此才正式开始了船舶建造的历史。[①] 因为江南制造局原厂址位于上海虹口美国租界内，不仅地方狭窄，不便于安置大型机器设备，而且因为军火工厂存在危险性被外侨抵触，局务建设受到诸多制约，为建造舰船以及工厂扩大生产规模起见，曾国藩重新在上海城南高昌庙一带另购 70 余亩土地，搬迁江南机器局，并新设轮船厂，积极准备舰船建造。

轮船厂是一个拥有厂门、围墙的独立生产片区，功能类似现代船厂的船体生产部门，编制管理人员 1 人，称为委员，辅助管理人员 5 人，称为司事，工头领班洋员科而（Falls）、斯蒂文森（Stephenson）等 3 人，称为匠目，工人 105 人，称为工匠，还有 72 名小工。[②] 其中，3 名洋匠目，分别负责船体、轮机、锅炉三个制造方面，“将船壳、锅炉、汽机分为三门，以洋匠三人领工，华人数百且助且学。”[③]

① 《中国近代舰艇工业史料集》，上海：上海人民出版社 1994 年版，第 110—111 页。

② 《江南制造局记》，台北：台湾文海出版社 1969 年版，第 154 页。《中国近代工业史资料》（第一辑），北京：科学出版社 1957 年版，第 276 页。Chronicle&Directory for China，Japan，&the Philippines1879，p308.

③ 中国近代史资料丛刊《洋务运动》4，上海：上海人民出版社 1961 年版，第 29 页。

根据曾国藩制定的计划，江南制造局首批将要建造4艘西式蒸汽军舰，从舰型类别上看，属于蚊炮船诞生之前的老式炮舰。这种军舰和巡洋舰渊源颇深，但规模较巡洋舰为小，武器装备也较弱，并且没有装甲防护，由于吨位小吃水浅，主要适用于近海、内河巡逻、通报、警戒、侦察等用途，在西方国家一般视作杂役船使用。二次鸦片战争中，英法联军的侵华舰队内就有大量的这类军舰，用这种次等军舰充作侵略的马前卒，折射出了当时西方列强对中国海防的蔑视程度，但因此这些在中国沿海攻城拔寨的军舰却给早期的洋务派留下了深刻印象，一旦立定主意开始造舰，不论江南、福建都选用了这种军舰进行仿制。

最初，4艘军舰的设计均为同型，准备仿造一种英式的暗轮炮舰，由此可以看到江南制造局和福州船政在血统上有明显不同。后来出于稳妥谨慎考虑，首制舰则改为采用技术上比较保守，但建造较为有把握的明轮船船型，即军舰依靠安装在船舷两侧外形如同水车一般的明轮驱动航行。新船于1868年7月23日顺利下水，随后不久即通过航试。曾国藩将这艘军舰命名为“恬吉”，寓意四海波恬、厂务安吉。[①]后来同治帝驾崩、光绪帝即位后，为了避光绪皇帝载湉的名讳，而将舰名更改为“惠吉”。从时间上来看，江南制造局的“恬吉”号要早于福建船政局建造的第一艘军舰“万年清”号，是近代中国自行建造的第一艘蒸汽化军舰。

“恬吉”下水后不久，江南制造局首批4艘军舰中的第二艘开工建造，也就在此时，曾国藩被调北上出任直隶总督，接任两江总督一职的是山东菏泽人马新贻（马新贻后来在总督任上被刺杀，成为晚清四大奇案之一，史称“刺马”案）。马新贻在任内对于江南制造局颇为支持，对舰船建造尤为兢兢业业，从行政、经费等多方面全力支持保证了江南制造局军舰建造计划的继续执行。在第一艘明轮军舰成功建造的技术积累基础上，江南制造局建造第2艘军舰时大胆改用了新式的暗轮技术，即依靠安装在船尾水下的螺旋桨来推进军舰。

由3名外国工程师和数百名中国工人艰苦努力，一边学习一边建造，在摸索中不断前进，从1869年2月开工起，仅仅花费了5个月时间，于1869年7月新舰顺利下水，黄浦江上赫然出现了中国自己的暗轮炮舰。这艘新军舰先是顺黄浦江出吴淞口航行至舟山进行航试，后又进入长江上驶两江总督督署所在地南京，马新贻亲

① 中国近代史资料丛刊《洋务运动》4，上海：上海人民出版社1961年版，第17页。

自乘坐，在下关与采石矶之间航试，测试结果良好，马新贻因这艘军舰“机器小而灵动，在长江行驶尤为便利”，认为其适合内河航行，而命名为“操江”号。①

“操江”舰属于典型的英系老式蒸汽炮舰，造价83305.9675两银，军舰外形上除了拥有烟囱外，其他几乎和早期的风帆炮舰没有多大区别，拥有两根桅杆及全套风帆索具，军舰前后分别设置了艏艉楼，用于安排居住舱，舰体中部则被机器舱和货舱占据，在中部烟囱附近的主甲板上设有一处露天的驾驶台。“操江”建造时采用了木质肋骨和船壳板，材质主要为松木，军舰的尺寸、吨位比首制舰“恬吉”号略大，正常排水量为640吨，满载950吨，舰长54.86米(不连舰艏斜桅)，宽7.92米，艏吃水3米，艉吃水3.65米，动力系统为1台水平往复式蒸汽机，1座圆形燃煤锅炉，主机功率425实马力，航速9节。②主甲板两舷一共装备了8门火炮，具体型号不明。③

“操江”舰完工之后，最初是雇佣美籍洋员担任舰长，时值江南制造总局的创始者李鸿章调任湖广总督、兼署湖北巡抚，作为当时江南地区新锐蒸汽动力军舰的“操江”便被经常性地被借调到湖广，执行运输、通信等工作。1869年6月30日，“操江”舰的美籍舰长突然自杀，“船主美人，昨因病魔，投江自尽”，之后根据李鸿章的推荐，在太平天国战争中表现突出的军官马复震被两江总督马新贻委派为“操江”舰管驾。④

中国近代创办江南制造局、船政等机构后，采取了奇特的调拨制度，即国家每年只保证拨给造船单位固定的运营经费，各厂生产出军舰后，国家可以任意调拨往他处，而不需再支付造船费用，因而江南制造局、福州船政生产的很多军舰都并不在本地服役。

1870年，李鸿章调任直隶总督，又将“操江”舰借调到北洋的天津差遣，这艘江南造船建造的主要以长江操巡为设计任务的军舰从此长期驻泊在北方。1875年，李鸿章奉命筹建北洋海军后，“操江”作为当时北洋海防线上为数不多的大军舰，一度被当作北洋舰队指挥官乘坐的旗舰，是北洋海军历史上的第一艘旗舰。不过特

---

① 《续造第二号轮船工竣循案具报折》，《马端敏公奏议》，台北：台湾文海出版社1975年版，第761—762页。

② 《江南制造局记》，台北：台湾文海出版社1969年版，第425页。

③ *Conway's All The World's Fighting Ships 1860—1905*，Conway Maritime Press1979，p398.

④ 《复马制军》，《李鸿章全集》30，合肥：安徽教育出版社2007年版，第19页。

“操江”舰照片

别的是，“操江”舰的所属权始终是在江南，并未列入北洋海军的编制序列，北洋对该舰只有使用权。

鉴于该舰火力较弱，1878 年 1 月 17 日在天津由天津机器局派出工匠上舰，协助安装了新增的 3 门火炮，分别是装配到艏楼顶部甲板上的 1 门 80 磅子前膛炮（75 毫米口径），以及分别安装到主甲板后部两舷的 2 门 40 磅子后膛炮（65 毫米口径），[①] 均属于英国瓦瓦苏尔式（Vavasseur）。其中原有的 18 磅和新装的 80 磅前膛炮属于前装线膛炮，即炮膛不是滑膛式，而是六边形轨槽的样式，因为炮口可以看到明显的六边形，又俗称为六角炮。40 磅后膛炮则属于横楔式后膛炮，即火炮的炮闩是从炮尾侧面横向开合的火炮。

1894 年，甲午风云渐起，7 月 22 日晚 7 时，由浙江宁波镇海籍管带王永发指挥，“操江”从大沽启航出发前往朝鲜牙山，船上载运 4 箱援朝清军的军饷，300 余枝用于补充朝鲜清军装备的步枪，以及一些传达给直隶提督叶志超的机密信件。

① 《代管“操江”轮船直隶候补巡检申报新领瓦瓦司前后膛炮位三尊装配竣工日期由》，见《江苏省立国学图书馆第四年刊》，“操江”轮船档案第 5 页。

23日“操江”到达烟台，搭载电报局派往朝鲜的丹麦洋员弥伦斯，24日凌晨3点半从烟台悄悄出发，继续行程，行至威海附近海域时遭遇大雾，被迫停船，直至下午才再重新出发。

7月25日上午，“操江”在通往牙山湾的航途上与中国运兵船“高升”相遇，遂结伴而行。接近丰岛附近海面时，两船不幸与追击中国逃舰“济远”的日本第一游击队军舰遭遇。最终，“高升”被日舰“浪速”击沉，“操江”则被“秋津洲”俘虏。

日军俘获“操江”后，立即将其押回佐世保，包括管带王永发在内的全部舰员被强迫在街头游行示众后关押。直至甲午战争结束，中日两国互换战俘时才得以释回。

佐世保镇守府对“操江”舰进行评估，认为还有充当通信、运输舰的利用价值，经海军军令部长西乡从道批准，对军舰进行一定程度改造。其中最主要的部分是撤除“操江”原有的3门过于老式的六角前膛炮，舰首换上了佐世保镇守府军火库里的1门47mm哈乞开司单管机关炮，两舷保留原有的80mm克虏伯炮，新装1门37mm哈乞开司单管机关炮，以及1门从自焚的“广乙”残骸上拆获的哈乞开司5

西方报纸登载的铜版画，表现的是被俘的“操江”舰官兵抵达长崎，在岸上列队游行，遭受日本民众侮辱的场景。

管机关炮。

甲午黄海海战爆发前夕，9月12日，改装完毕的“操江”被编入日本海军，保留原有舰名。甲午战争剩余期间，投用于执行日本本土防卫，还曾参加了镇压朝鲜东学党残余势力，和入侵中国台湾等活动。1898年3月31日，“操江”改列为二等炮舰，兼测量舰。

1903年5月22日，“操江”舰在根室湾执行测量任务时不慎触礁沉没，当年的10月26日除籍。打捞修复后改归内务省所属，充当神户港与兵库县的检疫船。1924年出售为商用，更名“操江丸”，此后一直工作到1965年才最后废弃。是为江南制造局所造舰船中，年岁最长，身世最为坎坷的一艘。

除了“操江”舰以外，北洋海防先后拥有的旧式蒸汽炮舰，还有船政建造的“湄云”“镇海”“泰安”3舰。

船政在1866年获得清政府批准正式创建后，在马江之畔大兴土木，经过2年多的厂房等基础设施建设，以及人才招募储备，至1869年建造出了第一艘蒸汽化军舰“万年清”。在此基础上，1869年年底，福建船政建造的第2艘蒸汽化军舰“湄云”号下水，“湄云”舰是“湄云”级的首舰，舰名取敬仰天后妈祖之意。该舰由船政法籍总工程师达士博监造，工料10万两银，同级还有姊妹舰“福星”，改型舰“镇海”“靖远”“振威”。“湄云”舰体为木质结构，即所谓木肋木壳，没有任何装甲防护，排水量515吨，舰长51. 8米，宽7. 48米，舱深4. 57米，吃水3. 39米，动力为1台购自法国的卧式2汽缸往复式蒸汽机，配套使用2座方形低压燃煤锅炉，单轴推进。主机功率320马力，每分钟转速92转，设计航速9节，武器装备有1门160毫米口径前膛炮，4门100mm英国造前膛炮。[①] 从参数可以看出，同样属于旧式炮舰的“湄云”，与江南制造局的“操江”舰在很多方面都非常相似。

“湄云”舰造成后不久，被调往浙江使用，但在宁波停泊时，舰上水兵与绿营浙江水师官兵发生冲突，旋被退回船政。[②]1872年应盛京将军申请，“湄云”舰拨往奉天牛庄口岸（营口港），所需经费、薪粮从牛庄海关四成洋税项下支应。1872

① 《清末海军史料》，北京：海洋出版社1982年版，第176页。林庆元：《福建船政局史稿》附表，福州：福建人民出版社1999年版，第489、501页。

② 《海防档·乙》福州船厂上，台湾中研院近代史研究所1957年版，第327—328页。

近代铜版画："湄云"舰

年8月13日，杨益宝管带"湄云"从马尾出发，首先渡海至台湾基隆装载燃煤，19日装载完毕后鼓轮北上，23日抵达上海购买各项物料，30日从上海起行，于9月4日到达牛庄。盛京将军为训练人员，专门从八旗水师中调出50名旗兵编入"湄云"舰，从此"湄云"舰成为北洋海防所属的一艘炮舰，后来以在北洋海面屡破巨盗而闻名。[①] 由于北方海域冬季会冰冻，"湄云"舰几乎每年冬季都会南返船政进行维修保养，1894年甲午战争爆发时，"湄云"在牛庄待命，当年冬季由于无法南下避冻，于是收入牛庄干船坞中过冬，1895年3月日军攻占牛庄时被俘，同年6月5日被纳入日本海军舰籍，旋因舰龄太老于7月7日除籍，日本海军将其拖曳到旅顺进行改造，拆除上层建筑，准备作为灯塔船使用。三国干涉还辽后，清政府官员于1895年12月21日接收旅顺时同时接收该舰，由于日军对舰上机器设备进行了破坏性拆卸，最终"湄云"未能修复。

在"湄云"舰之后不久开始建造的"镇海"舰，是福建船政局建造的第6艘军舰，也属于旧式炮舰类别，是"湄云"级的放大改型军舰，由船政法籍总工程师安乐陶（M. Arneadeau）监造，造价10。9万两银，同级军舰还有"靖远"（与北洋海军的

① 《海防档·乙》福州船厂上，台湾中研院近代史研究所1957年版，第401页。

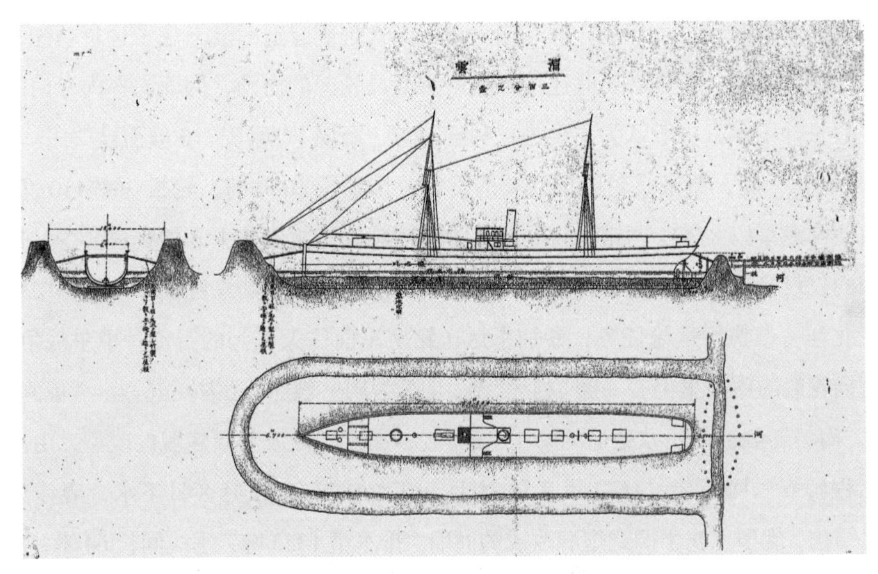

甲午战争中“湄云”舰在牛庄土船坞中过冬，图为日军占领牛庄后绘制的“湄云”舰状态图。

穹甲巡洋舰“靖远”重名）、“振威”。“镇海”舰舰体同样是木质，排水量572吨，军舰舰长53.12米，宽8.32米，舱深4.48米，吃水3.77米，采用1台卧式2汽缸往复蒸汽机，单轴推进，主机功率350马力，设计航速9节。武器装备方面配备1门普鲁士造160毫米口径火炮，以及4门100毫米口径瓦瓦苏尔后膛炮。[①] 该舰1871年3月29日开工，同年11月28日下水，随后被调入北洋水师差遣，充作炮舰，驻扎在天津防守海口。1894年甲午战争爆发后，“镇海”舰主要执行巡防、运输等任务，是甲午战争中北洋地区仅有的幸存舰只。战争结束后，随着三国还辽，清政府派出的接收委员曾乘坐该舰赴旅顺办理交接。战后，“镇海”仍长期驻扎在北洋地区，她的最后归宿在史料中难寻踪迹，可能因为舰况过老而拆解。

运输舰只

用于载运人、物的运输舰虽然并不是作战舰种，然而却是海军中不可或缺的军

① 《清末海军史料》，北京：海洋出版社1982年版，第177页。

舰。北洋海军时代，由于北洋海军内大量的旧式炮舰建造时就考虑了运货功能，设置了大型的货舱，而且必要时还可以获得招商局轮船的协助，因而海军内专门的运输舰数量并不多，一般认为主要是“利运”与“海镜”“泰安”3艘而已。

“利运”舰，原来是轮船招商局的货轮，排水量1080吨，轮机功率110马力，后被北洋海军以87431两银购得，改造为运输舰。该舰流传下来的资料甚少，目前所知的仅仅是甲申事变时期，曾载运中国军队前往朝鲜登陆平乱，甲午战争中曾频繁在北洋一带执行运输任务，参加了运送铭字军前往大东沟的行动。甲午战争后，招商局轮船的序列里仍有一艘“利运”号，是否为同一艘船，还需要进一步考证判断。

“海镜”舰，是船政建造的第13艘军舰，属于“伏波”级炮舰的改型，由法籍总工程师安乐陶监造，1872年2月28日开工，1873年11月8日下水，舰体为全木质结构，舰型上属于旧式炮舰改成的商船。排水量1353吨，垂线间长64米，宽9.6米，吃水4米，动力采用1座立式双缸蒸汽机，2座方形燃煤锅炉，功率600马力，设计航速10节。该舰建成后，很快被改造作为商轮调拨给轮船招商局，用作台湾海峡的往来运输，北洋建设海防之后又被调往北洋，隶属北洋海军，曾参与过甲申平定朝鲜叛乱事件。甲午战争中在旅顺军港失守时被日军俘虏，后在日本横须贺进行改造，加装2门152毫米口径速射炮、4门120毫米口径速射炮、4门12磅速射炮、2门47毫米口径哈乞开司机关炮、2门8毫米诺典费尔德机关炮，被作为日本海军炮术练习所的泊港炮术练习舰，仍保留“海镜”原舰名，一直使用到20世纪初。①

“泰安”舰是北洋海军内另一艘船政建造的军舰，在船政的建造序列里排序为第19，同型还有一艘“登瀛洲”舰。该级舰舰形较大，军舰垂线间长65.4米、宽10.72米、舰艏吃水3.52米，舰艉吃水4.16米，排水量1258吨。动力系统采用了1台船政自造的立式双缸蒸汽机，装备2座方式锅炉，功率600马力，单轴推进，设计航速10节。②

“泰安”完工时由于船政经费紧张，没有配备任何武备。建成后不久，被调往山东烟台驻防，后来成为北洋海军的1艘专用运输舰。1892年从北洋海防转调入轮船招商局，甲午战争中被南洋雇佣于运输，1896年因为舰况太差而拆去动力和

---

① 《船政舰船图鉴》，马尾船政文化研究会2019年版，第52页。

② 《十九号轮船下水并续陈厂工情形折》《铁胁船告成并“泰安”轮船试洋情形折》，《船政奏议汇编点校辑》，福州：海潮摄影艺术出版社2006年版，第128、132页。

日本横须贺军港内的两艘炮术练习舰，左侧远方露出舰艏的就是“海镜”舰。

上层建筑，改成了海港里的趸船。[①]

除了运输舰以外，北洋海军辅助舰艇内数量最多、类别最杂的是各类工程船只，这些军舰大的不过二千余吨，小的只有几百甚至仅仅几十吨，然而他们所发挥的作用却极大，为舰队和军港内不可或缺的船只，可以按照他们的功能类别来一一分析。

“导”字号军舰，即挖泥船，这类军舰的舰名中都冠以“导”字，主要有“导海”“导河”两艘。“导海”是北洋海军拥有过的最大一型挖泥船，1883年由中国驻德公使李凤苞向伏尔铿造船厂定造，工厂船体编号133，主要为旅顺基地开挖港池和疏通航道所用。“导海”号船体采用铁制，甲板上装有大型的挖泥抓斗，船长63米，宽12米，吃水1.4米，排水量2400吨，主机功率400马力，挖泥可以达到10米的深度，该船在修建和维护旅顺基地时立下过汗马功劳，甲午战争中在旅顺被日军俘虏，后在日本本土使用。

19世纪后期，西方开挖苏伊士运河，以直接贯通欧洲到亚洲的航线，使得东西

---

① 《船政代修“泰安”船并垫支台湾款无从归还片》，《船政奏议汇编点校辑》，福州：海潮摄影艺术出版社2006年版，第466—467页。

甲午战争中日军占领旅顺后拍摄到的“导海”号挖泥船

方的船只往来可以避免远绕好望角，在运河的开挖过程中挖泥船大显身手，深深引起了李鸿章等中国洋务领导人物的注意。李鸿章在直隶总督任上，除了兴办洋务以外，还对治理黄河颇有贡献，曾写过洋洋洒洒数万字的治河方略。在购买“导海”之后，为开挖黄河河道，防止淤堵，李鸿章于1887年春向英国山姆达造船厂购买了一艘适合内河使用的小型挖泥船，这艘长度大约为30米的船只因为没有远航能力，1887年12月21日拆解后用运输到中国，在天津北洋水师大沽船坞进行组装，1888年3月13日完工，被命名为“导河”，用于黄河以及一些内河航道的疏通，颇见成效。①

“顺”字军舰，即拖轮。北洋建设旅顺基地时，用“导海”号挖泥船疏浚港池，挖出的淤泥装载到小舢板上，然后用蒸汽小轮船拖带往远海倾泻。为拖带这些小船，1884年6月北洋水师大沽船坞建造了1艘“利顺”号拖轮，除拖带淤泥船外，还执行诸如导航、引水、帮助靠泊等任务。②后来因为“不敷往返拖驶”，又由大沽船坞建造了一艘同型的“遇顺”号拖轮，随着北洋军舰日益增多，旅顺港务繁忙，1888年更新增加了一艘“快顺”号。3艘船可能均为同型，船长38.4米，宽6.4米，

① 《挖泥机器经费片》，《李鸿章全集》12，合肥：安徽教育出版社2008年版，第409页。
② 《验收“利顺”轮船并请发给该船用物禀》，《阁学公集》公牍卷二，清芬阁宣统三年版。

甲午战争中日军占领旅顺后，在旅顺东港拍摄到的北洋海军小型军辅船只。

吃水2.72米，主机功率350马力，航速12节。[①]1890年4月，为大连湾水雷营布雷、练习使用，建造了“捷顺”号，同样也具有拖船功能，船长22.86米，宽4.88米。[②]甲午战争中，这批拖轮大部分下落不明，不过在日方参战人员的回忆录中留下了一些迹象。有回忆曾提到旅顺保卫战前夕，一艘中国拖船拖带数艘木帆船向旅顺运送修理“定远”级军舰所用木料的事情，这艘拖船遭遇日本舰队后船员弃船跳海而去。更为直接的一份材料是关于“捷顺”轮船，旅顺之战前夕，日军在大连湾外遇到了正在设法从触礁的“广甲”舰上拆运军械物资的“捷顺”，在日本军舰炮轰追击下，“捷顺”不支，不幸被俘虏。[③]

“雷”字号军舰，均为布设和维护水雷用的布雷艇。有“守雷”“下雷”“巡雷”“杆雷”等名目，样式类似小型的蒸汽交通艇，各种参数不详，可能与大沽船坞1881

① 中国近代史资料丛刊《洋务运动》3，上海：上海人民出版社1961年版，第63页。

② 《造成“捷顺”小轮船片》，《李文忠公全集》，奏稿，卷七十三。

③ 《“捷顺”号捕俘の详报》，《日清战争实记》第十二编，东京博文馆1894年版，第103—104页。

年建造的2艘用于布雷的螺桥船类似。这种螺桥船长23.33米，主机功率130匹马力，配置在大沽水雷营，主要用于天津内河的布雷警戒。除了“雷”字号以外，北洋海军内还有一艘外购的“犀照”号布雷艇，“犀照”号原为安徽芜湖海关订造的小艇，由上海均昌机器船厂建造，1882年10月下水，排水量35吨，船长17.1米，宽3米，吃水1.8米，主机功率120匹马力，航速9节，后来被开平矿务局购得，作为交通艇，1889年8月6日，转属北洋海军，用于旅顺水雷营的操练。[①]

“平”字号运煤船，计有“北平”“富平”“承平”“永平”等4艘，均为开平煤矿为从天津向旅顺、威海等地运输煤炭而制，由上海耶松船厂（S. C. Farnham & Co.）承建。船长156英尺，宽22尺6寸，舱深12尺6寸，吃水10尺9寸，可以载煤600吨。动力系统采用了一台格拉斯哥印格利斯厂（A. &J. Inglis）生产的复合蒸汽机，汽缸直径分别为36寸和18寸，配套装有耶松船厂制造的锅炉一座，直径12尺6寸，长10尺6寸，容纳蒸汽100磅，单轴单桨，螺旋桨直径24英寸。此外船上还可以悬挂纵帆。[②]甲午战争期间，4艘“平”字号运输船不仅担当北洋沿海的煤炭运输任务，也被用作运兵、转运物资使用。

“龙”“马”“飞”字号军舰，用龙、马、飞这些颇具活力的字命名的军舰，大都属于小型而快速的交通艇，用来在各个基地间来往通信联络。出现在北洋海军的序列里的主要有“铁龙”“飞龙”“流马”“快马”“海马”“铁马”“飞艇”“飞凫”等名号，大多为大沽船坞建造，其中“铁龙”号是驻泊天津大沽，供北洋大臣李鸿章直接使用的一艘，而“飞艇”“飞凫”原为淮系陆军巩军使用，后并归北洋海军。甲午战前，为了增加收入，贴补主力战舰维护经费的不足，而在北洋沿海各港口电报房出售船票，搭载旅客的“军舰”实际就是这些船只，而并非像一些著作中所说的是主战军舰。甲午战争中，日军攻占旅顺后曾俘获过一艘“超海”号小轮船，从外形看也属于运输舰，具体来源有待考证。

小型运输船。英国人琅威理担任北洋海军总查期间，兢兢业业，将大量英国海军的制度、规范导入中国，同时他也亲自设计过几艘小型的专门用途运输船。分别是4艘排水量130吨、长21.16米，宽3.45米，吃水1米的50吨运煤船，以及2

---

① 中国近代史资料丛刊《洋务运动》3，上海：上海人民出版社1961年版，第119页。

② 《中国近代工业史资料》第一辑上册，北京：科学出版社1957年版，第33—34页。

日军在旅顺俘虏的“超海”号轮船

艘排水量 70 吨，长 18 米，宽 3.2 米，吃水 0.8 米的 20 吨运水船，均为明轮船型，1884 年完工，主要用于北洋海军基地补给。

北洋水师大沽船坞，是北洋海军小型辅助军舰的主要制造厂，隶属于天津机器局。北洋创建近代海防后，随着军舰日多，而北方又没有船坞可供维修，舰船维护都得远赴日本甚至南下到上海、香港，非常之不便，“程途骛远，往返需时，设遇有事之秋，尤难克期猝办，实恐贻误军需”。为此 1880 年李鸿章经奏请清政府，在天津大沽海神庙附近购买土地，兴建船坞、工厂，又名海神庙船坞。大沽船坞建成后，最初主要是提供军舰的上坞维护等服务，北洋海军、轮船招商局乃至一些国外舰船都曾纷纷前来借坞维护，后来在外国顾问指导下大沽船坞组装了数艘购自国外拆解来华的小型军舰，随着技术的逐渐熟悉，便将业务范围开拓到了舰船建造领域，主要是为北洋海军建造如上所述的一些小型辅助舰艇。大沽船坞建造的船只，以数

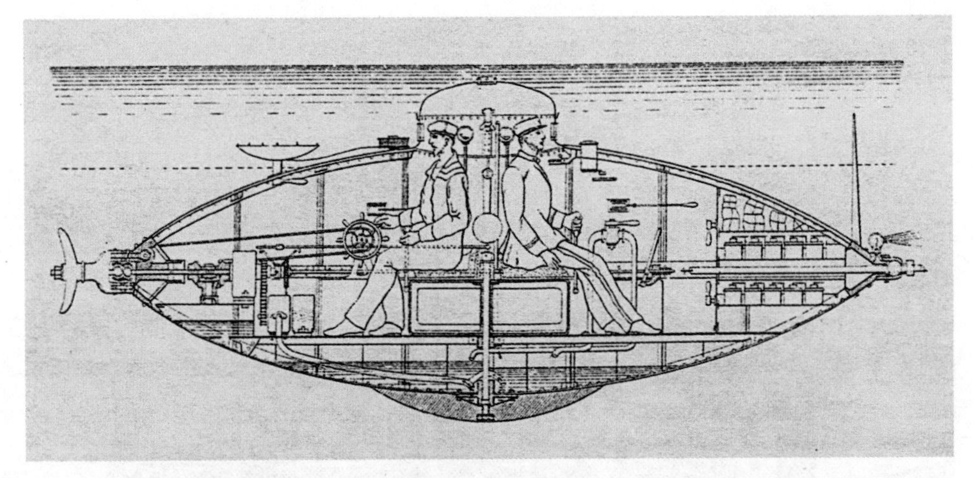

图为《外国师船图表》中刊载的一副潜水艇设计图，从有关水底机船的文字描述看，很可能与这幅图中的设计类似。神秘的水底机船，是中国有史可考建造最早的潜水艇，尽管未有实战表现，但这种发明所带来的震憾，已远远超过了发明本身。

量多、型号杂、种类奇特而著称。不仅建造过拖船、布雷艇、交通艇，还有一些足以让后世大出意料的产品。

1880 年 9 月 18 日，农历的中秋佳节，天津机器局的深宅大院内造出来一艘模样古怪的军舰。这艘军舰由机器局一位姓陈的官员自行设计、出资建造，“自备薪米油烛等费，并木料铁皮，分投采买，不动该厂公项”，10 余名工人一起努力建造了 3 个多月，过程中竟然“禁止外人窥探”，大大出于当时建造军舰的常例，给这艘军舰笼罩上了一层神秘色彩。中秋节这天的下水仪式，终于揭开了谜底，天津机器局建造的居然是一艘潜水艇，当时称为驶行水底机船，整个舰体外形像是一只大橄榄，两头尖锐。当时上海的教会报纸《益闻录》作了极为有价值的描述“……式如橄榄，入水半浮水面，上有水标及吸气机。可于水底暗送水雷，置于敌船之下。其水标缩入船一尺，船即入水一尺。中秋节下水试行，灵捷异常，颇为合用，因内河水甚深，水标仍浮出水面尺许。能令水面一无所见，而布雷无不如意，洵摧敌之利器也”，[①] 从这些记载看，无论是外形还是原理，这艘潜艇与法国 1863 年建造的“潜水员”号极为相似，简直可谓是中国潜艇的始祖。当时中国的工程技术人员是如何

① 姜鸣：《龙旗飘扬的舰队》，北京：三联书店 2002 年版，第 51—52 页。

获得或设计建造图纸的？这艘潜艇最后的结局如何？如果这级潜艇大量装备了海军又会如何？这一连串的问题能带出太多美丽的遐想，100 多年前中国军工技术人员破除成见，紧追最新技术的努力，值得后人为之折服。

练习舰

因为海军具有的高度技术性特征，海军对于官兵素质的要求要大大高于陆军。中国开始近代海军建设事业后，造船技术方面主要学习法国，而海军制度、训练上则大量参照英国。除了从南至北开办众多的海军学校培训海军军官外，对于普通水兵的教练、养成也极为重视。在《北洋海军章程》的相关规定中，对于军官的海上教育，即练习舰上的培训都有特别要求。其中规定，海军军校的学生在经过 4 年的学院学习，在北洋大臣主持考核“英国语言文字、地舆图说、算学至开平立诸方、几何、代数至造对数表发、平弧三角、驾驶、测量天象、经纬度、重学、化学格致”等学科之后，选合格者派往练船即练习舰，进行为期一年的海上历练，“凡大炮、洋枪、刀剑、操法、药弹利弊、上桅接绳、用帆诸法，一切船上应习诸艺、诸能通晓。春考一次，秋考一次”，合格后才能获得候补军官资格上作战军舰见习。

而对于水兵的船上技术要求则更为具体严格，新招募的水兵称为练勇，入伍考核时只要满足年龄、身高、健康等最基本的条件，能够“略识文字”即可，随后便派入练习舰学习，反复练习“船上各部位名目，绳索名目，结绳、接缆之法；船帆各部位名目，并帆上所有各家具名目，并张帆之法，缚帆耳之法，开帆之法；缝帆之法，帆沿打马口之法；荡舢板；运舵量水并罗经体用各法；船头挂灯；泅水；四轮炮之操法，洋枪刀剑之操法。”经过在练船上的长期磨练，全部合格后才能成为合格的替补水兵，当军舰上的水兵名额出现空缺时，再从练习舰上的一等练勇中进行考核，择优录取替补。

为了满足上述海上练习、教学的需要，北洋海军先后共装备了 3 艘专门的练习舰，分别为“敏捷”“威远”“康济”。

“敏捷”舰，原是一艘英国商船，没有蒸汽动力，完全依靠风帆航行，1886 年在天津出售，被北洋海防以 14500 两银购入，经过在大沽船坞的军用化改造后，命名为“敏捷”号，当时称作夹板练船，实际就是现代的风帆训练舰。这种练习舰，

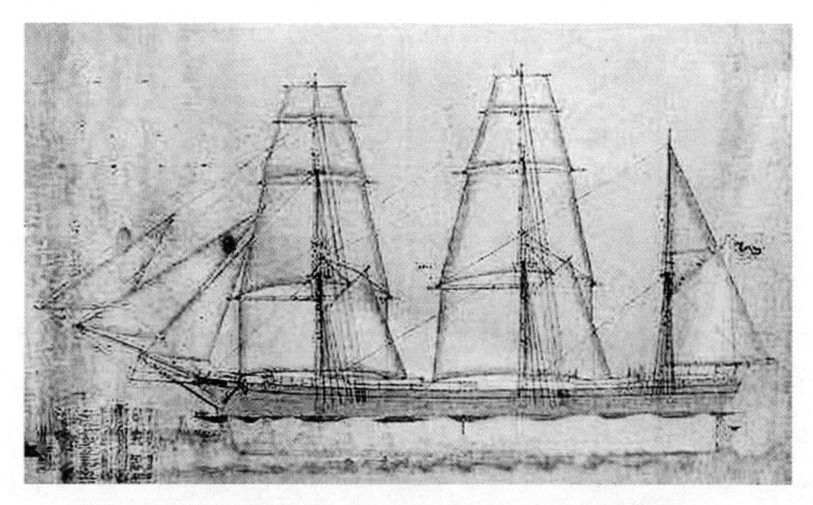

北洋海军旅顺船坞绘图教习钮家瑛等绘制的“敏捷”舰帆装图。

一方面可以培训船上各种帆缆索具的使用方法，锻炼各项基本船艺，对于当时仍保留有张挂风帆功能的北洋海军战舰而言，对官兵作这种培训的确有实用的一面。此外，风帆训练舰上的培训，还非常利于养成海军将士刻苦耐劳的坚韧品质，狂风巨浪中，临危不惧，齐心协力与大自然作抗争，又能培育海军官兵同舟共济的合作精神，同时，还有海军传统的教育作用。

从传世的一幅北洋海军舆图中可以看到，“敏捷”舰舰体外形非常修长优美。这艘军舰完全为木质，长46.33米，宽8.41米，吃水3.35米，吨位700吨，编制60人，由于主要用于船艺训练，并没有配备重型武器。[①] 服役后，作为北洋海军唯一的一艘风帆训练舰，频繁出现在各次操演和阅兵活动中，甲午战争中在旅顺被日军俘获，三国还辽事件后归还中国。

在北洋海军辅助军舰序列中，“威远”舰是战斗力较强的一艘，这艘军舰是船政建造的第20艘军舰，也是建造的第1艘铁胁军舰，即采用钢铁骨架的军舰。相对于完全采用木质的木胁木壳军舰，这种军舰在结构强度等方面要更胜出一筹。“威远”舰的龙骨、横梁、隔板等铁胁材料，均由船政局总监工法国人日意格从国外采购，“皆铁片、铁槽所制者，密嵌泡钉（铆钉）十三万余颗”。1876年9月2日在法国

① 《置办帆船片》，《李鸿章全集》12，合肥：安徽教育出版社2008年版，第523—524页。

北洋海军辅助舰船中战斗力较强的一艘，“威远”号练习舰。

顾问舒斐监督下，开始安装龙骨等全套铁胁，然后再在钢铁的骨架外铆接安装木质船壳板，整艘军舰于第二年的5月31日下水。

“威远”舰是“威远”级军舰的首舰，舰形上属于旧式炮舰，造价195000两银，3根桅杆的独特外形清楚地标明了他的法国血统，同型的姊妹舰还有“超武”“康济”“澄庆”“横海”等4艘。这级军舰排水量为1268吨，舰长（垂线间长）69.47米，宽9.95米，舰艏吃水4.92米，舰艉吃水5.08米，舱深5.69米。“威远”采用的动力系统，是1台在英国谟士莱公司订制的卧式复合蒸汽机，当时称为康邦机器，这也是船政第一艘使用康邦机器的军舰。与蒸汽机配套还装备了4座圆形燃煤锅炉，主机功率750马力，军舰采用单轴推进，设计航速12节。“威远”舰的火力较强，舰艏装备有170毫米口径前膛火炮1门，船舷两侧则共装备阿姆斯特朗120毫米口径前膛炮6门。[①]

1881年“威远”舰被调北上加入北洋水师，北上途中因不慎搁浅而被迫在上

① 《铁胁船告成并“泰安”轮船试洋情形折》，《船政奏议汇编点校辑》，福州：海潮摄影艺术出版社2006年版，第132页。

威海卫保卫战中，遭日军鱼雷艇偷袭沉没的“威远”舰，烟囱与桅杆仍长时间露出海面。

海修理，迟至7月14日才抵达天津大沽。在北洋水师服役的早期，“威远”舰作为较新式的炮舰，一直处于一线主力位置，经历、参与过长崎事件、朝鲜平叛等多个重大历史事件，后来的“济远”舰管带方伯谦曾任该舰管带，旅顺基地的炮台群中也有以该舰命名的“威远”炮台。1885年左右，随着新式的“定远”“济远”级军舰回国，“威远”在舰队中的重要性降低，而被改作练习舰使用。1894年，朝鲜爆发东学党起义，“威远”与“济远”“广乙”编成小队，赴朝鲜牙山保卫陆军登陆场，后因实力过于单薄被命令先行回国，因而未参与丰岛海战。威海卫保卫战中，“威远”舰与残存的北洋各舰一齐并力抗敌，时任管带林颖启，1895年2月6日凌晨，“威远”被入港偷袭的日本海军“第11”号鱼雷艇击沉，壮烈殉国，同时遭日本鱼

“威远”号练习舰上水兵与士官的合影，照片中胸口有银笛挂绳的是正在接受训练的普通练勇，而两侧佩戴怀表的则是士官。

雷艇偷袭沉没的还有装甲巡洋舰“来远”、布雷艇“宝筏”等军舰。[①]

与“威远”同型的“康济”舰，是中国近代海军史上一艘特殊的军舰，以经历的坎坷身世而著名。她的各项性能参数与“威远”基本相同，不过所采用的铁胁材料并非进口，而是完全由福建船政铁胁工厂自行生产。“康济”舰于1878年7月12日开工建造，船政工程师吴德章等监造，第二年7月20日下水。[②]最初，这艘军舰的舰型是旧式炮舰，但即将完工之时，清政府有意将其调拨给刚刚兼并了美国旗昌轮船公司，发展势头正方兴未艾的轮船招商局使用，于是进行了转型为商船的

① 《第十一号鱼雷艇战况》,《廿七八年海战史》下卷，日本春阳堂1905年版，第150—152页。

② 《第三号铁胁轮船下水并厂工情形折》，《船政奏议汇编点校辑》，福州：海潮摄影艺术出版社2006年版，第155页。

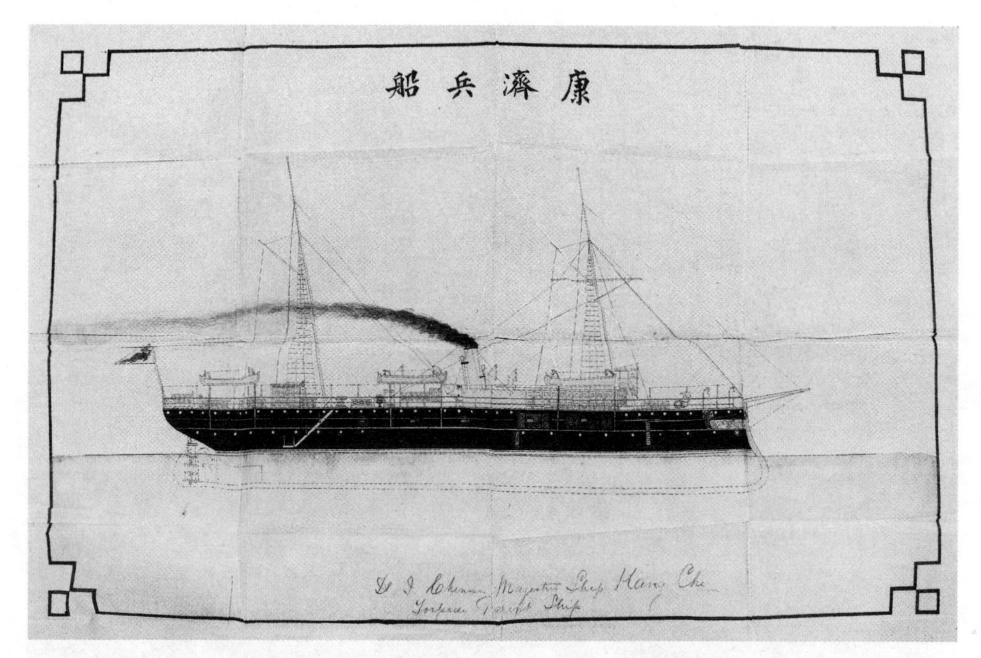

“康济”舰舆图，“康济”舰在北洋舰队的最初身份是舰队旗舰。

改造，将军舰的船头加高加大，改为水手舱，舰艉加长改作货舱，最初3根桅杆的设计被改成2根，整个军舰外观变得面目全非，看不到一点“威远”级的踪影。但由于“康济”最初是按照炮舰的标准进行的设计，虽然进行了如此之大的改造，货舱容量仍然比不上专门设计的货轮，载货能力有限。经轮船招商局总办唐廷枢检查验收后，决定将“康济”改为客轮使用，重新进行了针对性改造，将军舰中部甲板两舷加高并封顶，整个主甲板中段变为了一个封闭的大舱室，充作客舱。在这层客舱的顶棚之上重新构建了操舵室、厨房、厕所等舱室，而主甲板以下的舱室，除轮机舱以外，一律改成货舱。全部改造完成后，由招商局派出专员验收航试，一切符合要求，遂开赴上海，投用于上海至香港航线，充当航班客轮。①

然而金鳞终非是池中之物，李鸿章在北洋开始建设近代海防后不久，即看中了与“威远”舰同级，且在自己管辖范围内的招商局服务的“康济”轮，随即调用北

① 《恭谢天恩并报明就医江苏起程日期折》《“康济”铁胁轮船归招商局领用片》，《船政奏议汇编点校辑》，福州：海潮摄影艺术出版社，第173—174页。

清末时期的“康济”，舷边高大的舱房，已看不出一点“威远”级军舰的踪影。

上加以改造，船上增加装备了11门各型火炮，“康济”终于重新回到了军舰的行列，取代“操江”号，成为北洋舰队第二代旗舰。

后来由于北洋海军鱼雷兵器数量激增，为加强鱼雷专业技术知识的培训起见，提督丁汝昌决定将“康济”改为鱼雷练习舰，又在“康济”舰上安装了2具14英寸口径黑头鱼雷发射管，以资练习，但是整个军舰的外观仍然保留了商船的古怪模样。①

1894年甲午战争爆发后，“康济”主要留防威海湾，曾参与威海湾水雷防线的布设和维护。北洋海军战败时，中方议和代表牛昶昞、程璧光向日本联合舰队司令长官伊东祐亨请求归还属于广东水师的“广丙”号鱼雷巡洋舰，以便未来程璧光可以向两广总督交待。因“广丙”号当时已经列入战利品名录上报，伊东祐亨遂提出将尚未造册的“康济”舰拆除武装归还中方，并推荐程璧光出任管带，以此既是作为对程璧光参与《威海卫降约》谈判的酬答，同时也可用于运输已故北洋海军提督丁汝昌等的灵柩离开刘公岛。1895年2月16日下午，阴雨蒙蒙中，曾经的亚洲

① 《禀请“康济”改为鱼雷练船应添器具专卷》，美国哈佛大学哈佛燕京图书馆藏。

甲午威海刘公岛保卫战失败时的惨痛一幕，北洋海军提督丁汝昌等人的灵柩正通过铁码头抬上停泊在旁的“康济”舰。附近海中可以看到露出海面的“威远”舰桅杆。

第一舰队的唯一遗存，“康济”舰汽笛哀鸣，半挂着黄龙旗，在日本舰队的唁炮声中依依不舍驶离刘公岛，载着提督丁汝昌等人的棺椁，以及幸存的海军军官，黯然驶向远方，这凄惨的历史一幕，是中国人心底永远的痛。

甲午战争结束后不久，英国出面“帮助”中国，迫使日本归还威海，作为回报条件，随即向中国强行租借了威海。1898 年 5 月 24 日，英国维多利亚女王 79 岁生日，日军撤离威海，一面龙旗在刘公岛西部的黄岛上空缓缓升起，象征着中国收回了威海和刘公岛的主权，旋即又立刻跌落，代之而起的是一面米字旗。三声“女王万岁”、一声“大清皇帝万岁”过后，威海、刘公岛被从母国割裂了出去……仪式上列队、升起龙旗的水兵来自威海湾外的一艘军舰，黄岛上欢呼雀跃的英国水兵不会知道，但默默横卧在威海湾内的刘公岛可能会熟悉她的身影，她就是“康济”号，此时已经更名为“复济”，取复兴海军之意。“复济”作为练习舰，在后来的中国海军中长期服役，一批批从“复济”上肄业的海军官校生、水兵，成了复兴中国海军的种子，这艘见证了中国海军一段最不堪回首往事的军舰于 1910 年退役拆解。

异路

——甲午战争期间北洋海军的外援军舰

粤海三舰

广东是中国重要的沿海省份，濒临重洋，锁钥南中国门户，海防地位极为突出。清初根据在各沿海、沿江省份设立绿营水师的海防制度，布署有一支兵力雄厚的绿营广东外海水师，为数二万人以上，在当时各省的绿营外海水师中属于翘楚（在两广总督属下，另还有一支广西绿营水师，属于内河水师，负责广西省的江河缉盗，而两广洋面的海防，则全由广东水师担当）。广东水师提督最初驻节在惠州，后来因为虎门一带控扼省城广州的门户，战略意义重要，遂移提督署于虎门寨。广东水师辖下由水师提标（提督直属的部队，计有5个水师营）、南澳、碣石、北海、高州、琼州5个水师镇，以及一些零散驻防各处的独立水师协、水师营组成，最多时装备有180余艘各型战船，主要名目有米艇、拖风船、赶缯船、艍船等，全都属于旧式帆船，船型以中国传统的广船、福船样式为主，其中最大的战舰是水师督船，但也不过排水量数百吨、载10门前膛铁炮而已，这样的装备，缉贼拿盗尚可使用，到了近代，面对西方列强的坚船利炮，则相形见绌，不堪一击。

作为两次鸦片战争中受冲击严重的省份之一，建设近代海军之议兴起后，广东也很快顺应风潮开始努力。有别于在绿营水师之外另起炉灶的船政、北洋、以及南洋，广东并没有单独设立一支新式的近代化舰队，而是在旧式绿营广东水师的框架内，添入近代化军舰，因而后来广东水师这一称谓指的仍然是绿营水师，但已经包含了旧式战船与西式战舰两层内容。

清末重臣、两广总督张之洞

广东发展近代海军的举措具有着十分明显的独立性特点，经费等主要依赖地方自筹，所以自1867年广东巡抚蒋益沣与两广总督瑞麟会商，向英、法购买“澄清”等西式军舰开始，广东购买、建造的西式军舰都极小，没有1艘的排水量能越过千吨，舰船的武备也没有特别可观之处，主要用于替代旧式木质战船，在沿海和内河充作捕盗缉私用途。

1884年，清流健将张之洞由山西巡抚升署两广总督后，着意加强广东的近代海防力量，其间为了筹集建设资金，甚至不惜从赌博税中提取经费。为获取西式舰船，张之洞一方面在广东军装机器局原有的船坞基础上，创办黄埔船局，试图自行建造军舰。由于黄埔船局规模小、技术力量弱，只能建造小型的旧式炮艇，“（广东）海上巡防东西相距二千余里之遥，实乏巨舰分扎其间，用资号召”。[①] 为尽快拥有能航行远海的大型军舰，壮大广东水师的力量，在内购和进口军舰两条路的选择上，张之洞将目光投向了闽江之畔的船政。

船政是清王朝在近代设立的首个国家意义的海防近代化机构，下辖舰船建造、工程和海军教育以及舰队编练等事务，然而其经费每年仅有固定的60万两银，由闽海关从关税中拨解。随着船政建设规模扩大，所造舰船日益增多，开销增大，额定的经费日益不敷使用。船政因为并不是经营性的企业，所造军舰原本都是采取无偿调拨的方式提供给各省，为解决令人头疼的经费问题，1880年后船政尝试改变原有的调拨军舰制度，奏请清政府批准，开始启用了一种独特的协款制度，即军舰建造费用由调拨使用该舰的地方自行报销支付，船政只负担工人工资和厂房设备更

① 《协造广东兵轮八号，请由船政报销折》，《船政奏议汇编点校辑》，福州：海潮摄影艺术出版社2006年版，第353页。

新等开支，类似一种市场化的制度，减轻了船政的负担。按照这种模式，至 1887 年船政陆续为南洋水师建造了“开济”“镜清”“寰泰”等 3 艘巡洋舰，但是由承建这些军舰而获得的收入实际非常有限，仅能维持一时，为防出现资金断流，不使工厂业务难以为续，船政必须尽快获得新的订单，在南洋的新巡洋舰下水之际，船政大臣裴荫森就不无焦虑地感到“匠作较松，必须筹接续之工，庶不至虚靡厂用”“若不设法力善其后，则前功尽废”，[①] 担心得不到持续的经费保障，为船政的前途发展而忧心。

恰好就在这段青黄不接的时候寄到了一封来自两广的信函，在这封似乎带着木棉芳菲的信中，两广总督张之洞专门询问了有关军舰订造事宜，流露出准备订造军舰的意向，简直有如雪中送炭。船政接信后，急忙“将闽厂新、旧所制各船，分别马力之大小、驶行之迟速，酌估工料价值，绘图贴说以告”，[②] 不论新旧，将建厂以来所有建造过的或收集到的舰船技术资料统统打包寄往广州，相信总有一型能引起两广总督的兴趣，急切期望能揽接到广东的舰船订单。

张之洞当时为了购造新式大型军舰，扩充广东海防力量，已通过各种渠道筹集了 80 万两银巨款，手中经费充裕，办事也风风火火，格外爽快。经过与船政大臣的几次往返函商，认为船政的军舰价格低廉，而且交船便利，很快便一锤定音，确定了订造计划，决定在船政建造 1600 匹马力级别的旧式无防护巡洋舰 1 艘，2400 马力级别的新式穹甲巡洋舰 3 艘，两广为每艘军舰协款 9 万两银。同时约定，在工程间隙，利用空闲的船台和人工，见缝插针，再同步建造 4 艘小型的旧式浅水炮舰，每艘协款 3 万两银。8 艘军舰中，以前 4 艘大型军舰较为著名。

这笔大订单对于船政的发展可谓至关重要，船政大臣裴荫森为之感激莫名，一面积极安排进行施工准备，着手开始建造工程，一面鉴于两广对新军舰的需求极为迫切，而决定将先前已在船台上建造完成，即将下水的 1 艘“威远”级炮舰优先交

① 《协造广东兵轮八号，请由船政报销折》，《船政奏议汇编点校辑》，福州：海潮摄影艺术出版社 2006 年版，第 353—354 页。

② 《协造广东兵轮八号，请由船政报销折》，《船政奏议汇编点校辑》，福州：海潮摄影艺术出版社 2006 年版，第 353 页。

甲午战争爆发前广东水师吨位最大的军舰“广甲”，建成后不久就扮演了类似船政舰队“扬武”号巡洋舰的角色，既担当舰队旗舰，又作为广东水师的训练舰。

货给两广使用。[①]这艘军舰在船政工厂编号为第6号铁胁兵船，后来被命名为“广甲”，于1885年11月24日开工，是“威远”级的第6艘军舰，排水量1300吨，舰长67.66米，宽10.27米，舱深7.71米，舰艏吃水3.35米，舰体中部吃水3.81米，舰艉吃水4.23米，船体采用铁质骨架、木质船壳板，无附加的装甲，即铁胁木壳结构。“广甲”的动力设备采用了1台从英国进口的三胀往复式蒸汽机，轮机转速每分钟100转，配套使用了2台圆式锅炉，单轴推进，功率1600马力，航试测得航速14.2节。在当时两广所拥有的舰船中吨位属最大，后来的实际地位类似于舰队旗舰。

“广甲”舰主甲板上重要的特征是3根桅杆，其中前后2根桅杆为铁制，上方设有用于瞭望和攻敌的桅盘，中部的1根则是木质，出于强度以及实用考虑，这根桅杆上没有设置大型的桅盘。这种3根桅杆的设计，主要的好处是必要时可以张挂风帆，采用风力航行，节省煤炭和航行过程中的补给时间。

由于靠近舰艏的位置装有桅杆，前甲板空间有限，“广甲”舰无法在舰艏甲板

① 《第六号铁胁兵船下水折》,《船政奏议汇编点校辑》，福州：海潮摄影艺术出版社2006年版，第355—356页。

上直接装备火炮，而改为采用耳台布置法，在前桅附近两舷设置突出船体的耳台，这也是法式3桅军舰标准的前主炮布置方法。“广甲”的2座耳台内各装备了1门150毫米口径的克虏伯后膛炮，可作120度旋转，火力能覆盖军舰前后方的较大范围，另外在舰艉还装有1门同型的火炮，旋转角度更大，为210度，这3门150毫米口径的克虏伯火炮就是“广甲”舰的主炮。在主炮火力覆盖不到的范围，船体中部的主甲板两舷各安装2门120毫米口径克虏伯后膛炮，通过开设在舷墙上的炮门向外射击，旋转角度90度。“广甲”舰还安装了用于攻击敌方舰面人员和鱼雷艇的小口径机关炮，前后2根铁桅的桅盘内各装备有1门哈乞开司37毫米口径五管机关炮，烟囱前的罗径舰桥上左右也各装备有1门该型火炮。另外“广甲”还设置了2具鱼雷发射管，安装在舰首两侧，“用以冲击敌船”。需要特别注意的是，这些武器的价款并不包括在船价内，所需的121040两银，需要两广另外再行支付。[①]

两广订造的2400匹马力级别军舰共3艘，计划中的舰名分别是“广乙”“广丙”“广丁”，由于属于同型，可视为“广乙”级。这级军舰排水量略小于“广甲”，为1000吨，舰长71.63米，宽8.23米，吃水3.96米，装备2座英国造卧式双缸蒸汽机，3座船政造燃煤锅炉，主机功率2400匹马力，煤舱容量150吨，设计航速15节。舰体采用铁肋铁壳结构，所需的钢铁材料均采购自法国科尔苏工厂，比较特殊的是，这级军舰在水线附近纵向铺设了中高边低的装甲甲板，即穹甲甲板，以从上部保护轮机、锅炉、弹药舱等要害部位。尽管厚度只有1英寸，防护能力显然有限，但这级军舰由此可以视作是穹甲巡洋舰，而这也是福建船政自行建造穹甲巡洋舰的开始。运用两广的经费，船政获得了难得的技术试验和积累机会，除穹甲甲板外，军舰上运用装甲防护的部位还有一处，即厚达2英寸的装甲司令塔。

“广乙”级军舰，是由福建船政工程人员自行设计的产物，主要是在建造“广甲”舰获取的经验基础上，参考了法式同类巡洋舰，以及西方穹甲巡洋舰的设计先例。军舰主甲板上同样装有3根桅杆，类似“广甲”舰的设计，用意也一样，即可以张挂风帆航行。舰艏采用了很不寻常的龟甲状甲板，这种当时主要使用在鱼雷艇

---

① 《第六号铁胁兵船下水折》《“广甲”轮船出口试洋并陈现办厂务情形折》，《船政奏议汇编点校辑》，福州：海潮摄影艺术出版社2006年版，第355—356、363页。*Conway's All The World's Fighting Ships 1860—1905*，Conway Maritime Press1979，p399.

1894年参加海军大阅时的“广乙”舰，军舰艏艉与北洋海军一样装饰龙纹，舰体使用的也是黑白黄相间的维多利亚涂装。

上的甲板样式，在高速航行时具有破浪性能好的优点，而且龟甲甲板下方的空间内，还可以布置鱼雷装填通道，与这种甲板样式相匹配，“广乙”级军舰的舰艏左右各布置有一具14英寸口径鱼雷发射管，与大型鱼雷艇的布置如出一辙。巡洋舰的舰艏同时布置2具鱼雷发射管，这种设计会让人产生极为深刻的第一印象，即这型巡洋舰很像是放大了的鱼雷艇，显然将鱼雷作为了主要的武器。似乎为了更充分说明这一点，“广乙”级军舰中后部主甲板下的两舷，还各装备了1具14英寸口径鱼雷发射管，正是因为这种独特的武备配置，“广乙”级在中国的史料中，又留下了鱼雷快船的称谓。

与强大的鱼雷兵器存在强烈反差，在同时代的巡洋舰中，“广乙”级的火炮装备显得很单薄。主炮采用了3门口径只有120毫米的克虏伯后膛炮，布置方法和“广甲”级军舰一样，2门分装在前部两舷的耳台内，可以转向舰首方向充当前主炮，剩余1门安装在舰艉，此外另有4门47毫米口径哈乞开司单管机关炮安装在舰桥附近。综合来看，“广乙”级军舰即可作为大型的鱼雷突击兵器使用，可以航行至远海作战，同时搭载的火炮威力又大大超过小型鱼雷艇，而且舰体防护上还采用了时髦的穹甲设计，这些设计思路很类似于当时还处在襁褓中的驱逐舰。[①]

3艘“广”字舰的船体均由船政工程人员魏瀚、郑清濂、吴德章监造，轮机则由陈兆翱、李寿田、杨廉臣监造，其中“广甲”舰于1887年8月6日下水，12月4日由船政大臣裴荫森亲自监督出海航试，首任管带武永泰，大副程璧光，航试通过后当即交付给两广使用。“广乙”舰于1889年8月28日下水，“广丙”于1891年4月11日下水，而“广乙”级的末舰“广丁”舰接近下水时，张之洞已调任湖广总督，继任两广总督李瀚章因经费支绌，未能继续协款。1890年10月11日经当时的船政大臣卞宝第奏请，改由船政水师自行接收使用，更名为“福靖”。由此，先后加入广东水师的新式大型军舰有“广甲”“广乙”“广丙”3艘，对比当时拥有大量西式舰船的北洋海军，这3艘广字舰的性能并不突出。而在南洋，尤其是两广，这3艘军舰可以说是一时翘楚，受到各方注意，广东水师也因获取了这批大型军舰，实力发生飞跃，真正成为了一支重要的海防力量。

在此后的历史中，这3艘军舰作为广东水师的主力被倚为南海柱石，1891、1894年作为广东水师的象征，北上跟随北洋海军共同操练、巡防，直至最后在北洋海军序列内参加了中日甲午海战。历来独立发展的广东水师，突然做这么大的态度转变，尤其是主动加入到甲午战争中，让很多后人为之大惑不解。对于这些疑问的解读，有论者说是因为当时两广疫痢盛行，北上会操结束的3舰官兵不愿转棹南返，结果滞留在北方顺势参加了战争，也有说是因为“广丙”舰管带程璧光自作主张，上书请战之故。但是这些解释显然都过于牵强，查考史料，当时两广确实流行过瘟疫，但是并不如所说那么严重，何况“广甲”舰中途还曾单独返回广东运送荔枝北上，可见这条理由并站不住脚。而程璧光只是一舰管带，即使上书请战，如果得不到两广总督的首肯，北洋也无权力调用广东军舰，只要对比甲午战争中，清政府中枢数度下谕旨征发南洋水师的军舰北援，而南洋大臣对此置若罔闻，就足见当时枝强干弱现象之严重了。两广为何在海防建设态度上做出如此转变，实际从当时

---

① 《协造粤东“广庚”“广乙”兵轮先后下水折》，《船政奏议汇编点校辑》，福州：海潮摄影艺术出版社2006年版，第386—387页。*Conway's All The World's Fighting Ships 1860—1905*, Conway Maritime Press1979，p399.

一项重要的人事变动中可以看出端倪。

筱荃，少荃

李瀚章，号筱荃，安徽合肥人，北洋大臣、直隶总督李鸿章的长兄。太平天国战争期间，李瀚章投入曾国藩幕府，由办理湘军的后勤粮台开始，一路扶摇而上，历任湖南巡抚、浙江巡抚、湖广总督、四川总督等职。在晚清官场上，一家同时有2人担任重要省份的总督，是极为罕见的现象。安徽民间流传有一个李家太夫人换防的故事，太平天国战争后清政府为防止地方势力坐大，而将各处总督对调换防，湖广总督李鸿章被调任直隶总督，而接替者恰好是长兄李瀚章，当时李太夫人随同李鸿章住在湖广总督衙门内，李鸿章调职北上后，新任的总督仍然是自己的儿子，结果总督换防，太夫人却不需要“换防”，李氏一族当时权位之重可见一斑。

李瀚章与李鸿章之间兄弟感情非常深厚，长兄如父，对于二弟，李瀚章始终给

李鸿章（左）与长兄李瀚章晚年时的合影，手足情深，历久弥坚。李瀚章，号筱荃，安徽合肥人。拔贡出身，太平天国战争时代管理湘军后勤粮台有功，后历任湖广总督、四川总督、漕运总督等。1890 年调任两广总督，1899 年在安徽去世。

予力所能及的关照和帮助。太平天国战争时，李鸿章首先在安徽办理团练，结果一战而全军覆没，当走投无门、落魄不堪之际，长兄李瀚章伸出援手，引荐入曾国藩幕府任职。淮军初创时，李鸿章受命率军前往上海与太平军作战，急缺洋枪洋炮等西式武器装备，正在广东兴办厘卡，为湘军筹集粮饷的李瀚章代从香港采购了大量军火，源源不断接济淮军。后来兄弟二人都官至封疆大吏，手握重权，相互间的援应就更为频繁，北洋海军的经费照例分摊由各省解交，而各省大都寻找托词，七折八扣，往往不能足额交付，惟有李瀚章督抚的省份，一直是超额超前完成任务，手足之情在这里表现得淋漓尽致。1899 年，李瀚章在合肥老家去世，李鸿章垂泪亲笔为之撰写墓志铭，中有“倾资以济海防”等语，满纸深情，对于乃兄的无限感激、悼念溢露无疑。[①]

1890 年，“广乙”“广丙”还在船政建造时，张之洞因奏准筹办修筑芦汉铁路，而被调任湖广总督，李瀚章受命接篆，继任两广总督一职。由于对海防事务没有太多认识，而二弟李鸿章正在北方兴办新式海军，因而从上任开始，在处理属下的海防事务方面，李瀚章就表现出了强烈的亲北洋作风，先是为新造的“广甲”等 3 舰拣选军官，两广自身没有海防人才储备，但也并不愿意借才船政，而是舍近求远，改从北洋海军的现役军官中选调南来广东管带新式军舰。先后调往广东水师任职的北洋海军军官计有“广甲”舰管带吴敬荣、大副宋文翙，“广乙”舰大副温朝仪、二副冯荣学、“广丙”舰大副黄祖莲、二副蔡灏元、大管轮詹成泰等，一时间广东主要军舰上的要职，几乎都由北洋调来的军官担任。

根据《北洋海军章程》的规定，清末新式海军模仿绿营旧制，每隔 3 年各处舰队要会操一次，协同演练，增进舰队间的配合与熟习。1890 年 4 月末，丁汝昌率领北洋舰队访问马来西亚、新加坡、西贡后北返经过广东，已由李瀚章接管的两广一反常态，主动派出“广甲”舰随同北洋舰队北上，以随同练习，广东水师的这 3 艘主力舰事实上编入北洋海军共同行动。[②]1892 年初北洋海军例行冬季南下巡弋，在船政维修保养，与新造的“广乙”“广丙”会同编队开航广东“回访”。1894 年

---

① 《清故光禄大夫太子少保两广总督李勤恪公墓志》，《李鸿章家族碑碣》，黄山书社 1994 年版，第 35 页。

② 《寄海署》，《李鸿章全集》23，合肥：安徽教育出版社 2008 年版，第 11 页。

1894 年 5 月在大连湾航行的“广乙”舰

两广更是派出“广甲”“广乙”“广丙”全部 3 艘新巡洋舰，由广东水师记名总兵余雄飞统领一起北上会操。在李鸿章向清政府报告会操情形的奏折中，对于广东军舰的表现溢美有加，“广东三船沿途行驶操演船阵，整齐变化，雁行鱼贯，操纵自如”“中靶亦在七成以上”。[①]

北洋海军提督丁汝昌对于老上级的兄长，也极为尊敬，往来信函电报中，异乎寻常地使用愚侄、门生自称，对于广东军舰，不仅给予了很高的评价，称“粤之三船，合校炮雷两技，大率得有八成，能从此敏求无怠，乘时逐渐扩充，逆料将来可期屏蔽岭南，折冲境外”，还从专业技术角度，中肯地提出很多意见、建议。鉴于“广甲”舰原有的横桁存在“笨拙不灵”的问题，丁汝昌专门派出帆缆教习、军士前往广东帮助修改。考虑到广东原有的鱼雷人才有限，为让“广乙”“广丙”2 艘以鱼雷为主要作战手段的新式军舰尽快形成战斗力，又派出鱼雷专业官兵赴广东帮助教练。[②]1892 年，丁汝昌致电向李瀚章汇报“广甲”舰参演情况，电报末尾有一段充

① 《校阅海军竣事折》，《李鸿章全集》15，合肥：安徽教育出版社 2008 年版，第 333 页。

② 《上李筱帅》《补录致李筱帅稿》，《丁汝昌集》上，济南：山东画报出版社 2017 年版，第 194—195、212—213 页。

满人情味的文字："……前韩王见赐参枝，质尚非劣，用检红白两种，各十斤，附备药笼之选，望赐纳为幸……"[1] 产自高丽的人参，饱含着北洋的深情南下。

粤洋、北洋在李氏兄弟总督的节制下，开始越走越近，桀骜不逊的广东水师开始向北洋海军靠拢。家族、私人情谊，竟然能左右国家政治，晚清官场的状况，由此可见。

梦断黄海

1893年，"广"字三舰北上参加南北洋会操后，原本将会同北洋海军于第二年初一起南返。然而自1894年年初开始，中日关系开始出现紧张，进入春天以后，朝鲜半岛爆发东学党起义，中日两国因朝鲜主权问题日显交恶，战争一触即发。为加强首当其冲的北洋海军军力，3艘广东巡洋舰被继续留用在北洋，与北洋军舰一起前往朝鲜沿海游弋，控制局势，策应在朝的陆军，以及侦察日本军队的动向。广东军舰之所以能够留用于北洋，两广总督李瀚章在其中所起的作用不容忽视。

3艘"广"字军舰中，首先进入战争的是"广乙"舰。甲午战争前，"广乙"舰与德国造的穹甲巡洋舰"济远"同编在一队，被派往朝鲜沿海巡弋，以"济远"舰为队长。1894年7月25日的清晨，"广乙"跟随"济远"舰从牙山匆匆返航回国，航行至朝鲜南阳湾丰岛附近海面时，突然遭遇日本海军舰船。7时45分，日本军舰"吉野"不宣而战，首先开火，挑起了丰岛海战，"济远"舰立即发炮还击，紧随其后的"广乙"舰很快也加入了战斗，奋勇抗击日本军舰。作为一艘以鱼雷为主要兵器，且航速较快的军舰，"广乙"采取了抵近发射鱼雷的战术，冒着日方猛烈的炮火，从侧后方高速逼近至距日本军舰"秋津洲"号600米处，但在日舰的密集炮火下，"广乙"首先飞桥中弹，继而被击毁一具鱼雷发射管，幸而鱼雷未发生爆炸，"秋津洲"同时利用桅盘上的小型速射炮扫射"广乙"舱面，造成大量人员伤亡。随后，附近的日本军舰"浪速"又驶来，合力夹击"广乙"。

面对强敌，"广乙"不甘示弱，巧妙航行至距"浪速"300～400米的位置发起攻击，"浪速"则使用舷侧速射炮与后主炮配合"秋津洲"猛烈轰击。在日方2

① 《上李筱帅》，《丁汝昌集》上，济南：山东画报出版社2017年版，第195页。

艘新式大型穹甲巡洋舰毁灭性的炮火攻击下，“广乙”舰遭受重创，官兵死伤多达70余人，几乎占了全舰编制的一半，舱面设施荡然无存，液压舵机被毁，行驶不利，管带林国祥被迫命令转舵向朝鲜海岸方向退却。日本编队司令坪井航三认为“广乙”已受重创，基本失去战斗力，而暂时舍却，改而配合“吉野”围攻“济远”。“广乙”遂得以退出战场，最后在朝鲜西海岸十八家岛抢滩搁浅，为免遗舰资敌，管带林国祥下令凿穿锅炉，引燃弹药舱自毁，残存的“广乙”舰官兵则分水陆几路辗转撤退回国，“广乙”成为了甲午战争中中国损失的第一艘主力军舰。“广乙”舰的管带林国祥，出生于马来西亚槟城，后在香港中央书院学习，与邓世昌等同学一起被劝招进入船政后学堂，成为第一届外堂生，后被调入广东水师任职。因为在丰岛海战中作战顽强，受到李鸿章重视，黄海海战后更名林天福，继方伯谦出任“济远”舰管带。

丰岛海战结束后不久，北洋海军与日本联合舰队在鸭绿江口大东沟附近展开主力会战，广东3舰中剩余的“广甲”“广丙”全都参加了这次战役。“广甲”舰与“济远”结为小队姊妹，部署在北洋舰队阵形的左翼末端，起着阵脚的作用，首先进入

“广乙”舰搁浅自毁后的照片

日军在“广乙”舰残骸内进行检查

“广乙”舰舰体残骸

1985 年 3 月 6 日，被俘后进入吴港的“广丙”舰，舰体涂装以及首尾的龙纹尚未改变。

编入日本海军后的“广丙”舰，舰体已改为日本海军的白色涂装。

了海战。黄海海战战至下午3时左右，北洋海军数舰遭受重创，左翼的穹甲巡洋舰“致远”撞击日舰未果，壮烈沉没后，“济远”舰率先脱离编队逃跑，在其牵带下，同队舰“广甲”随之亦逃，导致北洋舰队阵形的左翼彻底崩溃。“广甲”于当天午夜在大连湾内大窑口冲滩搁浅，后经抢救无效，被迫拆卸武装后弃舰自毁。“广甲”舰管带吴敬荣，字健甫，安徽休宁人，是广东3舰管带中唯一的外省人，留美幼童出身，黄海海战后以随逃罪，受到革职留营的处分。

“广乙”的同型舰“广丙”在黄海海战中属于第2批进入战场的军舰，“广丙”先与福建船政同门兄弟“平远”舰结为一队，在大东沟内担负登陆场警戒任务，海战爆发后，2舰率领4艘鱼雷艇一起赶往主战场增援。“平远”“广丙”进入战场后，即将目标锁定为日本舰队旗舰“松岛”号，“广丙”一度突击到距离“松岛”仅数百米处，准备发射鱼雷，但因无法抵御日本军舰舷侧速射炮的密集炮火，而被迫暂时退却，最终坚持至海战结束而随舰队返回旅顺。在紧接着而来的威海保卫战中，除了与舰队各舰一起抵御日军的水陆夹击外，在刘公岛局势急转直下后，还默默承担了许多不堪忍受的痛苦责任。1895年2月9日，为免战舰资敌，“广丙”受命用鱼雷彻底击沉了已经搁浅的“靖远”号，未能在战争中摧毁敌舰的鱼雷击穿了友舰的身躯。14日下午3时半，作为接洽投降的代表，“广丙”舰管带程璧光与威海营务处提调道员牛昶昞，赴日本海军旗舰“松岛”签订《威海降约》，威海湾里，南粤的这艘巡洋舰与其他残存中国军舰共同见证了北洋海军覆灭这一悲惨的历史时刻。

“广丙”舰战后和残余的北洋军舰一起被编入日本海军，1895年10月被派往已被日本侵占的台湾担负“警戒”工作，12月21日在澎湖群岛触暗礁，于下午2时17分完全沉没。“广丙”舰管带程璧光，广东香山人，福建船政后学堂科班出身，甲午战争后被革职，后参加兴中会，民国时代一度出任海军总长。威海营务处道员牛昶昞，河南项城人，与袁世凯的叔父袁保龄同乡，因在修建旅顺基地时有功而改任威海，甲午战争后被革职，1895年在河南老家抑郁而终。

外购南美军舰

甲午战争前，除了北洋与广东以外，中国沿海的近代化海军舰队还有南洋水师与福建船政水师，其中船政水师经过中法马江一战，元气大伤，根本没有能力应援北洋，而受南洋通商大臣节制的南洋水师，尽管实力较强，拥有巡洋舰、炮舰10余艘，但缺乏训练，且囿于地域、派系之见，始终没有北上支援淮系。深知内调援军绝无可能，李鸿章在甲午战前就数度上奏，请求为北洋海军添购快船快炮，然而皆无下文，直至丰岛海战爆发，大战临头，清政府中枢才真正开始过问此事。为寻购新式军舰，李鸿章主要委托了驻英公使龚照瑗与驻德公使许景澄在欧洲办理。

1894年8月2日，是甲午中日互相宣战后的第2天，也是李鸿章开战以来最繁忙的日子，先是下午3点，李鸿章致电总理衙门，报告了驻英公使龚照瑗在英国寻找到的1艘待售巡洋舰，“龚使来电：现觅一快轮，与前觅价伍万伍千镑船同，一钟行二十六迈多，炮四，少价伍千镑，包送大沽，惟水脚不资，要否订？……查倭恃有新式快船，每钟行廿三迈，我海军前购快船，每钟行至快不过十三、四迈，皆系旧式，又乏快炮，常虑不敌。兹龚电有现成新式出售，价非甚昂，包送大沽，尤济急需，祈速商海署、户部，准令购办为感，候速复，鸿”，[①] 战时的电报里仿佛也充满了风风火火的战争气息。

大出李鸿章意料的是，当天晚上9点就得到了总理衙门的回复，电报中称经过与海军衙门和户部会商，同意共同拨款200万两银给北洋购买新军舰，但是要求北洋就新军舰的售价、到华交货日期查明后再详细报告。虽然仍是一派官文作风，但已经显出了和平年代万万不可能出现的工作效率。接获难得的经费许可，李鸿章立刻电告龚照瑗，询问军舰的确切报价和交货时间。[②]

然而就当李鸿章寄往英国的电报刚刚发出，天津直隶总督衙门又收到一封来自总理衙门的电报，与上封不同，这次的电报显得风急火燎，明确提出“快船拟订四艘，海、户部共拨二百万两”，异乎寻常地是，之后竟然体贴地问了一句“价值敷否？”，而且一改上封的命令，“船式、炮位及放洋交银日期，悉由尊处订定”，将大权完全交给北洋裁夺，只求尽快购得，字里行间，已显方寸大乱。[③] 这次的电报显然是已经得到了光绪帝的旨意，2天之后这封电报又改用正式的谕旨形式颁发给李鸿

① 《寄译署》，《李鸿章全集》23，合肥：安徽教育出版社2008年版，第194页。

② 《译署来电》《寄伦敦龚使》，《李鸿章全集》23，合肥：安徽教育出版社2008年版，第194—195页。

③ 《译署来电》，《李鸿章全集》23，合肥：安徽教育出版社2008年版，第194页。

章。[①]8月7日，似乎为了弥补上次显得慌乱的命令，光绪帝密谕军机大臣与沿海督抚，不顾以往北洋屡次奏请购买船炮的事实，而将所有责任完全推给李鸿章，“……我之海军，船械不足，训练无实。李鸿章未能远虑及此，预为防范，疏慢之咎，实所难辞……”在封建专制时代，君主是永远没有错误的。

尽管清政府显露了难得的办事效率，但英国原先准备出售的巡洋舰，仍然因为回复过迟，已售出给他国。此后龚照瑗在英国百般张罗，只转购到了一艘驱逐舰，即“飞霆”号，然而当时欧洲各国对于中日战争均持中立态度，禁止各种武器出口，唯一购买到的这艘军舰被扣留在英国港口停泊，直至甲午战后才交付中国。驻德公使许景澄在德国的寻访情况也不乐观，德国政府表示只有2艘“萨克森”级铁甲舰可以出售，但是价格过昂，经过反复谈判，才购得了一艘鱼雷巡洋舰，即后来的“飞鹰”号，但也必须等待战争结束才能交付。

在外购军舰计划接连受挫时，英商怡和洋行（Jardine，Matheson and Company）买办克锡（William Keswick）致电李鸿章，传递了一个特殊的消息，称南美的海军强国智利愿意向中国出售军舰。智利地处南美洲西南部，濒临太平洋，原来只有土著的印第安人居住，16世纪开始沦为西班牙的殖民地，19世纪初，在乔斯·德·圣马丁将军的领导下通过不懈抗争，于1818年获得独立，成立民主共和国。因为拥有漫长的海岸线，智利政府对于发展海军格外注重，通过与邻国阿根廷的战争，智利海军在战火中逐渐壮大，其实力一度称雄美洲，甚至对美国施展过炮舰外交。19世纪中后期，由于战争的威胁日益减少，智利政府于是经常抓准时机，做一些卖老舰买新舰的交易，借其他国家急需之际，高价出让本国的现成军舰，一来二去，更新了本国的战舰之余，往往还能赚得盆满钵满。

由克锡居间向中国兜售的首先是智利全新的大型穹甲巡洋舰“白郎古·恩卡拉达”号（*Blanco Encalada*，舰名为智利海军名将Manuel Blanco Encalada的名字），这艘军舰由英国著名舰船设计师菲利普·瓦茨设计，1894年5月29日刚刚在英国阿姆斯特朗公司埃尔斯维克船厂建成，为平甲板船型，装备设施较日本的“吉野”号巡洋舰更为新式，吨位更大，火力更猛，当时被西方舆论认为“中日海战，孰得孰胜”。这艘军舰排水量高达4568吨，舰长112.78米，宽13.94米，吃水5.62米，

① 《寄伦敦龚使》，《李鸿章全集》23，合肥：安徽教育出版社2008年版，第204页。

刚建成时的“白郎古·恩卡拉达”号巡洋舰

动力系统采用了2座三胀蒸汽机，配套4座锅炉，功率14500马力，航速22.5节，煤舱正常容量350吨，最大载煤866吨。军舰舰体采用穹甲防护，纵贯全舰设有穹甲甲板，穹甲两侧倾斜处厚3～4英寸，火炮的炮罩厚2～6英寸，装甲司令塔防护厚达6英寸。

“白郎古·恩卡拉达”的武备配置相当先进完备，主炮采用了2门阿姆斯特朗8英寸口径40倍径炮，分别布置在军舰艏艉，密布主甲板两舷共设置了10座耳台，装备了10门6英寸口径40倍径阿姆斯特朗速射炮，此外还有12门47毫米口径哈乞开司机关炮、10门25毫米口径机关炮、2门格林炮，以及5具18英寸口径鱼雷发射管。[①]

“白郎古·恩卡拉达”在当时的世界可谓是非常先进的军舰，因而智利政府的要价也相当之高，最初智利在英国订造的价格为30万英镑，日本和中国先后出价40、42万英镑，均不肯出售，最后价格竟然哄抬至50万英镑，折合350万两银，比当年订购2艘“定远”级铁甲舰的经费还多。中国以往有一则关于甲午战争的流

① *Conway's All The World's Fighting Ships 1860—1905*，Conway Maritime Press1979，p412. Peter Brook：*Warships for Export-Armstrong Warships1867—1927*，1999，p80-81.

传，即日本海军的“吉野”号巡洋舰原为中国订购，后来因为慈禧太后修建颐和园，没有款项付尾单而被日本抢购，实际这则故事是将中国争购与“吉野”同式的军舰一事讹传所至，“白郎古·恩卡拉达”只是与“吉野”同式，而并非是“吉野”。

从“白郎古·恩卡拉达”开始，克锡陆续抛出多艘智利巡洋舰，称有意转售。李鸿章与龚照瑗商议，提出了一个非常大胆的战略，准备购买数艘后，重金聘请英国著名海军将领指挥，配足弹药后航行至吕宋岛会合休整，然后一鼓作气直捣日本长崎。[①] 经过商洽，克锡最后用密码开列了能够出售的智利军舰清单，计有“卜拉德”“白郎古·恩卡拉达”“埃斯梅拉达”“额拉粗力士”“平度”“康德尔”“林则”等共 7 艘，几乎就是当时智利海军的全部主力军舰：

“卜拉德”（*Capitan Prat*，直译为卜拉德舰长，该舰舰名以智利海军著名的英雄 Arturo Prat Chacon 的名字命名）是 7 舰之中最引人注目的是一艘，属于头等铁甲舰，是当时智利海军最先进的铁甲舰。由法国地中海船厂建造，1890 年 12 月 20 日下水，军舰外形高大壮观，排水量 6901 吨，舰长 99. 97 米，超过了中国的“定远”级铁甲舰，舰宽 18. 49 米，吃水 6. 96 米，动力系统采用 2 座三胀往复式蒸汽机，配备 5 台燃煤锅炉，功率 12000 匹马力，航速 18. 3 节，与“致远”级巡洋舰接近，煤舱容量 400 吨，最大容量 1100 吨。“卜拉德”军舰采用了铁甲堡防护样式，水线带装甲厚度为 11. 8 ~ 7. 8 英寸，炮罩装甲厚 2 英寸，露炮台装甲厚 10. 8 ~ 8 英寸，司令塔装甲厚达 10. 5 英寸。

该建的主炮为 4 门 9. 4 英寸口径 35 倍径法国加纳炮，其中 2 门分别安装在军舰艏艉，另 2 门布置在军舰两舷的耳台内。为增强火力密度，配合 4 门主炮，在其附近又安装了 8 门 4. 7 英寸口径 45 倍径速射炮，以及 6 门 57 毫米口径哈乞开司单管机关炮、4 门 47 毫米口径哈乞开司机关炮，10 门 25 毫米口径哈乞开司机关炮。另外在军舰艏艉和两舷各配备了 1 具 18 英寸口径鱼雷发射管。[②]

“埃斯美拉达”号（*Esmeralda*，意译为“翡翠”）穹甲巡洋舰是一艘与中国渊源极深的军舰，英国著名舰船设计师伦道尔设计，1881 年 4 月 5 日在阿姆斯特朗公司劳沃克船厂开工建造，1884 年 7 月 15 日竣工，设计上很像是放大了的“超勇”，

① 《龚使来电》，《李鸿章全集》23，合肥：安徽教育出版社 2008 年版，第 238 页。

② *Conway's All The World's Fighting Ships 1860—1905*，Conway Maritime Press1979，p411.

铜版画：智利头等铁甲舰“卜拉德”号。该舰为法国建造，建成时是智利海军最新式的铁甲舰。

智利海军“埃斯美拉达”号穹甲巡洋舰

也与日本海军的穹甲巡洋舰“浪速”级酷似。“埃斯美拉达”排水量2950吨，舰长82.2米，宽12.8米，吃水5.64米，动力为2台复合式蒸汽机，4座燃煤锅炉，功率6083马力，双轴推进，航速18.29节，煤舱正常容量400吨、最大容量600吨，军舰上采用了穹甲防护，与中国的“致远”级军舰类似，这也是智利海军装备的第一型穹甲巡洋舰。武备方面，“埃斯美拉达”在艏艉采用露炮台布置法，露天各装备了1门10英寸口径30倍径阿姆斯特朗炮，两舷设置了6座耳台，配备6门6英寸口径26倍径阿姆斯特朗炮，另配备有2门57毫米哈乞开司机关炮、5门37毫米口径哈乞开司机关炮，以及3具14英寸口径鱼雷发射管。[①]

“额拉粗力士”（*Presidente Errazuriz*，直译为艾拉苏力总统，以对智利海军建设贡献极大的总统Federico Errazuriz的名字命名）、“平度”（*Presidente Pinto*，直译为平度总统，以智利总统Anibal Pinto的名字命名）为同级姊妹舰，与铁甲舰“卜拉德”一样，同时在法国地中海船厂定造，分别于1890年6月21日、9月4日下水，是继“埃斯美拉达”之后智利海军拥有的第二型穹甲巡洋舰。排水量2047吨，舰长81.79米，宽10.90米，吃水4.39米，采用2座复合式蒸汽机、4座燃煤锅炉，功率5400马力，双轴推进，航速18.35节，煤舱正常容量200吨，最大容量400吨。穹甲甲板最厚处2.4英寸，装甲司令塔厚2英寸。这型军舰的外形和武备布置非常特殊，主炮为4门5.9英寸口径36倍径加纳炮，分别安放在军舰前后两舷的4个耳台内，这样使得无论对前后左右射击时，均能获得2门主炮的火力，属于当时舰船设计新思潮下的产物，在主炮以外，为加强火力，又分别在艏艉各装备了1门4.7英寸口径36倍径炮，在军舰中部两舷安装了4门57毫米口径哈乞开司机关炮。与“埃斯美拉达”一样，“额拉粗力士”级也配备了3具14英寸口径鱼雷发射管，1具布置在舰艏，2具分别安装在军舰中部两舷的鱼雷室内。[②]

姊妹舰“康德尔”（*Almirante Condell*，直译为康德尔将军，用智利海军名将Carlos Condell的名字命名）、“林则”（*Almirante Lynch*，直译为林则将军，以智利海军名将Patricio Lynch的名字命名）是7艘军舰中较小的一型，类似中国的“广乙”

---

① *Conway's All The World's Fighting Ships 1860—1905*，Conway Maritime Press1979，p411. Peter Brook：*Warships for Export-Armstrong Warships1867—1927*，1999，p52—54.

② *Conway's All The World's Fighting Ships 1860—1905*，Conway Maritime Press1979，p411—412.

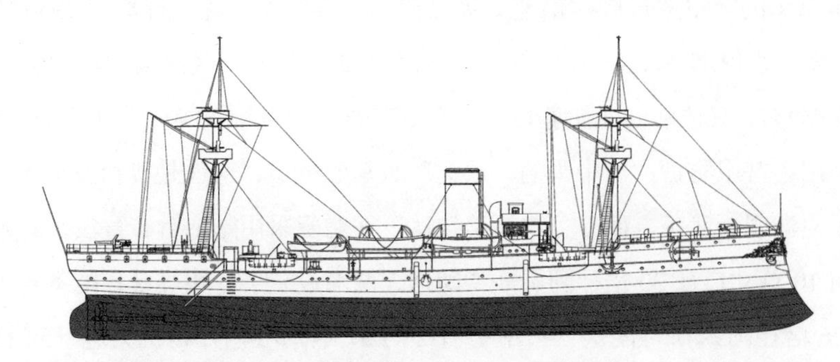

智利海军“额拉粗力士”号巡洋舰侧视图。绘制：顾伟欣。

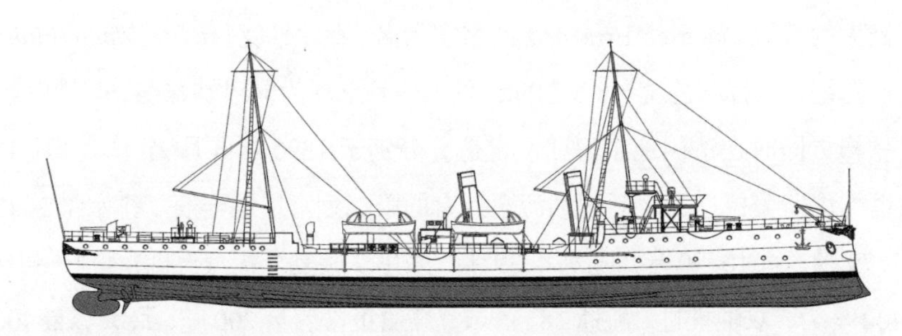

智利巡洋舰“林则”侧视图，“林则”属于小型的鱼雷炮舰，排水量仅为数百吨，以鱼雷作为主要武器，属于近代驱逐舰的雏形。绘制：顾伟欣。

级军舰，属于以鱼雷为主要兵器的小型炮舰，是当时智利海军拥有的唯一一型这类军舰。军舰规模较小，由英国来牙船厂建造，1890 年先后下水，排水量仅有 713 吨，舰长 70. 1 米，宽 8. 38 米，吃水 2. 53 米，航速 20. 3 节。主要武器是 5 具 14 英寸口径鱼雷发射管，其中 1 具安装在舰艏鱼雷发射室内，4 具分别布置在军舰中部两舷的主甲板上。另外这型军舰还安装有 3 门 105 毫米口径炮，4 门 47 毫米口径哈乞开司机关炮。[①]

盼到明确的销售清单后，李鸿章立刻上奏清政府，称“日恃船多，横行海面，添此船必可取胜”，强烈建议全部购入。清政府中枢经过权衡，考虑到迫在眉睫的中日海战，基本同意了购买计划，命令李鸿章立刻询价准备购买，并决定如果智利

① *Conway's All The World's Fighting Ships 1860—1905*，Conway Maritime Press1979，p414.

方面开价过高，可舍弃航速迟缓、舰龄较老的“埃斯美拉达”“额拉粗力士”“平度”，而优先购买“卜拉德”“白郎古·恩卡拉达”“康德尔”“林则”。

为预筹购舰巨款，李鸿章一面设法腾挪经费，远在两广的李瀚章也毫不犹豫，立刻募集了60万两银巨资，备北洋购舰使用。[①] 而为了配合奇袭日本本土的谋略，北洋海军提督丁汝昌也召集高级将领，讨论作战方法。英籍顾问泰莱在回忆录中记录了此事，虽然有很多突出自我的描述，但能够大致了解计划的概貌以及当事者的心情：“电购智利某新巡洋舰，为世界最捷之舰，开来中国海岸……原有士官之一部分当愿投效，余则予自能招募补充之，炮手、炉夫、水手等用华人便可。予将以此舰扰乱敌人后方海陆。倘吾人能使舰队之动作，延至予舰已实行其任务时，则万事皆妥；盖如此则彼等之第一着将为设法捕捉予舰，彼等将留‘吉野’‘浪速’及其他轻捷巡洋舰以防守诸煤港，如此则我方舰队之利也。”“数日后闻购舰事已办妥，予为之手舞足蹈，心中充满关于用人及储煤之计划。”[②]

然而就当中国做出决策巨资购舰后不久，不利的消息接踵而至，首先是北洋舰队9月17日与日本海军在鸭绿江口爆发激战，损失惨重。继而中间商克锡称智利政府反悔前议，无论出价多少，都不向中国出售军舰。清政府曾严责经手此事的驻英公使龚照瑗，并要求查明毁约的原因，并设法补救。数月之后发生的一件事，让原因真相大白，智利海军“埃斯美拉达”巡洋舰早已被日本购得。

购买智利军舰计划失败，李鸿章并不甘心，还曾设法通过中间商购买巴西、阿根廷等国的军舰。1895年年初，原北洋海军总查德国人汉纳根委托代购军舰的德商传来消息，称阿根廷政府愿意向中国出售军舰，分别为“五月二十五日”“七月九日”与“勃兰”。

其中的“五月二十五日”（*Veinticino de Mayo*），是当时仍然非常先进的1艘穹甲巡洋舰，舰名源自阿根廷的国庆日，由菲利普瓦茨设计，英国阿姆斯特朗公司埃尔斯维克船厂建造，1891年建成。军舰正常排水量3180吨，全长106.98米、宽13.1米、吃水4.87米，动力采用2座蒸汽机、4座锅炉，功率14000马力，航速

---

① 《粤督李来电》，《李鸿章全集》24，合肥：安徽教育出版社2008年版，第231页。

② 《泰莱甲午中日海战见闻记》，中国近代史资料丛刊《中日战争》6，上海：上海人民出版社1957年版。

建成后停泊在英国泰恩河上的“五月二十五日”

阿根廷海军“七月九日”巡洋舰

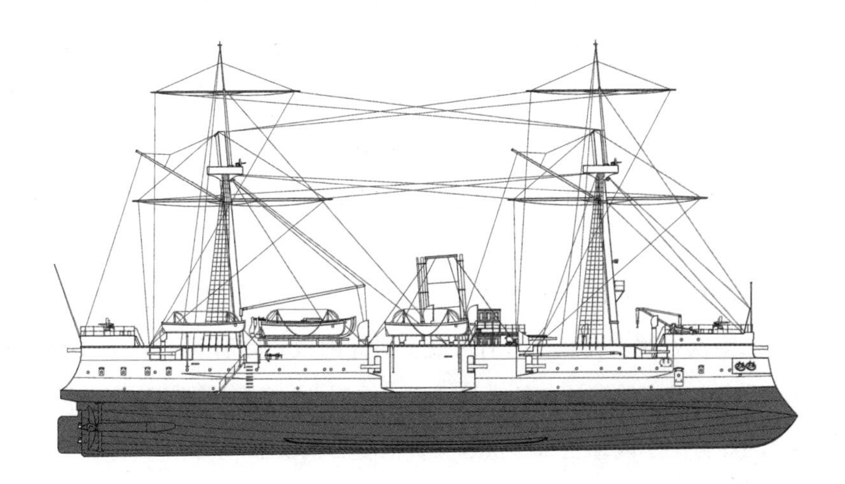

“勃兰”号铁甲舰侧视图。绘制：顾伟欣。

22节。穹甲甲板平面部位厚度1～3.5英寸、倾斜部厚度3.5～4.5英寸，装甲司令塔防护厚度4英寸。武备方面，“五月二十五日”火力非常凶猛，主炮是2门210毫米口径克虏伯炮2门，分装军舰艏艉，另安装8门4.7英寸口径40倍径阿姆斯特朗速射炮，分布于军舰中部两舷，此外还有47毫米口径和25毫米口径机关炮各12门，18英寸口径鱼雷管3具。①

“七月九日”（*Nueve de Julio*）与“五月二十五日”都属于阿姆斯特朗穹甲巡洋舰，舰名取自阿根廷独立日，1893年在埃尔斯维克船厂建成，同样是菲利普瓦茨设计，设计方案非常相似。军舰正常排水量3557吨，全长113.54米、宽13.41米、吃水5.03米，动力为2座蒸汽机、8座燃煤锅炉，功率13500马力，航速22.5节。采用穹甲防护，武备包括4门6英寸口径40倍径速射炮，8门4.7英寸口径40倍径速射炮，47毫米和25毫米口径机关炮各12门，5具18英寸口径鱼雷发射管。②

“勃兰”（*Almirante Brown*）号，是当时阿根廷海军中也不多见的铁甲舰，英

① *Conway's All The World's Fighting Ships 1860—1905*，Conway Maritime Press1979，p402. Peter Brook：*Warships for Export-Armstrong Warships1867—1927*，1999，p71.

② *Conway's All The World's Fighting Ships 1860—1905*，Conway Maritime Press1979，p403. Peter Brook：*Warships for Export-Armstrong Warships1867—1927*，1999，p76.

国萨姆达船厂建造，1880 年下水，舰型老旧，属于老式的二等铁甲舰。军舰排水量 4200 吨，舰长 73. 15 米，宽 15. 24 米，吃水 6. 25 米，动力采用 2 座蒸汽机、8 座锅炉，功率 5400 马力，航速 14 节。水线带装甲厚 9 ~ 6 英寸，炮台装甲厚 8 ~ 6 英寸，司令塔装甲厚 8 英寸。主炮为 8 门 8 英寸口径后膛炮，分装在舰体中央由装甲保护的八角炮台内，此外还有多达 6 门 4. 7 英寸口径副炮，以及 4 门小口径机关炮。[①]

3 艘军舰中，“五月二十五日”“七月九日”都是相当先进的“大快船”，炮位充裕的二等铁甲舰“勃兰”也有可观，对此阿根廷政府开出了 693600 英镑（不含弹药、人员以及运输费用）的高价兜售。当时北洋海军正坐困威海刘公岛，面对日紧一日的局势，李鸿章主张尽快购买，但随后就没了下文。

最终，中国最早发展近代化海军的努力，随着马关春帆楼一纸降书的签订，而全部归之东流。

“十年以来，文娱武嬉，酿成此变。平日讲求武备，动辄以铺张靡费为疑，至以购械购船悬为厉禁。一旦有事，明知兵力不敌而淆于群哄，轻于一掷，遂至一发不可复收……知我罪我，付之千载……”

——李鸿章

① *Conway's All The World's Fighting Ships 1860—1905*，Conway Maritime Press1979，p401.

附　录

北洋海军舰船线图

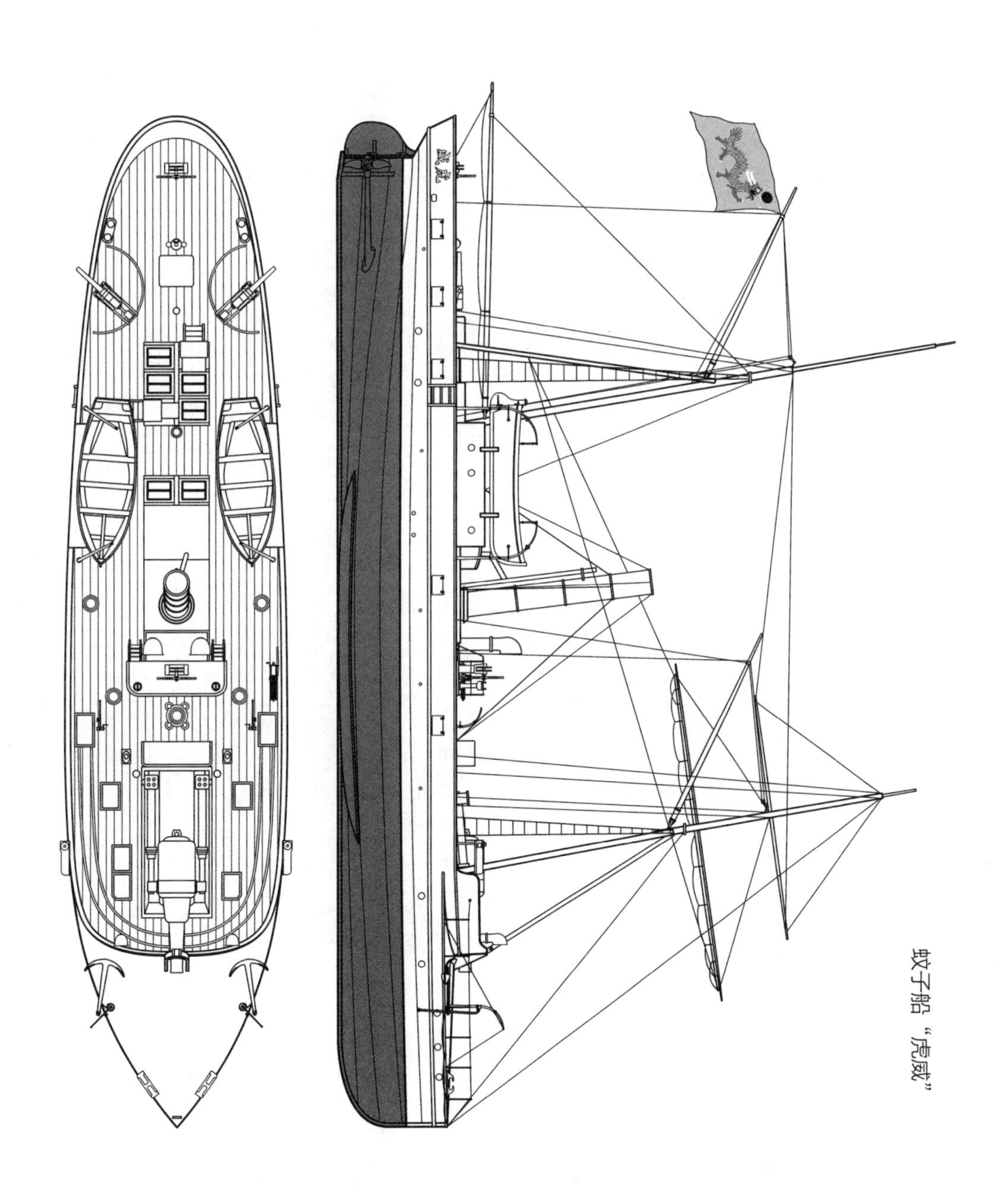

蚊子船"虎威"

蚊子船“策电”

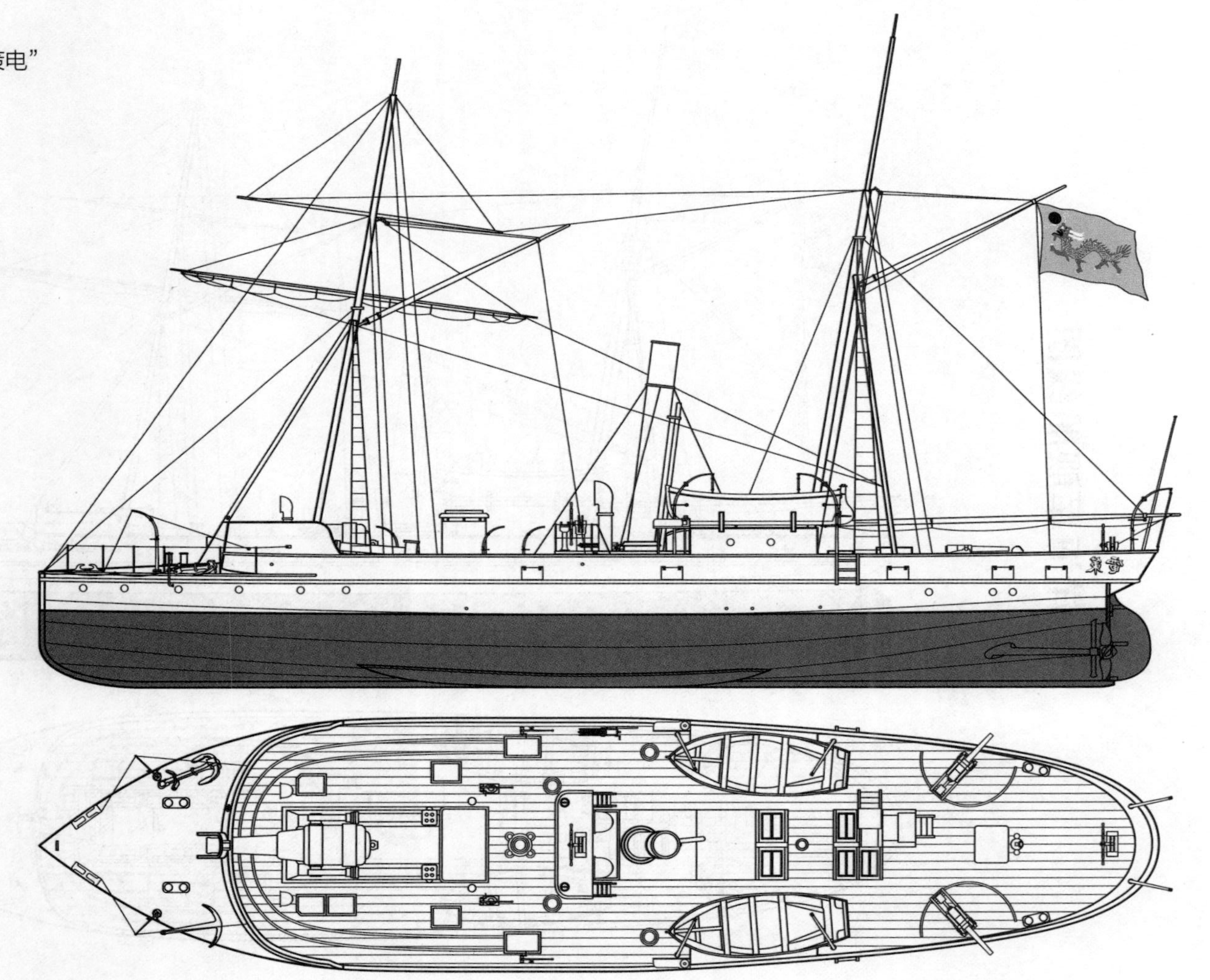

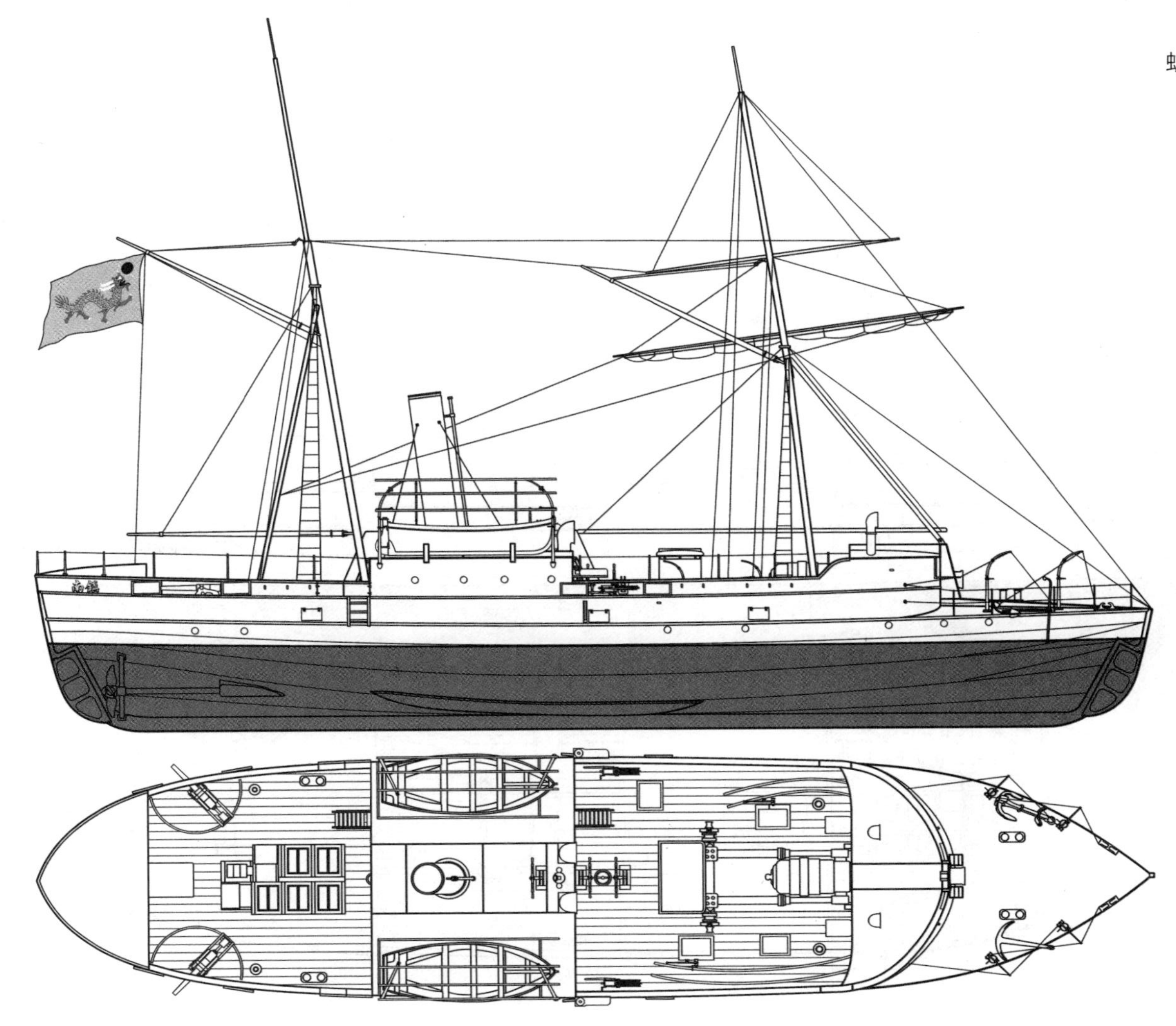

蚊子船“镇南”

蚊子船“镇中”

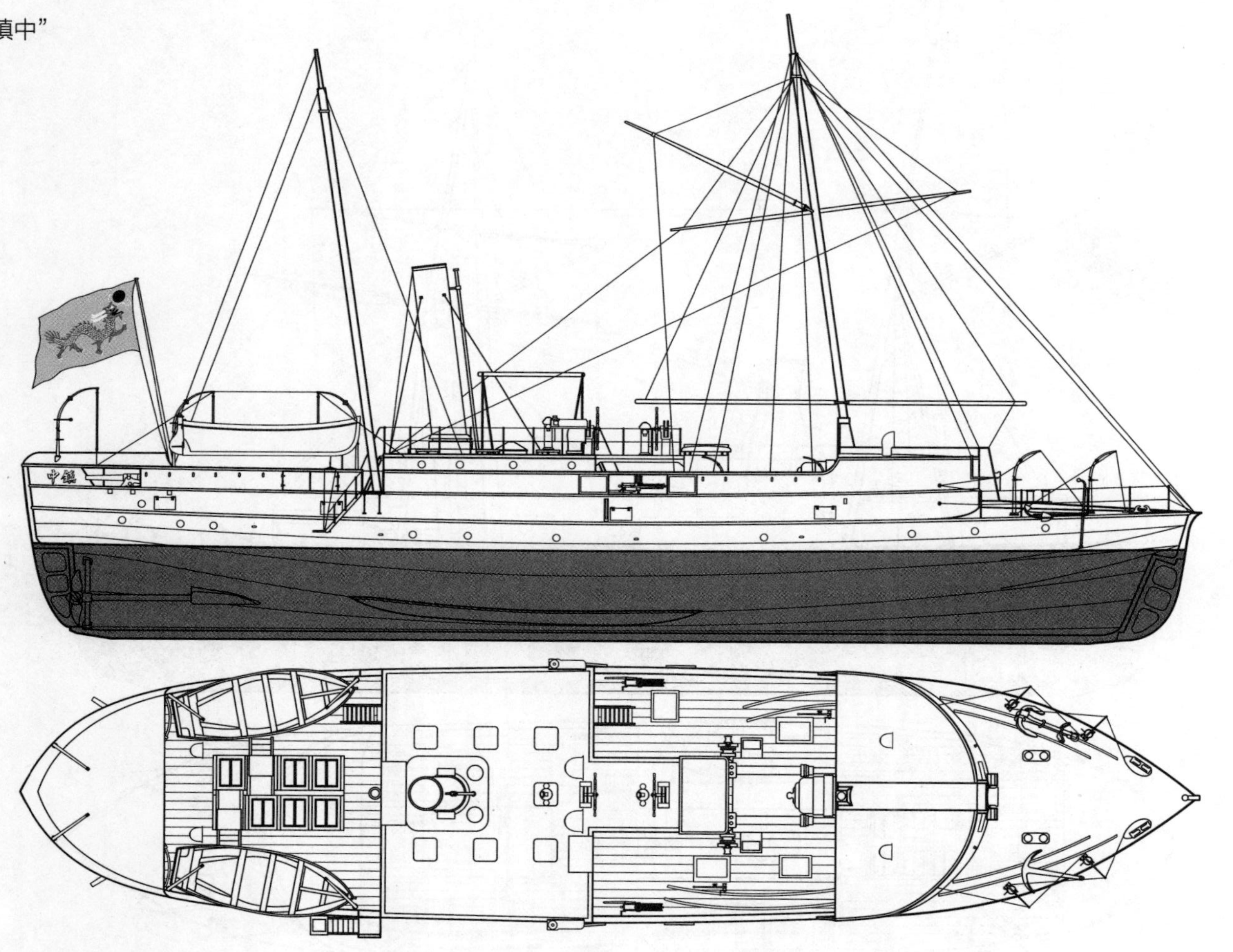

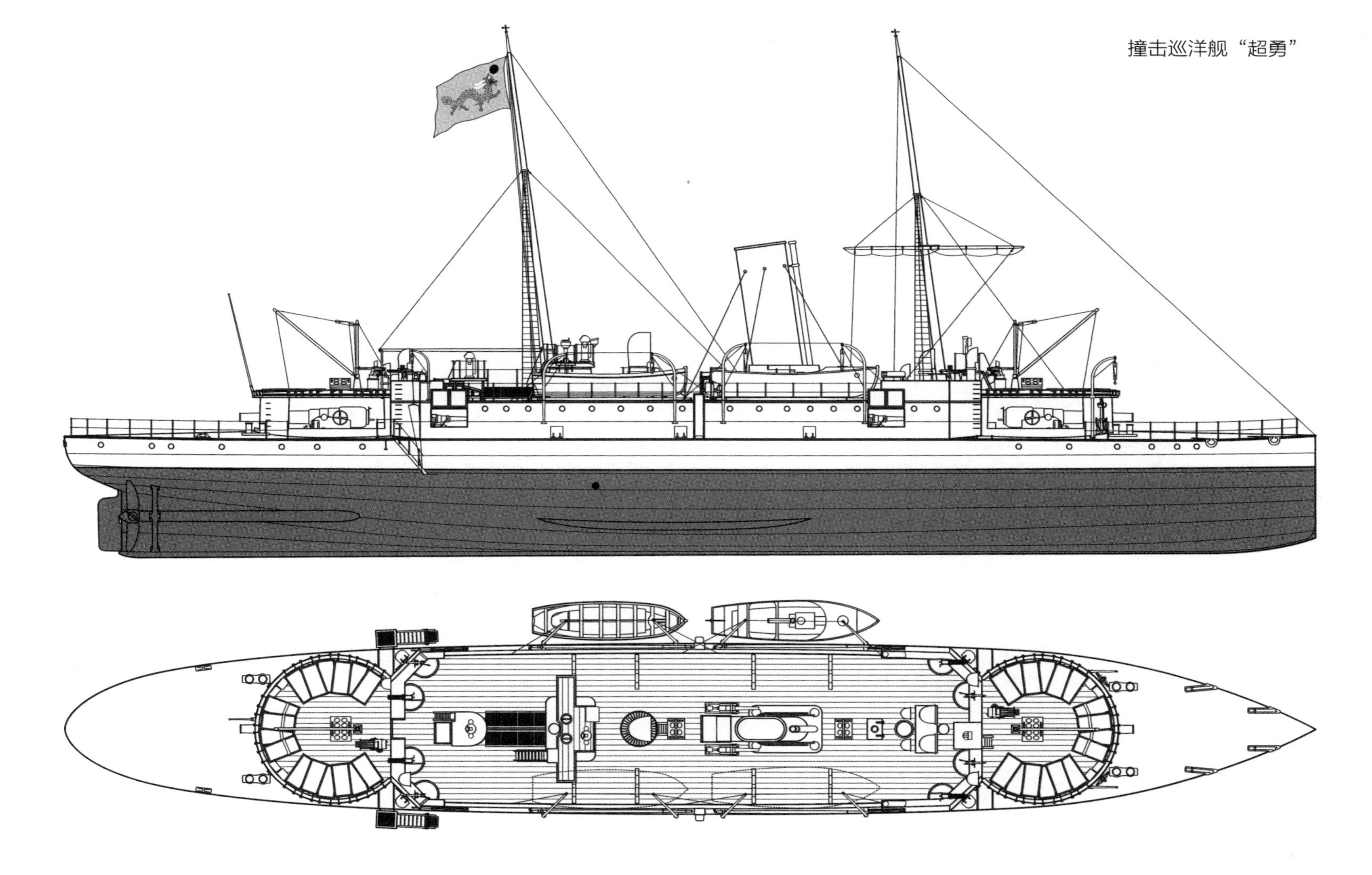
撞击巡洋舰“超勇”

铁甲舰“定远”（建成归国时状态）

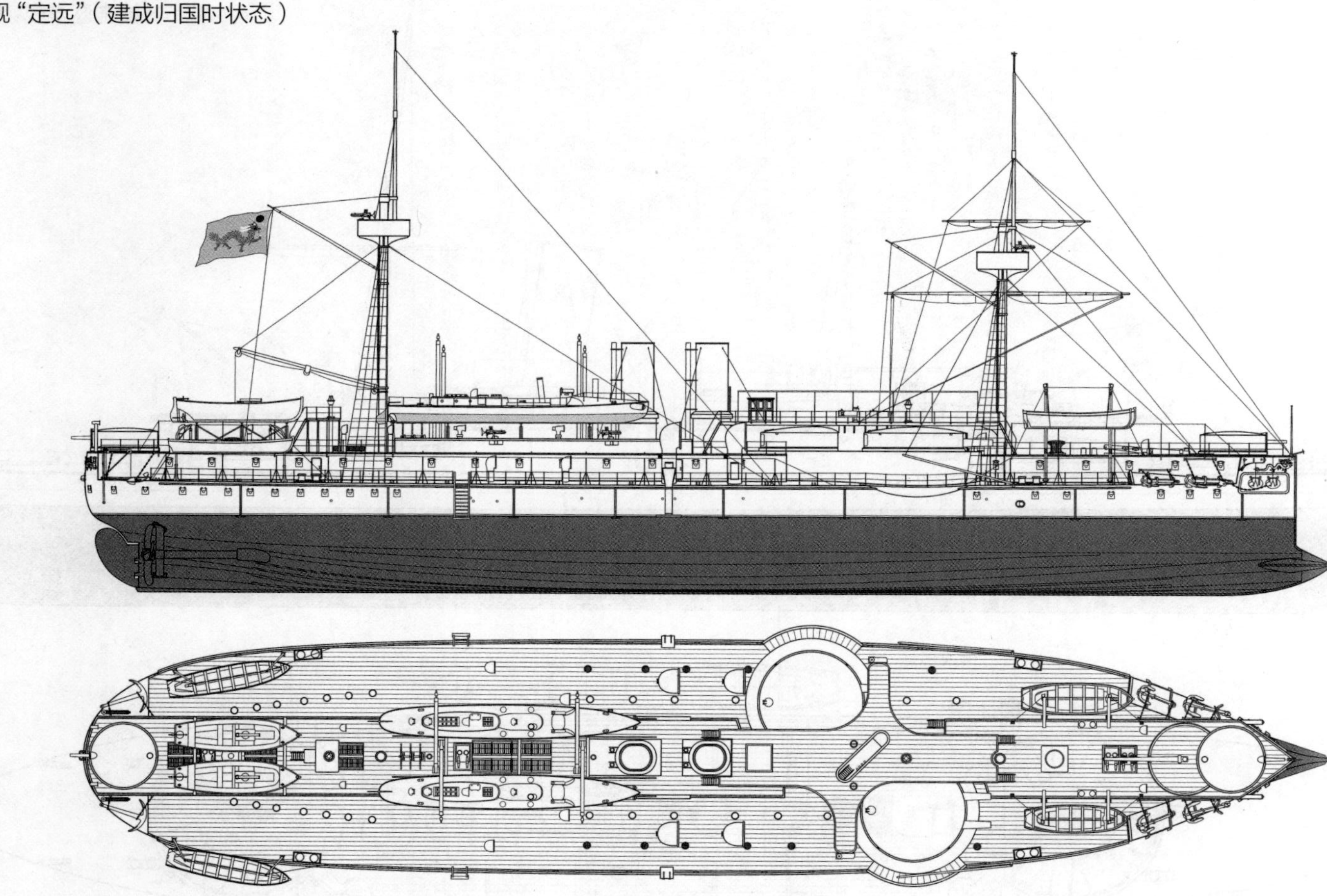

铁甲舰“定远”（归国改造后状态）

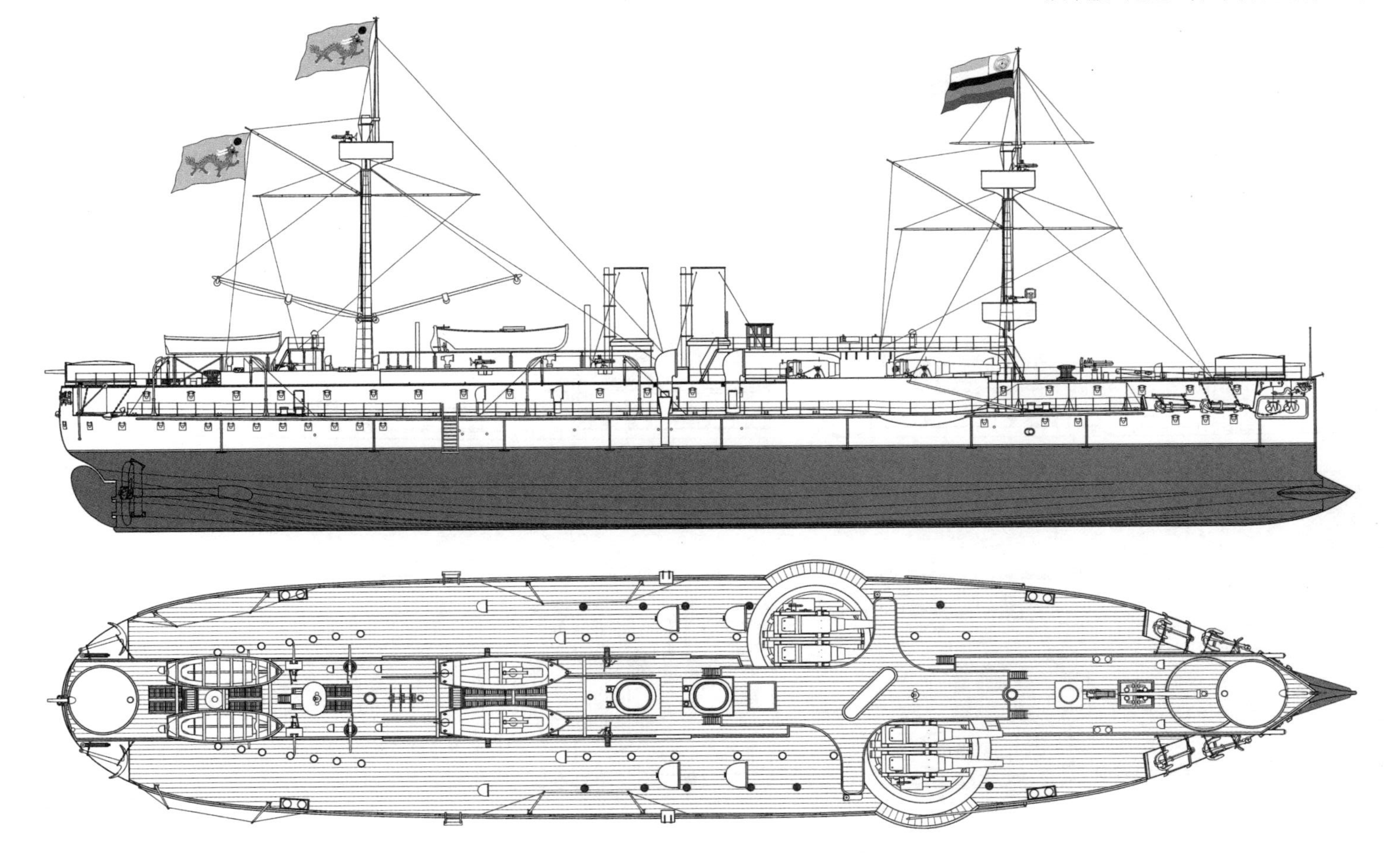

穹甲巡洋舰“济远”（建成归国时状态）

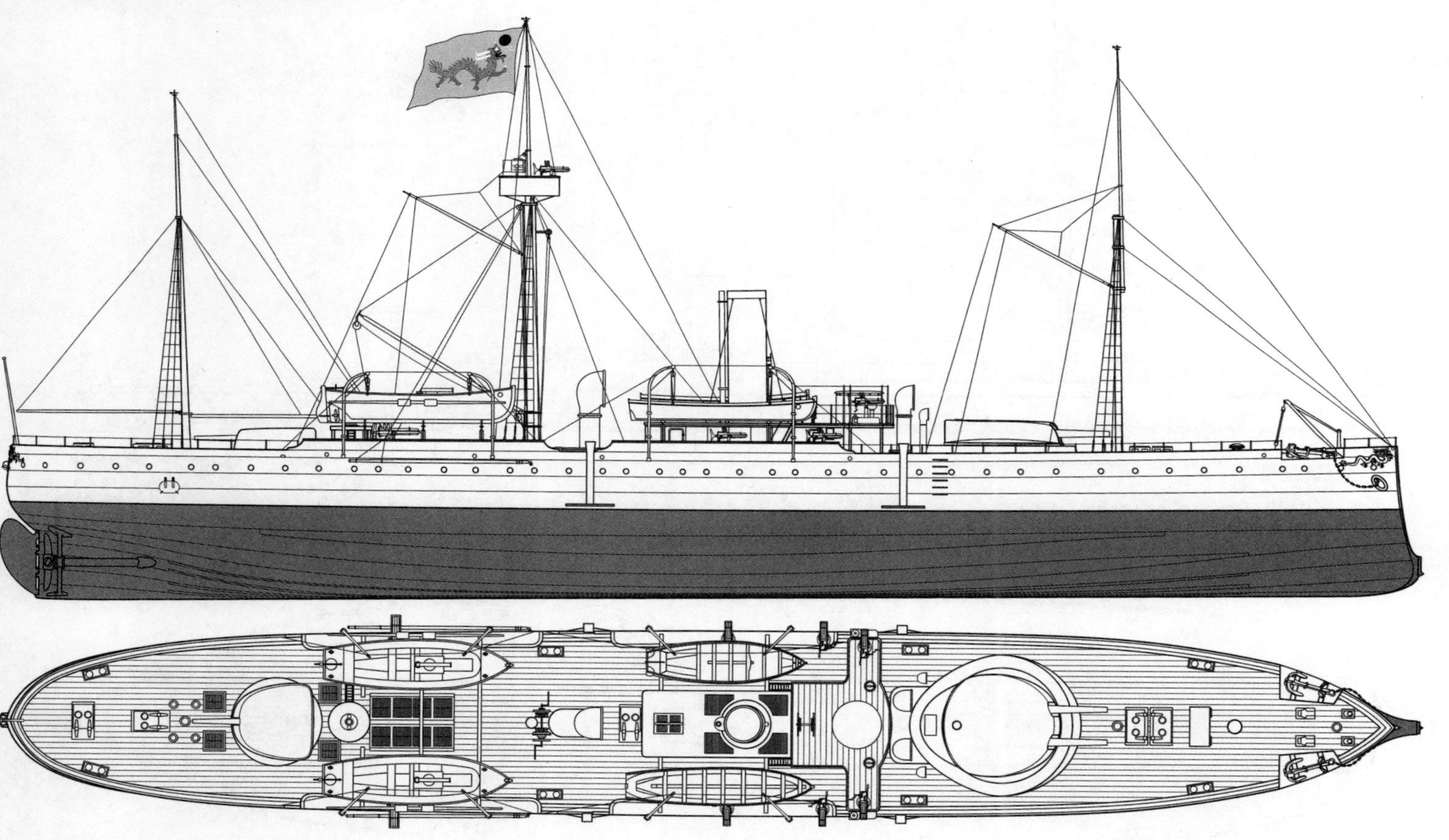

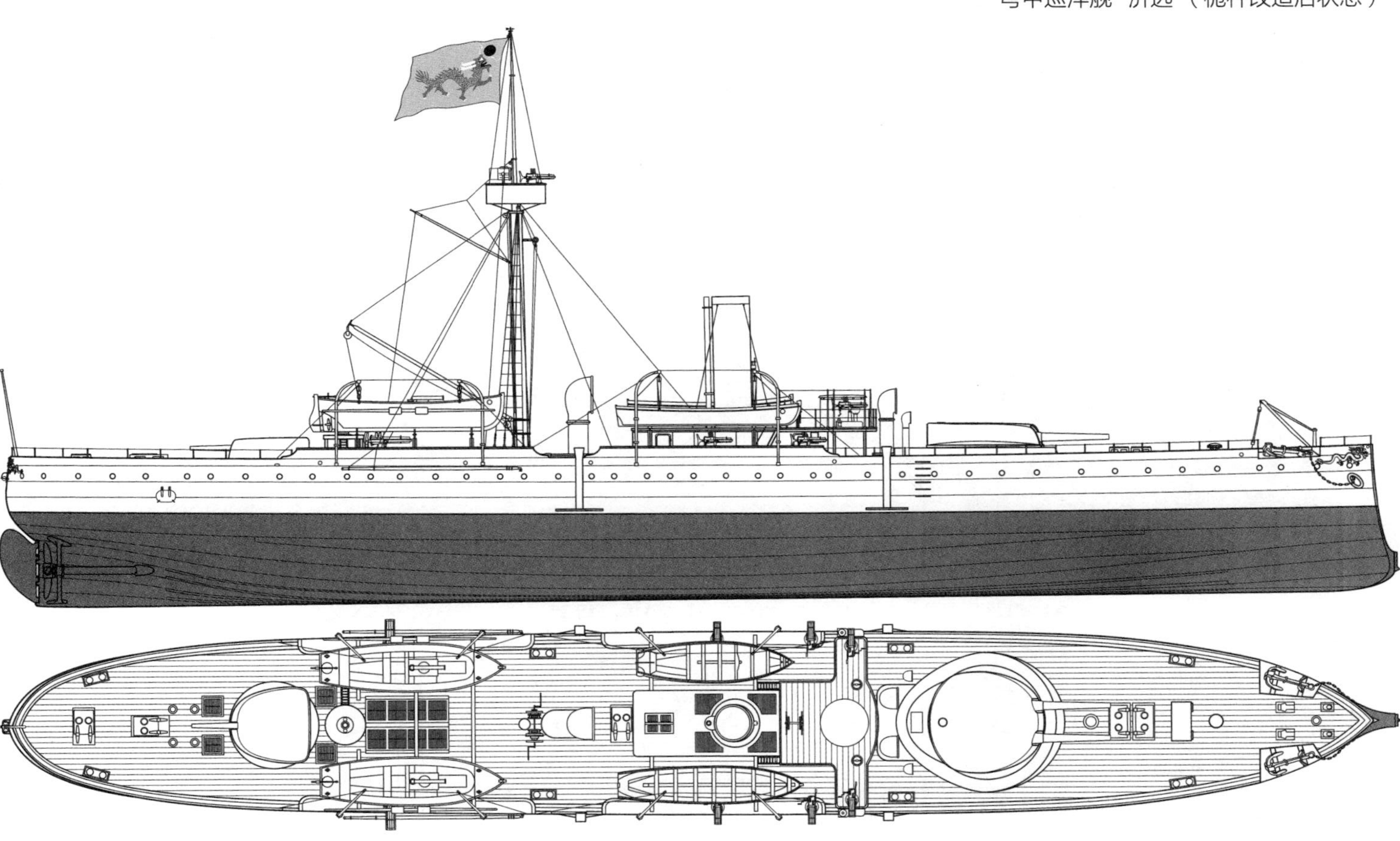

穹甲巡洋舰“济远”（桅杆改造后状态）

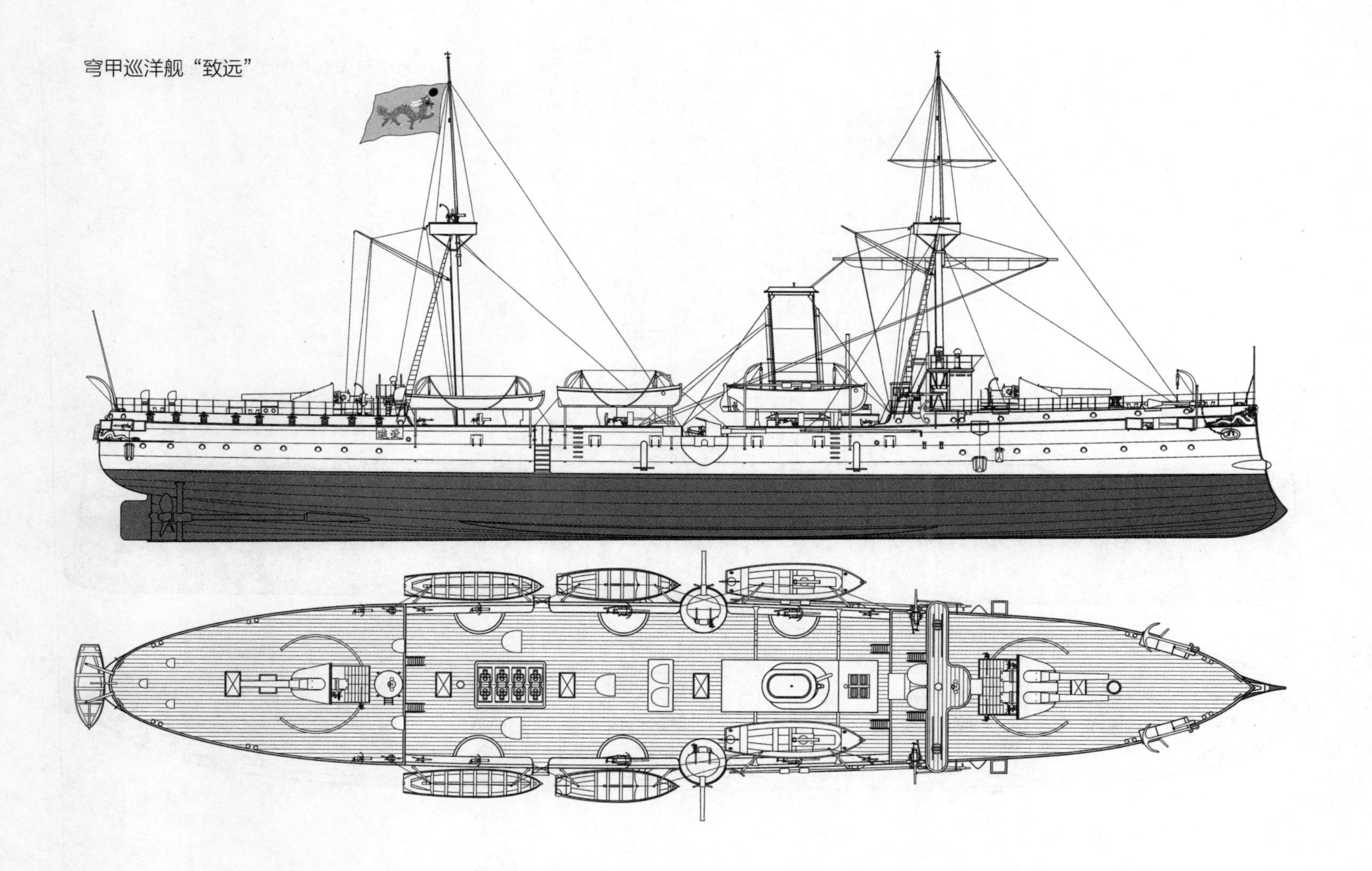
穹甲巡洋舰“致远”

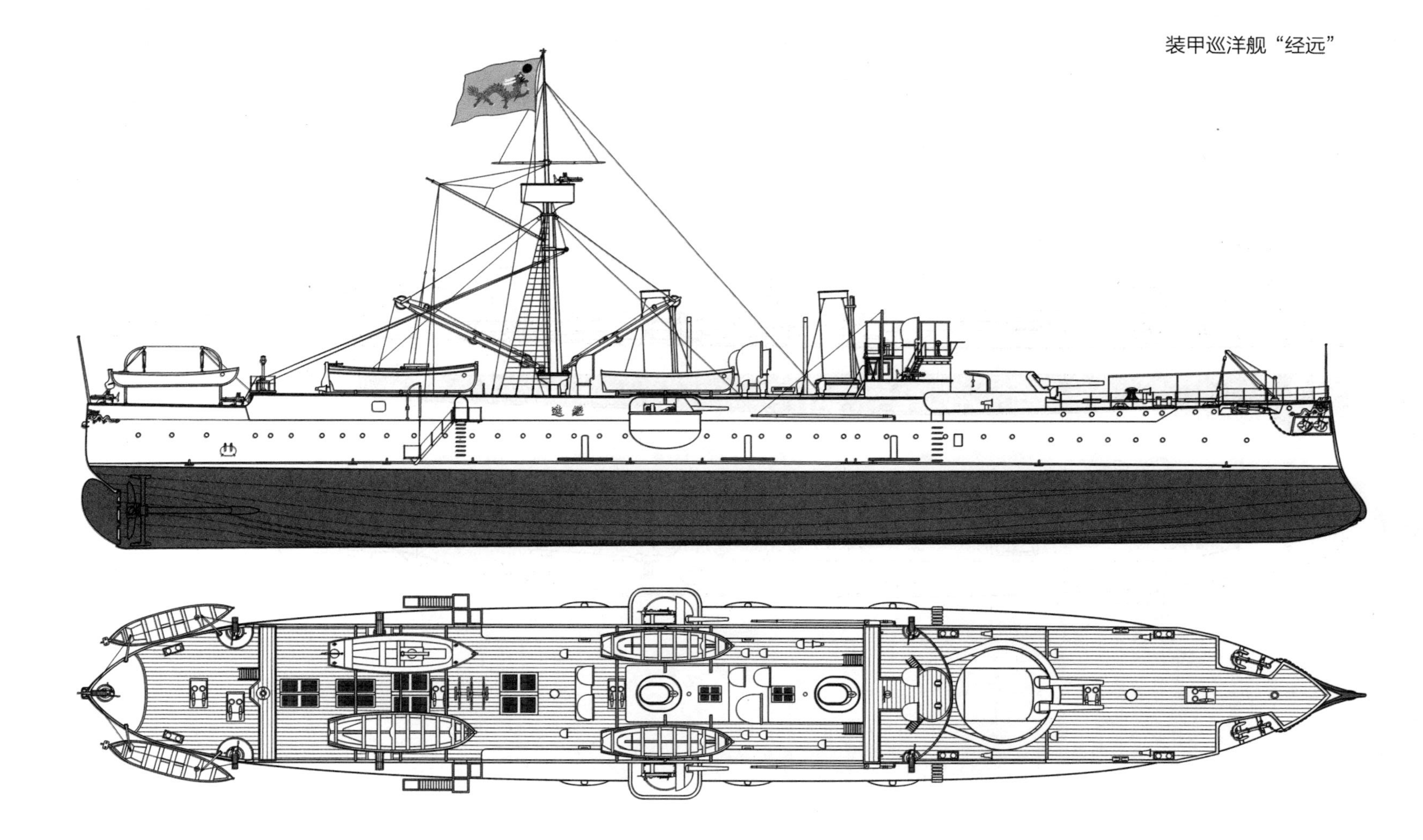

装甲巡洋舰“经远”

鱼雷艇“乾一”

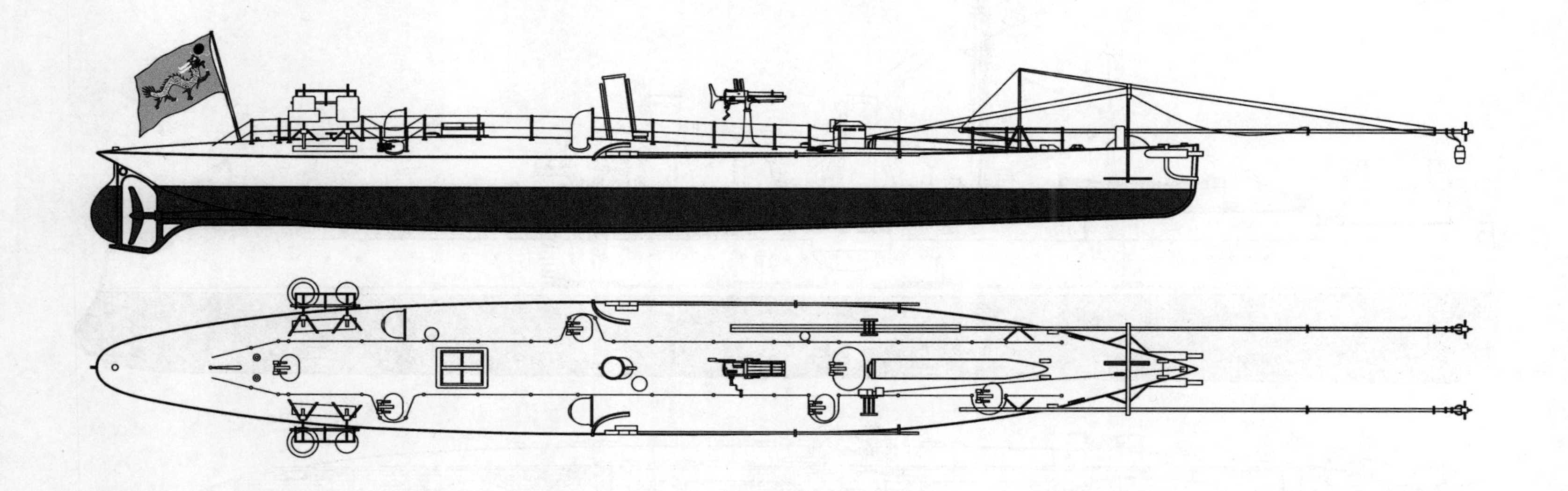

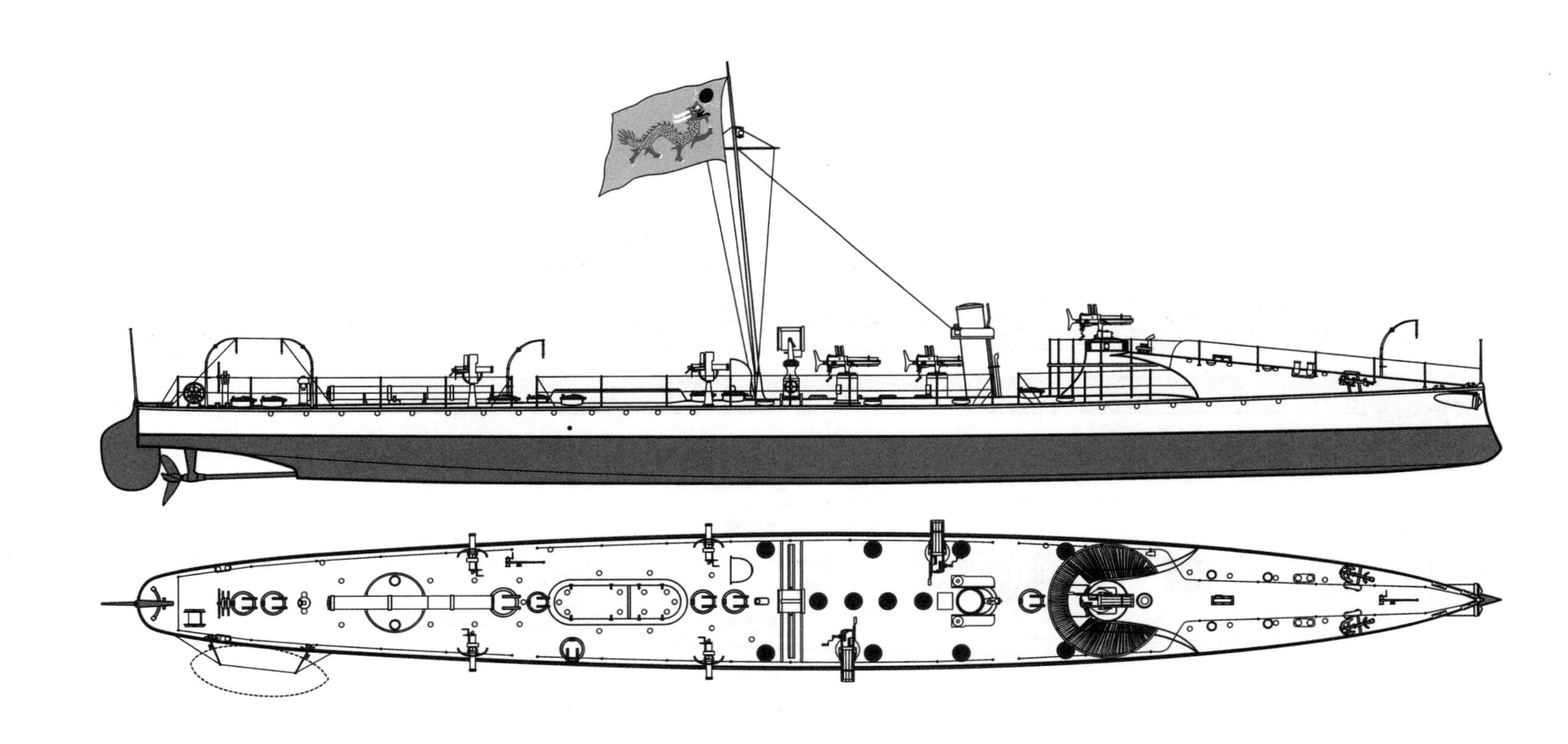

鱼雷艇“左一”

鱼雷艇“福龙”

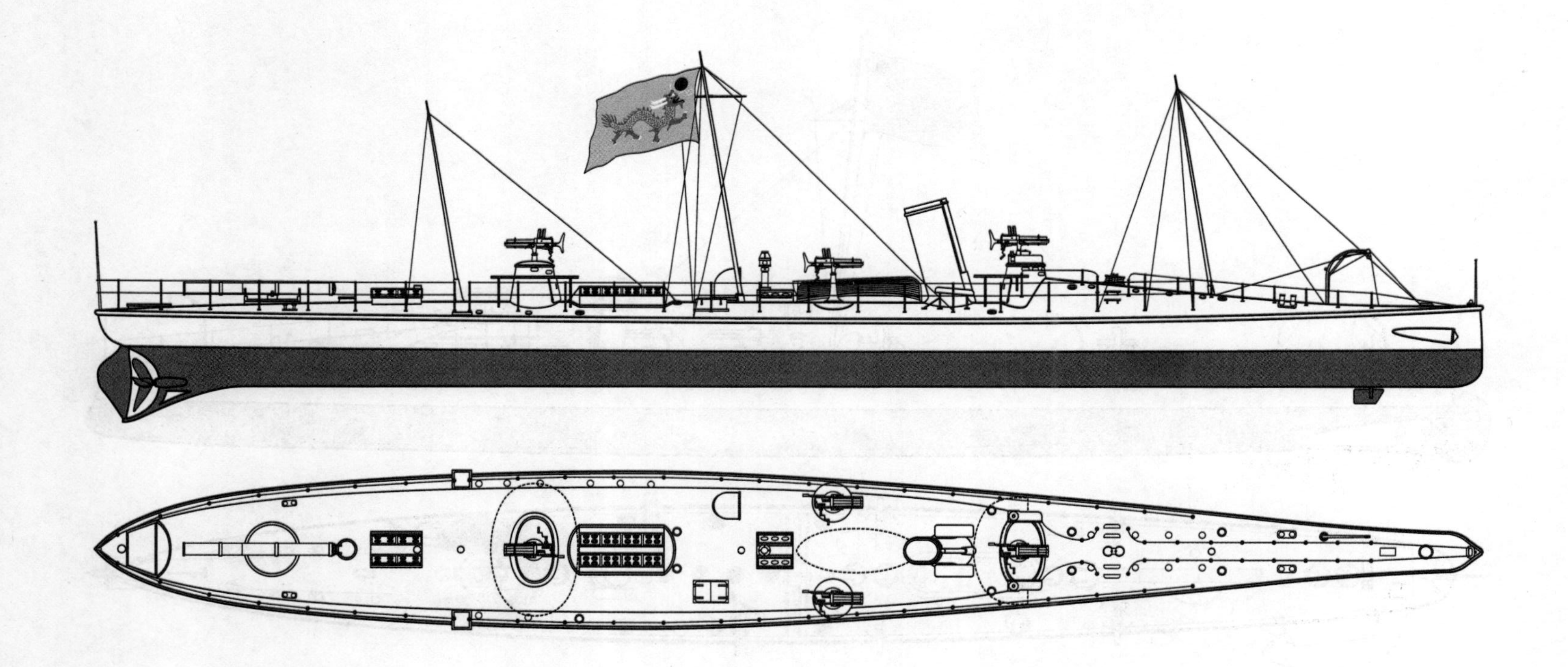

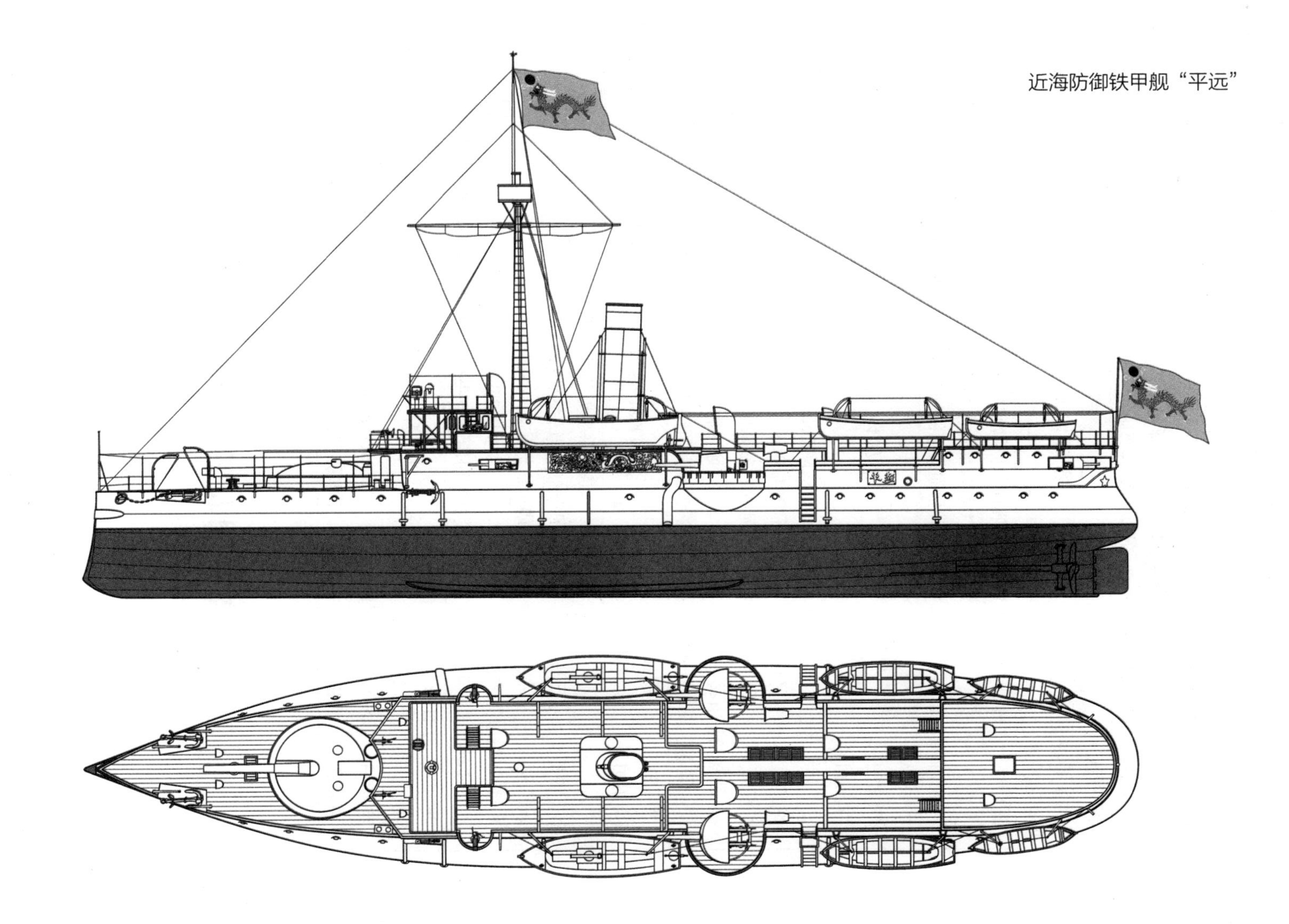

近海防御铁甲舰“平远”

北洋海军主要舰艇性能参数一览表

<table>
<tr><th>舰名
Name</th><th>排水量（吨）
Displacement</th><th>主尺度（长、宽、吃水）
Dimensions</th><th>航速（节）
Machinery</th><th>下水日期
Launched</th><th>建造地
Builder</th></tr>
<tr><td rowspan="2">“定远”
铁甲舰
TING
YUEN</td><td>7220</td><td>94.5 × 18 × 6 米</td><td>14.5</td><td>1881 年
12 月 28 日</td><td>德国伏尔铿
Vulcan</td></tr>
<tr><td colspan="5">武备 Armament：4 — 305mm 克虏伯后膛炮　2 — 150mm 克虏伯后膛炮
4 — 75mm 舢板炮　2 — 57mm 哈乞开司机关炮
2 — 53mm 格鲁森机关炮　1 — 47mm 哈乞开司 5 管机关炮
2 — 47mm 马克沁机关炮　6 — 37mm 哈乞开司 5 管机关炮
3 — 14in 鱼雷发射管</td></tr>
<tr><td rowspan="2">“镇远”
铁甲舰
CHENG
YUEN</td><td>7220</td><td>94.5 × 18 × 6 米</td><td>15.4</td><td>1882 年
11 月 28 日</td><td>德国伏尔铿
Vulcan</td></tr>
<tr><td colspan="5">武备 Armament：4 — 305mm 克虏伯后膛炮　2 — 150mm 克虏伯后膛炮
4 — 75mm 舢板炮　2 — 57mm 哈乞开司机关炮
2 — 53mm 格鲁森机关炮　1 — 47mm 哈乞开司 5 管机关炮
2 — 47mm 马克沁机关炮　6 — 37mm 哈乞开司 5 管机关炮
3 — 14in 鱼雷发射管</td></tr>
<tr><td rowspan="2">“超勇”
撞击巡洋舰
CHAO
YUNG</td><td>1380</td><td>64 × 9.75 × 4.57 米</td><td>16</td><td>1880 年
10 月 14 日</td><td>英国阿姆斯特朗米切尔
Mitchell</td></tr>
<tr><td colspan="5">武备 Armament：2 — 10in 阿姆斯特朗后膛炮　4 — 4.7in 阿姆斯特朗后膛炮
2 — 25mm 诺典菲尔德 4 管机关炮
2 — 76mm 阿姆斯特朗舢板炮　4 — 11mm 格林 10 管机关炮</td></tr>
<tr><td rowspan="2">“扬威”
撞击巡洋舰
YANG
WEI</td><td>1380</td><td>64 × 9.75 × 4.57 米</td><td>16</td><td>1881 年
1 月 29 日</td><td>英国阿姆斯特朗米切尔
Mitchell</td></tr>
<tr><td colspan="5">武备 Armament：2 — 10in 阿姆斯特朗后膛炮　4 — 4.7in 阿姆斯特朗后膛炮
2 — 25mm 诺典菲尔德 4 管机关炮
2 — 76mm 阿姆斯特朗舢板炮　4 — 11mm 格林 10 管机关炮</td></tr>
</table>

续表

舰名 Name	排水量（吨） Displacement	主尺度（长、宽、吃水） Dimensions	航速（节） Machinery	下水日期 Launched	建造地 Builder
“济远” 穹甲巡洋舰 CHI YUAN	2300	71.93×10.36×5.18 米	16.5	1883 年 12 月 1 日	德国伏尔铿 Vulcan
	武备 Armament：2 — 210mm 克虏伯后膛炮　1 — 150mm 克虏伯后膛炮 2 — 47mm 哈乞开司 5 管机关炮 6 — 37mm 哈乞开司 5 管机关炮 4 —金陵机器局铜炮　4 — 14in 鱼雷发射管				
“致远” 穹甲巡洋舰 CHIH YUEN	2300	76.2×11.58×4.57 米	18	1886 年 9 月 29 日	英国阿姆斯特朗 Armstrong
	武备 Armament：3 — 210mm 克虏伯后膛炮　2 — 6in 阿姆斯特朗后膛炮 8 — 57mm 哈乞开司机关炮　2 — 47mm 哈乞开司机关炮 8 — 37mm 哈乞开司机关炮　4 — 11mm 格林 10 管机关炮 4 — 14in 鱼雷发射管				
“靖远” 穹甲巡洋舰 CHING YUEN	2300	76.2×11.58×4.57 米	18	1886 年 12 月 14 日	英国阿姆斯特朗 Armstrong
	武备 Armament：3 — 210mm 克虏伯后膛炮　2 — 6in 阿姆斯特朗后膛炮 8 — 57mm 哈乞开司机关炮　2 — 47mm 哈乞开司机关炮 8 — 37mm 哈乞开司机关炮　4 — 11mm 格林 10 管机关炮 4 — 14in 鱼雷发射管				
“经远” 装甲巡洋舰 KING YUEN	2900	82.4×11.99×5.05 米	15.5	1887 年 1 月 3 日	德国伏尔铿 Vulcan
	武备 Armament：2 — 210mm 克虏伯后膛炮　2 — 150mm 克虏伯后膛炮 2 — 75mm 克虏伯舢板炮　2 — 47mm 哈乞开司 5 管机关炮 1 — 47mm 哈乞开司机关炮　5 — 37mm 哈乞开司 5 管机关炮 4 — 14in 鱼雷发射管				
“来远” 装甲巡洋舰 LAI YUEN	2900	82.4×11.99×5.05 米	15.5	1887 年 3 月 25 日	德国伏尔铿 Vulcan
	武备 Armament：2 — 210mm 克虏伯后膛炮　2 — 150mm 克虏伯后膛炮 2 — 75mm 克虏伯舢板炮　2 — 47mm 哈乞开司 5 管机关炮 1 — 47mm 哈乞开司机关炮　5 — 37mm 哈乞开司 5 管机关炮 4 — 14in 鱼雷发射管				

续表

舰名 Name	排水量（吨）Displacement	主尺度（长、宽、吃水）Dimensions	航速（节）Machinery	下水日期 Launched	建造地 Builder
“平远”近海防御铁甲舰 PING YUEN	2150	59.99 × 12.19 × 4.19 米	10.5	1888 年 1 月 29 日	船政 Foochow
	武备 Armament：1 — 260mm 克虏伯后膛炮 2 — 150mm 克虏伯后膛炮 2 — 57mm 哈乞开司机关炮 4 — 37mm 哈乞开司机关炮 6 — 37mm 哈乞开司 5 管机关炮				
“广甲”炮舰 KUANG CHIA	1300	67.66 × 10.27 × 3.35 米	14.2	1887 年 8 月 6 日	船政 Foochow
	武备 Armament：3 — 150mm 克虏伯后膛炮 4 — 105mm 克虏伯后膛炮 4 — 57mm 哈乞开司机关炮				
“广乙”鱼雷巡洋舰 KUANG YI	1000	71.63 × 8.23 × 3.96 米	16.5	1889 年 8 月 28 日	船政 Foochow
	武备 Armament：1 — 150mm 克虏伯后膛炮 2 — 120mm 江南制造局后膛速射炮 4 — 47mm 哈乞开司机关炮 4 — 14in 鱼雷发射管				
“广丙”鱼雷巡洋舰 KUANG PING	1000	71.63 × 8.23 × 3.96 米	16.5	1891 年 4 月 11 日	船政 Foochow
	武备 Armament：3 — 120mm 江南制造局后膛速射炮 4 — 57mm 哈乞开斯机关炮 4 — 37mm 哈乞开斯 5 管机关炮 4 — 14in 鱼雷发射管				
“镇北”级蚊子船 CHEN PEI class	490	38.1 × 8.84 × 2.9 米	10		英国阿姆斯特朗米切尔 Mitchell
	武备 Armament：1 — 11in 阿姆斯特朗前膛炮 2 — 3in 阿姆斯特朗后膛炮 2 — 11mm 加特林 10 管机关炮				
“福龙”鱼雷艇 FU LUNG	120	42.75 × 5 × 2.3 米	23		德国希肖 Schichau
	武备 Armament：2 — 37mm 哈乞开司 5 管机关炮 3 — 14in 鱼雷发射管				
“左一”鱼雷艇 TSO I	90	39.01 × 3.81 × 1.91 米	23.8		英国亚罗 Yarrow
	武备 Armament：2 — 37mm 哈乞开司 5 管机关炮 3 — 14in 鱼雷发射管				

续表

舰名 Name	排水量（吨） Displacement	主尺度（长、宽、吃水） Dimensions	航速（节） Machinery	下水日期 Launched	建造地 Builder
“左二” 鱼雷艇 TSO II	78	33.71 × 3.51 × 1.07 米	13.8		德国伏尔铿 Vulcan
	武备 Armament：2 — 37mm 哈乞开司 5 管机关炮　2 — 14in 鱼雷发射管				

注：

1. 表所载仅为北洋海军部分主要舰艇的参数，更多军舰的参数性能参见正文。

2. 本表资料主要来源自：《船政奏议汇编》《海防档》、近代史资料丛刊《洋务运动》《海关密档》、CONWAY ALL THE WORLD`S FIGHTING SHIPS 1860—1905 、William Ferdinand Tyler. PULLING STRINGS IN CHINA。

与赫总税司议定购办船炮章程[1]

一、英国不能不用船，其水师如何得力，众人皆知。然内有两家说法，一家说尔之船无论如何坚固，我自有坏船之炮；一家说尔之炮无论如何利害，不能坏我之船。按此两家说法，若能购好船、好炮，自系上等办法。然新式铁甲船价银二百余万，若购办数只，似一时不便花此巨款，只得先按照炮家说法，既迅速而且简便，日后再按照船家说法未为晚也。

一、各船要买两只，临敌较易得力。其八十吨炮一时恐做不成，现拟先购办轮船四只，计载三十八吨炮之船二只，载二十六吨半炮之船二只。至载八十吨炮之船，俟得准信不致炸坏，再行定办。

一、此等大炮系英国名匠阿摩士庄所造，因此人不但制炮，而且开设造船厂，所有炮船俱可向其一手并办。

一、凡有交与阿摩士庄购办之件，所定价银，立合同之日先给三分之一；俟做完一半时，再给三分之一；迨全行做完时，又给三分之一。此系该行定章。

一、去年十月据该商说，载八十吨炮之船连炮并一百八份药、弹，共价值英银九万三千镑，十二个月做一船；又，载三十八吨炮之船，连炮并一百份药、弹，共价值英银三万三千四百镑，九个月做一船，十个月成两船；又，载二十六吨半炮之船，连炮并一百份药、弹，共价值英银二万三千镑，五个月做一船，六个月成两船等语。惟船、炮时价不同，若现拟购办，须今年六月方能写立合同，彼时价值与去年十月该商所说之价或低或昂，难以预定，拟暂照去年原说之价银预备，俟定立合同后或应补给若干镑，再行核明照补。又，该商所说系英银，现由中国送银至英国，

---

① 录自《李鸿章全集》31，合肥：安徽教育出版社 2008 年版，第 199—200 页。本章程属于李鸿章委托海关总税务司赫德帮助办理定造首批蚊子船前拟定的协议。

其汇兑费亦时价不同，或三两二钱为一镑，或三两三钱为一镑，未可预定，刻下应以三两三钱三分三厘为英国一镑作算，大约总不能过于此数。按炮船四只合算英银十一万二千八百镑，合中国银三十七万五千九百六十两零。

一、原价之外，尚有自英国送船至中国之经费，约计开列于后：船主四位，每一位每月薪水银二百两，共八百两；大副四位，每一位每月薪水银一百两，共四百两；二副四位，每一位每月薪水银五十两，共二百两；总管机器人四位，每一位每月薪水银一百五十两，共六百两；管机器人四位，每一位每月薪水银一百两，共四百两；帮管机器人四位，每一位每月薪水银五十两，共二百两；炮手八名，每一名每月工银五十两，共四百两；水手八十名，每一名每月工银十五两，共一千二百两。各项人等共一百十二名之饭银，每名每月以十五两合算，共一千六百八十两。以上每月共银五千八百八十两，以三个月为期，共银一万七千六百四十两。

一、四船之煤，以六十日烧煤合算，每日四十吨，共二千四百吨，每吨价银八两，共一万九千二百两。

一、四船应以价值银五十万两保险，计每百两保险银二两五钱，共一万二千五百两。

一、四船由地中海过内河到红海之经费，约共银五千两。

一、四船送到中国后，应将水手八十名仍送回本国，每名盘费银一百两，共八千两。

一、水手八十名送回时，应给三个月工银，每名每月十五两，共三千六百两。

以上从英国将船送至中国，除不能预知之费用外，沿路共需银六万五千九百四十两。

一、除原价路费两项外，该船到中国后即将原派之船主、大副、二副、管机器人等留作教习，每月薪水及一切规矩，届时再行议定。

一、原价三十七万五千九百六十两零，路费六万五千九百四十两，共四十四万一千九百两。惟不能预知之费用，如引水费、纳某口船钞费、请人试验船只费、沿路倘有别项事故等费，亦应酌备银两若干，计总共应备银四十五万两，将来如未用完，可将余馀银缴还。

一、拟定购办此等船只，须一面预备此项银两，一面即向该商订立合同。

一、至预备银一层，因立合同须先交银三分之一，是以应备银十五万两。惟查四月、五月系洋商买茶叶之时，各口税饷最旺，亦系由中国送银到外国汇兑费最少之时，似宜乘此机会将四十五万银全数送至英国，较为便宜。如江海关十三万，江汉、粤海、九江、浙海等关各八万，可以照提，在四成项下扣算。

一、至立合同一层，须在英国向该商订定，然亦须熟悉情形之人，方能知合同内应写何项字样。惟查该商阿摩士庄系最体面之家，即不详细立定合同，但写信将大概情形告知，该商亦必制造最好之船炮。因其名声素著，而且此次制造甚好，可望日后陆续购买该商之船炮，是以不致有错。现拟定后，由总税司酌派委员到英国，会同住英国之金税务司，向该商详细商订，并属其将合同内写明紧要之语，兹开列于后。

一、该船行海之快慢若干，吃水若干，吨数若干，均应便于出海。

一、机器马力较船身吨数应当略大，以备顶风时仍可照常行海。

一、大炮必须新式，口径须若干尺寸，子远若干迈。

一、船、炮必须相对，所有炮位俱须妥为安设，并炮应用之机器俱须齐备。至船虽非铁甲船，然安炮附近地方须格外坚固，酌加铁板、铁甲以便保护炮手之身。

一、该船厂交船之日，将船上应有之各项俱须备齐，以便一面交船，一面即可出口，且须装煤之处较大，而每日烧煤较少，机器须要新样。

一、各大炮俱须照英国官局定例先试放，如果实系坚固方可收用。其试演之法，由金税司详细具报。

一、各船或用双轮，或用单轮，或一样进一样退，应由该船厂自行酌定，总期可以害敌人而不受敌人之害为要务。

一、每船制成两只，随时先送来中国天津口查验，不必俟全行制就一并送来。

一、金税务司应将所订定之合同照录一分，先送至中国备查。

一、交船后应用何人送至中国，至中国后应用何人教习，此两事应由金税务司同该船厂商定，且应用该船厂之人为教习，因恐别人不熟悉船、炮之法。

一、在英国交船之日，各该船应否挂中国旗号，由总税司询商金税司，俟有回信，禀由总理衙门酌定饬知。

一、拟由总税司转饬广东、福建各口税司，就近挑选中国水手八十名，陆续分起赴英国。运船来至中国，则不必用英国水手，且沿路亦可学习行船之法，其经费仍在前项内开销。

一、载八十吨炮之船，俟接准信，如果议购，除照原开价值英银九万三千镑，合中国银三十一万两外，照以上运费，船主、大副、二副、管机器、炮手、水手、烧煤、保险及不能预知等费，约计需银四万两，统共三十五万两，拟续行筹定款项。自本年七月起，每月由江海、江汉、浙海、粤海、厦门、汕头各关，各提银一万两，以六个月截算，内厦门少提一月，共该银三十五万两。届时应否照办，由总税司面请总理衙门核定饬遵。

伏耳铿厂造钢雷艇合同①

中国使与伏耳铿订立：

一、代造一钢艇，内有汽机、汽锅、暗轮全备，附有详说并图。其一切按照图样，用上等工料，最为坚固，按德国新近之法查验。或交中国使者，或在士旦丁交与使者所派收之人。

二、本厂肯从立约之日起四个月内，在士旦丁之虽纳门海口试验。

三、此艇速率每小时十七海里又八之三。在一测定海里之处行驶，除试得速率外，再行驶全力三点钟之久，以验汽机各事，试费由厂给。其试时须有够用三点钟之煤，凡艇上鱼雷等未经装载之物，须有同重之物代之。

四、如试时速于十七海里八之三，每四分海里之一赏给一千五百马克；如不及此速四分海里之一亦照罚。如果试得不及十七海里之速，即不必收受，其先付之价及五厘息俱各缴还。

五、艇身汽机及附说内各随件共价六万五千马克。交价之时，其艇或在士旦丁，或在虽纳门。此数应照三期交付：一在定合同时，先付二万一千五百马克；一在雷艇及汽机已在水时，再付二万一千五百马克；一在验收时，找付二万二千马克。所付之钱，或交柏林白来喜和得尔，或交士旦丁之色罗吐。此次并无经手之人，故按德国海部一律办法。

六、购船者可派中国官生往厂查视。方造之时，本厂不论何时，可以尽心详细指点。如查得工料有不照合同之处，即可剔回，令厂中照合同另造。

七、如果合同有彼此不对之处，即托德国兵部评断。

---

① 录自《李凤苞往来书信》上，北京：中华书局2018年版，第301—307页。本合同是时任中国驻德公使与德国伏尔铿造船厂签订，向该厂定造“乾一”鱼雷艇。

八、合同印税由厂付给。此合同有二份，各签押加印。

士旦丁 一千八百八十年十月二十日

伏耳锵总办押

附：钢雷艇说

雷艇尺寸。全长八十七英尺十寸二，垂线间长八十二尺七寸半，全阔十尺十寸，水线处阔十尺五寸，龙脊至船边五尺六寸，前入水二尺二寸，中入水三尺六寸，后入水五尺二寸。

总论。船有钢板、钢角条造成。除另册注明之各件外，余皆用钢。上有钢面，横分五隔，自上出入。后面一隔，有水手官弁住房。向前为汽机、汽锅舱。汽机有二汽筒，大小抵力合用至少二百五十实马力，每分时螺轮四百周。汽锅用火式，可受十倍天气，以钢为之。火箱壳以红铜为之，有吹风汽机。其锅炉与汽机间有吹风汽机吹入锅炉中。锅炉前之舱为捩舵舱，舵工立于钢台内，便于四面观望，在此舱内亦有运动雷杆之器。此船可装配一放鱼雷之管，此管为定造者自备，托柏林刷次考甫代造。伏耳铿可与该厂商量，令其所造随件须与船合式，但刷次考甫送来各件，并鱼雷之重不可过于二吨。舱面上有雷杆四，向前者二杆，向旁者二杆。前杆可伸出于前二十尺，在水线下八尺，旁杆可前后动一百五十度，在水线下七尺。自上舱面入舱之门，可关密不漏水。

详论。所开之各件为最小之尺寸，造时如可加大而能不减船之功力，则必加大之。一切俱用英国尺寸。龙脊用熟铁，阔三寸，厚四分半，下厚一分半。前柱亦用熟铁，阔厚与龙脊同。后柱亦用熟铁，其形如图。螺轴管通其中，后有钮以容舵之枢。后柱与舵相连之脊厚二分、阔四寸半。船胁用钢角条，高阔则更密。胁内之反钢角条高阔各一寸、厚一分，与胁钉连。底立板用钢，高五寸、厚十二分寸之一，上边钉连钢角条，亦高阔各一寸、厚一分。舱面之下，每胁有一横梁，用钢角条，高一寸二分、阔七分，二端与胁相连处有钢三角块，厚七厘半。舱面用钢板，在汽机锅之上，厚一分二厘半，他处厚半分。船外板、龙脊、左右之板并上边之板，在船中长三分之二处者，厚一分二厘半，其首尾厚一分；此外各板在船中长二分之一处者，厚一分，首尾厚六厘六。

论钉固之法。龙脊与左右之板相连，用双行冒钉，他处皆用单行冒钉。其钉皆用最好之熟铁。船外板与舱面板相连，用钢角条，高阔皆一寸半、厚一分半。隔水横壁如图之式，用钢板，厚六厘六及半分，每相距十八寸，钉连一钢角条，以加其坚固。此钢角条高阔各一寸、厚一分。汽机、锅炉下之基用钢板、钢角条，坚固足用。舵台用钢板，厚一分半，上有钢盖，易取去。舵立轴用熟铁，径二寸，后边亦熟铁，两面钉连钢板，厚半分。舵柄在舱面之下，连有铁丝绳，至舵台内之轮，舵工捩之。此外另备一舵柄，可在船尾用人手捩之。一切钢板、钢角条皆于未钉之前镀锌。船边栏杆用熟铁柱及熟铁管。官员、水手舱内足敷八人居住，一切什物仅足敷用。舱面下柱径一寸，为空管。在可有之处，舱口盖皆可关密不漏水。

放鱼雷之管。购船者所备之管及二个鱼雷，並一切随件，不可过二吨之重。舱内並胁，本厂依相配之形式造之。雷杆大约依所送之图式，而又依善法稍改之，使更便当。

船首有簧垫二，如汽车之法，用一锚合船用，並链条。如用辘轳，则用钢丝绳而不用链。自舵台通汽机舱，用传号器並传话管，又自汽机舱亦有传话管。船内外用上等油漆，水线下用有名免秽之油，使常光滑。

汽机用立汽筒二个，大小抵力，一内径十一寸，一内径十八寸，推路十二寸，可用外冷凝水，亦可用内冷凝水。汽筒用密质生铁为之，外包氈並木。一切另件各表皆全。挺杆、鞲鞴、摇杆、曲轴皆用小罐铸成之钢。轴枕衬用燐铜，内再衬白铜。吹风、添水、运水並换清气，或即在大汽机带动，或另有一小机器为之，不定。

外凝之柜用红铜，内管用黄铜，外镀锡，螺轴用罐钢，枕衬用燐铜。螺轴管内镶坚木，螺轴之颈外包铜。螺轮或用炮铜，或用钢。通汽管用拉成无焊缝之红铜管。

锅炉用汽车之式，外板用西门司马丁钢。火炉用红铜，烟管用焊缝之黄铜管。锅炉火切面不少于五百五十方尺，一切随件全备。有自喷添水器二个，依德国之法。其锅炉可用至十倍天气之涨力，按德国律法，应用水力试至十五倍天气，且须将查验之据与船一同交代。德国律法第十一节云，凡新造之锅炉，尚未砌入砖墙内之先，或外壳尚未装好之前，必封其各口，用水力试之；如锅炉拟常用不过五倍天气者，即用试时之水力须十倍天气，其余各种锅炉则试时之水力必较拟用之数更多五倍天气。每一天气为每平方生的迈当受一纪路格兰之力。锅炉外体必不可稍变形，亦不可稍洩水。如水自缝出，即为不固，但如洩出之水如雾露之少则亦无妨。

一切添油、添水于转动处之器皆全。其烟管並凝水管，须易于任便去其一管另易新管。又，螺轴亦便拆卸，而不必先拆别件。一切工料皆用上等者。除汽机、锅炉所用之螺起並油壶、挑火各器等全备之外，每船另备各件，如螺轮一个、鞲鞴护圈每汽筒一个、挺杆並直辅梢一个、进退器一个、涨杈条一副、小烟管五个、凝水管十个。

附录继经驳论添改数条

一、驳问：暗轮究竟应用炮铜？应用钢？又，戽水、通气、凝水各事，究竟全用其大汽机之力，抑另有小汽机？又，雷杆是否用英国法，带于轮机推出；抑用法国法，以人手推出？又，验收后拆开交于汉布克公司船，其应备冒钉、装箱等费是否贵厂承办？又，前日面允中国官生可以赴厂学习，何时可来？饮食居住若何？乞一一示明。

接覆函云：接西二十三日函，所论暗轮系以炮铜造之。其戽水、通气俱藉大汽机运动，惟凝水柜则另有小汽机。如造时有更改之处，必先通知贵处，俟允准后，再行更改。其杆雷，拟用人手推出为妥。如杆雷有新增见识，应行更改者，总由本厂办，不必加价。既造竣后，可拆为数段，每段约二十五尺，则汉倍克可以装载，其拆费，及装于可出海之箱，以及合拢时须用一切冒钉等件，均由本厂承备，不必加价。今已遵命将此情节添入合同。所有第六节所云，中国官生须最迟至西十一月十五日必须到厂。将到时，请示明，以便安插住居饮食之所。第一批价已收到矣。此覆。

一、驳问：暗轮用炮铜，则与铁相切，易生电气，以致剥蚀，应否预防此弊？曾见英、法等国俱用炮铜，有无把握？又，逐段拆开后送至汉布克海口，是否由火车装运，抑由驳船装运？其费能否约估？乞示知。

接覆函云：接西二十四日等函，敬悉一切。暗轮宜用炮铜，较良于钢，因铸钢脆而易折，故英、法等国俱用炮铜。此等船不用时应置码头，不应常在水中，不患电气之蚀。是船造成后，逐段拆开载于火车运往汉布克。其运送之费，俟交卸时，与火车公司详细估算，可以奉告。

中国驻德大臣李与德国士旦丁伯雷度之伏耳铿厂两总办订定铁舰合同①

第一款 伏耳铿厂由柏林使馆订令代造一中国铁甲战舰，并汽机、锅炉、暗轮及一切附用之汽机、锅炉、吹风器等件。又代购康邦铁甲，以及铁甲上刨钻镶配、安置于船身等工，一切俱照合同后所附船身、机器、水管各程式、验铁章程及详略各图，俱按逐件兴工时陆续送呈核定。此所送各图俱按照德国海部已造之式，如有近年新知应行修改之处，亦应修改。

伏耳铿允许全船及一切相连物件用最上等之工料，又允许按合理最坚固、最熟悉、最精细及用一切应有之新法，造竣时在瑞纳们地方交于使馆所派之员。

第二款 船件内有竖立之铁甲，不论在旁、在前后、在炮台、在号令台之处，俱由厂备。又桅杆及相随之件，船上需用物件及可以移动之件，如桌椅、面盆架、衣屉，凡一切官厅、饭卧房之物件，子药房之搁板等件，无不具备。该厂又备铁甲内柚木衬及铁角条，加以刨工、艌工并缝中用松香油嵌之，一切捎栓之铁条、螺盖、螺垫以及桅杆、桅盘、风帆等物，另备两个滑车之杆，可以起落舢板。又桅上之顶杆及相连之铁件，以上各物俱须装配在船。再有飞台及海图房、铺箱盖，及一切齐备之舢板，其内有汽机舢板亦各件俱全，挂舢板之曲柄、安舢板之木架、起碇至船旁之架并一切下碇不论在船旁、船首、船尾所用之物。又舵工所用物件。又碇练管、将军柱、缚柱、煤舱之铁口、铁漏斗及上舱、中舱之煤管，一切梯及梯上窗盖、窗上幕架、窗口盖板并天窗及铜铁木各楞栅，一切厕房、浴房、医药房所用之物。其盘车之在前者通于上舱、中舱，或用汤汽，或用水力，或用人力。在后者只上舱面有之，

① 录自南京图书馆藏抄本。本合同是中国第一艘铁甲舰“定远”的定造合同，作为合同的附件，附录了有关装甲、机器等验收的参照规范。

而用人力，俱用哈飞新法，其一切夹紧之件俱全。再有吹风至子药房、官舱、水手舱、汽机舱等处。一切船旁之窗户、栏杆、船首尾雕刻花纹、船旁之悬梯、舱面之出水管、量煤柜内热度之管、隔堵壁之门、船双底隔堵各处进人孔之盖、隔堵壁之水门及一切启闭之件、各处通语之管、各处唐屯吸水机，又有汤汽吸器一具，系在汽机相连吸水机之外，以上各吸水所用物件，如轮杆、铜管、螺门、塞门、皮管，一切船内通水之管，及与各吸水器相连之管俱全。炮台内盘面及相随之器，一切房间、饭厅、客厅之木壁及不移动之物件，如床及抽屉、书架、壁桌、其钩挂衣钩架，按德国水师之式。一切门户、玻璃窗、百页窗等件及塞门土舱嵌，俱由该厂配全。该厂代办之康邦铁甲按照图说办理，其铁甲之木样及各种工作俱归该厂备资送于铁甲厂。其余各工料为船身所不可少者，应照该厂已代德海部所造之船配全。其不在内者，惟唯炮及枪刀军器等及放鱼雷之件，但该厂应将放鱼雷各件装配入船。

第三款　一切分图按照造法陆续送呈柏林使馆核准照办，其画图费归该厂自备。此次附于本合同之图，一为船线图，二为风帆图，三为战时桅式，四为中腰横剖图，五为直剖之图，六为装配船内之图并各节横剖之图两幅，七为中舱面图，八为下舱面图，九为上舱面图，十为舱面房间之图。

第四款　除中国使馆所允之外，该厂不得擅背章程、图说。如中国使馆欲更改章程、图说，该厂必应照办，如费较多或较少，即由彼此互商，如商说不定，可请德海部定断。如费用较多，应行补给；如费用较少，应行扣减。

第五款　该厂允许船及随件、汽机按本合同程式、章程、图说，于合同书押日起，限十八个月造全，在瑞纳们地方交予中国官员，凡下水及送至瑞纳们之运费、保费，俱由该厂自备。

第六款　如逾第五款期限，则中国使馆可罚该厂每礼拜三千马克，不须争执，即在应付船价内扣除。但如有该厂不能为力之天灾人祸，咎不在该厂者，毋庸议罚。

第七款　中国使馆可派监工阅看造船、造汽机及各件之料，或一人，或数人，或常住，或暂住。此员可以试验一切物件之料及各项之工，相干何事，俱可查看。如工料有不合式，即可剔退，或加印戳，不令再用。其所剔退者由该厂另换新料。伏耳铿所有厂房、书房，当造船时，所派之员俱可进观，以查验船上所用之料是否合式。又伏耳铿厂应备办公房两所及一切器具，专供所派人员应用。该厂必以中国使馆核准之图另画一份送予监工，以使随时察看是否按照办理。监工可以查该厂送予使馆之图是否合符。监工看得应有另外分图于造船有益者，该厂应行照办。如监工欲查购料之账簿、工匠之册籍、运货之照单与船械相关者，均可查看。凡一切合理所要之事，俱由该厂出力出资以助之。凡监工与厂及厂中人不洽之处，即诉予使馆，彼此设法讲妥。

第八款 该厂允许船身各处用角铁、铁板、横梁等，与合同所附验铁章程相合者用之，又允备德国海部核准之验器，可在厂中试验，所用验器及管理验器之人，监工者可随时用之。又该厂雇一立誓司法之人，其工俸亦由厂中给付，如可用内地之料，尽可购用。

第九款 工竣交卸之时，船身、汽机及随件应与合同所定之式及所附之程式、章程、图说相符，惟第四款应行更改者，亦应照办，如有不合，则使馆可全行不收，或择其不合者不收。如造时有不合，或彼此看合同意见不同者，即请公正之人定断，如有此事，使馆及该厂两月以内各订一人查明批断，如所订两人仍不相合，即于期内或使馆及厂主再派一公正之人，如仍不能定，即由前订之二人公订一人，如或所订之人仍议不妥，或指彼此俱有错处，即公订德海部尚书定断。若两月内不订人，即为不订人之一面理绌。如所订之人三个月内不能定断，亦托海部尚书定断，彼此或准所订之人，或照海部尚书，不必再有涉讼，其理绌者应认所订人之费用。

第一〇款 此船若托德国船主及船副自瑞纳们驶往中国，此人为伏耳铿厂合意者，该厂必保固船之工料并一切相随之物，但行海之费全归中国使馆给付。凡船身、零件、汽机、附用汽机在海时见其料或工不佳，伏耳铿即自立刻设法修理，否则中国可自令人修理，其费用由该厂赔出。若在外国，即伏耳铿不可过于在德国所修加倍之费。如修理之工船上管机者不能修理，即应送该处汽机厂、船厂，先估价送呈船上华员核算，然后修理，如有不合，即请德海部定断。凡中国自令人修理，则伏耳铿所荐之人、汽机正副三人，亦可与别厂争揽修理之事。所坏之件为汽机上打成之铁钢或炮铜者，伏耳铿已赔出新者，其旧者由中国送至德国海口，令伏耳铿收回。所言保固之限期，自船到中国路过上海，抵天津海口后三个月为止。当此三个月内，必仍用此船主、船副，此三个月内，亦可任派该船驶往他口，但如在沿路有他故稽迟，则保期自瑞纳们开行后不过一年。如因工料不佳，沿途修理所费之时过八日者，即以所过日数展于到津后三个月之期，寻常小修不展期。在保固期内，其汽机必归伏耳铿所荐一正二副三人专管，保固期内，此三人归船主管理，按德海部章程。如三人内有不妥，即由伏耳铿电报令已在船之人代之，以免迟误。正管机者按德船章程，与船上上等官同桌会食，即照上等官给以饭食银两，自瑞纳们起，每月给薪水五百马克，自到上海后至保期满，每月薪水一千马克。副管机二人，各照德船章程给以饭食银两，自瑞纳们至上海每月三百七十五马克，到上海后至保期满，每月七百五十马克，保期完毕，中国即按此三人之品给以回德川资，但上海以后所添薪水在保期已完发给盘川时补给。上所言之薪水并回国川资并一切送船至中国之各费，归柏林中国使馆付给，中国应立章程在船按期支发。再，船到中国后，中国国家任何时可辞去管机之三人，仅发给至当时应得之薪水并川资，如此即作为保期已满。又船往中国时在路上，中国国家可令船主驶至别口岸验收，如此亦作为保期已满。

第一一款　汽机必在伏耳铿厂自造，不许他厂代造，自定合同后五个月内必送详图至使馆阅看，候使馆核定允准。图内须详绘汽机各件之位置并何料所造，此详图须遵本合同所附汽机程式详绘，并附以更详之说，载明各件尺寸、轻重等事。在造锅炉并造小汽机八日以前，须送详细之图于使馆，俾使馆得以从容商量。再，伏耳铿厂必送汽机各件详细分图并大汽机或小汽机之汽、水各管及随件皆必有图，且一切尺寸注明于蜡布图中，此图在汽机每装入船之前送至使馆，如果此次未全者，须于第五款交船之期补送齐全，而其用蜡布绘之图，须留有余边，以便装成一册。

第一二款　此船造成预备出海，可试验船之汽机，并船之速率。其在何处试验，由使馆将来再定，此试验并保险之费，俱由伏耳铿给付。试验之时，有使馆所派之官员在彼看验，如不照所订之速率，则可再验，至看定汽机力果足或果不足而止。

第一三款　以上代造之船、代办铁甲、装配安置钉连于船上之工，及各款内所开随用之物件，一切造齐，全价六百二十万马克，订明各批付期如左：一本合同画押后二礼拜内，先付二百万马克；二船之外板钉齐，或有别项同价之工已在船而有监工笔据者，此后两礼拜内再付一百零五万马克；三船下水后两礼拜内，又钢面铁甲已有一半在厂内者，两礼拜内再付予一百零五万马克；四船内铁件皆造全，而船堡铁甲、炮台铁甲已钉五份之三，汽机锅炉各件已配于船中者，两礼拜内再付一百零五万马克；五交船之前，试验船之速率，其试验保险费已由伏耳铿给付，并有中国使馆所派监试之员立据，一切能照合同者，两礼拜内再付一百零五万马克，此末批之价，必在船离瑞纳们之前付给。凡历批之价，在德国柏林交付德国现行之马克，或在国家银号入伏耳铿名下，或在柏林白来歇和特银号入伏耳铿名下，或汇至士旦丁式路杜银号入伏耳铿名下，可随时酌定。

第一四款 使馆不收此船，或不收汽机，或不收附件，或小汽机因速率不足合同所订之数，或他件与合同不符，则伏耳铿必缴还所已收之钱，而自收钱之日起，照按年五厘赔缴利息，伏耳铿历次所收之价，必须押保，恐造船时或有天灾人祸也。每收价一批之先，伏耳铿将众皆知为可靠之银商所出现银票送交使馆收存，以作押保，此押保之单，俟船已验明交于中国官员，仍还予伏耳铿。而伏耳铿再出一保单，为五十一万六千马克，存于使馆，至保固期满，然后发还。

第一五款 此船尚未交予中国之前，船身、汽机、一切相连之物，皆归伏耳铿出费保险。

第一六款 锅炉及汽机必用压水力试验，其试费由伏耳铿厂给付，而试验之前十四日，必告明使馆，以便派人往同试验。所有试验之法，附载于本合同之汽机程式。

第一七款 如伏耳铿不照合同办理，或合股者欲散股不做，或倒账闭歇，则使署并使馆所派之员，仍可用此厂之机器、房屋并料件造完此船，其费仍由伏耳铿给付。

第一八款 一切印费、保单之费，皆由伏耳铿给付。

第一九款 伏耳铿造一本船木样，大小为五十分之一，送予使馆，其费由该厂给付。

第二〇款 中国使馆可派年幼学习之人十六名，至厂中做事，但在厂时必遵厂规。

本合同两份，彼此俱书押盖印。中国驻德大臣李，系代中国国家书押盖印。

第二一款 第二款内按所造之船配全，系除炮及军火之外一切全备，按德海部已备齐可出海之船，由厂一切配全，不必另加价，所有煤炭、粮食，及路上所有之料不在内。

第二二款 第十一款第十四叶十九行："八日内送汽机图"，今允改为十四日，但须送图之前两礼拜先行告知中国使馆。

第二三款 第十二款第十五叶七行应添"船之速率必须十四海里半"之句。

第二四款 第十三款第十六叶末第三行：如欲汇钱至士旦丁之式路杜银号，则汇费应由该厂承认。

第二五款　第十四款第十七叶第二行，应添“此船或不及合同之速率，亦可不收”句。

第二六款　第十五款第十七叶末第六行，应添“保险单须送中国使馆阅看”句。

第二七款　第十九款第十八叶末第八行，应添“立合同起九个月，应将本船木样送予中国使馆”。

第二八款　附于合同之书押各图，应照绘蜡布，全份送备查核。

第二九款　第九款第九叶第三行“海部尚书定断”句，应改云“德国海部尚书派员定断”；又，是页第十四行“照海部尚书”句，应改云“既托海部尚书派公正之员定断，彼此不愿涉讼”。

第三〇款　伏耳铿厂每钢面铁甲五十板内送一板，以备试验，用炮击之。自送来之日起，三礼拜内必须试验，但所试之炮由中国使馆自备，已击坏之甲仍为伏耳铿之物。每板之长以五迈当为率，惟不得已处可以通融。其板应由中国派员赴铁甲厂，照德国海部章程验收，自厂内发出之时，验收之员可加戳记。

第三一款　第六款第五页末第七行“三千马克”句，应改为“十八个月外，逾限每礼拜该厂应出罚款四千五百马克”。

以上所指某叶，若干行，皆指洋文而言也。

光绪六年十二月初九日

西历一千八百八十一年正月初八日

中国驻德大臣李　押

德国伏耳铿厂总办哈格　押

士答而　押

伏耳铿钢面铁甲船身程式

全船布置

船长（船首柱至船尾之数）二百九十八英尺半（即九十一迈当）。

船宽（中段铁甲堡处）六十四英尺四寸（即十八迈当三）。

入水深（此为煤四百吨，粮食二十四吨，淡水十八吨，炮位一切，及每炮药弹五十个，全在船时之入水深数）十九英尺十寸（即六迈当零五）。

舱深至内底二十四英尺二八（即七迈当四）。

入水积重七千三百三十五吨。

实马力六千匹。

每小时行速率十四海里半。

中段铁甲堡长（汽机、锅炉、药弹房皆在堡内）一百四十四英尺（即四十四迈当）。

堡之前后，即船之首段尾段水线下有平铁甲舱面，近堡之船中线处，低于水线一英尺九七（即六十生的迈当），近两旁处低于水线五英尺，故水线处虽被敌弹击穿多孔，外水漏入，船仍浮而不覆。

上舱面之上，堡之前端，有对角两炮台；舱之前后皆有房，阔十九英尺六五，前房内为厕房、起锚各器房，后房内有起锚各器房、起水各器房，及官舱之梯口。

船首上舱面之下为水手等住房及病房，此处中舱面之下，为锚链、煤等物。

船尾官舱之下，为伙食杂物等房，此各舱皆可自中舱梯口出入。

铁甲堡之前后皆有门，可自中舱面出入。堡内船首铁甲舱面之下，一切绳房、物料房、粮食房、备用煤炭等房，此处可自堡内出入。船尾铁甲舱面之下，与船首同法。

大火药房在铁甲堡中，炮台之下，子药易于取出。

火药房之上，仅有转炮盘之器、起子药之器，及上下之梯，余无他物。

两炮台之间，有号令台以分隔之，高于前房七英尺八八，船主在此台内管放炮、行船等事。此台上界之周围有飞台，与前后房顶相连。

前后有二桅，前桅有横杆，后桅无横杆，而有桅盘，战时可派兵在桅盘中发枪。

船身多用隔舱及直肋，除中龙骨外，左右各有直肋六条，其第六条即为铁甲搁板，另有横壁，截成隔堵二百格，其中十二格系在堡前水线之处，又十二格在堡后水线之处，格内俱实以软木。

中舱面之上，另有三十二隔堵，各有门可以启闭。

船龙骨

直立脊板自船首至船尾，高一迈当一二九，厚十六密里迈当，每板之长不可短于七迈当五，端缝二面各有搭条，厚九密里迈当，用三行帽钉联之。脊板之下平板，用双层合并，每层厚十七密里迈当，内层阔八百四十密里迈当，外层阔一千一百密里迈当，每板不可短于七迈当五。内外二板之端相接处，各用搭条，厚二十五密里迈当，其阔为帽钉径之十六倍，亦用三行帽钉连之，内外二板则用径二十五密里迈当之帽钉连之。平板与立板相连之角铁，阔一百二十五密里迈当，高一百二十五密里迈当，厚十八密里迈当，用径二十五密里迈当之帽钉连之，每段用角铁愈长愈好。其相接处所用搭条厚十八密里迈当，内外二层之各端缝相距不可少于一横胁之远，各接缝皆须�紧，不漏水。

脊板上界之角铁，高八十八密里，阔七十五密里，厚十一密里（以上密里迈当俱省作密里），此角铁在横胁间，每条之二端皆弯曲，各用两帽钉连于横胁。

凡各接缝须匀分而不聚一处，其匀分之法，须照德海部已造之式，或按情形更改，皆须先送图与使馆商之。

船首柱

用最好碎铁打成二半块，内面刨光相合，另添一锥于其外，其造法另有详图，开造之先，送至使馆核定。

船尾柱

用碎铁打成整块，大小合船式，照另送之详图造成。

下端有角铁，阔一百二十五密里，高一百二十五密里，厚十八密里，长一迈当四，合于龙骨之上界。又用同大小之角铁，长十分迈当之七，合于龙骨之下界。

首柱与船龙骨相连，亦用上文同大小之角铁，以同式钉连之。

船中之立壁与首柱、尾柱之稍薄处钉连，首柱、尾柱与龙骨相连，必用精细之工，照德海部已造之式。

直肋

用铁板与角铁为之。

自龙骨向左右第一直肋，其铁板阔九百九十密里，厚十二密里，外角铁高八十八密里，阔七十五密里，厚十一密里，内角铁高七十五密里，阔七十五密里，厚十一密里。

第二直肋，其铁板阔九百五十密里，厚十二密里，外内角铁尺寸，皆与上同。

第三直肋，其铁板阔九百四十密里，厚十二密里，外内角铁，皆与上同。

第四直肋，其铁板阔九百五十密里，厚十二密里，外内铁角，皆与上同。

第五直肋，其铁板阔一千密里，厚十二密里，外内角铁，皆与上同。

第六直肋，即铁甲之搁板，其铁板阔七百四十密里，厚十九密里，其外角铁高一百三十一密里，阔一百三十一密里，厚十六密里，内角铁高一百三十一密里，阔一百三十一密里，厚十六密里，又一内角铁阔一百二十五密里，高八十八密里，厚十一密里。

自第一至第五各直肋，其各外角铁，在直肋板之上面，其各内角铁，在直肋板之下面。

各直肋之阔数，至首尾无双底处，各减阔八十八密里，惟第五直肋之在船首处，第四直肋之在船尾处，不但不减其阔，且各比横胁更阔一百十密里，以便钉连平板，代双底之用。

各直肋之长数，第一者，自六十九号横胁至九号横胁止；第二者，自六十六号横胁至六号横胁止；第三者，自首柱至十二号横胁止；第四者，自六十六号横胁至尾柱止；第五者，自首柱至五号横胁之尾平板至；第六者，即铁甲搁板，并其外角铁，自首柱至尾柱止，使舱面铁甲与船外板相连。此外角铁，在铁甲堡之前后，弯曲向内十六密里，使其外界与横胁外界相平，而可容一内板。其内角铁阔一百二十五密里，高八十八密里，厚十一密里，又一内角铁阔一百三十一密里，高一百三十一密里，厚十六密里者，在堡之前后随铁甲后之双层板弯过，至隔水横壁处，而与之钉连，可令横壁与厚十九密里之舱面铁甲相连。

各直肋板之阔，必整块，不可用二块拼合，惟第四直肋在双底之后，第五直肋在双层底之前者可不用此例。

各直肋板之长，每块不可少于七迈当五，外角铁自前至后通长；内角铁在双层底处分段，各在两横胁间，而与横胁相连，在双底前后则为通长，不分段，与外角铁同。第四并第五直肋之内角铁至平板处止，前后通长，每条不可短于十一迈当二五。

隔水之直肋，如第四直肋之在双底处并双底后，第五直肋之在双底前，俱无泄水之孔，各直肋端缝搭条，并铁甲搁板之搭条，均在下面，其厚十二密里，用三行帽钉连之。

其泄水之直肋，在双底处并双底前后，于横胁间之板作大圆孔，令其更轻，但两板端缝处不作孔，且每间二横胁方有一孔，非每一横胁必有一孔也。

每直肋在二横胁间，开一通水孔，径约八十密里，此水孔在船之前半者，开于二横胁间之后界，在船之后半者，开于二横胁间之前界，若直肋板为直立者，恐此孔太高，必多加色门德土以填之，甚不便，故在更低处角铁内作孔，通过肋板，其孔阔等于帽钉径，而长为二倍。

隔水之直肋，其搭条用双层，厚八密里，用双行帽钉，其角铁之搭条厚十一密里。

双底内直肋之内角铁，在船前半者之后端，船后半者之前端，皆弯曲至船外板而止，使横胁板与直肋板钉连。

隔水之直肋，其内角铁之又一端亦弯曲之，第四隔水直肋在双底内各横胁间皆如此弯曲相连。

一切直肋之接缝，并作孔处，开工之前须送图，使馆核定。

龙骨与搁板之各横胁

每二横胁中线相距一迈当二五。

双底内之横胁，其第十二、第十五、第十八、第二十三、第二十八、第三十三、第三十七、第四十二、第四十六、第五十二、第五十六皆隔水，其余用角铁与断板合成大孔。

隔水横胁其板厚九密里，内外各有角铁，外角铁阔八十八密里，高七十五密里，厚十一密里，在直肋间分段，其下端弯曲在龙骨与第一直肋间者，至龙骨之内角铁下界止，在其余各直肋之间者，每条下端皆弯曲至下直肋之内界止，其内角铁阔八十八密里，高七十五密里，厚九密里，自铁甲搁板起，横过各直肋与中龙骨及对面之直肋，至对面铁甲搁板止，为通长整条，如不能用整条，则至多用两段接成，接处另加角铁一段搭连，不可对龙骨及直肋，而必在空处。

船前半所有之横胁之内外二角铁皆在后面，船后半所有横胁之内外二角铁皆在前面。

隔水之横胁，须精工而不泄水。断板横胁之铁板厚九密里，可观中横胁图之式。外角铁阔一百二十五密里，高八十八密里，厚十一密里，在直肋间分段，其下端在龙骨与第一直肋间者弯曲至龙骨之内角铁下界止；在其余各直肋之间者，其端抵之而不弯过；铁甲搁板下者，上端弯曲至至船内板止，其内角铁阔一百二十五密里，高八十八密里，厚九密里，自铁甲搁板起，横过各直肋与龙骨及对面之各肋，至铁甲搁板止，为通长整条，如果不能用整条，至多两段接成，其接处另加角铁一段搭之，不可对龙骨及直肋，而必在空处。

船前半之内外角铁在胁板之后，船后半之内外角铁在胁板之前。

两直肋间所有横胁板与直肋板相接，用角铁阔七十五密里，高七十五密里，厚十一密里，其角铁在船前半亦在前，在船后半亦在后。

船旁面铁甲下之横胁在第五直肋与铁甲搁板之间，另有第二内角铁，为阔七十五密里，高七十五密里，厚九密里，使铁甲后之横胁可以相连。

锅炉并前子药房下之横胁，在龙骨与第二直肋之间用整板，内作孔使轻。

汽机下之横胁，在龙骨与第三、第四直肋之间亦用整板，内作孔使轻。

后子药房下之横胁，在龙骨与第五直肋之间亦用整板，内作孔使轻。

铁甲搁板与第五直肋间之横胁亦用整板，内作孔使轻。

汽机下之垫架在何处，须早定见，以免耽误配合横胁之事。

横胁板之孔，其大小照德海部已造之式。

双底前后之横胁

自船龙骨起至舱面铁甲止，每二胁中线相距一迈当二五，横胁板厚九密里，外角铁阔八十八密里，高七十五密里，厚十一密里，内角铁亦同数，其内角铁为通长，自一边铁甲舱面起至对边铁甲舱面止，如不能整条，至多用二段相接。

外角铁则在直肋之间分段，第五、第九、第六十、第六十三、第六十六、第六十九各横胁为隔水，其余横胁于板内作孔使轻。

每板用角铁阔七十五密里，高七十五密里，厚十一密里，以与直肋相连。

铁甲舱面之下，自第五横胁之后，各横胁造法，应先送图至使馆核定。

小横胁

自铁甲搁板或铁甲舱面处至第五直肋处，其间有小横胁，自首至尾皆有之。船旁有铁甲处小横胁板厚九密里，有一外角铁，阔一百二十五密里，高八十八密里，厚十一密里，有二内角铁，各阔八十八密里，高七十五密里，厚九密里，其外角铁至搁板弯曲钉连，而下端则抵第五横胁。又一内角铁，下端弯曲，与第五直肋钉连，而上端则抵搁板。在铁甲前后处小横胁板厚九密里，用外角铁为阔八十八密里，高七十五密里，厚十一密里，亦至铁甲搁板弯曲钉连，有一内角铁，阔八十八密里，高七十五密里，厚九密里，下端弯曲，与第五直肋钉连。

通水之直肋在向外面最低处作水孔，径一百密里，而近第一直肋又有水孔，径一百二十五密里，另在第一直肋间作椭圆小水孔，其横小径与帽钉径同，直大径倍于帽钉径，以塞门德石灰填满至孔之下界止。

铁甲后之横胁

每二胁中线相距六百二十五密里，用大角铁阔二百五十密里，高八十八密里，厚十一密里，而下端则渐减至八十八密里，一胁下连船旁大横胁，一胁下连小横胁，皆上至上舱面，下至第五直肋内角铁之下界止。每胁有外角铁二条，阔八十八密里，高七十五密里，厚十一密里，在大角铁之两面钉连，又与铁甲后双层船板及船横胁之内二角铁钉连。

铁甲横壁立胁之下端至子药房上之舱面止，大角铁以端抵舱面，而一小角铁则在舱面弯曲至大角铁内边，钉连于舱面；又一小角铁，下端直通下至双底，以加隔水壁之固，在铁甲堡圆角处之立胁亦用此法，但其下端有角板，厚九密里，此板以立胁之一小角铁弯曲钉连于舱面，而又一小角铁及大角铁则端抵舱面而止。

铁甲舱面以上之横胁

每二横胁中线相距一迈当二五，与舱面下之横胁相对，角板厚九密里，一面钉连角铁，阔一百七十密里，高八十八密里，厚十二密里，观图，下端弯曲，用螺钉与舱面铁甲相连，又一面钉连短半角铁，阔八十八密里，高七十五密里，厚十一密里，用螺钉与舱面铁甲相连。每二横胁之间，另有一小横胁，用角铁阔八十八密里，高七十五密里，厚十一密里，下端弯曲，用螺钉连于舱面铁甲。此大横胁与小横胁皆直至上舱面止，但有数横胁至更高之上房顶止，如图。

上房他处横胁相距一迈当二五，角板厚九密里，用角铁阔一百七十密里，高八十八密里，厚十二密里，下端弯曲，与上舱面钉连。每二肋间亦有小横肋，用角铁阔八十八密里，高七十五密里，厚十一密里，下端亦弯曲，与上舱面板钉连。

船外板

按横剖面图中各处板之厚数如左：

龙骨内外板，在船中段与前后，皆厚十七密里。左右第一板，中段长五十八迈当，板厚十七密里，前后板厚十六密里；再向外至船身转角处，中段长五十八迈当，板厚十六密里，前后板厚十五密里；自转角处向上至铁甲下界，船中段及前后皆板厚十五密里。

铁甲后之板用双层，每层厚十六密里。

船身后自铁甲舱面起向上至中舱面止，板厚十五密里，自此向上至上舱面，板厚九密里。

上房外壁板厚九密里。

栏杆板厚六密里。

自龙骨起向左右至铁甲舱面搁板，在首尾长十二迈当有内层板，每板分块在各直肋之间。近首尾之内板，即自第五十横肋起向船首，自第二十横肋起向船尾，在舱面铁甲下之内板必更阔，而高出舱面铁甲之上五百密里。在此处欲铁甲舱面上板与其下板相连坚固，故于上下二板之内，再加一层铁板，在内板与横肋之间，用帽钉相连。

船首尾锚链管之处，及置锚之处，亦用双层。

中舱面以上之外层板，用平接不用搭接，靠于横肋外。

各板边缝之搭条厚九密里，在各横肋间分段。

外板每块不可短于五迈当，最近船首尾处，不得已则可短至三迈当。

各板端缝必适在两横肋之间，每两横肋间必上下相隔二板，方可有另一端缝相对，端缝搭条之厚，与外板同，铁之质纹必与外板同方向，其阔等于帽钉十一倍。

铁甲后板边缝与端缝皆无搭条，惟以内外两层之缝参差不对，而用单行帽钉互相连之。

外板端缝若对直肋，则搭条用二段，一段凑于直肋之外角铁，一段凑于直肋之板。外板之边缝、端缝连于船首柱，俱用双行帽钉，惟连于船尾柱用三行帽钉。

铁甲堡前后之外板

铁甲外面刨成槽，以外板嵌平于槽内，用螺丝旋连。

自铁甲舱面起至中舱止，加一立板，厚十九密里，以加坚固，并免漏水。此立板之一边，与铁甲后双层板相连，用二角铁，各在一面，皆阔一百三十一密里，高一百三十一密里，厚十六密里，下端弯曲至船外板，合于铁甲舱面，用螺丝钉连。其又一边与船外板相连，用角铁阔一百二十五密里，高八十八密里，厚十一密里。

中舱面板亦通过铁甲，至铁甲后之双层板，与双层板及立板相连，各用角铁阔八十八密里，高七十五密里，厚十一密里。铁甲分段凑于立板及中舱面板之两面。立板与双层板与铁甲舱面与外板与中舱面板各相连之缝皆不可漏水。

立板与铁甲及向船中腰外板之间，有三层平隔板，各厚九密里，平隔板皆三边，各有角铁阔七十五密里，高七十五密里，厚九密里，与立板及外板相连。

中舱面与上舱面之间，亦用二立板，使外板与铁甲相连坚固。每立板之边亦二面有角铁，尺寸与上同。各外板缝之搭面必详细刮净其锈，因船之不漏水全藉外板，故工须极慎也。端缝须铁板与铁板相切紧密，切不可夹他物于其间。

船内板

前后在第十二横胁至第十八横胁间，在左右两第四直肋之间，均有内板，此第四直肋为隔水之肋；前后在第五十二至第五十六横胁间，在左右两第五直肋间，亦有内板，此第五直肋亦为隔水之肋；前后在第十八至第五十二横胁间，在左右两边铁甲搁板间亦有内板。

内板抵于中立壁，而不通过，在此处与龙骨之上边用角铁，用帽钉相连。

汽机下之内板厚十密里，他处之内板皆厚九密里，内板每块之长不可短于五迈当。各缝皆另加搭条在外面，使内面光平。边缝用单行帽钉，端缝用双行帽钉，密不泄水。边缝搭条分段在各横胁之间，端缝搭条不可与外板之端缝相对，同在横胁间。

内板各缝俱用细工，不令泄水。每一隔水堵必有一人孔在应当之处，孔有盖，可关紧不泄水。

一切铁板无论外板、内板、铁甲内之双层板，并铁甲内加坚固之角铁，并各接缝处，必画图呈送使馆允准。

统长中直壁

自首至尾有中直壁，分船为左右二半。在铁甲堡内则上界至中舱面止，铁甲堡之前后则上界至下舱面止，在第五横肋之后则下界不至龙骨，而仅至内层平板。此中壁之板在铁甲堡内厚十一密里，其他处厚九密里，每块之长不可短于五迈当。中壁有数处或须作孔，以便拆卸汽机，其孔在何处，依汽机图配之。作孔之处必加二倍或三倍之厚，令牢固。此处亦绘详图送使馆核定。

中壁一面钉连直立角铁，阔八十八密里，高七十五密里，厚十一密里，相距一迈当二五。各板边缝平置，在又一面用丁字铁作搭条，阔一百十密里，高八十八密里，厚十一密里，以加板之坚固。各板之端缝用搭条与板同厚，用双行帽钉连之，中壁之最下一板，与高出于内板十二密里之龙骨立板相连，用双行帽钉。

自第五十二至第六十三横肋间，中壁左右各有二立壁，自内板或平内板至铁甲舱面止。此壁之板各厚六密里，一面钉连于直立角铁，阔七十五密里，高六十五密里，厚九密里，相距六百二十五密里，其边缝用搭条，以单行帽钉连之，端缝亦用搭条，以双行帽钉连之。

自第九至第二十五横肋间，中壁左右亦各有二立壁，即代螺轴路壁，自内板或平内板至铁甲舱面止，板厚及角铁皆与上同。铁甲堡之内左右亦各有二立壁，外二壁至中舱止，内二壁至下舱止。此壁之板厚六密里，直立之角铁高六十五密里，阔七十五密里，厚九密里，相距六百六十五密里，其边缝平置，用搭条及单行帽钉，端缝亦用搭条，双行帽钉。此各壁与内板或内平板或舱面板相连，用角铁阔八十八密里，高七十五密里，厚十一密里，工作精详，不可漏水，应有人孔，并盖，并塞门，而塞门并人孔之处，依德海部已造之式。

中壁与舱面板相连，用二角铁，左右各一，阔八十八密里，高七十五密里，厚十一密里；子药房以上之舱面板并平内板与立壁相连，亦用二角铁，左右各一，各阔八十八密里，高七十五密里，厚十一密里。

隔水横壁

当第五、第九、第十二、第十五、第十八、第二十八、第三十六、第三十七、第四十六、第五十二、第五十六、第六十、第六十三、第六十六、第六十九各横肋处，上有隔水横壁，向船中抵中立壁，而不通过。在双底处之横壁，下至内板止，在双底前后之横壁，皆下与横肋钉连。其第五、第九、第十二、第十五、第十八、第五十二、第五十六、第六十、第六十三、第六十六、第六十九各横肋上之横壁，上至下舱面止；其第二十八、第三十六、第三十七、第四十六各横肋上之横壁，上至中舱面止；惟第二十七、第四十两横肋上之横壁，则至上舱面止。各横壁板厚如第五、第九之横壁厚十五密里，第十八、第五十二之横壁厚八密里，其余各厚六密里。

铁甲堡前后壁下之横壁，其缝与船外板同法，边横缝用相搭，而端竖缝另加搭条，相距六百二十五密里，有立角铁阔八十八密里，高七十五密里，厚十一密里，此角铁与铁甲内之直肋相对接下。各横壁下边及旁边与双底相连，则用角铁阔八十八密里，高七十五密里，厚十一密里；上边与舱面相连，则用二角铁，各阔一百十密里，高八十八密里，厚十一密里；旁边与直壁相连，则用角铁阔八十八密里，高七十五密里，厚十一密里。各壁内所有之门与人孔，照德海部已造之式。

铁甲堡下前后壁托板

铁甲堡下之前后隔水横壁，在铁甲舱面之下有托板，阔一迈当二五，厚九密里，各托板相距六百二十五密里，用角铁阔八十八密里，高七十五密里，厚十一密里，与铁甲舱面及铁甲堡前后壁内面之立胁及前后横壁钉连之。

螺轴之路

螺轴路之直壁前已言及，即船尾之直壁也。路后半之底板，即内平板，前半之底板，用木板，能泄水。

螺轴管

用铁板厚二十五密里。此管与第五横胁之横壁及船外板，并第九横胁之横壁钉连之，不令泄水。其与船身相接之法，照德海部已造之式。

第一平内板

自第五横胁至船尾柱，有隔水之平内板，厚六密里，边缝、端缝各有搭条，用单行帽钉连之。此平板与船外板相连，用角铁阔八十八密里，高七十五密里，厚十一密里。

第二平内板

船之首位两处，按图式有隔水平内板，厚六密里。船尾者与第四隔水直肋相连，此直肋亦平而高出于横胁，平内板与直肋相搭，用双行帽钉连之；船首者与第五隔水直肋亦相搭，用双行帽钉连之，其端缝、边缝皆用搭条在下面，用单行帽钉连之，皆抵直壁及横壁，而不通过，各缝须不泄水。所有各处之人孔或通水门，照德海部已造之式。

平内板横梁

用角铁阔一百二十五密里，高八十八密里，厚十一密里，相距一迈当二五。下平内板之横梁内端弯曲，钉连于直壁，而不通过，下加托角板，厚六密里；外端抵船外板，与横肋钉连，不加托角板。

下舱面横梁

铁甲舱面下之横梁，用厚边丁字铁，高三百零五密里，阔一百五十密里，厚十四密里，相距一迈当二五，各通过直壁，其两端用帽钉与横肋板钉连。

子药房上之横梁亦用厚边丁字条，高二百密里，阔一百十二密里，厚十密里，相距一迈当二五，分为两段，不通过直壁，在直壁处有托角板；另加角铁，阔七十五密里，高七十五密里，厚十一密里，与直壁钉连；在船旁处亦有托角板，钉连于铁甲内之横肋。

第四十六与第五十二横肋间之横梁，亦用厚边丁字条，高二百三十密里，阔一百四十二密里，厚十三密里，相距六百二十五密里。

中舱面横梁

铁甲堡内之中舱面横梁用工字铁，高三百五十五密里，阔一百四十二密里，厚十三密里，相距一迈当二五，与铁甲内之横肋用帽钉相连，下有角板，厚十二密里。横梁与角板相连用二角铁，各阔六十五密里，高六十五密里，厚十一密里，此二角铁皆与横肋之大角铁钉连，惟其一角铁，直靠于横肋之大角铁，又一角铁则弯曲于角板面，观大横肋图之式。

铁甲前后之中舱面横梁二端弯曲，而钉连于横肋之角铁，相距一迈当二五，用厚边丁字铁，高二百三十密里，阔一百四十二密里，厚十三密里。

上舱面横梁

铁甲堡内上舱面横梁，皆用工字铁，高三百五十五密里，阔一百四十二密里，厚十三密里，在第三十八、第三十九、第五十二横肋之间，及第二十九、第三十四横肋间，又第四十七、第五十四横肋间，即在炮台下者，相距六百二十二密里，余处者相距一迈当二五，两端与横肋相连，皆同堡内中舱面横梁之法。

堡前后上舱面横梁，用厚边丁字铁，高二百三十密里，阔一百四十二密里，厚十三密里，相距一迈当二五，两端弯曲，钉连于横肋。

舱面上房横梁

用厚边丁字铁，高一百八十密里，阔一百三十密里，厚十密里，在第五十五至五十九横肋间者，相距六百二十五密里，余处者相距一迈当二五，有角板钉连于横肋。

半横梁

半梁并舱口梁大小皆同全梁。

下舱面板

在子药房之上板厚六密里，与船内板相连，用短角铁，阔六十五密里，高六十五密里，厚八密里，边缝、端缝皆用搭条，单行帽钉，不泄水。

中舱面板

铁甲堡内外之中舱面板，皆厚六密里，不泄水。

铁甲堡内之中舱面板与铁甲后之双层板钉连，用角铁阔六十五密里，高六十五密里，厚八密里。

铁甲堡前后者，由铁甲中通过而钉连于铁甲内之双层板，用角铁阔八十八密里，高七十五密里，厚十一密里，与船之外板相连，用角铁阔六十五密里，高六十五密里，厚九密里。

上舱面板

铁甲堡之前自船边向内至上舱房之壁，用板厚九密里，其缝不泄水，与房壁相连，用角铁阔七十五密里，高七十五密里，厚九密里。

铁甲堡之后并上舱房内用板厚六密里，与船外板相连，用长角铁阔七十五密里，高七十五密里，厚九密里。此舱面板皆通至铁甲堡内，与舱面铁甲接连而相平，或用螺钉，或用帽钉连固。

上舱房顶板厚九密里，其缝不泄水，与船外板相连，用长角铁阔七十五密里，高七十五密里，厚九密里。凡有盘车及将军柱等处之舱面，极须更加坚固，此各铁板之缝皆须紧密，帽钉须极精工，不泄水，搭条在板之下面，用单行帽钉。

舱板与横梁相连，左右各用帽钉一行，接缝处照德海部已造之式。

下舱面铁甲

在堡之前后，用二层铁板相合，共厚七十五密里。其下层厚十九密里，紧密不泄水，上层厚五十六密里。其边抵铁甲内双层板相连之角铁，而不与之相连。用帽钉径三十密里，在各横梁间与下层钉连，不能用帽钉处则用螺钉，照德海部已造之式。其与船旁横壁等相连处，皆铁与铁相切，紧密不泄水，不夹他物于其间。所有接缝并帽钉处，照德海部已造之式，如有更改，则先送图至使馆。

上舱面铁甲

铁甲堡上所盖之铁甲用双层铁板，每层厚二十五密里，上层嵌于堡旁铁甲上边之槽内，阔七十五密里，深二十五密里，下层则抵铁甲之内面止。炮台之内仅有下层，用角钢圈，阔一百十密里，高一百十密里，厚十三密里，与炮台铁甲后之板钉连。炮台之外并有上层，抵炮台铁甲后之铁板而止，其下层与横梁并角铁相连，用帽钉径二十五密里，上层用帽钉径三十密里，在横梁之间钉连于下层，不能用帽钉处，则用螺钉代之，其接缝及帽钉处先送图予使馆核准，如有不同处，详言其故。

铁甲堡前后中舱面与下舱面之间

用五直壁并数横壁分为各隔水间。最外之直壁距外板一迈当，与外板平行，此间内用软木并海氏之胶塞满之，其软木用大圆片，塞满之法照德海部已造之式，其余各直壁照图式为之。中直壁在铁甲舱面上者，自前至后通长，旁直壁则在各横壁间分段。此直、横各壁之板，皆厚六密里，有直立之角铁，阔六十五密里，高六十五密里，厚九密里，相距六百二十五密里。各壁与舱面相连，俱不可泄水。

中直壁用二角铁，各阔七十五密里，高七十五密里，厚九密里，旁直壁用一角铁，尺寸与上同；横直壁相连亦用角铁，尺寸亦同。横壁用帽钉连于横肋；中直壁前与首柱凸出之边相连；各直壁与铁甲横壁相接，各有二角铁，阔七十五密里，高六十五密里，厚九密里，用螺钉相连。各壁板之端缝皆在直立角铁之间，两边各用搭条，厚四密里，用单行帽钉径十二密里以钉固之，直立角铁相间在左右两面，各缝皆不泄水。

铁甲堡前后上舱面与中舱面之间

用二直壁、四横壁分为各隔水间，直壁前后通长，而横壁在直壁之间分段，横、直各板皆厚六密里。直立加固之角铁阔六十五密里，高六十五密里，厚六密里，相距六百二十五密里。各壁相连并与舱面相连，所用角钢阔七十五密里，高七十五密里，厚九密里，各缝俱不可泄水，其相连之法如前。凡应有之隔水门或通水之塞门，按图并照德海部已造之式。

铁甲堡前之横壁通至上舱房之顶板，用另法以加坚固，照德海部已造之式。

船舷

铁甲堡之前后中舱面处及上舱面之上舱房处船舷，皆有角铁，阔七十五密里，高七十五密里，厚九密里，其上安配木面。

船舷木

上舱面船舷用柚木为面，阔三百密里，高七十五密里，上舱房之船舷木面阔二百密里，高七十五密里。

柚木舱面

中舱面木板，每板阔一百六十至一百八十密里，厚七十五密里。上舱面木板每板阔一百六十至二百密里，厚七十五密里，在炮台之内外者其厚相同。上舱房顶之木板，每板阔一百八十至一百六十密里，厚七十五密里。凡舱面紧要处，如在锚链或盘车或将军柱之下，或舱口之旁，或舱梯之底，须加坚固，按德海部已造之式，板面刨光，缝内嵌油麻，用錾捻紧，如监工以为不紧则重捻一次。

若船在露天造者，则上舱面木板必敷油漆以免风雨之损。

连固舱面木板之钉须镀锌，钉孔上之木盖先浸白铅漆内而后嵌入，舱面木板之下面应与铁板吻合无间。其未铺木板时，先用红油敷铁板，而木板之下面敷以胡麻油，平铁甲上之木板用螺钉连之。

船旁内路

铁甲堡内上舱面与中舱面间有一直壁，下与煤柜壁相对；又下舱之下、锅炉两旁、煤柜之外，亦各有直壁；汽机两旁能否亦用直壁须按汽机之式定之。其板皆厚六密里，其面加直立角铁，阔六十五密里，高六十五密里，厚九密里，相距六百二十五密里。与上下两舱面相连处，各用角铁阔八十八密里，高七十五密里，厚十一密里，各缝皆不泄水。内有门可闭紧不泄水，亦有人孔，其方位按图，造法照德海部已造之式。

铁甲后之里层

上舱面与中舱面间铁甲横壁后有里层之铁板，中留门洞，洞之两旁至内路壁止，所有铁板厚六密里，用螺钉连于坚肋。汽机房内铁甲之后自中舱面至铁甲下界止，亦有里层。汽机舱内若作直壁，则不作里层。

下舱面下之里层

内层船板之内有松板厚五十密里，以为里层，或全满，或与铁条相间，其铁条亦阔五十密里，厚十三密里。里层之木板用镀锌之钉连于横肋之角铁，里层铁条用帽钉连于横胁之角铁。如全用木里层，则木缝必舱紧，不可泄水，按德海部已造之式。

上中两舱面间之里层

铁甲堡之前后并上舱房内，用柚木板厚三十二密里作凹凸缝相合，或用纸膏代木板，将来再定。凡隔水之直壁、横壁，若其中有人居住者，亦用厚二十五密里之柚木为里层。一切盛粮食之房，照德海部已造之式。

隔水门并人孔

各门各孔一切随件皆全，凡房门无隔水门者，必有人孔，隔水门必在中舱面之上启闭，照德海部已造之式，另送详图至使馆。

铺盖箱

在上舱房之上两旁，箱内足够安置三百人之铺盖，依图式及海部已造之式。用角铁为架，角铁阔六十五密里，高六十五密里，厚九密里，相距六百二十五密里。每间一角铁，上端成弯，弯处内外各有铁板，厚六密里，外板至中界而止，内外二面在下界处皆有直角铁，直通前后，阔六十五密里，高六十五密里，厚九密里。此角铁并立角铁用螺钉连于上舱房之上，上界有角铁二条，各阔六十五密里，高六十五密里，厚九密里，其上再加柚木阔边二条，箱内用木条之栅，皆照德海部式，先送图至使馆。

烟通围绕之壳

每烟通有外壳在中舱面与上舱面间，厚六密里。其面有角铁相连，阔七十五密里，高六十五密里，厚九密里，各角铁相距六百二十五密里。二舱面口各加一围边，用铁板厚十二密里。其在上舱面处，每一壳之内边周围有角铁，阔八十八密里，高七十五密里，厚十一密里，为托栅之用。开造之先，送图至使馆核定。

铁甲垫木中之直角铁

铁甲后之双层铁板外面钉连平行角铁五条，各阔一百七十密里，高八十八密里，厚十二密里，其位置照图式。

铁甲内垫木

十四寸钢面铁甲之内，垫以平置柚木，亦厚十四寸，用平头螺梢，径二十五密里，梢连于双层板之上。此柚木可作两层，但须开造之先，送图至使馆核准。

铁甲门

按图式铁甲堡前后各造铁甲门，其造法照图，.并按德海部已造之式。

铁甲

所用钢面铁甲由伏尔铿厂购买，以精致之工装配于船。堡四旁之铁甲低于水线一千五百四十密里（即五英尺）而止，凡自水线以上二千三百三十六密里（即七英尺六六四），下至水线之下五百三十七密里（即一英尺七六），则统厚十四寸。凡自此而下，至水线之下一千五百四十密里而至搁板，则上厚下薄，上厚十二寸，下厚八寸。

两圆形斜连之炮台内有磨盘二座，其外所用钢面铁甲厚十二寸，内垫柚木厚十寸，其内有铁板与角铁竖胁，与堡旁者同。所有铁甲皆用钢面，其钢面向外钻梢孔并梢头孔，并弯曲及合缝处皆刨至密合，并由伏耳铿厂为之。凡将铁甲装配于船旁及柚木内钻梢孔，并一切旋紧螺盖之工，并垫圈铁及象皮者，皆照德海部另立之章程，亦并由伏耳铿厂为之。

柚木外应用海氏胶，并造铁甲木样以付铁甲厂中照样弯曲者，以及一切量度核算各甲之长短形式，均由伏耳铿厂为之，其梢连钢面铁甲必用最妥之新法。

锅炉舱内之煤柜

用铁板厚六密里，外面角铁阔六十五密里，高六十五密里，厚九密里，相距六百二十五密里，各缝俱不泄水，用木或铁为平隔板。所有各闸门均自中舱面启闭之，照德海部已造之式。

灰柜

交战时炉中所出之灰须暂存于灰柜，其位置并大小如图，铁板厚九密里，外面有直立角铁，阔六十五密里，高六十五密里，厚九密里，各角铁相距六百二十五密里。灰柜与煤柜之间有夹层，其间多用铁条相连，中有流水通过，有此灰柜之处无船旁内路。

子药房

子药房壁之铁板厚六密里，其面有直立角铁，阔七十五密里，高六十五密里，厚九密里，各角铁相距六百二十五密里。自铁甲后双层板至下舱面止，内用凹凸缝之柚木板，厚五十密里，其内有白松木板为里层，厚二十五密里，其顶板亦用双层，各厚九十密里，或用栗木，或用柚木。

地板用栗木，俱如图式。

其顶板旁壁与地板各缝皆不泄水。

运出子药之口，应有门可闭，密不泄水。

发子药房之地板用铅板，其四边弯转向上。

挂灯房内用红铜为里。

子药房所用搁板、并木条、并合页门、黄铜钩、钉眼梢、黄铜锁、黄铜门铰链、并梯，一切需用之件全备。

船内运漏水之管，并塞门抽水法、放水入船内，并此门通水于他间各事，送图至使馆核定。

舱面下柱

舱之下柱用熟铁空管，头与足为打粘。炮之下柱，径一百五十密里，厚十密里，他处之柱，径一百三十密里，厚六密里，位置并装配法照德海部已造之式。

汽机、锅炉并螺轴之垫座

其位置俱于将造之先绘详图送使馆核定。

舱口边框

所用柚木之大小厚薄照德海部已造之式，此木框与短梁之搁梁舱面板须相连坚固。

木搁架

将军柱并锚链管下，须加柚木搁架，加其坚固，照德海部已造之式，开造之先送图至使馆核定。

船底外左右翼

船底左右各用铁板二块，厚各九密里，角铁阔七十五密里，高七十五密里，厚十一密里，钉连于船外板，两板间以柚木满铺之。

收风器

大收风管照图中已定之位置，或照德海部已造之法，大小亦照图式，上加侈口可以旋转，亦可拔去。另用汽机煽风，通至各房、各隔水间、粮食房、汽机锅炉舱内，及夹底间吹风之汽机并吸气吹风管，及舱面处与船里层之通气铜盖，一切工料皆伏耳铿所备，其通风全法开造之先送详图至使馆核定。

灭火之水龙

船首尾各处皆有管并螺丝门，及接皮管之口，汽机舱内另有小汽机添锅炉内水者，亦可借为灭火之用。

煤柜内量热度之管

照德海部已造之式。

船旁之窗

铁甲堡前后处上中两舱面间并上舱房各旁，皆用厚玻璃，照图中之位置。

上中两舱面间之窗阔五百二十密里，高二百五十密里，外有铁门厚九密里，向上启闭。铁门内嵌圆玻片，厚十六密里，径一百四十四密里，铁门周围有铜圈，以嵌圆玻片。如住人之房，则窗内更有可推向旁或落下之玻窗，玻片厚六密里，边框用木，另有百页窗，亦可推向旁或落下。

上舱房处之旁，亦有圆玻片，径一百四十四密里，厚十六密里，周围有黄铜圈，外有黄铜盖，除此各窗外何处须添圆玻璃窗，或舱面嵌长玻璃，皆照使馆之意配好，而玻璃照德海部之式。

盘车

用哈非尔厂派准帖法，合于本船锚链之径，其形式、数目、位置俱如图式。有一盘车用水力或汽力运动，所有之汽机或水力机亦伏耳铿厂所造。各盘车之随件，如辘轳。闸梢等皆全。

舱面下柱如碍推杆者，应可拆卸。

起锚圈并锚钩之二架

开造之先送图至使馆核定，凡滑轮并系绳钩，并放锚机件，及系绳之链全备，其船尾之锚、起架亦全备。

将军柱

用哈非尔厂派准帖法合于横盘车者，为熟铁空心柱，可通气入船，其大小与盘车相配。

船头所有之双将军柱中间有熟铁板，通至中舱面之横梁，此板与中舱面横梁依法钉连，一切应有之随件，如通气之螺丝盖并系链之铁梢等全备。

锚链管

船之首尾各有锚链管，俱照图式装配，大小与链相配，所有随件照德海部已造之式。

舱面锚链管并夹链之器

上舱面首尾处皆有链管及链夹，用哈非尔之法合于锚链之径。

所有夹链之梢、系链之眼，无论在链柜内或在船外面，并一切与锚链相随之件，照德海部已造之式。

托锚之铁斜坡

斜坡在船首，合于马丁司法之锚，依图在上舱面处造好，一切系锚放锚之链并器具均由厂全备。

托锚之板及放锚之滑板，并系锚之圈，皆于开造之先绘详图送使馆核定。

舵及捩舵之件

舵框用好碎铁打成，两面用铁板厚九密里，板间空处或用轻木或软木，并海水不消之胶填满。舵框在船尾柱孔内，舵柱端上通过尾柱曲处，有软垫不泄水。舵柄照图式用熟铁为之，有眼孔，并黄铜滑车等全备，全舵并一切随件俱由该厂备全。

捩舵之器

或用汽力，或用水力，其法如何，用于何处，开工之前送图至使馆核定，一切随件、备换之件皆由厂备全。

罗盘架

照德海部已造之式，安置罗盘之架并一切随件、罗盘，皆照德海部之式，亦由厂备。

海图房

按合用之大小，照德海部已造之式装配全备。

传号通语

传号各器并红铜通语管照德海部已造之式样数日配好，开工之先，绘详图送使馆核定。

住房

各间住房内所需物件，照图及德海部已造之式配全。

隔壁之四边用木条为边，使壁易于拆去，用白松木为壁，用柚木或红木为百页窗棂，其门锁、门把、铰链俱用铜，各房内所有钉定之物按照德海部已造之式配全。

医房　测器房　食器房　药房　监牢

照图并德海部已造之式，其内所有钉定之物，如搁板桌柜等皆全。

厕房

按图内之处，并照德海部已造之式配好，其内各件皆备，如镀锌之铁水柜、抽水器、管、螺丝门、地板之木栅等件皆全。

浴房

按图内之处，并照德海部已造之式为之，内衬铝皮，每房内有一抽水筒，径一百五密里，可饮水入浴桶，或去桶内之水，一切水管、螺丝门、塞门皆全，另有汽管通至浴桶，将水加热，抽水机并管外皆包以木。

链柜　粮食房　馒头房　绳房　帆房　酒房　汽机料房　淡水柜舱等处

需用之搁板凡钉定之器件皆照德海部已造之式全备。

煤舱口

上舱面之煤舱口用熟铁圈为边，熟铁板为盖，下有弯铁可用螺丝夹紧于圈。盖厚五十密里，系为交战时所用，平常则用生铁栅孔之盖，煤舱口之边另有法可旋连圆玻片，或旋连通气不泄水之管。

中舱面之煤舱口，用生铁圈为边，亦有密盖并栅盖。此边盖及圆玻片开造之先绘图送至使馆核定。

接煤管

上舱面与中舱面之间用熟铁相套之管可伸缩，便于拆卸。

舱面玻璃

舱面一切玻璃并相配棂栅等随件应用铜造，在何处并用若干悉数照德海部已造之式。

舱口之栅并盖

各舱口必用栅或盖，或栅盖并用，或用木，或用铁，照德海部已造之式。

桅

用铁为之，上有盘桶亦用铁，上节并起重之斜杆开造之先送图至使馆核定。

一切绊桅并扯动之绳，一切圈梢及圈孔，并系绳插梢，一切滑车，均由厂备全。

炮台

照图式造之，其钢面铁甲厚三百五密里（即十二寸），内垫直立之柚木，亦厚三百五密里，每木之阔亦三百五密里，垫木后有双层铁板，每层厚十六密里，其双层之缝自相搭而不用搭条。

铁甲炮台内下界周围有一角铁，阔一百十密里，高一百十密里，厚十三密里，与铁甲舱面相连。

铁甲与内板之间有二条平角铁，阔二百二十五密里，高八十八密里，厚十一密里。

内板之内有立角铁，大者阔二百五十八密里，高八十八密里，厚十一密里，其背再钉连二小角铁，各阔八十八密里，高七十五密里，厚十一密里，每角铁相距六百二十五密里。此大角铁直下至铁甲舱面，二小角铁则下至舱面，弯转至大角铁之内边，而与舱面用冒钉或用螺钉连固。其外边周围再有一角铁，阔八十八密里，高七十五密里，厚十一密里，为连固大角铁于舱面之用。

大角铁以内又加铁板为里层，厚六密里，用螺钉连之。

炮台铁甲上边有盖板，外边与铁甲外界相齐，内边伸出七十五密里，盖板厚十密里，盖板与双板与里层之间各有一角铁，阔七十五密里，高七十五密里，厚十一密里，以螺丝与铁甲相连。

号令台

照图造成，钢面铁甲厚二百三密里（即八英寸），后垫柚木亦厚二百三密里，又后有双层板，每层厚十六密里，双层自相搭而不用搭条。双板外面钉连直立角铁，各相距六百二十五密里，阔一百七十密里，高八十八密里，厚十二密里。直立角铁下端至铁甲舱面弯转钉连双板内之角铁圈，阔一百十密里，高一百十密里，厚十三密里，用精细之工，将双板钉连于舱面。

铁甲上边亦用盖板，厚十密里，用螺钉与铁甲连之，与内双板用角铁阔七十五密里，高七十五密里，厚九密里。

号令台内有人立足之板，高于上舱面约二迈当，一切通语管并传号器，并汽力捩舵轮，俱在此立板上妥便之处安置。

飞台

照图之大小位置配好，台下横梁用厚边角铁，阔一百二十七密里，高六十三密里，厚十密里，上用松木板，厚六十密里，台下直梁二，用工字铁，阔三百五十五密里，高一百四十二密里，厚十三密里，工字铁与炮台上边之盖板相连。照德海部已造之式，飞台并栏杆并梯全备。

战时用之舱口铁栅

铁甲堡内上舱面一切舱口皆有铁栅，可向旁推开，其栅之铁条高一百五十密里，阔四十密里，相距六十五密里。

船梯

船内外各梯并所用木料之章程，照德海部已造之式，依船图安直，由厂配造，并一切相随之铜栏杆柱与木栅等皆全。

舱口周围之栏杆

凡人上下之舱口或别舱口，按德海部已造之式，许用铜铁之栏杆必皆配全。

一切上舱面之舱口有布棚架及布棚皆由厂备全，炮盘面并盘下之轮，及汽力或水力、人力旋转之机，并缚炮或用炮时所用之圈与眼与眼梢等件，俱照德海部已造之式配好。

洋枪架并挂衣架

照图中已定之处，或照德海部已造之式配好。

运子药路

开造之前送图至使馆核定。

挂铺盖与挂桌之钩与铁条

皆照德海部已造之式配全。

另配之物

除以上各物外，另由该厂备配各件如下：

中舱面房并上舱面房有安置灯笼之架。

船旁有安置红绿灯之架。

船内所有之桌，照德海部已造之式配好。

上房之舷有铁栏杆柱及链、人立之平板，并铁梯，并铁栏杆，梯下之垫栅，并系柱之孔。

各天窗上及罗盘、（舵）轮均有油布罩。

拖船或系柱之将军柱皆全，绳所摩擦处，皆加铜板护之，以免损坏。

舱口之铁横梁外包以木。

人柱之房内各处横梁下面，亦用木包之，如欲别处铁梁外包木，亦皆遵办。

双底间有通空气之管，其螺丝门用黄铜为之。

天篷之柱并相连之各钩等皆全。

顷灰之槽可移去者全备。

守望兵之立板并柱、栏杆，及探水人之立板并柱等皆全。

各旗杆并夹住之圈及救生浮物之架。

锚链管所用垫链之轮。

船舵绳所经过之滑轮。

又，舱口边所加滑轮为绳所经过者。

船旁之链管、绳管及系住之器，大钟铸成船名，钟架等全备。

一切门锁、门梢、门钩、锁钥皆用红铜或黄铜为之。

每钥连有薄铜牌，记门之号，其余一切物件，照德海部之式。

舢板

各舢板及随件照德海部已造之式，由该厂备全。

各舢板之数如下：

头等舢板一只，长十一迈当。

二等舢板一只，用汽机马力二十四，长九迈当，有汽机与螺轮。

二等舢板一只，用桨，长九迈当。

三等快舢板二只，长各八迈当半。

四等舢板，即船主座艇一只，长八迈当。

五等小舢板二只，一长五迈当半，一长五迈当。

头二等舢板用斜板法造成，用马哈果尼木，其余各舢板皆用栗木或松木，或用平缝，或搭接法，照德海部已造之式。头等舢板之首须备可置小炮一尊。

挂舢板各架并搁舢板各座

皆由该厂备全，开工之先送图至使馆核定。

煮饭之炉

用包色尔法，内有造馒头之炉，并船官煮饭之处，足敷二百五十人之用。一切器具皆备。

厨房内面所有之木，如中舱板或别木料均用铅皮或红铜皮，按德海部已造之式，尚未安铜铅皮之时，先于板缝中加柏油，并面上用颜色油漆，系住炉灶各圈皆配全。

藏肉之柜、养猪牛羊之笼

由厂按德海部已造之式配齐。

造淡水之柜

用奴门的法，每二十四小时中能凝成淡水二千三百里得，此器与大锅炉不相关。此柜并一切管及螺丝门得通至藏淡水之分柜者，均由该厂配好。

此柜所装位置并其所隔之壁，照德海部已造之式。

藏淡水之分柜

此水柜在水手食舱，并各人食舱，并医房，并厕房，按其大小，足敷一日之用。所需螺丝门并管皆由该厂配全。

船首尾所刻之花

先商定绘图送使馆批定。

总论钉连之法，并各料之式样

凡帽钉用最好之软铁，如大于十六密里者必用锥头形。

船外板各缝并直肋各缝必用双行帽钉，其余各缝如未及另详者用单行帽钉。一切搭条之阔厚并帽钉之径形，并钉心相距，并位置，均照德海部已造之式。

打帽钉之工务须精细，各钉必满孔，撞孔须留心令合式。各孔内须绞光而后钉之。孔之侈口工尤须精细。

凡应以螺钉代帽钉者，亦照德海部已用之式。

船上所用一切之料，并铁甲板，必选最上等者，照德海部试验法试之，不合者剔去。如已装好于船而见工料有病，仍可令拆下换之，即如二孔不对即为有病，可以拆去。

铁板、角铁、横梁应有之坚固照德海部试验章程，除直壁与横壁外，余皆用上等料，试验各料照德海部已用之法。

剔去之料必加一印，不许再用于船中，一切验料应有一试器，倘欲别种试法，亦必为之，其费皆该厂所出。

凡所购来之板与角条，必有造此料之厂明白图记，或伏耳铿出据，保定系某厂所造。

除熟铁外，所用别料合式与否，亦照德海部之章程。

造船所用一切打成之铁件坚固与否，无论何时均可试验。

油漆

一切铁料于上油之前必先刮洗洁净，敷上红油，以免造时生锈。

船身内外用最好红油三次，双板之间敷厚油漆三次，铁上盖木者先敷红漆三次，船外水中用赖呈司辟蠹之油，或欲用别种辟蠹油亦可。

船内有折角处则用砂与塞门得石灰各半相合，铺平使水易由水孔流出。

一切木料外必敷油漆三次，其色由使馆核定。

一切漆工均须精细，如再欲加以光油，亦可照办。

官舱木件

所有官舱内马哈果尼木件与门等，可磨光者必磨光之。

船身轻重

船身必不可使过重，故应将太重而粗之料剔去，铸铁料已配好作孔而连于船时，必详称其重，告知使馆，并有立誓看天平之人，记其数而报明之。

船舱并隔间均须洁净，不可积聚铁屑于其间，凡船成后不易入之处更宜妥慎，不可梢有渣滓留滞。

分图更改之事

以上各条凡称开工之前送图至使馆者，如欲更改，而自送图之日起二礼拜内议定更改之法，则不加造船之限期。凡称照德海部已造之式者，亦可更改，但必先与监工者商量，如监工另出主意更改，而伏耳铿厂不能应允者，则此更改之件伏耳铿不保固。如更改而费有加减，则估定其价，由中国使馆于原价外加给，或由原价内扣减。

谨按：此次所订合同程式各件内轻重长短悉从洋文译出，仍用洋文名目，未能一一详注中国度衡之数，今总注于此：

凡每一启罗即中国海关砝二十六两四钱七分二厘。

凡每一迈当即中国海关尺二尺七寸九分二厘。

凡每一生的迈当（或称生的）即中国海关尺二分七厘九二。

凡每一密里迈当（或称密里）即中国海关尺二厘七九二。

照此计算即得合同程式各款中国度衡之数。

船身程式附条

船之双底间应有十二个隔水横肋，即第十二、第十五、第十八、第二十三、第二十八、第三十二、第三十六、第四十、第四十四、第四十八、第五十二、第五十六。中国使馆可任便，令铁甲内垫木作二层或作一层，总之须厚十四寸，且下边用臂形者加于外亦可，但此事必于本年西二月以前说定。

本厂当造船时，应画水管全图、舱面下各柱排列位置全图、起锚盘车全图，又铁甲炮台、飞台、号令台各图，俱须及早送至使馆阅定。

洋枪与德海部相同，大半置于舱面下皮包之铁钩，小半应于合式处作木架置之，俾守更者便于取用。

厨房一切照中国情形配造，但驶回中国时，途间应按船上德国水手所用配造，此事将来再商定。其厨房至少足敷三百人之用。

船身程式第二十四页，总论钉连之法并各料式样一条之末，应添“中国使馆所派监工料理所有各事，并试验之事，如工料与合同不符，有剔去之权”。

本厂必设法可置二个放鱼雷之筒，凡船外板所应有之孔，并其筒之座托及一切与雷筒相连之下座皆须配好，俾鱼雷厂可以装配雷筒，但鱼雷各件及装配之工由中国使馆自备。

中国使馆之意，船上应置六个连珠炮，为击雷艇之用，其架下基座应由本厂配造。

隔水壁及各处隔堵应试其漏水与否，用德海部章程。

凡各门及起水器上所刻之字须用中德二国文字。

撞嘴在首柱前，伸出三迈当，即九英尺八四，在水线下三迈当，即十一英尺四八，可以拆卸。

两大炮台之钢盖，旁厚一寸，顶厚六分。船首尾炮之钢盖，旁与顶皆厚三分。炮台内之二旋盘，每盘应配克鹿卜炮两尊，内径三十生的半，长二十五倍口径。首尾应配克鹿卜炮各一尊，内径十五生的，长三十五倍口径，每一旋盘自有药房、炮子房，首尾两炮共有一药房、一砲子房，除炮及炮架子药等由中国购备外，均由本厂备全。

船内备用物件应按德海部同类之船，其详细之册及早送至使馆。

船未往中国时，倘因试炮而见得炮台之工料不好，应由本厂修好保固。

本厂应配淡水柜二十个，置于合式之处，与德国此类船相同，用第七甲号之水柜，其大小为一千二百五十与一千二百一十与六百十五密里，每柜可容水九百里脱，共容水一万八千里脱。

船身程式第一叶第三行“入水深十九英尺六五”，系照全船各件重数表之总数七千三百三十五吨计算，其后使署另添四事：一为上舱面铁甲原厚四十密里者改为五十密里；二为直壁原厚九密里者改为十一密里，以上二事已开列于船身程式；三为第十八与第五十二横肋上之隔壁原厚八密里者，改为十三密里四；四为上舱面两炮台内不转动处用双层板，号令台内则仍用单层板。因加此四事，故允于原定入水深数外，按所加重数照比例以加入水深数，但加重与加深必由本厂另具凭据。

全船各件重数表

（甲）船身

铁板、横梁、帽钉，重二千五百四十五吨八二

打铁件、生铁件、炮铜件，重八十九吨

塞门得石灰、颜料、软木等，重一百九吨三

柚木、松木，重二百八十吨

梢固舱面板并船舷船内木里之梢，重八吨。

各物件（如磨盘面、运灰器、浴房物、挂舢板之架、厕房、罗盘并相随之灯、眼梢、铁圈、曲柄、玻璃窗、船旁之门、铺盖箱、栏杆、运子药器、栅、房内器具、子药弹房物件、抽水器、并通漏水管等）重二百九十二吨。

以上共重三千三百二十四吨一二

（乙）铁甲

一、钢面铁甲，重一千四百七十一吨

二、内垫柚木，重一百六十七吨

三、铁甲梢，重七十七吨

四、柚木梢、螺盖并垫圈，重八吨

以上共重一千七百二十三吨

（丙）炮械

三十零半生的内径炮四尊，

二十生的内径炮二尊（并架及随件），重二百八十七吨八（按：克虏卜开来重数）

每炮有五十弹引火等物，重九十八吨一八七

以上共重三百八十五吨九八五

（丁）汽机

全备康邦汽机两副，共实马力六千匹，螺轴、螺轮、锅炉并内水及随件，重一千零六十吨。

（戊）附用小汽机

运舵（或汽力，或水力）旋锚盘起舢板各件，重五十七吨零九

（己）帆桅并零件

帆桅，重四十吨

锚、锚链及随件，重一百十七吨

舢板及船上零件，重九吨

三个月内备件，重二十吨

以上共重一百八十六吨

（庚）人及行李、粮食

三百人及行李，重四十吨

三百人三个月粮食，重二十四吨

三百人所用淡水，重十八吨

以上共重八十二吨

（辛）煤炭及零件

全力三日之煤，重四百三十二吨

宽备零件，重八十四吨八零五

以上共五百十六吨

总共合全船压水积重七千三百三十五吨。

伏耳铿钢面铁甲船汽机程式

总论

本厂造铁甲船所用之螺轮汽机，分为二份，彼此不相关，每汽机至少必有实马力三千匹，每汽机有平卧三汽筒，锅炉内每方生的迈当如有五启罗，即中间之汽筒为大抵力汽筒，左右二汽筒为小抵力汽筒。每汽机有二个小管外冷凝水柜，又有两个恒升车，为抽空气与水之用；有二个添水筒，有二个抽船内漏水筒，每分时不过九十转。大抵力汽筒内径至少各一千四百密理，小抵力汽筒内径至少各一千八百密理，推机路至少九百五十密里，每汽机有二个离心力车以运凝水柜内之水，用双汽筒小汽机一具运动之。以下详言为汽机一份，而第二份汽机亦相同。

汽筒

汽筒外及底盘外皆有汽壳，壳外并汽罨匣外皆包以毡及柚木，汽筒与汽壳分铸合成，内筒若坏，可拆出而不必动外壳。汽筒之底与盖各有人孔，可入内修理收拾。

汽轮之稳平门

每汽筒二端各有稳平门，锅炉之水若入汽筒内，能自开启出，门外有罩，免水喷出伤人，汽罨匣内亦有稳平门。

汽筒之放水螺丝门

汽罨匣或汽筒俱有螺门，可放开出水，每门各自可开闭，不相干涉。

指力表

每汽机各有法可安指力表，以作指力图，而推算实马力。

汽罨

大抵力汽筒有自涨力汽罨，在平常汽罨之背移动。自涨力汽罨之动法，用双心轮动一板，欲加减自涨力之数，则与板相连有螺丝杆，照代德海部已造之新式，于四礼拜内送图至使署。小抵力之二汽筒有双进汽孔，三汽筒之汽罨皆用司氏分孙之法，每汽罨有二个两心轮，凡起动进退在台上扳之，另有小汽机，为起动进退之用，仍可用人力照已造之式用二汽筒倒置，如有更好之法，送图至使署商定。

鞲鞴

每鞲鞴有二挺杆，有曲枴轴之对面，有横担相连，横担有一返摺摇杆以摇动曲枴，横担用熟铁，摇杆用最好碎铁打成，挺杆用别色麻或西们马丁之钢。

曲轴

用西们马丁钢为之，其衬用炮铜，内嵌软金类（用汞、锡、铜、锑合成，亦名景敦）。

抽空气与水之横升车

用双行法连于小抵力汽筒二具动之，内筒用炮铜，鞲鞴及门座及全升挺杆亦用炮铜，门皆用树胶。此二恒升车必能自缩柜吸水入压柜内，再由添水筒入锅炉，或至船外。

添水筒并起漏水筒

此二筒亦连于二具小抵力汽筒动之，筒体皆用炮铜，每添水筒其力必足敷锅炉内所需之水，虽汽机全力行动亦应足用。抽船内漏水筒其内径与添水筒之内径同。

运凝水柜水之离心车

离心车之翼用炮铜及红铜造成，每车之力足运二缩柜内所需之水，虽汽机全力行走亦足用此二个离心运水车并相随之汽机。如一车损坏不能用，则于管内用圆片隔水，而但以一车运水为二缩柜之用，欲加圆片以隔水，故于管之摺边相接间加一圆圈，取出圆圈即以圆片代入隔水。管式仍旧，其圆片由厂备。此二车亦可备吸船内之漏水，或入缩柜用，或至船外。此车出水之平门并门座全以炮铜为之。

缩柜

缩柜与离心力之车有塞门可阻绝，使汽可自小管之内经过。所有之小管均用黄铜抽成而镀白铅，外径约十七密里半，管之两端镶板用炮铜，镶于板孔，内有软垫，各管自柜之一端易拔出或装入，人易至两端之软垫处，便于修理。其冷切面积每汽机至少有六百万迈当，小管二端之镶板用们子铜为牵条，使坚固。缩柜另有螺丝门，可用海水为喷凝内冷之法。

抽水小机器

可自海水添入锅炉，汽机全力行驶时用之，此小汽机之管或螺丝门，或稳平门，与大汽机相连之添水筒不相关涉。此机或为添水入锅炉，或为灭火，或洗涤舱面之用。

起船内漏水之器

除大汽机带动之抽船内漏水筒外，另用喷气法，以起船内之漏水，每大汽机各有此器一具。此与平常抽水小汽机之力相同，此水器之水管与大汽机所动抽水筒之管各不相关。上所言之添水小汽机二具，并此喷汽起水器二具所用之各汽管各自通至八座锅炉，同时每边可有四器运船内之漏水。

人力抽水筒

每大汽机有人力抽水筒以添水入锅炉，足为二座锅炉全力之用，仍可用大汽机力运动，照德海部已造新式铁甲船为之。此筒之通水管与小汽机通水管之水管相通。

各种管

汽管与他种之管，必用红铜为之，其摺边或用炮铜，或用红铜；在船双底腹内之吸水管，则用铁管而镀白铅，管之摺边相接之螺丝遇水者用红铜，螺盖用炮铜。大汽机与支管并锅炉之放汽管皆厚六密里三五，恒升车管抽空气与水者、抽船内漏水之筒管、离心力车管，及大添水筒管，皆厚四密里七六，出汽大管及小汽机之通汽管，其厚至少为四密里七六，稳平门并抽船内漏水筒汽机之通汽管，其厚至少为三密里一七。凡管或管口在船旁或底通于海者，以及吸海水之管，其口皆有栅，用炮铜为之，厚皆九密里，此各管之口必在铁甲之下，通于海。管应接连皮管处，须有凸处，螺丝之大小均照德海部章程。

软垫

除各处必用软垫者已有软垫外，其他处须另配软垫如左：

缩柜之出水管、大汽管、自二个小抵力汽筒通汽至缩柜之管、一切有涨缩之管，而涨缩时有碍于汽机之件，并船摇动而易坏者，此各管必作软垫；又自隔水壁通过之一切各管亦必配软垫。

通汽管外包毡与木，或毡与帆布，在大汽管有旧汽水之处，其蓄水处有孔，人可入内收拾。近于汽机有塞门，管机者易于开之。凡通汽及通水之管，在便当之处有螺丝门，可放管内之水，此门从炮铜为之，其余内有水或内有汽之汽机各件亦必有放水螺丝门。

大汽机或小汽机之通汽管、添水入锅之各管，应分与各座锅炉相通，可自无论何锅炉通汽，又添水可无论入何锅炉。

景敦塞门

门之中杆必与门塞整块铸连，不可接连，其中杆之横剖面每方生的必能任牵力至七十七启罗不断为可用，但一中杆受之共牵力，不可过于一万二千启罗。凡自锅炉内放出其水，或在离心力车进水之处，以及汽力或人力添水入锅炉者，各管与船身相连处，皆有景敦塞门并相连之螺丝门。其离心车力进水管通船之处，亦即为内冷喷水之用，通于凝水柜。或汽力抽水或人力抽水之进水管景敦门，有管可融所结之冰。

景敦塞门之架与船外板相连牢固，其门垫铁板以隔之，其门架通过船内板处用以软垫，又设法可自内板拆门架入船内。

离心力车或恒升车之水管有他管通入其内之口，必有自关之门，免水回入。

蓄水柜

每锅炉稳平门壳所凝之水，应通至一蓄水柜，每二锅炉有此柜一个。

水筒之稳平门

大汽机所动之添水筒，并人力添水入锅炉之筒，以及小汽机添水入锅炉之筒，各有稳平门。

以上各添水筒应有法可任意取出萍门，而鞲鞴仍可照常运动。

吸水管所有之自关门

吸船内水之管必有自关门，免致螺丝门开时海水能自流入。

锅炉

锅炉共八座，皆圆柱形，可受五倍天气之涨力，船内锅舱分四处，每处内容二锅炉，左右每二对合用一烟通。火炉共二十四，其锅炉外径略为四千四百密理，长约三千二百密理，火切面共一千八百方迈当，炉栅面五十方迈当，烟管用抽成之黄铜管，外径三寸二分至三寸四分，管厚三密里二，在二镶板之间，长二迈当二，镶板用熟铁牵条连固之。烟管以上牵条间人可进入，至烟管之上及火炉之上。烟管以上之处用直立之双角铁条对面钉连于两角平面之内，而牵条与此角铁条相连，用短牵条者，每面积四百四十方生的迈当必有一条，其间距不可过于二百二十密理。火切之牵条，在板内作螺纹，而切火之端打成帽，不用螺盖。

船内安置锅炉之法，必四面人可行过。锅炉之板其厚如下：外壳板厚二十五密里，烟管镶板十九密里，外壳前后两面板厚十六密里，火炉板厚十二半密里，烟柜后面板厚十三密里，烟柜火炉之板并烟管镶板必用路暮尔或宝令同等之铁板，外壳并其余之板用最上等之锅炉板。锅炉内形须于开工前送图至使馆阅定，照德国一千八百七十一年锅炉章程制造而试验之，并配造随件、锅炉板处不可用生铁之件。

锅炉必有人孔及收拾之孔，其孔盖必用熟铁。锅炉已用压水力试验后，即外面敷以红铅油三层，再外包毡，再外包镀白铅之薄铁皮厚一密里，毡与铁皮必离烟通周围远六百密里，在此无毡之处用马司的克护之，与德海部已造者同。

每锅炉之随件如左：

总汽门，在锅炉之上，内与阻水管相通，阻水管在锅炉内，上面有窄长缝。

两个稳平门，火切面每方迈当。此门开必配放汽面积百分方生的迈当之四十六，不用重权而用簧压之。稳平门上汽所经过处，必用炮铜，又相摩之处亦必衬炮铜，门壳接连放汽之管用红铜。

有蒲登之螺丝簧涨表四件，与德海部者同，另有一件可安一别种表，以校对蒲登之准否。

看水玻管之架及附件。

看水螺丝塞门三个，此三塞门不可同在一管。

添油之螺丝门。

添水平门二个，一为大汽机运动之添水所入，一为小汽机运动之添水所入。

放盐水螺丝门并内相随之管。

汽门一个，通至添水小汽机或抽漏水小汽机。

放汽塞门或螺丝门,此门并放盐水门相随之管,应安置于别锅炉不相碍,放汽之管，内径必有七十六密里，另有管入烟通内吹汽以加风力，其法须由使馆允准而造。

灰膛前有风门，烟柜之前有烟门，外有铁皮护之，炉内之炉栅并栅下横梁俱用熟铁，其横剖面之形照德海部章程。

吹号筒与上舱面相距至少二迈当五，在一烟通之前，其通汽管与小汽机之汽管相连。

烟通

以四锅炉合同一烟通，为椭圆形，共二个，皆在船之中线，用熟铁板造成。每烟通内空之横剖面至少三方迈当八，烟通绊条连于烟通处，用铜螺丝并炮铜螺盖，另有管可入烟通内，吹汽以加风力。

螺轮

船右之汽机向右转，船左之汽机向左转，螺轮用炮铜铸成，固定于螺轴，每轮有四翼，装入轂内，可改螺角。螺轮之径至少四迈当半。

螺轴

自船身通过之段，外面必包红铜，在颈处用炮铜。

螺轴管之内衬

用炮铜，而架内之衬亦用炮铜。

螺轴之料

螺轴皆用西们司马丁钢，但其外节通于船身者必造钢厂立据保固方准用之，否则用熟铁。在螺轴之前有熟铁螺轴架，连于船旁，前后两边俱锐，螺轴架枕于轴间衬炮铜而镶柚木，螺轴管内之枕亦镶柚木。

人力旋转螺轮

或将外末节与内节拆开，或夹住螺轮使不得动，每汽机必有此器一件，照德海部已造之式，此器用生铁，外包软金类。

汽机随件

一切漆油或加水之器皆全而装好，汽机、锅炉舱并螺轴路所用铁地板，或梯，或护铁板，或栏杆皆备所有备换之件，必连定于船，且连定之先必详试其配合与否。

螺丝线

汽机锅炉并别件所有之螺梢、螺盖，其螺纹之度俱照英国回特活特表配之。

用水力试验汽机各件

凡通汽管或接管之件，或添锅水管，或放锅水管，每方生的必用十启罗水力试验，大抵力汽筒汽罨匣每方生的用七启罗水力试验，小抵力汽筒并汽罨匣用三启罗水力试验，热井并汽机他件，每方生的用二启罗水力试验。

按合同第十一条，该厂必详绘总图，可见船内汽机之方位，而随此图须开明以下各件之大小：大汽筒内径、推机路、恒升车、添水筒、抽漏水筒，又添水汽机、汽筒并水筒之内径、人力抽水筒之内径、离心力车汽筒之内径，并离心力车各件之尺寸、螺轴颈径、各通汽管放汽管之内径、汽机各件之尺寸、缩柜出水管、喷进水管、添水入锅管、稳平门管之各内径、烟通尺寸。

油漆

汽机之件、锅炉并别件，如应敷油漆者，本厂必用三层油漆。

备换各件全船汽机所用

大小汽筒盖各一个。

大小汽筒之鞲鞴全备各一个。

大汽机动恒升车，又添水筒、吸漏水筒，或与横担相连，或与鞲鞴相连，其杆须备一副。

摇杆一件全备。

鞲鞴内之簧，每鞲鞴一副。

其余各处之簧，每处半副。

汽罨杆二根。

进退汽机熟铁横轴。

两心环，每类有一个并相连之杆。

缩柜小管二十分之一，并相随之软垫。

树胶平门之抽水筒，每筒配树胶平门二副。

离心车之轮连翼一个。

螺翼四叶（二翼向右，二翼向左）。

烟管一百根。

烟管镶环五百个。

每火炉有炉栅条半副。

每锅炉栅下横梁二根。

每锅炉并每积水柜，每有看水玻管六根。

附用小汽机、抽水小汽机，并离心力车之小汽机、起动进退之小汽机各有备换汽筒盖全备一个，鞲鞴与挺杆一件，若有摇杆亦备一件，汽鼍杆一根，两心环并其杆一件，簧一副。

大汽机并各小汽机备用之件

螺梢、螺盖一百二十副，按所需之度。

大小铁圆圈。

各种模可倾铸软金类者一副。

一切需用之螺丝扳手等，并活螺扳手。

螺丝绞模一副，照回得活特表，自二分起至一寸四分止。

锅炉板八百五十启罗。

软金类二百五十启罗。

伏耳铿钢面铁舰水管程式

论各处水管

是船内外双底间，在近龙骨第一直肋之处左右各有镀白铅之熟铁管，管厚六密里，内径三百四十密里，其管须照图配设，各段衔接处用角铁作翻边钉固，其各段之长短须随处配合，以便随处可以更换。每隔间内通水管之上各有一泥孔，可开之以去泥污，可以紧闭。每通过横胁，必须钉连，通过隔水横胁必周围舱密，不令泄水。

第二十七、第二十八横胁之双底间在中顺壁之左右近立龙脊处，各有一不泄水之井，此井用厚九密里之铁板，及高六十五密里，宽六十五密里，厚八密里之角铁成之。井之前面靠于横堵，上面靠于内底之下，其向立龙脊一面及向后横堵一面俱稍离其内角条，此二面及底应用铁条撑住，以钉固于相配之处，使之坚固，每一井之上面在人便到之处开一泥孔，其井前后之各大管俱须与井相接坚固，不泄水，其相接之口愈低愈妙。

大水管之前后两端应略高，如图式，各与内底相连不泄水。每管端通入内底之处须加一匣，以厚九密里铁板为之，其式如图。匣之立面有塞门，内径与大管之内径相配，其塞门可在中舱面启闭之，匣之各立面凑成多边形，上加四个凸孔，有螺纹可以旋接皮管，其接处必有妥当之塞门，人可立刻知其开或闭，其凸孔之径应与七寸半内径之司敦吸水管相合。

内外双底间在第四直肋之上左右各隔水间皆有熟铁水管，内镀白铅，内径一百二十密里，通至大水管，每管在第五顺肋处有舌门，其启闭之杆通过内底处不可泄水，此杆可在中舱面启闭之。

以上各管之数及船内位置须按图配设。凡子药房及前子药房之旁房，以及暗轮轴路，皆有水管相通，应按图配设，以达于大水管，其管彼端亦有筛彀及通杆塞门，可在中舱面启闭之。

锅炉及汽机舱亦应有出水熟铁管，按图配设，其内径与大水管同，此两舱之管通接于大水管处之间有熟铁镀白铅之隔件，此隔件中有舌门令其水能入于大水管，而不能出于两舱。此管与内底相接处有平门可向上启闭，上有筛彀，免渣滓杂入，其平门须用坚固简便之法，在中舱面启闭之。

用以上各水管并复言之各吸水器可自二大井起水，将双底之上及左右第四直肋以上各间并双底间之水吸去，又用皮管，可吸去双底前后各间内之水，在第十八、在第二十三、在第二十八、第三十二、第三十六、第四十、第四十四、第五十二各号横肋相近之处从内底通下，俱有短生铁管，其内径约一百密里，其下口侈而不用筛门，下口离外底约三十密里，此管内面亦镀白铅，其通内底处不可泄水，管之上端有炮铜匣，匣内有可旋下之螺门。在第五十二与第五十六横胁之间，及在第十五与第十八横胁间各有二个炮铜匣，左右相对，每对有一管，自直壁通过，彼此相通，通过处不泄水。在第十八与第二十八横胁间，及在第二十八与第三十六横胁间各有四个炮铜匣，又第三十六与第四十四横胁间有六个炮铜匣，皆左右相对，亦有通过之管，此匣皆照图式与司敦抽水器之吸水管相连。除此之外，第十八与第二十八横胁间，及第二十八与第三十六横胁间，第三十六与第四十八横胁间，所有各炮铜匣另用汽力添水器，可吸其水。此匣内螺塞门可令左右俱通，或但一边，令既吸之水不再回流，且可放水入船，令船入水更深。第十八横胁之后及第五十二横胁之前船首尾各间内去水之法如左：

反双底及首尾平隔板之各间有竖立之生铁管，内镀白铅，内径合于径七寸半之司敦吸水器，即一百密里，各管须按图配设。管之下口略侈，与前同。其上段弯曲至平处有螺塞门，内径亦合吸水器，其外亦有凸孔，可以旋接皮管。

船之首尾双底以上，或平隔板以上亦用生铁管及各件，俱如上法，惟其下口不侈，而通于熟铁圆水井内，井之上面盖铁栅，易于揭去。

暗轮轴路外壁以外之隔间及船首顺壁以外之隔间用平管如图，亦由圆水井中吸去其水，此管亦内镀白铅，内径合于径七寸半司敦吸水器，即一百密里，此各管与旁直壁通，接处须不泄水，其内端有螺塞门及凸孔，可以旋接皮管。

船尾之下层平隔板在第五横肋以后，中顺壁左右各有一水孔，径约一百密里。

第十八横肋以后及第五十二横肋以前，所有塞门等须在两楞格之间，下平板之上，俾便于启闭，可照总船图为之。

本厂配备吸水皮管如下：

一、内有螺簧之吸水皮管，在船后者十八条，每条长四迈当，径一百密里；又八条，每长二、五迈当，径一百密里；在船前者十二条，每长四迈当，径一百密里；又六条长三迈当，内径一百密里；在中舱面船首者四条，每长四迈当，径一百密里；在船中腰者四条，每长四迈当；内径一百密里；在中舱面船尾者四条，长四迈当，径一百密里。

运淡水者二条，每条长三迈当，内径五十六密里，又二条，每条长四迈当，内径四十五密里。

二、出水软皮管，在中舱面者七条，每长十六迈当，内径九十密里；又七条，每条长八迈当，内径九十密里；又七条，每条长八迈当，内径九十密里；又一条，长七迈当，内径四十五密里。一切皮管两端皆有螺丝，可以自相旋接，亦可与各凸孔旋接，其皮管料及造法须照德海部章程，内径须与七寸半司敦吸水器之管相同。

论吸水器

一切吸水器俱由该厂购全配设，凡用七寸半内径司敦者七具，四寸半内径唐屯者一具，各吸水器所安设位置悉照图式，其吸管塞门等件齐备，为吸出船内之水及灭火、洗船，及进水加压载，各法均须合用。凡在内底以上各隔堵之吸水管必须通于熟铁水井，其井之上口盖铁栅，易于揭去。凡各管在内底以上，俱在人易到处，有舌门，不令吸过之水重复流回。凡内底以下各管，须用生铁或熟铁而镀以白铅，内底以上各管概用红铜。

论吸水器所连各管位置

甲号七寸半内径吸水器有吸水管并通海之螺塞门，在船右铁甲舱面上近处，其用后再详之。

乙号七寸半内径吸水器，第一管在船左景敦门，通于海；第二管在双底间第十五与第十八号横胁间，船左右两边吸水；第三管在双底上第十五与第十八号横胁间，船左吸水；第四管在十八号横胁之后，船左用皮管吸水；第五管在船左通淡水；第六管在船左大水井内吸水。

丙号七寸半内径吸水器，第一管在船右景敦门，通于海；第二管在双底间第十八与第二十八号横胁间，船左右两边吸水；第三管在双底上第十五与第十八号横胁间，船右吸水；第四管在十八号横胁之后，船右用皮管吸水；第五管在船右边通淡水；第六管在船右大水井内吸水。

丁号七寸半内径吸水器，第一管在船左景敦门，通于海；第二管在双底上第十八与第二十八号横胁间，船左吸水；第三管在双底上第十八与第二十八横胁间，船右吸水；第四管在双底上第二十八号与第三十六号横胁间，船右吸水；第五管在双底间第二十八与第三十六号横胁间，船左右两边吸水；第六管在双底上第二十八与第三十六号横胁间，船左吸水。

戊号七寸半内径吸水器，第一管在船左景敦门，通于海；第二管在双底上第五十二与第五十六横胁间，船左吸水；第三管在双底上第五十二横胁之前，船右用皮管吸水；第四管在第五十二号横胁之前，船左用皮管吸水；第五管在双底上第五十二与第五十六号横胁间，船左吸水。

己号七寸半内径吸水器，第一管在船右景敦门，通于海；第二管在双底内第四十八与第五十二横胁间，船左右两边吸水；第三管在双底间第三十六与第四十八号横胁间，船左右两边吸水；第四管在双底上第三十六与第四十八号横胁间，船左吸水；第五管在双底上第三十六与第四十八号横胁间，船右吸水。

庚号七寸半内径吸水器并通海螺门，在船左铁甲舱面上近处，其用后再详之。

辛号四寸半内径唐屯吸水器有一切运淡水需用之物件，相随有红铜管，内径四十密里，在上舱面横梁之下，其位置详于中直剖面图。如用短皮管，即可将此吸水器由造淡水柜处运送至各分柜，或自积淡水柜运送至厨房等处，在中顺壁有孔，以管通至船左之各淡水柜。此管左右有螺凸孔，可接皮管。

凡七寸半内径之吸水管，其吸管之内径应有一百密里。每一七寸半内径吸水器有一直立铜管，内径九十密里。

丁、庚两吸水器之出水上升管直至船头之房顶舱面以上一迈当高处，有螺节，可将两皮管旋接。其出水管与舱面相平，有螺盖，用时可揭盖而接以曲管，再接皮管，为灭火、洗船等用。

铁甲舱面以上隔间中如有积水，用甲、庚两吸水器，以皮管吸泄出之，此两吸水器有短管通至中舱面处，其管口有螺盖，并有螺节，可接皮管。此两器相随之皮管亦归该厂备齐，凡管之露出易碰坏之处，其外或用木或用铁包之，欲免冻裂，故各管之下俱有放水之小螺门，共有四种：其一、从双底间大井吸水之各管应有此小螺门；其二、景敦塞门吸水之各管应有此小螺门；其三、放水入船以增压载之各管应有此小螺门；其四、戊吸水器第四与第三管、乙吸水器第四与第第六管、丙吸器第四与第六管应有此小螺门。

凡吸水管所有曲柄并随件须按图配齐。

中舱面所用曲柄之架柱，其上有铰链，不用之时可以上靠于舱面。

凡所用曲柄、灭火皮管等物，须装储于吸水器之近处，安置搁板、曲环等件，俾易于取用。

凡吸水器相随之小件，如螺钥等物，每吸水器近处应有一柜，每件须有本吸水器之记号。

凡灭火皮管及接皮管之螺节、龙头等，须该厂备齐，且一切物件不论长短及内径、轻重、条数若干，应照德海部章程。除以上各件之外，该厂须另备运淡水、进水、出水各皮管，又用乙、丙两吸水器从船外吸淡水入船内之需用物件亦归厂备。

论塞门及螺门

以上相连之塞门、螺门应各有号数，易于装配，且各件均须有已启已闭之分明记号。若塞门螺丝在中舱面启闭者，又镂启闭之记号于铜板，嵌于中舱面板内。此铜板又应镂云“此系何门，在何处，作何用”等字，可以不必查图而了然于心目。一切塞门之杆通至中舱面启闭者，应在立壁相近或别妥便处装配，其露出处应包以木或铁，以免碰坏。其塞门既启之时，须令在舱面管口，不能误加螺盖，凡相随之钥匙等件须各有记号，并须置于近处。

景敦塞门应按图装配，且与相随之管接连，景敦门应有生铁口与船之外板钉固，另有软垫在内板处，其造法应使拆去软垫即可将景敦门取出。凡启闭之杆及相随之稳当塞门均在中舱面启闭之，门杆等件照前言之章程，在不易碰坏之妥便处配好，而外包以铁或木，各塞门并水门在中舱面处，用杆开关者如左：

大水门四个，在第十八号与第五十二号横胁间之大匣之上。

大水门二个，在第五十二号横胁之壁内，药弹房之上。

小水门八个，在第四号顺肋之上，第二十三与第三十二号、第四十号、第四十八号各横胁内。

水门四个，去药弹房之水。

通至大水管之塞门六个，在汽机房并前后锅炉房内之左右。

水门八个，通去第四号顺肋之上，第四十五与第四十六号、第三十八与三十九号、第三十二号与第三十三号、第二十一号与第二十二号各横胁间之水。

塞门二个，通去第九段内支管之水，在第四十四号与第五十五号横胁之间。

景敦门六个，有丙、丁二记号者，在第三十六号与第三十七号横胁间；有庚辛二记号者，在第五十号与第五十一号横胁间，及第四十七号与第四十八号横胁间。

稳当门十个，配于丙、丁、戊、己、庚、辛各景敦门。

通海螺门二个，在甲、庚两吸水器。

塞门八个，放水入药弹房。

塞门二个，放水入酒房。

通海螺门四个，厕浴各房所用。以上各门，在中舱面开闭者共六十六个。

论进水入船

进水于药弹房，须按图安置红铜管，内径七十五密里，与景敦塞门相连。每药弹房另于近景敦门处之稳当门，有相连之管，另有塞门可放水满于药弹房，此门在中舱面启闭，而配设妥当，亦与前同。此通水于药弹房之管通过药弹房之壁，通过处不可漏水，其管口须有散洒之口，可令水散于全房。

装酒之房在船右第五号、六号两横胁之间，此处亦有生铁内外镀白铅之管，内径五十密里，从外板通至酒房近外板之壁，俾可速满以水。此管有螺门，亦从中舱面启闭之。

战时储灰之柜外与煤柜与船板相离之空处上盖铁板，如图式。内须有水流通，以免煤舱着火。此空处在近内底处有短管，径一百密里，通至景敦门，恐柜外空处之水太热，故上面有内径一百密里之管通至大水管，有螺门可启闭，察其水已热，则启之防水入内，而由大水管吸出。

论汽力吸水机

左右两大水管之大井按图式与下各吸水器相通，系用乙、丙人力吸水器二具及进凝水柜之转行吸水车四具，又有汽机吸水筒四具。船左大水井所有吸水之管有四：其一、乙器六号吸水管；其二、船左汽机吸水筒二具之吸水管；其三、船左凝水柜转行车一具之吸水管；其四、船右凝水柜转行车一具之吸水管。船右大水井所有吸水之管亦有四：其一、丙器六号吸水管；其二、船右汽机吸水筒二具之吸水管；其三、船右凝水柜转行车一具之吸水管；其四、船左凝水柜转行车一具之吸水管。

汽力添水入锅炉之筒，可由立管之塞门吸去，第十八与第二十八横胁间、第二十八与第三十六横胁间、第三十六与第四十八横胁间双底内之水管进水口应更宽，而用筛毂，以防沙石渣滓。凡吸水管从隔水壁经过之处须周围紧密不可泄水，如应有软垫者必用之，其一切管离大水井不远处各有舌门，令既吸之水不得回流。此舌门上最近处有小螺门，或螺丝并小管，可以放水。

凡用凝水柜转行车以去船内之水，所有启闭一切塞门之柄须在掌汽机者之立台上，可启闭之。

其启闭之弧度及柄上须详镂启闭记号，及作何用处。

论大水门

除以上各塞门外，另备大水门二处，在第五十二号横胁以内，即药弹房之上中顺壁左右各一。此大水门横剖之面积应与大水管相同，应在中舱面启闭之。

凡第二十三、第三十二、第四十、第四十八各隔水横胁处，在第四顺胁以上应有大水门，其面积应有一百方生的，亦在中舱面启闭之，在煤柜处并灰柜之水间亦应有照此式之水门配之，但在不必定在中舱面启闭。

凡大水门及启闭之杆等，亦应在近壁妥便处安置，而外包以木或铁，与前言之章程同。

总论

塞门、螺门、接皮管之螺节，或通舱面之螺节，或曲管，或进水出水各皮管，各件之尺寸式样须按德部章程装配。

各处当有字说明用处者，皆并用中国德国二种文字。

铁舰通气管程式

一、为平铁甲舱面下通气之法，有罗脱法之换气机器四座，安置于第一中舱面，其位置如图，每座每分时可运气五十立方迈当，以汽机运之，若以人力运之，每分时可运二十八立方迈当。其柄可以装卸，其柄架不用时可悬靠于舱顶板，以省地方。罗脱器有管从吸气塞门通于平铁甲舱面之下，以镀白铅之薄铁板为管，各处帽钉处须用精工，以令泄气极少。用不泄气之螺钉与罗脱器相连，此管相连之吸气管亦用镀白铅之铁板，内径二百八十密里。图中所有吸气管之塞门俱与管同径，亦可闭紧塞门，不令水入于子药房。此塞门惟换气时启之，余时常闭，故不必在中舱面上启闭之也。

船后段罗脱器之吸气管从第十八横胁通入轮轴路，以换去旧气，而从第九横胁之后吸新气入轮轴路以补之。故轮轴路第九横胁之壁上下各有一闸门，必两门一齐启闭。每闸门高五百密里，宽二百五十密里，上门系去轻清之旧气，下门系去重污之旧气，从此门可换第九至第五横胁一段中之气。其补此段之新气，则启第九至第十八横胁直壁与轮轴路内壁间之隔水门，吸新气以补之。此处新气系从横堡以内双层板前面左右气井侈口风筒吸入。

此路在第十八横胁平铁甲之下有一闸门，亦五百与二百五十密里，以达于气井。此气井在双层板之里面直格内添造之，其铁板厚六密里，以达于上舱面房顶。上舱面以上之气井以镀白铅之薄铁板为之，厚一密里半，其铁甲舱面下木栅之房用松木板为门，门阔四十五度，有钩可以搭定，是所入之新气亦可通入第九横胁以后之木栅房而不令新气自栅外空过。

用以上之法，即每一罗脱器将第五至第十八横胁轮轴路外壁以内各处在七分时之久可以全换新气。至于轮轴路外壁以外各处，在第十二至第十八横胁之间，应启第十二横胁之前轮轴路外壁之闸门，以换去旧气，其闸门亦五百与二百五十密里。此间所补新气则启中舱面之门及盖门，计二分半时可以全换新气。凡船后段两罗脱器所吸旧气，以压力送上，过第二十、第二十一横胁间上舱面之下，其出气路之口在上舱面房之左边。此出气路用厚一密里半镀白铅之铁板为之。

船前段所有平铁甲上下各舱换气法与后段相同，其罗脱器之吸气管通于第五十二横胁之壁，亦有塞门启闭，亦可换去子药房以上之旧气。第六十三横胁之壁有上下二闸门，与第九横胁壁相同，其木栅房之门及补新气之法亦与后段相同，每五分时可以全换新气。所有旧气从镀白铅之铁管压送于上舱面，有出气之口，以斜方栅盖之。凡船首尾最前面、最后以平板为双底处，及双底内各处有不装杂物，且人迹罕到，不能用以上换气之法者，只能用移动之罗脱器四具，其大小应合于隔水门，方能搬动出入，此亦船之应备。

二、为子药房换气之法。子药房顶板内有管，内径二百八十密里，以镀白铅之铁板为之，通于罗脱吸气之器。其舱顶所有之孔必有螺塞门以闭紧之，每一气井通于平铁甲舱面下各房者必有闸门，从此闸门引新气以入最近之子药房。其门须有铜丝网盖之，其闸门在最低处，而人在第一中舱面启闭之。

三、为汽机舱换气之法。凡新气从舱面平栅门引入，其热气上从侈口风筒泄出，每汽机舱有二筒，筒之内径四百密里。

四、为锅炉舱换气之法。每汽锅房有自然通气之筒，内径九百密里。

五、为堡内第一、第二中舱面间换气之法。凡运新气至平铁甲下各舱，共有四气井，上有旋转之侈口。每气井在第一、第二中舱面间各有合叶门，可以泄放空气，此处旧气即从舱口泄放。

六、为煤柜内换气之法。船旁之两煤柜，在前段上舱面有进煤之口，不进煤时可安置气筒以吸新气。此筒前有侈口，后有横口，有扇以祛旧气。

七、为船后段住房换气之法。凡风浪平稳之时，则可启旁玻璃窗及舱面平玻璃窗以换住房之气，如遇大风浪时不能启窗，则另有换气法如下：在第十六、十七横胁间，左右各有寻常换气之筒，筒之内径三百密里，从此处吸新气之路过舱口边，横通至船旁，此路系以第十六、第十七横梁之下界敷满以成之。其接处之口在船外皮及木里之中，其所出之路亦在第十六、第十七横梁之间，此路之下有方管顺路直行，此管上阔六百密里，向船内面处高三百密里。此方管之下面，即第一中舱面之板、方管之外面，即船之里层，其上面及向船内面处俱用松木板。此二方管从第五横胁至第十七横胁止，其穿过铁横壁处不用闸门。每一顺路之方管有竖立之直管，达于上舱面，此直管在船里层与外皮第十三、第十四横胁之间。直管既抵上舱面，即弯向船内面，以通至水手、官饭厅之壁，此壁内第十三、第十四两横梁之下有新气之柜，即为气管通入之处。柜为白铅板镂细孔以成之，令新气从细孔泄出。白铅板之上有架，其内有直壁平行之松木板，其管之通入此柜处有合叶门以节制之。其第六、第七两横肋船外皮与里层之间应有平直之管相通，此处所成之柜上有气路通至舱口旁边，系于两横梁间，周敷木板以成此路。此处每一房有一小门，通于船旁之直管，其启闭亦有节制之法。

水手、官饭厅外周围之路应有二孔以通新气，系在第十六、第十七横肋间之气路有闸门，可启闭之。以上各房旧气从二气管泄去，管径四百密里。此管之上节可以旋转，内有风扇。此二管从饭厅两旁路泄出各房百叶窗所出之旧气。其官饭厅之壁用铁板只有百叶式之四平窗盖之，左右各二，如上舱面图。船主房有横通气之路，下有薄木及白铅板与上言官厅同式，其新气由二气筒口通来，筒口径三百密里，船主厅有布幔或百叶窗盖之，不令泄气太多，而其办公房及卧房只有闸门，可启闭之，所有旧气由三百密里径之风扇侈口筒泄之。

八、为船前段住房换气之法。与船后相同，图中所有通气之横路及凡有红密线者截进新气之处，其第五十八、第五十九横肋间进新气之处有合叶门启闭之，另于合式处有闸门以放入新气，所需用气路由二座侈口大气筒迎入，其筒面积为五百与五百密里，此筒口亦可装卸。其舱口之门及舱面圆玻璃处所接之铜圆栅，所以泄船前段各房之旧气。

九、为平铁甲舱面上各隔堵换气之法。除锚链柜之外，每一隔堵有一内径七十密里之红铜管以泄旧气，此管穿过舱板处不可泄水，每三管汇合而上，通于大泄气管。此大泄气管内径一百四十密里。

凡船后段之大泄气管皆红铜为之，上有风扇，而船前段之大泄气管则以铁为之，其管上均有架护之，从房前顶板起，至船里层而止。船左右各管之架有铁板百叶窗可启闭之。此等各泄气管所泄之旧气俱以横气路中之新气补之，又有直立之铜管，内径七十密里，此铜管之下口通至各房，穿过舱面处不可泄水，其上口即通于横气路。

十、为总论。一切进气、泄气筒之侈口，俱可四面旋转，有门可以闭密，庶失火之时可以紧闭，不助火虐，惟汽机、锅炉之舱不设此门。凡遇有两各筒下口有卷边，可以擎水，由小管通于洋铁桶中。

十一、为铜圆栅换去圆玻璃以换气之法。凡舱面人行处及水手住处有圆玻璃，径二百五十二密里，厚二十密里，镶于黄铜环中，亦可换以合式之铜圆栅，以便通气。又上舱面进煤之口既可插通气之管口，亦可换以圆玻璃片，凡图中有圆形者皆是。

德海部验铁章程

派员（第一节）

凡验铁必有一造船监工及匠目数人，铁厂主或自到，或派人同看。

试验铁板一

查看（第二节）

凡送到铁板，须先查两面有无缺少、不平，及浮泡、夹灰等弊，一有此弊，即全批剔去不收。

锤击（第三节）

如无上弊，则逐片悬起，或斜倚，小锤击之，以察其有无裂纹及焊合之声。如各处俱作磬声乃佳，如音不响亮乃有内病，可以剔回。如有疑窦，则以四角垫起，用细纱铺之，以小锤在下轻击之，每锤视细纱跃起而无弊病；如不跃起，即须剔回。

量度（第四节）

如无上弊，应度其长宽是否合度，凡长可出入三十密里，阔可出入十五密里，如逾此数即剔回。其长阔合度之板再量其厚薄，如各处有厚薄不同即剔回。

评衡（第五节）

各板须细评之，与所算体积、轻重相比，每一立方迈当必重七千七百六十三启罗，如所送一批重于此数，即应剔去其最重者，俾可合所算之吨载；如轻于此数，即以厚十三密里左右或更薄之板，可通融百启罗中十启罗，若厚于十三密里之板，不过通融百分之五。但至出于百分之十与百分之五者，检出其轻者剔回。

抽选（第六节）

每五十板中任抽一板，以试其牵力，如同类者不及二十板，即以此类与略厚或略薄者相合试之，如无相近之板，即在本类抽一板试之，如本类过于五十板者，即分作两起，每起抽一板试之。

剪条（第七节）

每抽出之板从边上剪下两条，一横一直，宜用剪不宜用压或钻联孔以剖下之，如只能用压法，则预备牵断之处须更宽，再以锉刨去之。因近压处有摺痕，不便试验也。其中间预备牵断处长十五生的迈当，其宽按铁板厚薄而异，如厚于十密里者，应有横剖面积七百方密里迈当，薄于十密里者，应有五百方密里迈当。其两端之长宽如八生的或十生的，其厚薄照原板图中两点如甲、甲，各以凿錾成记号，两甲相距二十生的迈当。

试牵（第八节）

查验之员先详查试机有无弊病，并将剪试之条详细量准，初试牵力，令剖面每方密里有十五启罗之力，渐加每方密里一启罗有半。凡所试之条系直剪者，横剖面每方密里已加至二十八启罗，横剪者已加至二十五启罗，即可停息二分时之久，量其甲、甲之间距，以后每一分时中每方密里加半启罗，以至牵断。凡上等之板，循其直纹牵之，每方密里已加至三十五启罗及横纹已加至二十八启罗半，即应牵断，不可少于此数。中等之板，直纹至三十一启罗半，横纹至二十七启罗半，即应牵断，亦不可少于次数。其牵断时伸长之数，则上等板直纹者应长百分之七，横纹者应长百分之五；中等直纹者应长百分之五，横纹者应长百分之三。如试得不及此数而断者，即应将此批铁板全数不收，如查员疑有他故，再抽一板如法试之，或可剪一条以试其摺力。

重试（第九节）

凡牵力合式之板及虽不合式而第二次试得合式者，即应试其冷热之摺力。

剪片（第十节）

将已经剪试牵力之板上再剪一片，随查员之意。其宽如原板，长一迈当又十之三，惟牵力合式者亦可剪长六十三生的，宽四十七生的之小片，如用小板则每板剪下直纹横纹各一片，四边皆刨光之。

试摺（第十一节）

每片或冷或热，自边向内八生的或十生的之处夹紧于刨平之生铁板上，其摺之内面相遇处之生铁板为圆边，圆半径为十三密里，以中等力之火锤缓缓摺之。其锤击之时最有关系，查员须察其是否力匀，不可忽轻忽猛，且须循直角击之，既击数锤，须察看有无裂纹，但不可离其生铁板，复击复查，须察其何时始有裂纹，一见裂纹即放平，而量其所摺之角度。

论角度（第十二节）

凡上等板厚二十五密里以下者，烧至橘红时可用锤击，至直纹者百二十五度、横纹者九十度不裂为合式。冷时试直纹之板厚二十三至二十五密里者，最小至十五度，二十二至二十密里者至二十度，十七至十九密里者至二十五度，十六至十二密里者至三十五度，十一至九密里者至五十度，八至六密里者至七十度，薄于五密里者至九十度。

试横纹之板厚二十五至二十密里者最小至五度，十九至十七密里者至十度，十六至十二密里者至十五度，十一至九密里者至二十度，八至六密里者至三十度，薄于五密里者至四十度。

凡中等板亦橘红时锤击，厚二十五密里以下者，直纹至九十度，横纹至六十度，其冷时试直纹之板厚二十五至二十三密里者最小至十一度，二十二至二十密里者至十五度，十九至十七密里者至二十度，十六至十二密里者至三十度，十一至九密里者至四十五度，八至六密里者至五十五度，薄于五密里者至七十二度。

试横纹之板，厚十九至十七密里者至五度，十六至十二密里者至十度，十一至九密里者至十五度，八至六密里者至二十度，薄于五密里者至三十度。

量摺（第十三节）

凡欲量已摺之板须离开生铁板，如未到上节之度而未裂者，须仍夹固而击之，但须在原处夹固之。故第一次夹紧时须于板与生铁板上各作记识。如果第二次夹其稍低之处，则数锤后便成为更小之度，然其弯曲处所成之圆半径更大，即为不合查验章程。

裂纹（第十四节）

寻常之铁板大约循直纹轧成，则直纹之牵力更大，故试横纹时须格外详细，凡直纹牵断之处有粗粒之形，大约横摺之度不甚小而已裂，牵断处有细纹而作淡灰色者，大约冷时横摺之度可甚小。

直横纹（第十五节）

章程所谓直纹、横纹者，凡所剪与板长平行者为直纹，与板宽平行者为横纹，其牵断时凡直剪之条所断处为横纹，横剪之条所断处为直纹。上节所云板长必循直纹，然造板时亦不一定，故须察看究竟何者为直，何者为横。

试验角条二

查看（第十六节）

凡角条送至厂中须详看各处有无夹杂沙土灰炭，有则剔去。

量度（第十七节）

如无上弊，则逐条量之，其长可以少至五生的迈当，更短者剔去。凡角条之内外边必须平行，其横剖面等于直角形，其面积等于两边减厚数与厚数相乘，假如六十五密里高、六十五密里阔、九密里厚之角条，其面积为六十五加六十五减九与九相乘得一千零八十九方密里。另有一器以量其各处是否相符，另有一图，如厚薄不符即应剔去。

评衡（第十八节）

各角条之同厚者大约每次可衡五千启罗，而以面积与长乘之，每立方迈当应有七千七百六十三启罗，如太重即剔去，如太轻者，凡厚十三密里者可上下百分之十，厚于十三密里者可上下百分之五，更轻者剔去。

剪试（第十九节）

抽出之角条于每边剪下一条，须两条同宽，其预备试验与第七节相同，因其边不宽，只能剪直纹试之。

抽边（第二十节）

与第六节同。

试牵（第二十一节）

与第八节同。此角条每平方密里须受力三十五启罗方牵断之，其牵断时可伸长百分之三。

重试（第二十二节）

与第九节同。

剪段（第二十三节）

剪下一段，长可三十至六十生的迈当，即用前试牵力之一角条剪之。

试摺（第二十四节）

凡每批角条须剪下三段，如下法试之：第一段烧至红热而摺，令两边相切如第一图；第二段令两边摊平如第二图，又反摺之，如第三图；其第三段则两边向内弯卷，如第四图，或冷时以角条打成左右缺口，如第五图，将半段烧红、锤平之如第六图，又摺之，如第七图，乃将又半段亦烧红之，或摺向外或摺向内，或用第三图之法。如上法试得其料不裂，亦无粗松之纹，即可照收，然查看之员亦可再取一段，循横纹摺断之，以察其纹粒，亦可将又一段凿成大孔试之，如有裂纹及松处，则全批剔去。

工条丁条三

查看（第二十五节）

与第十六节同

量度（第二十六节）

其长数上下不可过于五生的迈当，更短者即剔去，其横剖面须照所送之模样，各处厚薄之殊如差数大者即剔去。

评衡（第二十七节）

与第十八节同。

抽选（第二十八节）

每类工条或丁条中抽出一条，如有疑心可再抽出一条。

备试（第二十九节）

凡此种工条或丁条在船上用时，竖立之一边如不甚高即剪下一片，长三十至三十六生的迈当，如其条甚高，可循横纹再剪一片。

试牵（第三十节）

如第八节，每方密里直剖者可受力三十一启罗半，横剖者可受力二十七启罗半，直纹可伸长百分之五，横纹可伸长百分之三。

泡钉钉条四

查看（第三十一节）

察其有无疵病，其尤要者，如条端有疵病者，须全数剔回。

量度（第三十二节）

须量其泡钉之形式合否，其条之大小合否，不合则全数剔回。

抽选（第三十三节）

凡每批同大之泡钉，须抽出三枚，试其冷摺，又三枚试其热摺，凡钉条每二十条内抽出一条，以试其摺纹。

冷摺（第三十四节）

以压水柜或铁锤如第八图弯曲之，不可有裂纹，如有裂纹，则再试一枚。其旁凿一痕，如上法摺之，如裂处有粗粒纹，则全批剔回。其钉条则冷摺之，再将所摺之面成九十度角再摺之（如向东摺者再向北摺），如有裂纹，则再取一枚，旁凿一痕，在铁砧上缓缓屈之，倘裂处无细丝纹而只成粗粒者，则取第三枚，四周凿痕而以一击断之，如验有粗粒者，则全批剔回，倘查员尚有疑心，可再抽试之，仍不合者，决意剔去。

热摺（第三十五节）

抽选泡钉一枚，烧至红热，锤扁其泡，如第九图，又将其钉茎烧红锤扁，锤成一孔，如第十图，如有裂处，全批剔回。

热度（第三十六节）

凡试验时，或牵或摺，或乘冷锤击之处，必须有雷谬表十度之热，即百度表之十二度。

剔弊（第三十七节）

除角条、工条、丁条、泡钉长度不合，铁板长短不合，仍可俟合同用时再送之外，其余试得不合者，查员须加戳其上，以免第二次朦混。

列表（第三十八节）

所有铁料试得之数须列表如左：

直、横纹

配用

制厂名

厚数（密里迈当）

阔数（密里迈当）

横剖面方积（密里）

断时每方密里受力（启罗）

断时照例受力（启罗）

断时伸长（百分之）

受力（直三十一、横三十一）启罗伸长（千分之）

试时若干数中抽出

剔回数

计算比衡得轻重（过不及）千之三

冷摺之角度（照章试验）

热摺之角度（照章试验）

杂论粒纹及弊病

查员名题

查员画押

月　日

译录与德国伏耳铿厂原定造船草合同①

中国钦差大臣许与伏耳铿代办哈克士他耳议立造船草合同如下：

第一款、士旦丁伏耳铿厂前于一千八百八十三年西十月初一日在柏林所立之合同伏耳铿代中国造穹甲船一只，已经完妥。现在照此合同，中国钦差衙门再交伏耳铿厂承造二船，其现议更改程式开列于后。

第二款、现仿照“济远”船及所有应行更改之处，将要紧者列下：

一、船之宽长在水线处前后立柱相距七十四迈当十之五左右，大肋骨相距十迈当十之八，中入水四迈当又百分之六十八，后入水四迈当又百分之八十八，前入水四迈当又百分之四十八，舱深七迈当十之三。按每一千启罗为一吨计，压水力二千四百七十吨。速率十五海里又四分里之一。按用汤汽原力马力三千匹。穹甲在中间穹面处升高一百三十密里。

二、煤柜在机舱、锅炉舱之间可多装二十三吨十之四，有二十八迈当十之六立方积。

三、锅炉舱之前可多装三十一吨半，有三十八迈当十之四立方积，通共在穹甲内者多装煤五十四吨十之九，共有六十七迈当立方积。

四、现在船式加长、加宽、加深，穹甲中间升高，机舱、锅炉舱伏耳铿允较“济远”大，有合式宽展之益。

五、大汽机带动添水车。

六、添水车管必须设法不令有过于弯曲之弊。

---

① 录自《许文肃公遗稿》，《续修四库全书》1564，上海：上海古籍出版社 1995 年版，第 679—681 页。本合同属于草签文本，约定向德国伏尔铿造船厂续造“济远”式军舰。草签合同之后，还需签署条文更为严密的正式合同。

七、用加大涨力之锅炉，马力虽加，而用煤仍与“济远”相同。

八、下舱面之上除屯积二十日粮食之外，仍可装煤一百五十吨。计煤在包内，每吨须一迈当又百分之四十一即英五十立方尺；煤装柜内，每吨须一迈当又百分之二十二即英四十三立方尺。

九、柁机、柁柄改藏穹甲之下，但船尾穹甲离水线至少须三百五十密里。

十、为保护电线、传语之管及拉铃链子，从令台起到穹甲下另围一极坚固之钢筒。

十一、号令台钢片加厚至十八密里。

十二、锅炉舱加吹风机器，以备战时加行驶速率之用。

十三、船首柱下有鱼雷筒之处，另想善法不使锚链伤损筒口。

十四、转动炮盘、起炮弹、起落舢板、转动舵机，俱改用压水力。

十五、各处舱口凡能安战栅者，设法装配。

第三款、议定于第二款所应改之件及造船时另有应改之事，宜送详图至使署查看定夺，饬遵办理。

第四款、所造二船以速成为要，第一船于西一千八百八十七年正月二十日造成试验，第二船于是年西四月二十日造成试验，如不能照以上所定限期交船，中国使署能令该承办之人每七日罚二千马克，其钱即于船价内扣除，但第二船罚款中国使署于西一千八百八十七年五月二十日起算。

第五款、两船工价照以下订明：第一船三百万马克，第二船二百九十四万马克。除第二船所减之价外，伏耳铿愿按照以上两船工价再由使署扣除一厘，共计五万九千四百马克，即于每期付钱之时扣除。

第六款、论分期付钱之事照以下办理：第一船三分之一合一百万马克、第二船三分之一合九十八万马克，均于本年十月初一日付给。又照“济远”合同，俟安上钢片之后付六分之一，第一船合五十万马克，第二船合四十九万马克。下水之后付六分之一，第一船合五十万马克，第二船合四十九万马克。船上汽机、锅炉大件安妥之后付六分之一，第一船合五十万马克，第二船合四十九万马克。又交船以前付六分之一，第一船合五十万马克，第二船合四十九万马克。共计总数，第一船三百万马克，第二船二百九十四万马克，其钱如何交付，均照“济远”合同办理。

第七款、照“济远”办法另立详细合同一分及详细船图二分，至迟不过西本年十二月初一日送交使署，以换现在所立草合同。其详细合同应先期由使署商妥再定，现立之草合同中国使署与伏耳铿各执一分。

译录与德国伏耳铿厂改订造船加附草合同①

光绪十一年十月十三日即西历一千八百八十五年十一月十九日

现因欲将仿照“济远”船式改为旁有水线甲堡之船，附立草合同如下：

第八款、两船现改大致：船首尾立柱之间长七十八迈当（合英尺二百五十五尺十一寸又八分寸之二），左右大胁骨相距宽十二迈当（合英尺三十九尺四寸又八分寸之四），上舱横梁至船底龙骨板深七迈当十之七五（合英尺二十九尺四寸又八分寸之六），后入水五迈当十之一（合英尺十六尺八寸又八分寸之六五），中舱平甲至船底龙骨板深五迈当十之五（合英尺十八尺又八分寸之四五）。压水力二千九百吨。实马力三千四百匹。速率每半时行十五海里又四分里之一。保护汽机锅炉船中腰水线之处甲厚九寸半，其甲至水线下约一尺，另添一下层自厚八寸斜形处递减至厚五寸，共高一千八百密里（合英尺五尺十寸又八分寸之七）。堡前堡后横壁各厚八寸，水线约一尺以下照两旁尺寸递减；前有铁甲炮台，厚八寸，内安二十一生炮二尊，船面后半有两耳台，内各安十五生炮一尊，可前后击一百八十度；保护电线、传语管、拉铃链子及运弹梯路用七寸厚钢甲，或整块、或双合为井；铁甲号令台，厚六寸，甲板俱用钢面康邦新式。船用双层底，两层相离至少三尺。汽机、锅炉舱之上有钢平甲，厚四十密里；横壁前后有钢穹甲，厚七十五密里，皆用两层钢板合成。船上炮及鱼雷不归伏耳铿办，铁甲炮台内应配二十一生三十五倍口径克鹿卜钢炮二尊，耳台内应配十五生三十五倍口径克鹿卜钢炮二尊，船旁应配四十七密里荷乞开司五

① 录自《许文肃公遗稿》，《续修四库全书》1564，上海：上海古籍出版社 1995 年版，第 679—681 页。李鸿章指令续造 4 艘“济远”级军舰后，因遭到驻英公使曾纪泽的质疑，最终进行了设计该型。本合同是时任中国驻德公使许景澄与伏尔铿造船厂就原草签的“济远”型军舰合同更改为装甲巡洋舰合同的修订文本。

管钢炮二尊，又三十七密里荷乞开斯五管钢炮四尊，桅盘应配三十七密里荷乞开斯五管钢炮一尊。弹药房可容大炮弹每炮五十个，荷乞开斯炮弹每炮一千个。船首水线下有雷筒一，船尾水线上有雷筒二，可容每筒鱼雷三尾。船上人可容一百八十名。粮食可装二十日。淡水可装十日。照以上入水数，可装煤二百吨，满装三百二十五吨。凡本合同所载与上次合同不符之处，俱照本合同办理。其通船隔堵、立壁、龙骨、肋骨、立柱、横梁、螺钉、帽钉、垫木一切尺寸、造法另载详细合同，由使署随时查看饬遵。

第九款，现改定第一船于光绪十三年四月二十三日。即西历八十七年五月初六日试验速率，第二船于光绪十三年五月二十五日，即西历八十七年七月初六日试验速率。

第十款，现改前合同第五款内所开之价，每船实加四十七万马，两船共九十四万马，此项加价言明不再扣厘。

第十一款，第六款所载分期付钱一节，现因改式加价，应付定银三之一，计二百二十九万三千三百马克，每船安配外（舟皮）之后付六分之一，第一船合五十七万八千三百三十七马五十分，第二船合五十六万八千三百三十七马五十分。下水后又照付一期。汽机、锅炉安配齐全后又照付一期。交船之前又照付一期。共计总数，第一船三百四十七万马克，第二船三百四十一万马克，通共两船价六百八十八万马克，除已付定银一百九十八万马克外，应于西历十二月初一日找付定银三十一万三千三百马克。

第十二款，除草图已经送阅外，所有详细船图限一月内绘成递送德海部造船总办阅看，如有大更改必须加展试验速率之期，临时再行商办，其余一切前合同所载应照旧办理。所有换立详细大合同之期，至迟在光绪十一年十二月底，即西八十六年二月初一日以前，现立草合同二分，使署、伏厂署押，各存一分。

中国驻德大臣许与德国士旦丁伯雷度之伏耳铿厂两总办订定钢制铁甲快船两号合同①

第一款　伏耳铿厂由中国使馆订令为中国承造钢制铁甲快船两号，并汽机、锅炉、暗轮及附用之汽机、锅炉、吹风器等件。又代购钢面铁甲，以及铁甲刨钻镶配、安置船上等工，一切俱照合同后所附船身、机器、水管各程式、验钢章程、分总各图办理。其图按照德国海部最新之式，均于逐件兴工时陆续送呈使馆核定。如有近年新行应修、应改之处，该厂亦当查照修改。伏耳铿允许全船及一切相连物件用最上等之工料，又允许按照最坚固、最精细一切合理应有之新法，造竣时在瑞纳们地方交于使馆验收之员

第二款　每船内有舱面之钢平甲并康邦铁甲，及可以移动之件，如棹椅、盆架、抽屉一切官厅、饭厅、卧房物件，子药房搁板等件，无不齐备。又备一切铁甲内层垫木及捎拴之钢角条、铁条、螺条、螺盖、螺垫并刨平各工，又桅杆、桅盘等物合临战之用，桅上有起卸小艇之杆，有顶杆有相连铁件。又飞台、铺盖箱各件齐备之舢板，内有轮艇两艘，汽机各件俱全。及挂舢板之曲柄，安舢板之架，又起锚、下锚等架及锚练管缚柱。又船舵及运舵各件，煤舱之铁口、铁管，各舱口之扶梯、盖板、天窗及铜铁木各栅一切。厕房、浴房、医药房所用物件。其盘车按照新法或用汽力或用人力，及夹紧之件俱全。又吹风筒通至子药房、官舱、水手舱、汽机舱等处。船旁窗牖、栏杆、船首尾雕刻花纹、船旁之悬梯、舱面之出水管、隔堵壁之门、船底并隔堵进人孔之盖、隔堵壁之水门及转运机件、各处通语之管。又用司通新法

---

① 录自《申报》，1886年6月8日、6月9日，第二版。本合同是中国驻德公使许景澄根据上一份草签合同的约定，与伏尔铿造船厂签订的有关定造装甲巡洋舰的正式合同。

之吸水车，一切船内通水之管及各吸水器相连之管俱全。又二十一生的大炮之磨盘面及转运机件，房厅各处木壁及不移动物件，如床及抽屉书架、壁桌、挂衣钩架按照德国兵船舱房成式，一切门户、玻璃窗、百页窗及通船油漆、填舱塞门德土俱由该厂配全。该厂代购之康邦铁甲按照订定图说办理，其铁甲木模及相连工作俱由该厂出费送于铁甲厂。其余各工料为船身所不可少者，应照该厂承造德海部之船配全，惟炮、枪、鱼雷及放雷各件不在此内，该厂应留船上地位以便装配雷件。又按照德国同类兵船应行备齐出海之物由厂一切配全，不另加价，惟煤炭粮食及路上所用之料不在内。

第三款 一切分图按照造法陆续送候中国使馆核准，其画图费归该厂自备。此次附于本合同之图一为桅杆图、二为大肋匡图、三为直剖面图、四为下舱及二处横剖面图、五为第一中舱面图、六为平甲舱面、图七为上舱面图，以上各有蜡布图一份，内加船线图，系按合同后商改之式。

第四款 除中国使馆所允之外，该厂不得擅背章程图说。如使馆有更改，该厂必应照办。如费较多或较少，即由彼此互商。如商论不定，可请德海部定断。如费用较多应行补给，如费用较少应行扣减。

第五款 该厂允许每船及随件汽机按本合同订定程式，第一船于光绪十三年四月二十三日，即西一千八百八十七年五月初六日造竣，在瑞纳们地方交于中国官员试验速率。第二船于光绪十三年五月二十五日，即西一千八百八十七年七月初六日造竣交验。凡下水及送至瑞纳们之运费、保费俱由该厂自备。第二船五月交期系照万年书是年闰四月推算。

第六款 如每船有逾第五款期限，中国使馆可罚该厂每礼拜二千马克，不须争执，即在应付船价内扣除。但有该厂不能为力之天灾人祸，咎不在该厂者，毋庸议罚。

第七款 中国使馆可派监工人员阅看造船、造汽机及各件之工料，或一人或数人，或常住或暂住，此员可以试验一切物件之料及各项之工，无论关涉何事俱可查看。如工料有不合式即可剔退，或加印戳不令再用。其所剔退者由该厂另换新料。伏耳铿所有厂房、书房，当造船时监工人员俱可进观，以便查验所用之料是否合式。又该厂应备办公房两所及一切器具，专供所派人员应用。该厂必以中国使馆核准之图另画一份送于监工，以便随时察看是否按照办理，并可查与所送使馆之图是否合符。监工如拟需另外分图与造船有益者，该厂应行照办。其购料之帐簿、工匠之册籍、运货之照单与船相关者均可查看，一切合理所需之事俱由该厂出力、出费助之。如监工有与该厂不洽之处，即诉于使馆，彼此设法讲妥。

第八款　该厂允许船身各处所用钢铁板片、角条、横梁等料必与合同所附验钢各料章程相合，除德海部派员已验各料外，又允备德国海部核准之一切验器，中国监工可在该厂验试。其所备验器及管理验器之人均听监工随时赴验。又该厂雇一专司砝码之人，其工俸亦由该厂给付，如可用德国内地之料尽可购用。

第九款　工竣交船之时船身汽机及随件应与合同所定程式相符，及第四款应行更改自亦应照办，如有不合则使馆可全行不收或择其不合者不收，或彼此解合同意见互异者司请公正之人定断。如有此事，使馆及该厂两月以内各订一德国人查明批断。如所订两人仍不相合，即于期内或使馆及该厂再订一人。如仍不能定，即由前订之二人公订一人。如或所订之人仍议不妥，或指彼此俱有错误，即公请德海部大臣派员定断。若两月内不订人，即为不订人之一面理绌，如所订之人三个月内不能定断，亦托海部派员定断。彼此或准所订之人或照海部所派员之意，不必再有涉讼，其理绌者应认所订人之费用。

第十款　此两船若雇船主及大副自瑞纳们驶往中国，此人为伏耳铿厂合意者，该厂必保固船之工料并一切相随之物，但行海之费全归中国使馆给付。凡船身各件及大小汽机如行海时察出工料不佳，该厂即应自行修理，否则中国官员可自令人修理，其费由该厂认赔。若在外国修理，该厂所认不可过于在德国所修加倍之费。如修理之工船上管机者不能修理，即应送该处汽机厂、船厂先估价送呈船上华员核算，如有不合可请德海部定断。凡华员自令人修理，则该厂所荐之管轮正副三人亦可在别厂比较，商同订揽。所坏之件为汽机上打成之钢铁或炮铜伏耳铿已赔出新者，其旧者由中国送至德国海口，令伏耳铿收回。所言保固之期限自船到中国路过上海抵天津海口后三个月为止，当此三个月内必仍用此船主、大副，此三个月内亦可任派该船驶往他口。但如在沿路有他故稽迟，则保期自瑞纳们开行后不过一年。如沿路修理过八日者，即以所过日数展于到津后三个月之期。寻常小修则不展期。在保固期内其汽机必归伏耳铿所荐一正二副三人专管，此三人并按德海部章程归船主管理，如三人内有不妥，即由该厂发电令已在船之人代之，以免迟误。所有管轮等人薪水届时由中国使署另订合同酌定。再，船到中国后，中国不拘何时可辞去管机三人，仅发给至当时应得之薪水并川资，如此即作为保固期满。又船往中国时在途时中国可令船主驶至别口验收，如此亦作为保期已满。

第十一款 汽机必在伏耳铿厂自造，不准他厂代造，自定合同后五个月内必送详图至使馆阅看，候使馆核准。图内须详绘汽机各件若何安置，何料所造，此详图须遵本合同所附汽机程式详绘并附详说，载明各件尺寸、轻重等事，在造大小汽机及锅炉十四日以前送至使馆，以便从容核定，并须送图之前十四日先行知照。再，该厂必送每船一分汽机各件详细分图，大小汽机之汽、水各管及随件皆必有图，一切尺寸注明于蜡布图中，此图在汽机每装入船之前送至使馆，如果此次未全者须于第五款交船之期补送齐全，其蜡布图须留余边以便装成一册。

第十二款 此船造成时预备一切出海应有之物，可试验船之汽机并所订十五海里又四分里之一速率，其在何处试验由使馆与伏耳铿临时商定。此试验并保险各费俱由该厂给付。试验之时有使馆官员在彼看验。如与所订速率不符，则可再验，以定汽机力真足或真不足之实据。所试汽机应用全力行三小时之久，其内一点钟必应通算有十五海里又四分里之一。其炮位各件并须装齐再试船身侧度，其摆心高于重心若干度，应用同类船所合之度，惟不可少于六百密里。倘炮位各件不全，可用等重之件安置原处。并加试吹风新法，以知汽机马力可以增多。

第十三款 以上承造之船及代购铁甲装配钉连之工及各款内所开随用物件一切造齐，第一船与第二船全价开列如左：第一船原定价三百万马，又加四十七万马，共三百四十七万马；第二船原定价二百九十四万马，又加四十七万马，共三百四十一万马；二船通共六百八十八万马。中国使馆与厂中议明，于原定价五百九十四万马内于每批付银时照扣厘，惟每船加数四十七万内不扣。所有应付各期约定如左：一西一千八百八十五年十二月初一日付第一批三分之一；二每船外（舟皮）钉齐，或由监工查明有相抵之他工，于十四日内付六分之一；三每船下水后及铁甲一半在厂，十四日内付六分之一；四每船内钢工俱全及汽机锅炉之大件全行装入，于十四内付六分之一；五交船之前试验速率后，有中国使馆立据一切能照合同者，十四日内再付六分之一，此批之价必在船离瑞纳们之前付给。凡二船应付价数开列于左：第一船第一批一百十五万六千六百六十七马，此数内扣回一厘计一万马；第二批五十七万八千三百三十三万二十五分，内扣回五千马；第三批同，第四批同，第五批同，共三百四十七万马，内扣回三万马。第二船第一批一百十三万六千六百六十七马，此数内扣回九千八百马；第二批五十六万八千三百三十三马二十五分，同扣回四千九百马；第三批同，第四批同，第五批同，共三百四十一万马内，扣回二万九千四百马。

第十四款　使馆不收此船，或不收彼船，或两船均不收，因汽机速率不符合同所订之数及他件与合同不符者皆可不收，其所有不收之船伏耳铿必缴还已收之价，而自收银之日起照按年五厘赔缴利息。现在二船不用押保，该厂情愿送还中国使馆一万马，此数每船各承五千马，即于付末批内扣回。

第十五款　此船尚未交于中国之前，船身、汽机、一切相连之物皆归伏耳铿出费保险，其保单可呈使馆查看。

第十六款　锅炉及汽机必用压水力试验，其试费由伏耳铿厂给付，必于试验之前十四日知照使馆，以便派员往同试验，所有试验之法附载于本合同之汽机程序。

第十七款　如伏耳铿不照合同办理或合股者欲散股停歇或倒帐关闭，中国使馆官员仍可用此厂之机器房屋并料件造完此船，其费仍由伏耳铿给付。

第十八款　一切印费保单之费皆由伏耳铿给付。

第十九款　伏耳铿于每船造一木样，大小为五十分之一，九个月造竣送与使馆，其费由该厂给付。

第二十款　中国使馆可派年幼学生十六名至厂中习练，但在厂时必遵厂规。本合同两份彼此俱书押盖印，中国驻德大臣许系代中国书押盖印。

第二十一款　钢面铁甲照德国海部按照新定章程在所造之厂验收。

光绪十一年十二月二十八日

西一千八百八十六年二月初一日

立于柏林

北洋海防舰船购造大事记

1871 年

本年，江南轮船部队“操江”号炮舰被调往直隶天津。

1872 年

5 月 6 日，山东巡抚丁宝桢奏调船政军舰驻防山东，船政派“万年清”号炮舰前往，后更换为“泰安”。

9 月 4 日，应盛京将军调拨，船政水师“湄云”号炮舰进驻营口牛庄。

11 月 3 日，北洋大臣、直隶总督李鸿章上奏，将船政水师“镇海”号炮舰留防于天津。

1874 年

5 月 6 日，日本军舰自厦门往台湾琅桥上岸，挑起台湾事件。

11 月 5 日，台湾事件平息后，受日本侵台的刺激，总理衙门就如何加强海防建设入奏，清政府要求李鸿章等各重臣于一个月内就海防问题复奏，史称第一次海防大筹议。

1875 年

5 月 6 日，总理衙门奏报直隶总督李鸿章与海关总税务司赫德商谈购买蚊子船的计划，申请清廷批准。

5 月 30 日，清廷任命北洋通商事务大臣李鸿章督办北洋海防，北洋舰队由此开始筹建。

6 月 22 日，赫德致电中国海关驻伦敦办事处主任金登干，授权他为中国向阿姆斯特朗公司订购第 1 批共 4 艘蚊子船。

9 月 21 日，第 1 批蚊子船中的“阿尔法”“贝塔”在英国纽卡斯尔米切尔船厂开工。

12月27日，第1批蚊子船中的“伽马”“戴而塔”在米切尔船厂开工。

1876年

2月23日，“阿尔法”舰下水。

4月13日，“贝塔”舰下水。

6月14日，“阿尔法”“贝塔”通过航试，顺利完工。同天，“伽马”舰下水。

6月23日，“戴而塔”舰下水。

6月24日，“阿尔法”“贝塔”号由英国船员驾驶送往中国。

11月20日，“阿尔法”“贝塔”抵达天津塘沽，北洋大臣李鸿章将2舰分别命名为“龙骧”“虎威”，由张成、邱宝仁管驾。

1877年

2月17日，“伽马”“戴而塔”在朴次茅斯通过航试。

2月28日，“伽马”“戴而塔”号由英国船员驾驶送往中国，其中“伽马”的船长琅威理日后被聘用为北洋海军总查。

3月31日，船政学堂第一批留欧学生从福州马尾出发，由李凤苞、日意格领队前往欧洲。

6月9日，李鸿章致信船政大臣吴赞诚，计划以邓世昌、李和、邱宝仁、吴梦良4人分别管带“阿尔法”“贝塔”“伽马”“戴而塔”，任命张成为统带。

6月18日，“伽马”“戴而塔”到达福州船政向中国移交，被命名为“飞霆”“策电”。

1878年

6月20日，李鸿章派道员许钤身为北洋水师督操。

8月29日，受清政府委托，金登干在英国为中国政府向阿姆斯特朗公司订购第2批4艘蚊子船。

9月9日，第2批4艘蚊子船在英国米切尔船厂同时开工，临时命名“埃普西隆”“基塔”“爱塔”“西塔”。

1879年

1月20日，“埃普西隆”舰下水。

2月5日，“爱塔”舰下水。

3月22日，“基塔”舰下水。

3月27日，“西塔”舰下水。

5月，留学生监督李凤苞向英国雷赢厂订造1艘杆雷艇，后于同年8月运往天津。

7月24日，驻英公使曾纪泽在朴次茅斯视察新购蚊子船。

7月30日，“埃普西隆”“基塔”“爱塔”“西塔”由英国船员驾驶从英国普利茅斯出发送往中国。

11月11日，4艘蚊子船抵达天津塘沽。19日北洋大臣李鸿章亲往检阅，任命邓世昌等接收管带，此前这批蚊子船被南洋大臣沈葆桢命名为“镇北”“镇南”“镇东”“镇西”。

11月29日，李鸿章上奏申请将记名提督丁汝昌留用于北洋海防，获准。

11月30日，北洋大臣李鸿章致函南洋大臣沈葆桢，将原有的“龙骧”等4艘蚊子船调拨给南洋，“镇北”等4艘新到的蚊子船留用北洋。

12月9日，经赫德推荐，李鸿章委托其向英国阿姆斯特朗公司订造2艘撞击巡洋舰，同日赫德向金登干发去授权指令。

12月18日，撞击巡洋舰定购合同签字。

12月25日，总理衙门大臣恭亲王奕䜣上奏请求添购蚊子船，用于山东、广东海防。当日清廷上谕，新购蚊子船仍由李鸿章经办。

1880年

1月15日，在英国定造的2艘撞击巡洋舰同时开工建造，临时命名“白羊座”“金牛座”。

3月29日，李鸿章上奏申请转购赫德推荐的土耳其铁甲舰。

3月31日，清廷决定订造铁甲舰，拨付第一批经费。

5月22日，金登干与阿姆斯特朗公司签订第3批共3艘蚊子船的定造合同。

5月25日，英国以中俄纠纷，拒绝将土耳其铁甲舰转售给中国。

6月2日，第3批3艘蚊子船同时开工，临时命名“约塔”“卡帕”“兰姆达”。

7月9日，李鸿章上奏请求根据欧洲最新设计，订购2艘新铁甲舰，清廷允准。

9月16日，中国特使李凤苞、徐建寅前往英国考察铁甲舰。

10月7日，李鸿章上奏，为接收撞击巡洋舰，由丁汝昌等在山东登荣水师官兵中挑选300名精锐赴天津进行训练备用。

10月14日，第一艘撞击巡洋舰（“超勇”）下水。

10月21日，李凤苞与德国伏尔铿船厂签订合同，定造1艘鱼雷艇，即“乾一”。

12月6日，经李鸿章派遣，丁汝昌率224名官兵组成接舰部队，由天津出发前往上海为赴英国接收2艘撞击巡洋舰做准备。

12月9日，蚊子船“约塔”下水。

12月22日，“兰姆达”舰下水。

12月23日，丁汝昌与教习葛雷森等从上海乘坐法国商船先期前往英国。

12月27日，李鸿章将2艘撞击巡洋舰分别命名为“超勇”“扬威”。

12月31日，“卡帕”舰下水。

12月，北洋水师大沽船坞竣工。

同年末，李凤苞向德国伏尔铿造船厂追加定造1艘鱼雷艇，即“乾二”。

1881年

1月8日，定造1艘铁甲舰的合同在德国柏林正式签署，该舰后被李鸿章命名为“定远”。

1月29日，第2艘撞击巡洋舰（“扬威”）下水。

2月27日，中国接舰部队乘坐招商局“海琛”号轮船赴英，于4月22日进入英国伦敦附近海域。

3月31日，第1艘铁甲舰在德国伏尔铿造船厂开工建造。

5月23日，李鸿章指示中国驻德公使李凤苞向德国伏尔铿造船厂订造第2艘铁甲舰，后被李鸿章命名为“镇远”。

6月1日，第3批订购的蚊子船从英国普利茅斯出发回国。

7月14、15日，“超勇”“扬威”舰完成航试。

7月25日，第3批订购的蚊子船“约塔”“卡帕”“兰姆达”抵达广州，其中“兰姆达”留用于广东水师，被命名为“海镜清”。剩余的2艘于8月11日抵达天津塘沽加入北洋水师，被命名为“镇中”“镇边”，林永升、叶祖珪分任管带。

8月2日，“超勇”“扬威”舰完工移交给中方，中国接舰官兵等舰接收。次日，驻英公使曾纪泽在纽卡斯尔举行仪式，为两艘军舰升挂中国龙旗。

8月17日，撞击巡洋舰“超勇”“扬威”在中国官兵驾驶下从英国出发回国，是为中国海军第一次独立远洋航行。

10月，中国留美幼童全部撤回国，其中部分进入海军学堂学习。

11月18日，“超勇”“扬威”抵达天津大沽编入北洋水师，林泰曾、邓世昌分任 2 舰管带。

12 月 28 日，在德国伏尔铿造船厂建造的第 1 号铁甲舰“定远”下水。

1882 年

3 月 15 日，“乾一”“乾二”鱼雷艇分段拆解后，由商船从德国运往天津。

7 月 23 日，朝鲜发生壬午兵变。

8 月 9 日，北洋水师记名提督丁汝昌、广东水师提督吴长庆率舰队前往朝鲜平息局势。8 月 26 日拘捕朝鲜大院君。

10 月，聘英国海军军官琅威理为北洋水师总查。

11 月 28 日，第 2 号铁甲舰“镇远”下水。

同年，天津大沽船坞由英国洋员葛兰德、安的森指导，组装完成“乾一”“乾二”雷艇。

1883 年

2 月 17 日，李鸿章指令驻德公使李凤苞向德国伏尔铿造船厂定购 1 艘穹甲巡洋舰，后被命名为“济远”。

5 月 2 日，第 1 号铁甲舰“定远”进行航试。

12 月 1 日，“济远”舰下水。

同年，天津大沽船坞开工建造“飞凫”“飞艇”轮船。

1884 年

3 月，第二号铁甲舰“镇远”进行航试。

5、6 月，天津大沽船坞开工建造“遇顺”“利顺”轮船。

8 月 23 日，中法马江之战爆发，船政水师损失惨重。

8 月 26 日，清政府向法国宣战，中法战争正式爆发。

9 月 7 日，“济远”舰通过航试。

12 月 4 日，朝鲜发生甲申事变。

1885 年

3、4 月，“遇顺”“利顺”轮船造成。

6 月 9 日，《中法新约》签署，中法战争结束。

6 月 11 日，清廷谕令“定远”“镇远”“济远”3 舰从速回国。

6 月 21 日，清政府就海防问题展开第二次海防大筹议。

7月3日，“定远”“镇远”“济远”3舰从德国基尔港出发回国。

8月4日，清廷鉴于中法战争海上失利的情况，决定加强海防，命令李鸿章向英、德两国订购4艘穹甲巡洋舰。

10月20日，在英国定造的1艘穹甲巡洋舰开工，后来被命名为“致远”。

10月24日，清政府设立总理海军事务衙门，由光绪皇帝的生父醇亲王奕譞出任总理大臣。

10月29日，在英国定造的另1艘穹甲巡洋舰开工，即“靖远”。

11月4日，清政府谕令按驻英公使曾纪泽提交的穹甲巡洋舰方案，在英国阿姆斯特朗公司订造2艘，后来分别被命名为“致远”“靖远”。

11月8日，北洋水师统领丁汝昌在天津大沽验收“定远”“镇远”“济远”3舰，18日李鸿章亲自赴大沽检阅。

11月19日，驻德公使与德国伏尔铿船厂草签合同，订造2艘装甲巡洋舰，即“经远”“来远”。

1886年

2月1日，“经远”“来远”定造合同在德国柏林正式签约。

5月14—25日，醇亲王奕譞检阅北洋海防。

5月，李鸿章向英国亚罗船厂订购1艘大型鱼雷艇，后命名为“左一”。

9月24日，船政1885年初向德国希肖船厂订购的大型鱼雷艇“福龙”由德国船员驾驶送达福州马尾交付。

9月29日，“致远”舰在英国下水。

12月14日，“靖远”舰下水。

1887年

1月3日，“经远”舰下水。

2月27日，李鸿章上奏报告派员前往英、德接收军舰等事，由洋员琅威理统率。

3月25日，“来远”舰下水。

7月9日，穹甲巡洋舰“靖远”完工。

7月23日，穹甲巡洋舰“致远”完工。

8月6日，船政炮舰“广甲”号下水。

8月11日，驻德公使许景澄等在德国接收“经远”“来远”舰，中国接舰官兵登舰，林永升管理“经远”、邱宝仁管理“来远”。

9月12日，“致远”“靖远”“经远”“来远”“左一”从英国出发回国。

12月10日，“致远”“靖远”“经远”“来远”“左一”到达厦门，丁汝昌率“定远”等迎接。

同年，向德国伏尔铿造船厂订购“左二”“左三”“右一”“右二”“右三”鱼雷艇。

1888年

1月29日，船政建造的近海防御铁甲舰“龙威”下水。

10月3日，慈禧懿旨批准颁行《北洋海军章程》，北洋海军建军，丁汝昌任海军提督。

10、11月，天津大沽船坞开造“飞龙”“快顺”轮船。

1889年

8月28日，船政建造的鱼雷巡洋舰“广乙”下水。

12月至1890年1月间，“飞龙”“快顺”造成。

1890年

4、5月，天津大沽船坞开造“宝筏”“捷顺”轮船。

5月16日，“龙威”舰调入北洋海军，改名“平远”。

12月8日，北洋海军旅顺基地竣工。

同年，天津造成“铁龙”轮船。

1891年

1月1日，海军衙门大臣醇亲王奕譞去世，李鸿章下令北洋海军全军下半旗10日致哀。

4月11日，船政造“广丙”号鱼雷巡洋舰下水。

6月1日，户部上奏暂停南北洋购买外洋枪炮、船只、械器。

9月10日，李鸿章针对停购外洋军械政策上奏清廷，称“恐非圣朝慎重海防作兴士气之至意也”。

主要参考书目

史料文献

《船政奏议汇编》，船政衙门光绪戊子版。

醇亲王府档案，未刊稿影印件。

《江南制造局记》，文宝书局，光绪三十一年版。

《海防档》，台北：台湾艺文印书馆，1957 年版。

中国近代史资料丛刊《中日战争》，上海：上海人民出版社，1957 年版。

孙毓棠：《中国近代工业史资料》，北京：科学出版社，1957 年版。

《中国海关与中日战争》，北京：科学出版社，1958 年版。

中国近代史资料丛刊《洋务运动》，上海：上海人民出版社，1961 年版。

《清末海军史料》，北京：海洋出版社，1982 年版。

近代中国史料丛刊《中倭战守始末记》，台北：文海出版社有限公司，1987 年版。

中国近代史资料丛刊续编《中日战争》，北京：中华书局，1989—1996 年版。

《中国海关密档·赫德、金登干函电汇编》，北京：中华书局，1990—1996 年版。

《中国近代舰艇工业史料集》，上海：上海人民出版社，1994 年版。

《光绪朝上谕档》，桂林：广西师范大学出版社，1996 年版。

《筹办夷务始末》，北京：中华书局，2008 年版。

文集、日记

方伯谦：《益堂年谱》，中国船政文化博物馆藏。

池仲佑：《西行日记》，商务印书馆，1908 年版。

袁保龄：《阁学公集》，清芬阁，宣统三年版。

沈瑜庆：《涛园集》，台北：台湾文海出版社 1967 年版。

《刘忠诚公遗集》，台北：台湾文海出版社，1973 年版。

近代中国史料丛刊《马端敏公奏议》，台北：台湾文海出版社，1975 年版。

盛宣怀档案资料选辑三《甲午中日战争》，上海：上海人民出版社，1980—1982 年版。

郭嵩焘：《伦敦与巴黎日记》，长沙：岳麓书社，1984 年版。

薛福成：《出使英法义比四国日记》，长沙：岳麓书社，1985 年版。

曾纪泽：《出使英法俄国日记》，长沙：岳麓书社，1985 年版。

徐建寅：《欧游杂录》，长沙：岳麓书社，1985 年版。

李凤苞：《使德日记》，江氏刻本。

戚俊杰、王记华编校：《丁汝昌集》，济南：山东大学出版社，1997 年版。

《沈文肃公牍》，扬州：江苏广陵古籍刻印社，1997 年版。

余思诒：《航海琐记》，中华全国图书馆文献缩微复制中心影印本，2000 年版。

《曾纪泽集》，长沙：岳麓书社，2005 年版。

《李鸿章全集》，合肥：安徽教育出版社，2008 年版。

《李凤苞往来书信》，北京：中华书局，2018 年版。

《从船政到南北洋——沈葆桢李鸿章通信与近代海防》，福州：福建人民出版社，2020 年版。

论著

许景澄：《外国师船图表》，光绪十二年柏林使署石印版。

日本海军军令部：《廿七八年海战史》，日本春阳堂 1905 年版。

[德] Helmuth Stoecker 著，乔松译：《十九世纪的德国与中国》，北京：生活·读

书·新知三联书店，1963 年版。

孙克复、关捷：《甲午中日海战史》，哈尔滨：黑龙江人民出版社，1981 年版。

沈传经：《福州船政局》，成都：四川人民出版社，1987 年版。

［日］外山三郎著，龚建国译：《日本海军史》，北京：解放军出版社，1988 年版。

［美］John L.Rowlinson 著，苏小东、于世敬译《中国发展海军的奋斗》，海军军事学术研究所，1993 年版。

《近代中国海军》，北京：海潮出版社，1994 年版。

林庆元：《福建船政局史稿》（增订本），福州：福建人民出版社，1999 年版。

［英］Peter Brook：Warships for Export—Armstrong Warships1867—1927，1999

王家俭：《李鸿章与北洋舰队》，台湾编译馆，2000 年版。

席龙飞：《中国造船史》，武汉：湖北教育出版社，2000 年版。

姜鸣：《龙旗飘扬的舰队——中国近代海军兴衰史》，北京：生活·读书·新知三联书店，2002 年版。

戚俊杰、郭阳编：《甲午纵横》，北京：华文出版社，2006 年版。

戚俊杰、刘玉明编：《北洋海军研究》（第三辑），天津：天津古籍出版社，2006 年版。

陈悦：《船政史》，福州：福建人民出版社，2016 年版。

［日］黛治夫：《海军炮战史谈》，原书房，昭和四十七年版。

Peter Hodges：The Big Gun Battleship Main Armament 1860—1945.

Richard N J Wright，The Chinese Steam Navy 1862—1945，Chatham Publishing 2000.

［日］海人社编著，王鹤译：《日本军舰史》，青岛：青岛出版社 2016 年版。

工具书、图片资料集

《甲午中日战争摄影集》，良友图书印刷有限公司，1931 年 12 月影印版。

郭廷以：《近代中国史事日志》，北京：中华书局，1987 年版。

姜鸣：《中国近代海军史事编年》，海军军事学术研究所，1991 年版。

姜鸣：《中国近代海军史事日志》，北京：生活读书新知三联书店，1994 年版。

中国甲午战争博物馆、北京图书馆阅览部：《中日甲午战争研究论著索引》，济南：齐鲁书社，1994年版。

马昌华主编：《淮系人物列传》，合肥：黄山书社，1995年版。

《点石斋画报》，上海：上海文艺出版社，1998年影印版。

刘传标编：《中国近代海军职官表》，福州：福建人民出版社，2005年版。

BRASSEY：The Naval Annual, 1886.

BRASSEY：The Naval Annual, 1892.

All The World`s Fighting Ships 1860—1905，Conway Maritime Press 1979.